17　データの分析

- 平均値　$\overline{x}=\dfrac{1}{n}(x_1+x_2+\cdots\cdots+x_n)$

- 最頻値　最も個数の多い値

- 中央値　大きさ順に並べた中央の値

- 四分位数　大きさ順に並べたとき，4等分する位置にくる値

- 分　散　$s^2=\dfrac{1}{n}\{(x_1-\overline{x})^2+\cdots\cdots+(x_n-\overline{x})^2\}$
  $=\overline{x^2}-(\overline{x})^2$

- 標準偏差　$s=\sqrt{分散}$

- 相関係数　$r=\dfrac{s_{xy}}{s_x s_y}$　$(-1\leqq r\leqq1)$

  r が 1 に近いときは正の相関が強く，
  r が -1 に近いときは負の相関が強い。

18　場合の数・順列

- 集合の要素の個数
  $n(A\cup B)=n(A)+n(B)-n(A\cap B)$
  $n(A\cup B\cup C)=n(A)+n(B)+n(C)-n(A\cap B)$
  $\qquad\qquad-n(B\cap C)-n(C\cap A)+n(A\cap B\cap C)$

- 順列　${}_n\mathrm{P}_r=n(n-1)\cdots\cdots(n-r+1)$

  $\qquad=\dfrac{n!}{(n-r)!}$

- 円順列　$(n-1)!$

- じゅず順列　$\dfrac{(n-1)!}{2}$　（円順列÷）

- 重複順列　異なる n 個のものから
  許して r 個とる順列　n^r　$(n<r$

19　組　合　せ

- 組合せ　${}_n\mathrm{C}_r=\dfrac{{}_n\mathrm{P}_r}{r!}=\dfrac{n!}{r!(n-r)!}$

- ${}_n\mathrm{C}_r={}_n\mathrm{C}_{n-r}$　　${}_n\mathrm{C}_r={}_{n-1}\mathrm{C}_{r-1}+{}_{n-1}\mathrm{C}_r$

- 重複組合せ　異なる n 個のものから重複
  を許して r 個とる組合せ　${}_{n+r-1}\mathrm{C}_r$

20　確　　率

- 確率の基本
  $0\leqq P(A)\leqq1,\ P(\phi)=0,\ P(U)=1$

- 和事象の確率
  $P(A\cup B)=P(A)+P(B)-P(A\cap B)$
  A と B が互いに排反であるとき
  $P(A\cup B)=P(A)+P(B)$

- 余事象の確率　$P(\overline{A})=1-P(A)$

- 反復試行の確率　n 回試行するとき r 回
  起こる確率は　${}_n\mathrm{C}_r p^r q^{n-r}$　$(q=1-p)$

- 条件付き確率　$P_A(B)$
  事象 A が起こった
  ときに事象 B の起　　$P_A(B)=\dfrac{P(A\cap B)}{P(A)}$
  こる確率

21　三角形の五心

外心　3辺の垂直二等分線の交点

内心　3つの内角の二等分線の交点

重心　3つの中線の交点
　　　これは各中線を2:1に内分する。

垂心　各頂点から対辺またはその延長に下
　　　ろした垂線の交点

傍心　1つの内角と他の2つの外角の二等分
　　　線の交点

22　方べきの定理

円の2つの弦AB，CDの
交点，またはそれらの
延長の交点をPとすると
　PA・PB＝PC・PD

23　チェバの定理，メネラウスの定理

① チェバの定理
$\dfrac{\mathrm{BP}}{\mathrm{PC}}\cdot\dfrac{\mathrm{CQ}}{\mathrm{QA}}\cdot\dfrac{\mathrm{AR}}{\mathrm{RB}}=1$

② メネラウスの定理
$\dfrac{\mathrm{BP}}{\mathrm{PC}}\cdot\dfrac{\mathrm{CQ}}{\mathrm{QA}}\cdot\dfrac{\mathrm{AR}}{\mathrm{RB}}=1$

平面の位置関係

交わる 2 直線 m，
α に垂直である。

JN107622

整数の性質

25　互いに素

$a,\ b,\ m$ は整数で，$a,\ b$ は互いに素とする。
- am が b の倍数ならば，m は b の倍数。
- a の倍数であり，b の倍数でもある整数は ab の倍数。

26　余りによる整数の分類

すべての整数は，正の整数 m で割った余り
によって
　$mk,\ mk+1,\ mk+2,\ \cdots\cdots,\ mk+(m-1)$
のいずれかの形で表される。（k は整数）

27　1次不定方程式

方程式 $ax+by=c$ $(a,\ b,\ c$ は整数で，$a,\ b$ は
互いに素）の整数解の 1 つを $x=p,\ y=q$ とす
ると，すべての整数解は
　$x=bk+p,\ y=-ak+q$ （k は整数）

2023　　　　　　　　　　　　　　　　　数研出版編集部　編

数学Ⅰ・Ⅱ・A・B　入試問題集(理系)

本 書 の 構 成

　本書は，大正時代から連綿として発行されてきました数研出版伝統の大学入試問題集の１編で，2023 年度の大学入試問題から，数学Ⅰ，数学Ⅱ，数学A，数学Bに該当する問題を集めて編集しました。

　具体的な編集方針と構成は次の通りです。

(1)　2023 年度の大学入試の各科目で出題された問題のうち，

　　　　　| 数学Ⅰ |　　　| 数学Ⅱ |　　　| 数学A |　　　| 数学B |

の範囲と認められるものを選定した。ただし，数学Bは「ベクトル」，「数列」の範囲のものを中心に取り扱い，「確率分布と統計的な推測」の範囲のものは補充問題として収録した。

(2)　収録問題は，標準的な問題が中心であるが，特に有名校の問題は，できるだけ多く載せるようにした。

(3)　上記(1)の科目の教科書（または学習指導要領）で取り扱われていない内容に関する問題も，若干収録してある。

　　例えば　積の導関数 $(uv)'=u'v+uv'$，$(ax+b)^n$ の積分　など。

(4)　入試問題は可能な限り多く集め，傾向を知るためにも，できるだけ多くの問題を取り入れるようにした。

(5) 各科目ごとに問題をまとめることを心掛けたが，学習指導要領では計算上の基本的な概念が各科目に分散して入っているため（例えば，「数と式」が数学 I，「複素数」が数学 II など），特に，第 I 章から第 III 章までの比較的基本的な項目において扱っている問題でも，複数の科目の知識を要するものもある。

(6) 問題の配列は，まず，内容・問題の形の別によって細かく分類し，次に易から難へ並べてある。したがって，問題の実質的内容（解法に要する知識など）については，前後していることもあり，また，一部難易のギャップが感じられるところもある。

(7) 「次の $\boxed{}$ をうめよ」などという設問の文章を省略した場合がある。また，選択肢の問題で「下記の … から選べ」という設問は「… を求めよ」と修正したり，「$a=\boxed{\text{アイ}}$ である」を「$a=^{\text{ア}}\boxed{}$ である」のように，$\boxed{}$ の設け方を変えたりしたところもある。

(8) 問題によっては，その趣旨を変えない範囲で問題文に手を加えたりしたものがある。このような問題には，大学名の前に†印を入れた。

(9) 答については巻末に，その数値と図，および必要に応じて略解を載せた。

(10) 分数形の空所補充の問題においては，符号は分子に付け，分母に付けないこととした。例えば，$\dfrac{^{\text{ア}}\boxed{}}{^{\text{イ}}\boxed{}}$ に $-\dfrac{2}{3}$ と答える場合，$\dfrac{^{\text{ア}}-2}{^{\text{イ}}3}$ とした。

(11) 学習の便をはかるため，問題番号の左上に○，＊，◇，◆印を付けた。

○印は基本問題である。

＊印はひととおりの学習ができるように選んだ問題である。出題頻度の高い問題は必ず含まれているので，なるべく省略せずに解いてほしい。

◇印は，解法や計算上難しいと思われる問題であり，最初は省略して進んでもよい。

◆印は，特に難しい問題であり，解けなくても決して悲観するには及ばない。

これらは，必要に応じて適宜利用してほしい。例えば，次のような利用方法が考えられる。

[1] 時間的余裕がない場合や，ひととおり演習した後に復習する場合などには＊印の問題だけを演習する。

[2] ＊印の問題を中心に演習し，自分の苦手とする項目の問題については全問演習する。

2023 年度大学入試分析（数学 I II A B）

① 出題傾向

　弊社が収集した大学入試問題（本書未掲載問題を含む）のうち，数学 I，数学 II，数学 A，数学 B の範囲と認められるものについて，全問題を分野に分類して，出題率を調べた。その結果は以下の表の通りである。

補足　・主要大学 95 校（国立 49 校，公立 10 校，私立他 36 校）の大学入試問題を分類。
　　　・各問題に 1 つの分野を対応させて分類した。複数の分野の融合問題については，原則として，メインとなる分野に分類した。
　　　・私立大学などでよく出題される，いろいろな分野の基本問題を小分けにした問題については，小分けの問題それぞれを 1 題として分類した。

●主要大学全体と国立大学の出題率　（　）内の数字は昨年度の出題率

分野		数と式	関数と方程式・式・不等式	式と証明	整数の性質	場合の数・確率	図形の性質	図形と式
出題率（％）	全体	7.1 (6.3)	6.2 (6.6)	2.6 (2.0)	6.1 (5.0)	15.4 (15.4)	1.6 (2.2)	4.0 (6.2)
	国立大	1.2 (1.9)	2.7 (3.8)	3.1 (0.8)	6.6 (6.6)	16.7 (14.8)	1.6 (1.6)	2.3 (7.1)

三角比・三角関数	指数関数・対数関数	微分法	積分法	ベクトル	数列	データの分析	確率分布
12.7 (11.9)	7.4 (7.3)	4.0 (4.1)	9.6 (10.6)	11.9 (11.8)	8.8 (8.0)	2.1 (2.3)	0.5 (0.4)
8.5 (11.0)	5.0 (6.3)	7.8 (4.9)	9.3 (11.3)	19.8 (16.8)	14.7 (11.5)	0.0 (0.3)	0.8 (1.1)

　今年は，全体としてみてみると，昨年から大きな変化はなかった。「数と式」，「整数の性質」，「三角比・三角関数」，「数列」は微増，「図形の性質」，「図形と式」，「積分法」は微減であった。

　「整数の性質」は難関国立大での出題率が高く，難問も多い。また，数列などの他分野との融合問題として出題されることも多いため，しっかりと対策をしておきたい。

　「場合の数・確率」は例年通り，国公立大学，私立大学問わず出題率が高く，その中でも確率からの出題が多かった。

　国立大に注目すると，「場合の数・確率」の他に出題が多かったのは，「積分法」，「ベクトル」，「数列」である。昨年微減であった「数列」は，今年は大幅に増加した。また，今年は例年より「微分法」の出題率が高かった。

　「データの分析」の出題率は例年同様高くはない。全体的に，教科書の知識が定着していれば解ける基本レベルの問題が多かった。

② 難 易 度

数学ⅠⅡAB全体を通しての難易度に関しては，例年と比べて大きな変化はなかった。

私立大学では，穴埋め形式やマークシート形式で出題する大学が多く，中堅校を中心に教科書レベルの基本問題も多く出題されている。国公立大学も一部の大学を除いては，基本〜標準レベルの典型的な問題の出題が中心であった。一方，国公立，私立ともに主要有名大学では，例年のように難解な問題も出題されている。

以上を踏まえ，次のことが受験対策として大切である。

[1] 典型的な問題をできるだけ多く解き，重要な解法をひととおり習得する。

[2] 大学によっては，出題分野や難易度に一定の傾向が見られる場合もある。したがって，自分の志望する大学の過去問を十分に研究する。

③ 個々の問題について

本書に採録した問題のうち，特徴のある問題をいくつか紹介する。

◆「ガウス記号」に関する問題

・実数 x に対して，$n \leqq x$ を満たす最大の整数 n を $[x]$ と表し，この記号 [ ] をガウス記号という。本書では，問題 **249**〔福岡大〕で扱っている。

◆「整数の性質」の問題

・問題 **56**〔広島工大〕素数に関する問題。3つの正の数が素数となるような整数 n を求める。

・問題 **59**〔慶応大〕2023 以下の正の整数の中で，正の約数の個数が最も多い数を求める問題。高度合成数に関連のある問題である。

◆「整数の性質」と他の分野の融合問題

・問題 **127**〔浜松医大〕三角関数と素数の融合問題。

◆「数列」と他の分野の融合問題

・問題 **264**〔関西大〕整数の余りの和について考察する問題。

・問題 **267**〔大阪公大〕二項係数と素数，数列の融合問題。

◆積分の問題

・問題 **190**〔大阪公大〕，問題 **198**〔学習院大〕，問題 **208**〔早稲田大〕などは
$\int_{\alpha}^{\beta}(x-\alpha)(x-\beta)dx=-\dfrac{1}{6}(\beta-\alpha)^3$ の利用が有効な問題，問題 **195**〔慶応大〕，問題 **196**
〔佐賀大〕などは $\int(x-\alpha)^n dx=\dfrac{(x-\alpha)^{n+1}}{n+1}+C$ の利用が有効な問題である。これらの公式は，積分の計算をらくにするのに役立つことが多い。

◆「データの分析」の問題

・問題 **271**〔立命館大〕回帰直線の式を求める問題。

◆その他の問題

・問題 **97**〔早稲田大〕袋から取り出した玉と同じ色の玉を袋に追加していくとき，取り出す玉の色に関する確率を求める問題。「ポリアの壺」と呼ばれる確率の問題に関連のある問題である。

・問題 **120**〔和歌山県立医大〕格子点（xy 平面上の点で x 座標，y 座標がともに整数であるもの）が題材の問題。

目　　次

6

問　題　数

総数 …… 274　　　　　　　　＊印 …… 145

○印 …… 36　　◇印 …… 10　　◆印 …… 1

学校別問題索引

1. **数字は問題番号を示す**
2. **大学の分類（国，公，私立，その他）**

　　　◎印 …… 国立大学
　　　○印 …… 公立大学
　　　△印 …… 文部科学省所管外の大学校
　　　無印 …… 私立大学

8

▶ わ 行 ◀

I 数 と 式

1 式 の 計 算

°*1 (1) 次の式を因数分解すると，

$x^2+8xy+15y^2+7x+19y-8=(x+$ ᵃ⬚ $y-$ ⁱ⬚ $)(x+$ ᵘ⬚ $y+$ ᵉ⬚ $)$

である。　　　　　　　　　　　　　　〔23 摂南大・看護〕

(2) 整式 $x(x+1)(x+2)(x+3)-24$ を因数分解すると，

$(x-$ ᵃ⬚ $)(x+$ ⁱ⬚ $)(x^2+$ ᵘ⬚ $x+$ ᵉ⬚ $)$

となる。　　　　　　〔23 京都産大・理，情報理工，生命科学(推薦)〕

°2 $(\sqrt{2}+\sqrt{3})(\sqrt{3}+\sqrt{5})=$ ᵃ⬚ $+\sqrt{}$ ⁱ⬚ $+\sqrt{}$ ᵘ⬚ $+\sqrt{15}$，

$\dfrac{5+\sqrt{6}+\sqrt{10}+\sqrt{15}}{(\sqrt{2}+\sqrt{3})(\sqrt{3}+\sqrt{5})}=-$ ᵉ⬚ $+\sqrt{}$ ᵒ⬚ $-\sqrt{}$ ᵏ⬚ $+\sqrt{}$ ᵏ⬚ である。

〔23 大同大〕

*3 (1) $\dfrac{\sqrt{5}+\sqrt{3}}{\sqrt{5}-\sqrt{3}}$ の分母を有理化すると ᵃ⬚ となる。また $\dfrac{\sqrt{5}+\sqrt{-8}}{\sqrt{5}-\sqrt{-8}}$ を

計算した結果の複素数の実部は ⁱ⬚ ，虚部は ᵘ⬚ である。

〔23 東京都市大・文系〕

(2) $z=\dfrac{\sqrt{3}+i}{2}$ に対して，$z^6=a+bi$ とする。このとき，$a=$ ᵃ⬚ ，

$b=$ ⁱ⬚ である。ただし，i は虚数単位とし，a，b は実数とする。

〔23 立教大・文系〕

2 恒等式・割り算の問題

*4 (1) $\dfrac{x^2+3x-1}{x^3-1}=\dfrac{1}{x-1}+\dfrac{a}{x^2+x+1}$，$\dfrac{1}{x^4-1}=b\left(\dfrac{1}{x-1}-\dfrac{1}{x+1}\right)+\dfrac{c}{x^2+1}$ が

成り立つような定数 a，b，c の値は $a=$ ᵃ⬚ ，$b=$ ⁱ⬚ ，$c=$ ᵘ⬚ である。　　　　　　　　　　　　　　　　　　　　　　〔23 関西学院大・理系〕

(2) 整式 $P(x)$ を x^2+x-2 で割ると余りが $x+1$ であり，x^2+x-6 で割ると

余りが x である。$P(x)$ を x^2+2x-3 で割った余りは ⬚ である。

〔23 京都産大・理，情報理工〕

5　整式 $P(x)$ を $P(x)=\sum_{n=1}^{20} nx^n=20x^{20}+19x^{19}+18x^{18}+\cdots\cdots+2x^2+x$ と定める。

このとき，$P(x)$ を $x-1$ で割ったときの余りは ァ□ である。また，$P(x)$ を x^2-1 で割ったときの余りは ィ□ である。　　　〔23 慶応大・看護医療〕

*6　整式 $x^{2023}-1$ を整式 $x^4+x^3+x^2+x+1$ で割ったときの余りを求めよ。
　　　　　　　　　　　　　　　　　　　　　　　　　　　　　〔23 京都大・理系〕

7　(1)　整式 $f(x)=a_nx^n+a_{n-1}x^{n-1}+\cdots\cdots+a_1x+a_0\ (a_n\neq0)$ に対し，
$f(x+1)-f(x)=b_nx^n+b_{n-1}x^{n-1}+\cdots\cdots+b_1x+b_0$ と表すとき，b_n と b_{n-1} を求めよ。

(2)　整式 $g(x)$ が恒等式 $g(x+1)-g(x)=(x-1)x(x+1)$ および $g(0)=0$ を満たすとき，$g(x)$ を求めよ。

(3)　整式 $h(x)$ が恒等式 $h(2x+1)-h(2x)=h(x)-x^2$ を満たすとき，$h(x)$ を求めよ。　　　　　　　　　　　　　　　　　　　　　　　〔23 中央大・理工〕

3　方程式・不等式の解法

8　(1)　方程式 $|x(x-4)|=x$ の実数解をすべて求めると □ である。
　　　　　　　　　　　　　　　　　　　　　　〔23 京都産大・理，情報理工〕

°*(2)　不等式 $5|x+1|<3x+11$ の解は ァ□$<x<$ィ□ である。
　　　　　　　　　　　　　　　　　　　　　　　　〔23 職能開発大（推薦）〕

*9　a を実数とする。x の方程式 $ax^2+2(a-1)|x|+a-2=0$ を解け。
　　　　　　　　　　　　　　　　　　　　　　　　　　　　　〔23 広島工大〕

10　自然数 n に対して，集合 $A=\{x\,|\,x$ は整数，$x^2\leqq n\}$ は奇数個の要素をもつことを示せ。　　　　　　　　　　　　　　　　　　　　　　　〔23 広島工大〕

*11 40 名のクラスで 100 点満点の試験を行ったところ，未受験者が出たものの，平均点は 60 点だった。未受験者に対しては後日 100 点満点の追試験を行い，本試験の結果と合わせた 40 名の平均点は 65 点になった。このことから考えられる本試験未受験者の最小人数は ア□ 名である。特に，本試験未受験者が 10 名の場合，この 10 名の平均点は イ□ 点である。　〔23 摂南大(推薦)〕

4 式 の 値

*12 $a^x + a^{-x} = 4$ $(a > 0,\ a \ne 1)$ のとき，$a^{\frac{3}{2}x} + a^{-\frac{3}{2}x} = $ ア□$\sqrt{}$ イ□ である。
〔23 星薬大(推薦)〕

13 °(1)　$0 < x < 1$ かつ $x + \dfrac{1}{x} = 7$ を満たす実数 x に対して，$x^3 + \dfrac{1}{x^3}$ の値は

ア□ であり，$\sqrt{x} - \dfrac{1}{\sqrt{x}}$ の値は イ□ である。　〔23 福岡大・工〕

*(2)　複素数 z が $z^4 = z^2 - 1$ を満たすとき，$z^{40} + 2z^{10} + \dfrac{1}{z^{20}}$ の値を求めよ。
〔23 横浜市大・理，データサイエンス，医〕

14　$\sqrt{23}$ の整数部分を n_0，$(\sqrt{23} - n_0)^{-1}$ の整数部分を n_1，$\{(\sqrt{23} - n_0)^{-1} - n_1\}^{-1}$ の整数部分を n_2 とする。このとき $n_0 + (n_1 + n_2{}^{-1})^{-1}$ を求めよ。
〔23 札幌医大・医〕

Ⅱ 関数と方程式・不等式

5 関数とグラフ

°**15** a を実数とする。2次関数 $y=2x^2+ax-1$ のグラフを x 軸方向に -1,
y 軸方向に 2 だけ平行移動したグラフは点 $(2, 1)$ を通る。
このとき,$a=^{\mathcal{ア}}\boxed{}$ であり,もとの2次関数のグラフの頂点は点
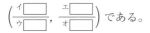 である。

〔23 金沢工大〕

°***16** (1) 次の x の2つの関数
$$y=ax+b \qquad \cdots\cdots ①$$
$$y=cx^2-4cx+4c+d \qquad \cdots\cdots ②$$
について考える。ただし,a, b, c, d は定数で,$a>0$, $c\neq0$ とする。
このとき,次のことがいえる。

1次関数 ① の定義域が $-1\leqq x\leqq 2$ のとき,値域が $-3\leqq y\leqq 3$ であるような定数 a, b の値は $a=^{\mathcal{ア}}\boxed{}$,$b=^{\mathcal{イ}}\boxed{}$ である。

さらに,1次関数 ① と2次関数 ② が,$1\leqq x\leqq 4$ において最大値と最小値が一致するとき,
$$c=\frac{^{\mathcal{ウ}}\boxed{}}{^{\mathcal{エ}}\boxed{}}, \quad d=^{\mathcal{オ}}\boxed{} \quad または \quad c=\frac{^{\mathcal{カ}}\boxed{}}{^{\mathcal{キ}}\boxed{}}, \quad d=^{\mathcal{ク}}\boxed{}$$
である。ただし,$\dfrac{^{\mathcal{ウ}}\boxed{}}{^{\mathcal{エ}}\boxed{}}<\dfrac{^{\mathcal{カ}}\boxed{}}{^{\mathcal{キ}}\boxed{}}$ とする。

(2) 放物線 $y=x^2+px+q$ を C とする。ただし,p, q は定数とする。このとき,次のことがいえる。

(i) 放物線 C の頂点の座標が $(-2, -1)$ のとき,定数 p, q の値は
$p=^{\mathcal{ケ}}\boxed{}$,$q=^{\mathcal{コ}}\boxed{}$ である。

(ii) 放物線 C を,x 軸方向に p,y 軸方向に $-p$ だけ平行移動すると,
2点 $(0, 0)$, $(2, -6)$ を通る放物線になるとき,定数 p, q の値は
$p=^{\mathcal{サ}}\boxed{}$,$q=^{\mathcal{シ}}\boxed{}$ である。 〔23 神戸学院大・文系(推薦)〕

6 関数と最大・最小

°***17** 2次関数 $f(x)=ax^2+bx+c$ が $x=1$ で最小値 3 をとり,$f(0)=5$ となるとき $a=^{\mathcal{ア}}\boxed{}$,$b=^{\mathcal{イ}}\boxed{}$,$c=^{\mathcal{ウ}}\boxed{}$ である。 〔23 立教大・理〕

°*18　a を実数とする。関数 $f(x)=x^2-ax-a^2$ $(0\leqq x\leqq 4)$ について，次の問いに
　　　答えよ。

(1)　$f(x)$ の最小値は a を用いて次のように表される。

$$a<{}^{\text{ア}}\boxed{}\ \text{のとき，}f(x)\ \text{の最小値は，}\ -a^2$$

$${}^{\text{ア}}\boxed{}\leqq a\leqq{}^{\text{イ}}\boxed{}\ \text{のとき，}f(x)\ \text{の最小値は，}\ -\frac{{}^{\text{ウ}}\boxed{}}{{}^{\text{エ}}\boxed{}}a^2$$

$${}^{\text{イ}}\boxed{}<a\ \text{のとき，}f(x)\ \text{の最小値は，}\ -a^2-{}^{\text{オ}}\boxed{}a+{}^{\text{カ}}\boxed{}$$

　　　である。

(2)　$0\leqq x\leqq 4$ における $f(x)$ の最大値が 11 となるとき，a の値は $-{}^{\text{キ}}\boxed{}$，
　　　${}^{\text{ク}}\boxed{}$ である。　　　　　　　　　　　　　　　　　　　　〔23 星薬大〕

*19　$f(x)=\sqrt{4x^2+24x+36}-\sqrt{x^2-2x+1}$ とする。

　　　$f(-1)={}^{\text{ア}}\boxed{}$，$f(1)={}^{\text{イ}}\boxed{}$ である。また，$f(x)$ は $x={}^{\text{ウ}}\boxed{}$ のとき，
　　　最小値 ${}^{\text{エ}}\boxed{}$ をとる。さらに，$f(x)={}^{\text{ア}}\boxed{}$ かつ $x\neq-1$ のとき，$x={}^{\text{オ}}\boxed{}$
　　　である。　　　　　　　　　　　　　　　　　　　　　　　　　〔23 自治医大・看護〕

20　2 次関数 $y=f(x)$ のグラフは，3 点 $(0, 7)$，$(1, 2)$，$(4, -1)$ を通る放物

　　　線である。また，関数 $g(x)$ を $g(x)=\begin{cases} 3x-1\ (x<1\ \text{のとき}) \\ f(x)\ (x\geqq 1\ \text{のとき}) \end{cases}$ とする。

(1)　$f(x)$ を求めよ。また，$y=f(x)$ のグラフの頂点の座標を求めよ。

(2)　$g(0)$ と $g(2)$ を求めよ。また，$g(x)=0$ を満たす x の値をすべて求めよ。

(3)　a を実数とする。$a\leqq x\leqq a+2$ のときの $g(x)$ の最大値が 2 となるための
　　　必要十分条件を，a を用いて表せ。　　　　　　　〔23 広島工大・情報，環境，生命〕

21　a を正の実数とし，2 次関数 $y=-x^2+6x$ の $a\leqq x\leqq 2a$ における最大値を
　　　M，最小値を m とする。

(1)　$a=2$ のとき，$M-m={}^{\text{ア}}\boxed{}$ である。

(2)　$M\geqq 0$ であるとき，a のとりうる値の範囲は ${}^{\text{イ}}\boxed{}$ である。

(3)　$M-m=12$ のとき，$a={}^{\text{ウ}}\boxed{}$ である。　　　　　　　〔23 関西学院大・文系〕

22　辺の長さが 3, 4, 5 の三角形がある。それぞれの辺の中点上に 3 つの点 A，
　　　B，C があり，ある時刻から同時に動き出し，3 点とも反時計回りに速さ 1 で
　　　三角形の周上を回る（ある辺から頂点に到達したらその頂点を含む別の辺へと
　　　進む）とする。三角形 ABC の面積が最大になるときの面積を求めよ。

　　　　　　　　　　　　　　　　　　　　　　　　　　　　　　　　〔23 早稲田大・教育〕

7　2次方程式の理論

°*23　a, b を実数とする。x についての 2 次方程式 $x^2-2ax+a+b=0$ が実数解をもつ条件を a と b で表すと ア□ である。また，この 2 次方程式がどのような a の値に対しても実数解をもつとき，b のとりうる値の範囲は イ□ である。　　　　　　　　〔23 南山大・理工〕

°*24　a, b は実数とし，i を虚数単位とする。$x=1-2i$ が方程式 $x^2+ax+b=0$ の解であるとき，$a=$ ア□，$b=$ イ□ である。　　　〔23 京都産大・文系〕

25　2 次方程式 $x^2-bx+10=0$ が $2<x<3$ の範囲に少なくとも 1 つ実数解をもつとき，実数 b のとりうる値の範囲は □ である。
〔23 関西大・システム理工，環境都市工，化学生命工〕

°*26　2 次方程式 $x^2+x+3=0$ の 2 つの解を α, β とするとき，$\dfrac{\beta}{\alpha}+\dfrac{\alpha}{\beta}=$ ア□ であり，$\dfrac{\beta^2}{\alpha}+\dfrac{\alpha^2}{\beta}=$ イ□ である。　　　　　　〔23 慶応大・看護医療〕

*27　a, b を実数とする。整式 $f(x)$ を $f(x)=x^2+ax+b$ で定める。ただし，2 次方程式の重解は 2 つと数える。
(1)　2 次方程式 $f(x)=0$ が異なる 2 つの正の解をもつための a と b が満たすべき必要十分条件を求めよ。
(2)　2 次方程式 $f(x)=0$ の 2 つの解の実部がともに 0 より小さくなるような点 (a, b) の存在する範囲を ab 平面上に図示せよ。
(3)　2 次方程式 $f(x)=0$ の 2 つの解の実部がともに -1 より大きく，0 より小さくなるような点 (a, b) の存在する範囲を ab 平面上に図示せよ。
〔23 神戸大・理系〕

8　種々の方程式の問題

°*28　a, b を実数の定数，i を虚数単位とする。3 次方程式 $x^3+ax^2+x+b=0$ の 1 つの解が $2+i$ であるとき，a, b の値の組は $(a, b)=$ □ である。
〔23 京都産大・理，情報理工〕

*29　複素数 α, β, γ が x についての恒等式
$$(x-\alpha)(x-\beta)(x-\gamma)=x^3+3x^2+2x+4$$ を満たすとき，$\dfrac{1}{\alpha^2}+\dfrac{1}{\beta^2}+\dfrac{1}{\gamma^2}$ の値は □ である。　　　　〔23 関西大・システム理工，環境都市工，化学生命工〕

30　方程式 $2x^4+Cx^3+(A+3)x^2+(B-A)x-B=0$ が 4 つの解 1, α, β, γ を
もつとき，次の問いに答えよ。ただし，定数 A, B, C は実数とする。

(1)　C を求めよ。

(2)　$\alpha^2+\beta^2+\gamma^2$ を A を用いて表せ。

(3)　$\alpha=1+2i$ であるとき，β と γ を求めよ。ただし，γ は実数とする。

〔23 群馬大・理工〕

*31　p, q, r, s は実数とする。2 次方程式 $x^2+px+2=0$ は異なる 2 つの虚数
解 α, β をもち，3 次方程式 $x^3+qx^2+rx+s=0$ は α, β, -2 を解にもつと
する。このとき，s の値は $s=$ ア ◻ であり，r を p のみの式で表すと
$r=$ イ ◻ である。また，α の実部が正の数で，虚部が $\dfrac{\sqrt{7}}{4}$ であるとき，
$p=$ ウ ◻ であり，$q=$ エ ◻ である。　〔23 関西学院大・理系〕

◇32　素数 p に対し，整式 $f(x)$ を $f(x)=x^4-(4p+2)x^2+1$ により定める。

(1)　$f(x)=(x^2+ax-1)(x^2+bx-1)$ を満たす実数 a と b を求めよ。ただし，
$a\geqq b$ とする。

(2)　方程式 $f(x)=0$ の解はすべて無理数であることを示せ。

(3)　方程式 $f(x)=0$ の解のうち最も大きいものを α，最も小さいものを β と
する。整数 A と B が $AB\alpha+A-B=p(2+p\beta)$ を満たすとき，A と B を求め
よ。　〔23 中央大・理工〕

9　不等式の種々の問題

33　$f(x)=x^2-4x+1$ とする。

2 次関数 $y=f(x)$ のグラフの頂点の x 座標は ア ◻ である。

$f(x)\leqq 0$ となる x の値の範囲は イ ◻ $-\sqrt{$ ウ ◻ $}\leqq x\leqq$ エ ◻ $+\sqrt{$ オ ◻ $}$ である。

$|f(x)|\leqq 2$ となる x の値の範囲は

カ ◻ $-\sqrt{$ キ ◻ $}\leqq x\leqq$ ク ◻ , ケ ◻ $\leqq x\leqq$ コ ◻ $+\sqrt{$ サ ◻ $}$ である。

〔23 大同大〕

*34　a を定数とする。2 次関数 $f(x)=-3x^2+2x+a$ について，$f(x)>0$ となる
実数 x の集合を A とする。また，$-2\leqq x\leqq 2$ を満たす実数 x の集合を B とする。
$A\supset B$ となる定数 a の値の範囲は $a>$ ア ◻ であり，$A\cap B$ が空集合でない
定数 a の値の範囲は $a>-\dfrac{\text{イ}◻}{\text{ウ}◻}$ である。　〔23 摂南大〕

III 式 と 証 明

10 等式・不等式の証明

*35 a は正の実数であるとする。$x>0$ における $x+a+\dfrac{4a^2}{x+a}$ の最小値は

$^\text{ア}\boxed{}$ である。また，$x>0$ において，$\dfrac{x^2+6x+13}{x+2}$ は $x=^\text{イ}\boxed{}$ のとき最小

値 $^\text{ウ}\boxed{}$ をとる。　　　　　　　　　　　〔23 関西学院大・社会，法〕

36 (1) $x>0$ のとき $x+\dfrac{1}{x}$ の最小値を求めよ。また，最小となるときの x の値

を求めよ。

(2) n を自然数とするとき，x に関する方程式

$$\sum_{k=1}^{2n}\frac{x^k}{1+x^{2k}}=n$$

の実数解は $x=1$ だけであることを示せ。　　　　　〔23 関西大・総合情報〕

11 二 項 定 理

37 $(3x^2-y)^7$ を展開したとき，

(1) x^8y^3 の係数は $^\text{ア}\boxed{}$ である。

(2) 係数が 21 になる項の y の次数は $^\text{イ}\boxed{}$ である。

(3) $y=\dfrac{1}{3x^5}$ ならば，定数項は $^\text{ウ}\boxed{}$ である。　　　　〔23 金沢工大〕

*38 $p,\ q$ は定数とする。$(px-q)^{11}$ の展開式における x^9 の係数は

$^\text{ア}\boxed{}p^\text{イ}\boxed{}q^\text{ウ}\boxed{}$ である。

$(x-2y^2+3z)^7$ の展開式における $x^3y^4z^2$ の係数は $^\text{エ}\boxed{}$ である。

〔23 京都産大・文系(推薦)〕

39 n を正の整数とし，n 次の整式 $P_n(x)=x(x+1)\cdots\cdots(x+n-1)$ を展開して
$P_n(x)=\sum_{m=1}^{n}{}_n\mathrm{B}_m x^m$ と表す。

(1) 等式 $\sum_{m=1}^{n}{}_n\mathrm{B}_m=n!$ を示せ。

(2) 等式

$$P_n(x+1)=\sum_{m=1}^{n}({}_n\mathrm{B}_m\cdot{}_m\mathrm{C}_0+{}_n\mathrm{B}_m\cdot{}_m\mathrm{C}_1 x+\cdots\cdots+{}_n\mathrm{B}_m\cdot{}_m\mathrm{C}_m x^m)$$

を示せ。ただし，${}_m\mathrm{C}_0,\ {}_m\mathrm{C}_1,\ \cdots\cdots,\ {}_m\mathrm{C}_m$ は二項係数である。

(3) $k=1,\ 2,\ \cdots\cdots,\ n$ に対して，等式 $\sum_{j=k}^{n}{}_n\mathrm{B}_j\cdot{}_j\mathrm{C}_k={}_{n+1}\mathrm{B}_{k+1}$ を示せ。

〔23 名古屋大・理系〕

12 集 合 と 論 証

40 a を定数とし，集合 A, B を
$$A=\{x\mid x\leqq 6a^2+1,\ x\text{は実数}\},\qquad B=\{x\mid|x-a|\leqq 3,\ x\text{は実数}\}$$
で定める。B が A の部分集合であるとき，a のとりうる値の範囲を求めよ。

〔23 東京都市大・理工，建築都市デザイン，情報工〕

°**41** 次の命題の真偽をそれぞれ調べよ。偽の場合には反例を示し，真の場合には証明せよ。

(1) 0 ではない 2 つの実数 a, b について，$a^2=b^2$ ならば $a=b$ である。

(2) 実数 x, y について，$x+y\leqq 4$ ならば，$x\leqq 2$ または $y\leqq 2$ である。

(3) 自然数 n が 4 の倍数かつ 6 の倍数ならば，n は 24 の倍数である。

(4) 自然数について，すべての偶数は素数ではない。

(5) k は実数の定数とする。実数 x について，x の 3 次関数
$f(x)=x^3+2x^2+kx$ の極大値と極小値が存在し，かつ，それらの和が 0 ならば，$k=\dfrac{8}{9}$ である。

〔23 公立鳥取環境大・環境，経営〕

42 集合 A を次で定義する。
$$A=\{m^2-n^2\mid m\text{と}n\text{は整数}\}$$

(1) 7 は A の要素であることを証明せよ。

(2) 6 は A の要素ではないことを証明せよ。

(3) 奇数全体の集合は A の部分集合であることを証明せよ。

(4) 偶数 a が A の要素であるための必要十分条件は，ある整数 k を用いて $a=4k$ と書けることであることを証明せよ。

〔23 高知大・理工，医〕

Ⅳ　整数の性質

13　約数と倍数，余り

°*43 (1) n を正の整数とする。$\dfrac{\sqrt{280n}}{\sqrt{3}}$ が正の整数となる最小の n は $\boxed{}$ である。

〔23 京都産大・文系〕

(2) 4725 の正の約数の個数は $^{\text{ア}}\boxed{}$ 個であり，8371 と 14459 の最大公約数は $^{\text{イ}}\boxed{}$ である。

〔23 東京都市大〕

*44 2023^{2023} の一の位の数字は $\boxed{}$ である。

〔23 関西大・システム理工，環境都市工，化学生命工〕

45 $A=\dfrac{10^{40}-3^{10}}{9997}$，$B=\dfrac{10^{36}-3^{9}}{9997}$ とする。

(1) a, b, N を自然数とし，$a \neq b$ とする。$a^{N}\displaystyle\sum_{n=0}^{N}\left(\dfrac{b}{a}\right)^{n}=\dfrac{C}{a-b}$ とおくとき，C を a, b, N を用いて表せ。ただし，総和記号 $\sum$ を用いてはならない。

(2) A と B が整数であることを示せ。

(3) A の一の位の数字を求めよ。

(4) $A-3B$ を素因数分解せよ。

(5) A と B の最大公約数を求めよ。 〔23 立教大・理〕

46 以下の枠内の問題

問題

次の条件を満たす係数が整数の多項式 $f(x)$ を考える。
(Ⅰ) $f(0)$ は 4 で割り切れない。
(Ⅱ) 方程式 $f(x)=0$ は $x=1$ で重解をもつ。
(Ⅲ) 方程式 $f(x)=x(x-1)(x-2)$ は異なる整数解をもつ。
このとき，$f(4)$ を 36 で割ったときの余りを求めよ。

に対する次の答案Aに対して，2つの下線部(a)および(b)の詳しい証明を与えよ。ただし，2つの波線部の事実は証明なしに用いてよい。

── 答案A ────────────────────

条件(Ⅱ)より，因数定理を用いれば $f(x)=(x-1)^2g(x)$ を満たす <u>係数が整数の多項式 $g(x)$ が存在する</u>。このとき，条件(Ⅲ)を満たす整数解の中で 1 以外の解 x_0 をとれば，

$$(x_0-1)g(x_0)=x_0(x_0-2) \quad\cdots\cdots(\#)$$

が成立する。ここで，$g(x_0)$ は整数であるから，<u>式 ($\#$) を満たす x_0 は 0 または 2 である</u>。
(a)
もし $x_0=0$ とすれば，$f(0)=0$ となり，この値は 4 で割り切れるから，条件(Ⅰ)に反する。ゆえに $x_0\neq0$ であるから $x_0=2$ であり，このとき，式 ($\#$) より

$$g(2)=0$$

であるから，再び因数定理を用いれば，

$$g(x)=(x-2)h(x)$$

を満たす <u>係数が整数の多項式 $h(x)$ が存在する</u>。よって，

$$f(x)=(x-1)^2(x-2)h(x)$$

と表すことができるから，<u>$h(4)$ は奇数である</u>。以上より，整数 m を用い
(b)
て $h(4)=2m+1$ とおけば

$$f(4)=18h(4)=36m+18$$

であるから，$f(4)$ を 36 で割ったときの余りは 18 である。

─────────────────────────────

〔23 浜松医大〕

47 正の整数 m と n の最大公約数を効率よく求めるには，m を n で割ったときの余りを r としたとき，m と n の最大公約数と n と r の最大公約数が等しいことを用いるとよい。たとえば，455 と 208 の場合，次のように余りを求める計算を 3 回行うことで最大公約数 13 を求めることができる。

$$455\div208=2 \cdots 39, \quad 208\div39=5 \cdots 13, \quad 39\div13=3 \cdots 0$$

このように余りを求める計算をして最大公約数を求める方法をユークリッドの互除法という。

⑴ 20711 と 15151 のような大きな数の場合であっても，ユークリッドの互除法を用いることで，最大公約数が ７□ であることを比較的簡単に求めることができる。

⑵ 100 以下の正の整数 m と n（ただし $m>n$ とする）の最大公約数をユークリッドの互除法を用いて求めるとき，余りを求める計算の回数が最も多く必要になるのは，$m=$ ˥□，$n=$ ˀ□ のときである。

〔23 慶応大・環境情報〕

14　整数と方程式・不等式

48 *(1)　不定方程式 $77x-333y=2$ の整数解 x，y のうち，x が最小の自然数となる解は $x=$ ⁷□，$y=$ ⁴□ である。また，x と y がともに 3 桁の自然数となる解は $x=$ ⁷□，$y=$ ᵀ□ である。　　　　〔23 星薬大〕

(2)　正の整数 m と n は，不等式 $\dfrac{2022}{2023}<\dfrac{m}{n}<\dfrac{2023}{2024}$ を満たしている。このような分数 $\dfrac{m}{n}$ の中で n が最小のものは，$\dfrac{⁷□}{⁴□}$ である。

〔23 慶応大・環境情報〕

*49　次の各方程式について，その方程式を満たす自然数の組 (x, y) は存在するか。存在するときはすべての組を求め，存在しないときはそのことを示せ。

(1)　$4xy-12x-3y=25$

(2)　$9x^2-4y^2=35$

(3)　$9x^2+18x-4y^2+16y=72$　　　　〔23 和歌山県立医大・医，薬〕

*50　$a=2023$，$b=1742$ とする。このとき，

$$\frac{1}{ab}=\frac{m}{a}+\frac{n}{b}$$

となる整数の組 (m, n) で，$1\leqq n\leqq 2000$ を満たすものをすべて求めよ。

〔23 宮崎大・教育〕

51　$f(x)=x-\dfrac{1}{x}$ とする。自然数 a，b，c の組で，$a\leqq b\leqq c$ かつ $f(a)+f(b)+f(c)$ が自然数であるものの総数は，⁷□ 個である。その中で $f(a)+f(b)+f(c)$ の値が最大になるのは $(a, b, c)=$ ⁴□ のときである。

〔23 慶応大・理工〕

52　方程式 $(x^3-x)^2(y^3-y)=86400$ を満たす整数の組 (x, y) をすべて求めよ。

〔23 東京工大〕

53　n を正の整数とする。

(1)　n^2+n+1 が 7 で割り切れるような n を小さい順に並べるとき，100 番目の整数 n を求めよ。

(2)　n^2+n+1 が 91 で割り切れるような n を小さい順に並べるとき，100 番目の整数 n を求めよ。　　　　〔23 早稲田大・商〕

54　0 以上の整数の組 (x, y) について，次の問いに答えよ。

(1)　$3x+7y=34$ を満たす組 (x, y) をすべて求めよ。

(2)　$3x+7y=n$ を満たす組 (x, y) をもたない 0 以上の整数 n の個数を求めよ。また，そのような n の中で最大の整数を求めよ。

(3)　a を 3 で割った余りが 1 である自然数とする。$a>1$ のとき，$3x+ay=n$ を満たす組 (x, y) をもたない 0 以上の整数 n の個数を a を用いて表せ。また，そのような n の中で最大の整数を a を用いて表せ。

〔23 徳島大・医，歯，薬〕

15　整数の種々の問題

*55　$-1 \leqq \alpha \leqq 1$ とする。x に関する方程式 $x^2 - \dfrac{3}{2}x - \dfrac{9}{4} + \alpha = 0$ が整数解をもつとき，α の値は □ である。　〔23 立教大・理〕

*56　$|n-2|, |n|, |n+2|$ がすべて素数になるような整数 n をすべて求めよ。

〔23 広島工大（推薦）〕

57　整数 Z は n 進法で表すと $k+1$ 桁であり，n^k の位の数が 4，$n^i\ (1 \leqq i \leqq k-1)$ の位の数が 0，n^0 の位の数が 1 となる。ただし，n は $n \geqq 3$ を満たす整数，k は $k \geqq 2$ を満たす整数とする。

(1)　$k=3$ とする。Z を $n+1$ で割ったときの余りは □ である。

(2)　Z が $n-1$ で割り切れるときの n の値をすべて求めると □ である。

〔23 慶応大・薬〕

*58　(1)　10 進数 2023 を 5 進数で表したとき，5^2 の位の数字は □ である。

(2)　1 から 2023 までの 2023 個の自然数のうち，5 の倍数は □ 個である。

(3)　2023! を計算すると，末尾には 0 が連続して □ 個並ぶ。

〔23 近畿大・理系（推薦）〕

◇59　整数 n の正の約数の個数を $d(n)$ と書くことにする。たとえば，10 の正の約数は 1, 2, 5, 10 であるから $d(10)=4$ である。

(1)　2023 以下の正の整数 n の中で，$d(n)=5$ となる数は，□ 個ある。

(2)　2023 以下の正の整数 n の中で，$d(n)=15$ となる数は，□ 個ある。

(3)　2023 以下の正の整数 n の中で，$d(n)$ が最大となるのは $n=$□ のときである。

〔23 慶応大・総合政策〕

V 場合の数・確率

16 場合の数・順列

°*60 あるクラスの 20 人の生徒を対象に，数学と英語の試験を実施した。その結果，数学の試験に合格であった生徒の人数は 10 人，英語の試験に合格であった生徒の人数は 8 人，数学と英語どちらも合格であった生徒の人数は 4 人である。

(1) 数学の試験に不合格であった生徒の人数は □ 人である。

(2) 数学の試験に不合格で，英語の試験に合格であった生徒の人数は □ 人である。

(3) 数学と英語の少なくともどちらか一方の試験に合格であった生徒の人数は □ 人である。

(4) 数学と英語のどちらの試験にも不合格であった生徒の人数は □ 人である。 〔23 摂南大〕

°61 男子 3 人と女子 3 人が 1 列に並ぶ並び方は ア□ 通りある。そのうち，女子が少なくとも 2 人隣り合う並び方は イ□ 通りあり，さらに，女子が 3 人とも隣り合う並び方は ウ□ 通りある。 〔23 金沢工大〕

*62 数字 1，2 とアルファベット a，b，c，d，e の 7 文字を使って順列を作る。数字が隣り合う順列は ア□ 通り，数字の間にちょうど 4 文字並ぶ順列は イ□ 通り，両端ともアルファベットである順列は ウ□ 通り，少なくとも一方の端が数字である順列は エ□ 通りある。 〔23 関西学院大〕

*63 1 から 5 までの自然数が 1 つずつ書かれた 5 枚のカードがある。この中から 3 枚のカードを選んで，3 桁の数を作る。

(1) これら 3 桁の数のうち，偶数は全部で □ 個ある。

(2) これら 3 桁の数のうち，3 の倍数は全部で □ 個ある。

(3) これら 3 桁の数のうち，6 の倍数は全部で □ 個ある。

〔23 近畿大・理系(推薦)〕

64 $A = \{3n-1 \,|\, 1 \leq 3n-1 \leq 300,\ n\ は自然数\}$，
$B = \{4n+1 \,|\, 1 \leq 4n+1 \leq 300,\ n\ は自然数\}$ とする。

このとき，B の要素の個数は ア□ 個あり，$A \cap B$ の要素の個数は イ□ 個ある。また，$A \cap B$ から 2 つの数を選ぶとき，その和が 190 となる選び方は ウ□ 通りある。 〔23 大同大〕

65　右図のように，縦2列，横3列に並んだ6つのマスがある。また，1，2，3，4，5，6の6個の数字がそれぞれ書かれたカードが1枚ずつある。すべてのカードを各マスに1枚ずつ置いていき，6つのマスに6枚のカードを並べる。上列の3つの数の積をa_1，下列の3つの数の積をa_2，左列の2つの数の

積をb_1，中央列の2つの数の積をb_2，右列の2つの数の積をb_3とする。

(1)　a_1が奇数となるような6枚のカードの並べ方は何通りあるか。

(2)　a_1が偶数となるような6枚のカードの並べ方は何通りあるか。

(3)　b_1が偶数となるような6枚のカードの並べ方は何通りあるか。

(4)　a_1，a_2がともに偶数となるような6枚のカードの並べ方は何通りあるか。

(5)　a_1，a_2，b_1，b_2，b_3がすべて偶数となるような6枚のカードの並べ方は何通りあるか。　　　　　　　　　　　　　　　　　　〔23 岐阜大〕

17　組　合　せ

°*66　ある県のA市とB市は，それぞれの市の幹部職員から2名以上の委員を選出して，合計5名の委員からなる合併協議会を作ることにした。A市の幹部職員は7名で，そのうち2名は女性である。B市の幹部職員は6名で，そのうち3名は女性である。

(1)　合併協議会の委員の選び方は何通りあるかを求めよ。

(2)　合併協議会に少なくとも1名の女性が入っているような委員の選び方は何通りあるかを求めよ。

(3)　合併協議会にちょうど1名の女性が入っている委員の選び方は何通りあるかを求めよ。　　　　　　　　　　　　　〔23 広島工大・情報，環境，生命(推薦)〕

67 (1)　袋が3つある。また，1，2，3のいずれか1つの数字が書かれた3個の
ボールがある。それぞれの数字が書かれたボールは1つずつである。この3
個のボールをそれぞれ3つの袋のいずれかに入れる。ただし，ボールが入ら
ない袋があってもよい。
袋を区別するとき，入れ方は全部で ${}^{ア}\boxed{}$ 通りあり，
袋を区別しないとき，入れ方は全部で ${}^{イ}\boxed{}$ 通りある。

(2)　箱が3つある。また，n を2以上の整数とし，1から n までのいずれか1
つの番号が書かれた n 枚のカードがある。それぞれの番号が書かれたカード
は1枚ずつである。この n 枚のカードをそれぞれ3つの箱のいずれかに入れ
る。ただし，箱は区別しないこととし，カードが入らない箱があってもよい
とする。このとき，2つ以上の箱にカードが入るような入れ方は全部で
${}^{ウ}\boxed{}$ 通りある。したがって，カードの入れ方は全部で ${}^{エ}\boxed{}$ 通りある。

〔23 大阪工大〕

*68　赤色のガラス玉が4個，青色のガラス玉が2個，透明のガラス玉が1個ある。
これらの7個のガラス玉を1列に並べる方法は ${}^{ア}\boxed{}$ 通りあり，円形に並べ
る方法は ${}^{イ}\boxed{}$ 通りある。また，これらの7個のガラス玉に糸を通して首輪
を作る方法は ${}^{ウ}\boxed{}$ 通りある。　　　　　　　　　　　〔23 大同大〕

*69　10個の文字 a，a，a，a，b，b，b，c，c，d がある。

(1)　10個の文字を1列に並べる並べ方は $\boxed{}$ 通りある。

(2)　10個の文字を1列に並べるとき，2個の c が隣り合うような並べ方は
$\boxed{}$ 通りある。

(3)　この10個の文字から4個の文字を選び，1列に並べた文字列を考える。

　(i)　異なる4個の文字を用いてできる文字列は $\boxed{}$ 個ある。

　(ii)　同じ文字を2個ずつ用いてできる文字列は $\boxed{}$ 個ある。

　(iii)　作ることができる文字列の総数は $\boxed{}$ 個ある。〔23 神戸学院大・文系〕

70　白玉3個，黒玉6個の計9個の玉すべてを3つの箱 A，B，C に分けること
を考える。分け方の数え方については同じ色の玉は区別せず，箱は区別するも
のとする。また，玉が入らない箱がある場合も分け方として数えるものとする。
このとき，分け方の総数は ${}^{ア}\boxed{}$ 通りである。どの箱にも少なくとも1個以
上玉が入る分け方は ${}^{イ}\boxed{}$ 通りある。また，どの箱にも白玉が2個以上また
は黒玉が2個以上入る分け方は ${}^{ウ}\boxed{}$ 通りである。　　　　†〔23 防衛医大〕

◇**71**　xy 平面において，x 座標および y 座標がともに整数であるような点を格子
点と呼ぶ。xy 平面上の相異なる 2 つの格子点を端点とする折れ線のうち，x
座標または y 座標が等しい格子点どうしを結ぶ線分のみから構成され，かつ同
じ点を 2 度通ることはないものを，格子折れ線と呼ぶ。ここで，格子折れ線の
向きは考慮せず，端点および通過する点がすべて等しい格子折れ線は同じもの
とする。また，自然数 n に対し，

$$0 \leqq x \leqq n \text{ かつ } 0 \leqq y \leqq 1$$

を満たす格子点全体の集合を V_n とする。さらに，V_n に属する格子点をすべ
て通り，かつ V_n に属さない格子点は通らない格子折れ線全体の集合を L_n と
する。たとえば，7 つの格子点 $(0, 1)$，$(0, 0)$，$(1, 0)$，$(1, 1)$，$(4, 1)$，
$(4, 0)$，$(2, 0)$ を順に結んだ折れ線は L_4 に属する。

(1)　L_1 および L_2 に属する格子折れ線をすべて図示せよ。

(2)　L_4 に属する格子折れ線のうち，両端点の x 座標の差が 3 以上となるもの
をすべて図示せよ。

(3)　$n \geqq 3$ のとき，L_n に属する格子折れ線のうち，両端点の x 座標の差がちょ
うど $n-2$ となるものの個数を求めよ。

(4)　L_n に属する格子折れ線の個数 l_n を，n を用いて表せ。

〔23 東京医歯大・医〕

18　確　　　率

***72**　°(1)　赤玉が 8 個，白玉が 4 個，黄玉が 2 個入った箱から同時に 2 個の玉を取
り出すとき，黄玉 2 個を取り出す確率は $\dfrac{\boxed{}}{\boxed{}}$，赤玉を 1 つも取り出さな
い確率は $\dfrac{\boxed{}}{\boxed{}}$，異なる 2 色の玉を取り出す確率は $\dfrac{\boxed{}}{\boxed{}}$ である。

〔23 大同大〕

(2)　50 円硬貨 4 枚と，100 円硬貨 5 枚を同時に投げたとき，表が出た硬貨の合
計金額が 500 円未満となる確率を求めよ。　　〔23 三重大・工(後期)〕

(3)　3 個の数字 1，2，3 を重複を許して使ってできる 5 桁の数の中から 1 つを
選ぶとき，1，2，3 の数字がすべて含まれている確率は $\boxed{}$ である。

〔23 関西大・システム理工，環境都市工，化学生命工〕

73 箱の中に 1 から N までの番号が 1 つずつ書かれた N 枚のカードが入っている。ただし、N は 4 以上の自然数である。「この箱からカードを 1 枚取り出し、書かれた番号を見てもとに戻す」という試行を考える。この試行を 4 回繰り返し、カードに書かれた番号を順に X, Y, Z, W とする。

(1) $X = Y = Z = W$ となる確率を求めよ。

(2) X, Y, Z, W が 4 つの異なる番号からなる確率を求めよ。

(3) X, Y, Z, W のうち 3 つが同じ番号で残り 1 つが他と異なる番号である確率を求めよ。

(4) X, Y, Z, W が 3 つの異なる番号からなる確率を求めよ。

〔23 広島大・理系〕

74 n を 2 以上の整数とする。袋の中には 1 から $2n$ までの整数が 1 つずつ書いてある $2n$ 枚のカードが入っている。

(1) この袋から同時に 2 枚のカードを取り出したとき、そのカードに書かれている数の和が偶数である確率を求めよ。

(2) この袋から同時に 3 枚のカードを取り出したとき、そのカードに書かれている数の和が偶数である確率を求めよ。

(3) この袋から同時に 2 枚のカードを取り出したとき、そのカードに書かれている数の和が $2n+1$ 以上である確率を求めよ。 〔23 神戸大・理系〕

*75 n を 2 以上の整数とする。1 から 3 までの異なる番号を 1 つずつ書いた 3 枚のカードが 1 つの袋に入っている。この袋からカードを 1 枚取り出し、カードに書かれている番号を記録して袋に戻すという試行を考える。この試行を n 回繰り返したときに記録した番号を順に X_1, X_2, ……, X_n とし、$1 \leq k \leq n-1$ を満たす整数 k のうち $X_k < X_{k+1}$ が成り立つような k の値の個数を Y_n とする。$n = 3$ のとき、$X_1 = X_2 < X_3$ となる確率は ${}^{\mathcal{P}}\boxed{}$、$X_1 \leq X_2 \leq X_3$ となる確率は ${}^{\mathcal{I}}\boxed{}$ であり、$Y_3 = 0$ である確率は ${}^{\mathcal{P}}\boxed{}$、$Y_3 = 1$ である確率は ${}^{\mathcal{I}}\boxed{}$ である。$Y_n = 0$ である確率を n の式で表すと、${}^{\mathcal{I}}\boxed{}$ となる。

〔23 同志社大・理系〕

76 1 から 9 までの各自然数が 1 枚に 1 つずつ書かれた 9 枚のカードがある。それらをよくまぜてから 1 枚のカードを取り出し，取り出したカードに書かれた数を a とする。次に，残った 8 枚のカードから 1 枚を取り出し，取り出したカードに書かれた数を b とする。a，b を用いて 2 桁の自然数 $n=10a+b$ を作るとき，次の ☐ をうめよ。

(1) n が 4 の倍数である確率は ア☐ である。

(2) n^2-n が 10 の倍数になるような b をすべて求めると $b=$ イ☐ だから，n^2-n が 10 の倍数である確率は ウ☐ である。

(3) n^2-n が 100 の倍数である確率は エ☐ であり，n^2-n が 100 の倍数であるような最大の n は オ☐ である。　　　　〔23 関西大・総合情報〕

77 赤玉 4 個と白玉 5 個の入った，中の見えない袋がある。玉はすべて，色が区別できる他には違いはないものとする。A，B の 2 人が，A から交互に，袋から玉を 1 個ずつ取り出すゲームを行う。ただし取り出した玉は袋の中に戻さない。A が赤玉を取り出したら A の勝ちとし，その時点でゲームを終了する。B が白玉を取り出したら B の勝ちとし，その時点でゲームを終了する。袋から玉がなくなったら引き分けとし，ゲームを終了する。

(1) このゲームが引き分けとなる確率を求めよ。

(2) このゲームに A が勝つ確率を求めよ。　　　　〔23 東北大・理系〕

*78 袋の中に 1 から 5 までの番号をつけた 5 個の玉が入っている。この袋から玉を 1 個取り出し，番号を調べてからもとに戻す試行を，4 回続けて行う。n 回目（$1 \leqq n \leqq 4$）に取り出された玉の番号を r_n とするとき，

- $r_1+r_2+r_3+r_4 \leqq 8$ となる確率は ア☐

- $\dfrac{4}{r_1 r_2}+\dfrac{2}{r_3 r_4}=1$ となる確率は イ☐　　　　〔23 東京慈恵会医大〕

79 点Oを原点とする座標平面に16個の点 $A_1(2, 0)$，$A_2(2, 1)$，$A_3(2, 2)$，$A_4(1, 2)$，$A_5(0, 2)$，$A_6(-1, 2)$，$A_7(-2, 2)$，$A_8(-2, 1)$，$A_9(-2, 0)$，$A_{10}(-2, -1)$，$A_{11}(-2, -2)$，$A_{12}(-1, -2)$，$A_{13}(0, -2)$，$A_{14}(1, -2)$，$A_{15}(2, -2)$，$A_{16}(2, -1)$ があり，この中から無作為に相異なる3点を選び，A_i，A_j，A_k とする。

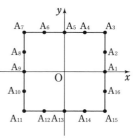

(1) A_i，A_j，A_k が三角形の頂点とならない（3点が一直線上にある）確率 P_1 を求めよ。

(2) $i=1$，$j=4$ とする。3点 A_1，A_4，A_k を頂点とする三角形の内部に原点Oがある（三角形の辺上に原点Oがある場合を除く）のは，A_k が A_{10} か A_{11} のときであり，かつそのときに限られることを示せ。

(3) A_i，A_j，A_k が三角形の頂点となり，かつその三角形の内部に原点Oがある（三角形の辺上に原点Oがある場合を除く）確率 P_2 を求めよ。

(4) A_i，A_j，A_k が三角形の頂点となり，かつその三角形の外部に原点Oがある（三角形の辺上に原点Oがある場合を除く）確率 P_3 を求めよ。

〔23 兵庫県大・国際商経〕

19　独立試行の確率，条件付き確率

80 (1)　1つの問題につき，その解答の候補が5個提示されている試験がある。各問題に対して正解はちょうど1つだけ存在し，解答者は各問題に対して，必ず1つの解答を選択しなければならないものとする。このような問題が5問ある試験に対して，各問題の解答の候補からランダムに1つを選んで答えることにする。このとき，5問中3問が正解となる確率を求めよ。

〔23 横浜市大・理，データサイエンス，医〕

°*(2)　当たりくじ5本を含む20本のくじの中から，引いたくじはもとに戻さないで，1本ずつ3回続けてくじを引く。このとき，1本以上当たりくじを引く確率は □ である。

〔23 京都産大・理，情報理工〕

81 袋の中に赤玉 5 個と白玉 5 個が入っている。次の規則に従って袋から玉を無作為に取り出す。

　　　ステップ 1．袋から玉を 3 個取り出す。

　　　ステップ 2．ステップ 1 で取り出した玉の中に含まれている赤玉の数と同じ数の玉を袋から取り出す。

このとき，2 回取り出した玉の中で，赤玉が合計 3 個となる事象の確率を求めよ。ただし，ステップ 1 の後，取り出された玉を袋に戻さない。

〔23 早稲田大・教育〕

82 確率 p でシュートを成功させる選手がいる。ある試合中に，この選手は 3 回のシュートを試みた。

(1) この選手が 3 回目で初めてシュートを成功させた確率を，p を用いて表せ。

　この選手の親は試合を観戦できなかったが，「3 回のシュートのうち少なくとも 1 回のシュートを成功させた」という事象 A が起こったことを知った。この事象 A が起こったときに，この選手が 3 回目で初めてシュートを成功させる条件付き確率は $\dfrac{25}{109}$ であるという。

(2) p の値を求めよ。

(3) 事象 A が起こったときに，この選手が 2 回目で初めてシュートを成功させる条件付き確率を求めよ。

〔23 札幌医大・医〕

*83 n 人でじゃんけんをする。1 回目のじゃんけんで勝者が 1 人に決まらなかった場合には，敗者を除き 2 回目のじゃんけんを行う。あいこも 1 回と数える。

(1) 1 回目のじゃんけんで勝者が 1 人に決まる確率 p_n を求めよ。

(2) 1 回目のじゃんけんであいこになる確率 q_n を求めよ。

(3) 5 人でじゃんけんを行い，2 回目に勝者が 1 人に決まる確率を求めよ。

〔23 名古屋市大〕

84 袋 A には白玉 3 つと赤玉 5 つが入っていて，袋 B には白玉 4 つと赤玉 3 つが入っている。

(1) 袋 A から玉を 1 つ，袋 B から玉を 2 つ取り出したとき，取り出した 3 つの玉が，白玉 2 つ，赤玉 1 つである確率を求めよ。

(2) 袋 A から 1 つの玉を取り出して袋 B に移し，次に袋 B から 2 つ玉を取り出す。袋 B から取り出した玉が 2 つとも赤であるとき，袋 A から袋 B に移した玉が赤である確率を求めよ。

〔23 学習院大・理〕

***85** ある病原菌にはA型，B型の2つの型があり，A型とB型に同時に感染することはない。その病原菌に対して，感染しているかどうかを調べる検査Yがある。検査結果は陽性か陰性のいずれかで，陽性であったときに病原菌の型までは判別できないものとする。検査Yで，A型の病原菌に感染しているのに陰性と判定される確率が10％であり，B型の病原菌に感染しているのに陰性と判定される確率が20％である。また，この病原菌に感染していないのに陽性と判定される確率が10％である。

全体の1％がA型に感染しており全体の4％がB型に感染している集団から1人を選び検査Yを実施する。

(1) 検査Yで陽性と判定される確率は $\dfrac{\boxed{}}{\boxed{}}$ である。

(2) 検査Yで陽性だったときに，A型に感染している確率は $\dfrac{\boxed{}}{\boxed{}}$ でありB型に感染している確率は $\dfrac{\boxed{}}{\boxed{}}$ である。

(3) 1回目の検査Yに加えて，その直後に同じ検査Yをもう一度行う。ただし，1回目と2回目の検査結果は互いに独立であるとする。2回の検査結果が共に陽性だったときに，A型に感染している確率は $\dfrac{\boxed{}}{\boxed{}}$ でありB型に感染している確率は $\dfrac{\boxed{}}{\boxed{}}$ である。　　〔23 上智大・文系〕

86 箱Aの中に赤球6個と白球n個の合計$n+6$個の球が入っている。箱Bの中に白球4個の球が入っている。ただし，nは自然数とし，球はすべて同じ確率で取り出されるものとする。

(1) 箱Aから同時に2個の球を取り出すとき，赤球が1個と白球が1個取り出される確率をp_nとする。p_nが最大となるnと，そのときのp_nの値を求めよ。

(2) 箱Aから同時に2個の球を取り出し箱Bに入れ，よくかき混ぜた後で箱Bから同時に2個の球を取り出すとき，赤球が1個と白球が1個取り出される確率をq_nとする。$q_n<\dfrac{1}{3}$となるnの最小値を求めよ。　　〔23 鳥取大〕

***87** nを自然数とする。1個のさいころをn回投げ，出た目を順にX_1，X_2，……，X_nとし，n個の数の積$X_1X_2……X_n$をYとする。

(1) Yが5で割り切れる確率を求めよ。

(2) Yが15で割り切れる確率を求めよ。　　〔23 京都大〕

88 xy 平面上の原点に駒を置く。3枚のコインを同時に投げ，次のルールに従って駒を動かす。

  (a) コインが3枚とも表であれば，駒を x 軸方向に $+1$ 動かす。

  (b) コインの2枚が表で，1枚が裏であれば，駒を x 軸方向に -1 動かす。

  (c) コインの1枚が表で，2枚が裏であれば，駒を y 軸方向に $+1$ 動かす。

  (d) コインが3枚とも裏であれば，駒を y 軸方向に -1 動かす。

このとき，次の ☐ をうめよ。

 (1) コインを1回投げたとき，駒が $(0,\ 1)$ にある確率は ☐ である。

 (2) コインを2回投げたとき，駒が原点にある確率は ☐ である。

 (3) コインを3回投げたとき，駒が原点にある確率は ☐ である。

 (4) コインを4回投げたとき，駒が $(1,\ 1)$ にある確率は ☐ である。

 (5) コインを5回投げたとき，駒が $(0,\ 1)$ にある確率は ☐ である。

〔23 関西大・総合情報〕

*89 箱の中に15本のくじが入っている。そのうち，5本が当たりくじで，10本がはずれくじである。箱の中からくじを1本引いて当たりかはずれかを確認し，引いたくじを箱に戻す試行を考える。この試行を繰り返し，次の条件 (a) または (b) が満たされた時点で終了する。

  (a) 当たりくじを合計3回引く

  (b) はずれくじを連続して3回引く

このとき，次の問いに答えよ。

 (1) ちょうど4回でくじ引きが終了する確率を求めよ。

 (2) ちょうど5回でくじ引きが終了する確率を求めよ。

 (3) ちょうど7回でくじ引きが終了する確率を求めよ。

〔23 静岡大・情報，理，工〕

90 n を2以上の自然数とする。1個のさいころを n 回投げて，出た目の数の積をとる。積が12となる確率を p_n とする。

 (1) p_2，p_3 を求めよ。

 (2) $n \geqq 4$ のとき，p_n を求めよ。

 (3) $n \geqq 4$ とする。出た目の数の積が n 回目にはじめて12となる確率を求めよ。

〔23 熊本大〕

91　黒玉 3 個，赤玉 4 個，白玉 5 個が入っている袋から玉を 1 個ずつ取り出し，取り出した玉を順に横一列に 12 個すべて並べる。ただし，袋から個々の玉が取り出される確率は等しいものとする。

(1)　どの赤玉も隣り合わない確率 p を求めよ。

(2)　どの赤玉も隣り合わないとき，どの黒玉も隣り合わない条件付き確率 q を求めよ。　　　　　　　　　　　　　　　　　　　　　　　〔23 東京大〕

20　確 率 と 数 列

*92　n を自然数とする。3 つの袋 A，B，C があり，袋 A には 1 つの赤玉，袋 B には 1 つの青玉，袋 C には 1 つの白玉がそれぞれ入っている。次の試行（＊）を n 回続けて行った後に白玉が袋 A，B，C の中にある確率をそれぞれ a_n，b_n，c_n とする。

　　試行（＊）：1 個のさいころを投げて，出た目が 1 の場合は袋 A の中の玉と
　　　　　　　　袋 C の中の玉を交換し，出た目が 1 以外の場合は袋 B の中の玉
　　　　　　　　と袋 C の中の玉を交換する。

このとき，$c_2={}^{ア}\boxed{}$ である。$n=1$, 2, 3, …… に対して，等式 $c_{n+2}=p(a_n+b_n)+qc_n$ が成り立つような定数 p, q の値はそれぞれ $p={}^{イ}\boxed{}$，$q={}^{ウ}\boxed{}$ であり，等式 $c_{n+2}-\dfrac{1}{3}=r\left(c_n-\dfrac{1}{3}\right)$ が成り立つような定数 r の値は $r={}^{エ}\boxed{}$ である。したがって，自然数 m に対して，c_{2m} を m の式で表すと $c_{2m}={}^{オ}\boxed{}$ となる。　　　　　〔23 同志社大・社会，理工〕

93　n を 1 以上の整数とする。1 枚のコインを n 回投げ，a_1, a_2, a_3, ……, a_n を次のように定める。$a_0=1$ として，k 回目（$k=1$, 2, 3, ……, n）にコインを投げたときに表が出たら $a_k=2a_{k-1}$ とし，裏が出たら $a_k=a_{k-1}+1$ とする。n 回投げ終えたときに，a_n を 3 で割った余りが 1 となる確率を p_n，a_n を 3 で割った余りが 2 となる確率を q_n とする。

(1)　p_1, q_1, p_2, q_2 を求めよ。

(2)　p_{n+1} および q_{n+1} を p_n または q_n を用いて表せ。

(3)　(1)と(2)で定まる数列 $\{p_n\}$ および $\{q_n\}$ の一般項を求めよ。

　　　　　　　　　　　　　　　　　　　　　　　　　　　〔23 徳島大・医，理工〕

*94 A，Bの2人が階段の一番下の段にいる。2人はじゃんけんをして，下記の
ルールに従い階段を移動するゲームを繰り返し行う。

　　・Aは勝ったら1段のぼり，あいこか負けた場合，同じ段にとどまる。
　　・Bはグー，チョキで勝ったら1段のぼり，パーで勝ったら3段のぼる。ま
　　　た，あいこか，グー，チョキで負けた場合，同じ段にとどまる。パーで負
　　　けたら階段の一番下の段まで戻る（すでに一番下の段にいる場合はとどま
　　　る）。

A，Bともに，$\dfrac{1}{3}$ ずつの確率でグー，チョキ，パーを出すものとし，すべて
の試行は独立とする。2回目以降のゲームは，2人とも直前のゲームでの移動
を終えた位置で行うものとする。階段の一番下の段を0段目とし，そこから
m 段のぼった段を m 段目とする。

(1)　n は自然数とし，m は $0 \leqq m \leqq n$ である整数とする。n 回のゲームを終え
　　た結果，Aが m 段目にいる確率 $x_{n,m}$ を求めよ。

(2)　m は0以上の整数とする。2回のゲームを終えた結果，Bが m 段目にい
　　る確率 y_m を求めよ。

(3)　n は自然数とする。n 回のゲームを終えた結果，Bが0段目にいる確率
　　z_n を求めよ。　　　　　　　　　　　　　　　　　　〔23　大阪公大・理系〕

95　1個のさいころを n 回投げて，k 回目に出た目を a_k とする。b_n を
$b_n = \displaystyle\sum_{k=1}^{n} a_1{}^{n-k} a_k$ により定義し，b_n が7の倍数となる確率を p_n とする。

(1)　p_1，p_2 を求めよ。

(2)　数列 $\{p_n\}$ の一般項を求めよ。　　　　　　　　　　　　〔23　大阪大・理系〕

96　何も入っていない 2 つの袋 A，B がある。いま，「硬貨を 1 枚投げて表が出たら袋 A，裏が出たら袋 B を選び，以下のルールに従って選んだ袋の中に玉を入れる」という操作を繰り返す。

> ── ルール ────────────────────────
>
> - 選んだ袋の中に入っている玉の数がもう一方の袋の中に入っている玉の数より多いか，2 つの袋の中に入っている玉の数が同じとき，選んだ袋の中に玉を 1 個入れる。
> - 選んだ袋の中に入っている玉の数がもう一方の袋の中に入っている玉の数より少ないとき，選んだ袋の中に入っている玉の数が，もう一方の袋の中に入っている玉の数と同じになるまで選んだ袋の中に玉を入れる。

例えば，上の操作を 3 回行ったとき，硬貨が順に表，表，裏と出たとすると，A，B 2 つの袋の中の玉の数は次のように変化する。

$$\begin{array}{l} \text{A：0 個} \\ \text{B：0 個} \end{array} \longrightarrow \begin{array}{l} \text{A：1 個} \\ \text{B：0 個} \end{array} \longrightarrow \begin{array}{l} \text{A：2 個} \\ \text{B：0 個} \end{array} \longrightarrow \begin{array}{l} \text{A：2 個} \\ \text{B：2 個} \end{array}$$

(1)　4 回目の操作を終えたとき，袋 A の中に 3 個以上の玉が入っている確率は ᵃ□ である。また，4 回目の操作を終えた時点で袋 A の中に 3 個以上の玉が入っているという条件の下で，7 回目の操作を終えたとき袋 B の中に入っている玉の数が 3 個以下である条件付き確率は ᶦ□ である。

(2)　n 回目の操作を終えたとき，袋 A の中に入っている玉の数のほうが，袋 B の中に入っている玉の数より多い確率を p_n とする。p_{n+1} を p_n を用いて表すと $p_{n+1} = {}^{\text{ウ}}\square$ となり，これより p_n を n を用いて表すと $p_n = {}^{\text{エ}}\square$ となる。

(3)　n 回目（$n \geqq 4$）の操作を終えたとき，袋 A の中に $n-1$ 個以上の玉が入っている確率は ᵒ□ であり，$n-2$ 個以上の玉が入っている確率は ᵏ□ である。

〔23 慶応大・理工〕

°**97** 赤玉と黒玉が入っている袋の中から無作為に玉を1つ取り出し，取り出した玉を袋に戻した上で，取り出した玉と同じ色の玉をもう1つ袋に入れる操作を繰り返す。

(1) 初めに袋の中に赤玉が1個，黒玉が1個入っているとする。n回の操作を行ったとき，赤玉をちょうどk回取り出す確率を$P_n(k)$ $(k=0, 1, ……, n)$ とする。$P_1(k)$ と $P_2(k)$ を求め，さらに $P_n(k)$ を求めよ。

(2) 初めに袋の中に赤玉が r 個，黒玉が b 個 $(r \geqq 1, b \geqq 1)$ 入っているとする。n回の操作を行ったとき，k回目に赤玉が，それ以外ではすべて黒玉が取り出される確率を $Q_n(k)$ $(k=1, 2, ……, n)$ とする。$Q_n(k)$ は k によらないことを示せ。　　　　　　　　〔23 早稲田大・基幹理工，創造理工，先進理工〕

°**98** n を2以上の自然数とする。1個のさいころをn回投げて出た目の数を順に $a_1, a_2, ……, a_n$ とし，
$$K_n = |1-a_1| + |a_1-a_2| + …… + |a_{n-1}-a_n| + |a_n-6|$$
とおく。また，K_n のとりうる値の最小値を q_n とする。

(1) $K_3=5$ となる確率を求めよ。

(2) q_n を求めよ。また，$K_n = q_n$ となるための $a_1, a_2, ……, a_n$ に関する必要十分条件を求めよ。

(3) n を4以上の自然数とする。$L_n = K_n + |a_4-4|$ とおき，L_n のとりうる値の最小値を r_n とする。$L_n = r_n$ となる確率 p_n を求めよ。　　　　　　　　〔23 北海道大・理系〕

Ⅵ　図形の性質

21　三角形と円の性質

°**99**　AB=5，BC=11，CA=$4\sqrt{5}$ である △ABC において，点Aから辺 BC に下した垂線の足をD，辺 AB を 3：2 に内分する点をE，線分 AD と線分 CE の交点をFとする。このとき，BD=ア$\boxed{}$ であり，$\dfrac{\text{AF}}{\text{FD}}=\dfrac{\text{イ}\boxed{}}{\text{ウ}\boxed{}}$ である。

さらに，△ABC の面積をS，△AFC の面積をTとするとき，$\dfrac{T}{S}=\dfrac{\text{エ}\boxed{}}{\text{オ}\boxed{}}$ である。

〔23 大同大〕

***100**　右図のように，2辺の長さがaとbである長方形に，半径 r_1 の円 O_1 と半径 r_2 の円 O_2 が内接しているとする。ただし，$0<b\leqq a<2b$ とする。

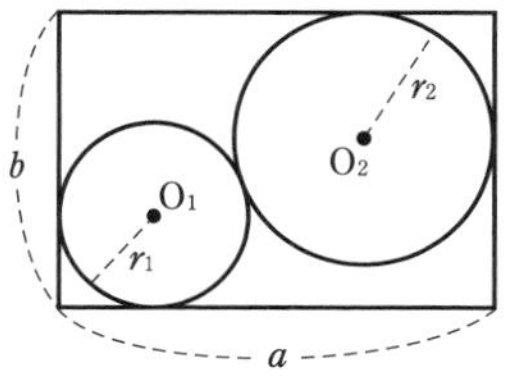

(1)　$x=r_1+r_2$ とおくとき，三平方の定理を用いてxが満たす2次方程式をaとbを用いて表せ。

(2)　r_1+r_2 をaとbを用いて表せ。

(3)　円 O_1 の面積と円 O_2 の面積の和をSとおいたとき，Sをa，bとr_1を用いて表せ。

(4)　Sの最小値をaとbを用いて表せ。　　　　〔23 関西大〕

101　直角三角形 ABC において AB=5，BC=12，CA=13 とする。∠A の二等分線と辺 BC の交点をDとする。

(1)　線分 AD の長さを求めよ。

(2)　∠A の二等分線と △ABC の外接円の交点のうち，点Aと異なる点をEとする。線分 DE の長さを求めよ。

(3)　△ABC の外接円の中心をOとし，線分 BO と線分 AD の交点をPとする。AP：PD を求めよ。

(4)　△ABC の内接円の中心をIとする。AI：ID を求めよ。

〔23 大分大・教育，経，理工〕

22 種々の図形の性質

*102 1辺の長さが2である正八面体について, 頂点の数は ^ア□□, 辺の数は
^イ□□ である。また, この正八面体の表面積は ^ウ□□ であり, 体積は ^エ□□
である。　　　　　　　　　　　　　　　　　　　　　　　〔23 同志社大・文系〕

103 図のような1辺の長さが1の立方体
ABCD-EFGH において, 辺 AD 上に点Pをとり,
線分 AP の長さを p とする。このとき, 線分 AG
と線分 FP は四角形 ADGF 上で交わる。その交点
をXとする。

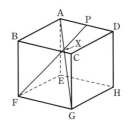

(1) 線分 AX の長さを p を用いて表せ。

(2) 三角形 APX の面積を p を用いて表せ。

(3) 四面体 ABPX と四面体 EFGX の体積の和を V とする。Vを p を用いて
表せ。

(4) 点Pを辺 AD 上で動かすとき, Vの最小値を求めよ。

〔23 名古屋大・文系〕

Ⅶ 図 形 と 式

23 点 と 直 線

°*104 座標平面上の 3 点 A$(-1, -2)$, B$(6, 2)$, C$(2, 5)$ を頂点とする △ABC

がある。点Aから直線 BC に垂線 AH を引くと，AH$=\dfrac{\boxed{}^{ア}}{\boxed{}^{イ}}$ であり，

△ABC の面積は $\dfrac{\boxed{}^{ウ}}{\boxed{}^{エ}}$ である。

〔23 京都産大・理，情報理工，生命科学(推薦)〕

105 原点をOとする座標平面上の 2 点 A$(3, 0)$, B$(1, 1)$ を考える。α, β を実数とし，点 P(α, β) は直線 OA 上にも直線 OB 上にもないとする。直線 OA に関して点Pと対称な点をQとし，直線 OB に関して点Pと対称な点をRとする。

(1) 点Qおよび点Rの座標を，α, β を用いて表せ。

(2) 直線 OA と直線 QR が交点Sをもつための条件を，α, β のうちの必要なものを用いて表せ。さらに，このときの交点Sの座標を，α, β のうちの必要なものを用いて表せ。

(3) 直線 OB と直線 QR が交点Tをもつための条件を，α, β のうちの必要なものを用いて表せ。さらに，このときの交点Tの座標を，α, β のうちの必要なものを用いて表せ。

(4) α, β は(2)と(3)の両方の条件を満たすとし，S, T は(2), (3)で定めた点であるとする。このとき，直線 OA と直線 BS が垂直となり，直線 OB と直線 AT が垂直となる α, β の値を求めよ。　〔23 広島大・理系〕

*106 a は正の定数とする。原点をOとする xy 平面上に直線 $\ell : y = \dfrac{2}{3}x$ と 2 点

A$(0, a)$, B$(17, 20)$ がある。直線 ℓ 上にとった動点Pと 2 点 A, B それぞれを線分で結び，2 つの線分の長さの和 AP+BP が最小となったとき，∠APO$=45°$ であった。AP+BP が最小であるとき，直線 BP を表す方程式は $y = {}^{ア}\boxed{}$ であり，三角形 ABP の内接円の半径は ${}^{イ}\boxed{}$ である。

〔23 慶応大・薬〕

24 曲 線 と 直 線

*107 座標平面において，3 直線 $x=0$, $y=0$, $y=-2x+2$ で囲まれてできる三角形に内接する円の半径を求めよ。　〔23 金沢工大〕

108 a を実数とする。2つの円 $x^2+y^2-4=0$ と $x^2+y^2-2ax-8y+16=0$ が異なる2点で交わっているとき，a のとりうる値の範囲は，$a<$ ⁷ □ または $a>$ ⁴ □ である。　　　　　　　　　　　　　　　　　　　　　　〔23 金沢工大〕

*109 k を実数とし，$r>0$ とする。
円 $(x-3)^2+(y-2)^2=r^2$ を x 軸方向に k，y 軸方向に $2k$ だけ平行移動した円を C とすると，C の中心 P の座標は (⁷ □ ， ⁴ □) である。
また，点 P′$(2k, 2k)$ と点 P の距離を d とするとき，$d=\sqrt{\text{ウ}\ \square}$ である。
さらに，$r=4$ とし，点 P′ を中心とする半径 1 の円を C' とする。
このとき，円 C' が円 C の内部にあるような k の値の範囲は，
エ □ $<k<$ オ □ である。　　　　　　　　　　　　　　　　　〔23 大阪工大〕

110 円 $C:x^2+y^2-2x+6y-1=0$ の中心 A の座標は (⁷ □ ， ⁴ □) であり，半径は ウ □ である。$m>0$ として，円 C が直線 $\ell:y=mx$ から切り取る線分の長さが 6 であるとき，$m=$ エ □ であり，点 A を通り直線 ℓ に垂直な直線の方程式は $y=$ オ □ である。　　　　　　　　　　　　　　　　　〔23 大阪工大〕

*111 3点 O$(0, 0)$，A$(1, 2)$，B$(3, -1)$ があり，y 軸上の点 C は 2 点 A，B から等距離にあるとする。点 C の座標は $\left(0, -\dfrac{\text{ア}\ \square}{\text{イ}\ \square}\right)$ であり，点 P が △ABC 上を動くとき，OP の最大値は $\sqrt{\text{ウ}\ \square}$，最小値は $\dfrac{\text{エ}\ \square}{\sqrt{\text{オ}\ \square}}$ である。また，△ABC の外接円の中心の x 座標は $\dfrac{\text{カ}\ \square}{\text{キ}\ \square}$ である。　　　　　　〔23 大同大〕

112 座標平面上に2つの円 C_1，C_2 があり，円 C_1 は次の方程式で表される。
$$x^2+y^2-6x-8y+21=0$$
この円の中心を O_1 とする。また，円 C_2 は原点 O を中心とする半径 r の円である。ただし，r は正の定数である。
(1) 円 C_1 の中心 O_1 の座標は (⁷ □ ， ⁴ □)，半径は ウ □ である。
(2) 2つの円 C_1，C_2 が共有点をもつような r の値の範囲は
エ □ $\leqq r\leqq$ オ □ である。
とくに，$r=$ エ □ のとき，2つの円 C_1，C_2 は外接する。このときの接点の座標は $\left(\dfrac{\text{カ}\ \square}{\text{キ}\ \square}, \dfrac{\text{ク}\ \square}{\text{ケ}\ \square}\right)$ である。

(3) 円 C_2 が円 C_1 の中心を通るとき，$r={}^{コ}\boxed{}$ である。

　　このとき，円 C_1，C_2 の 2 つの交点を P，Q とすると，直線 PQ の方程式は $3x+{}^{サ}\boxed{}y={}^{シ}\boxed{}$ であり，4 点 O，P，O_1，Q を順に結んでできる四角形 OPO_1Q の面積は ${}^{ス}\boxed{}\sqrt{{}^{セ}\boxed{}}$ である。

〔23 京都女子大・データサイエンス(推薦)〕

25 軌　　跡

*113 座標平面において，A(0, 5) とし，点 (0, 2) を中心とし半径が 2 である円を C とする。点 P が C 上を動くとき，線分 AP を $1:2$ に外分する点の軌跡が直線 $y=2x+6$ を切り取ってできる線分の長さは $\boxed{}$ である。

〔23 福岡大・医〕

◇114 平面上の 2 つの円が直交するとは，2 つの円が 2 点で交わり，各交点において 2 つの円の接線が互いに直交することである。

(1) C_1，C_2 は半径がそれぞれ r_1，r_2 の円とする。C_1 の中心と C_2 の中心の間の距離を d とする。C_1 と C_2 が直交するための必要十分条件を d，r_1，r_2 の関係式で表せ。

(2) p，r_1，r_2 は $p>r_1+r_2$，$r_1>0$，$r_2>0$ を満たす実数とする。座標平面上において，原点 O を中心とする半径 r_1 の円を C_1，点 $(p, 0)$ を中心とする半径 r_2 の円を C_2 とする。C_1 と C_2 のいずれにも直交する円の中心の軌跡を求めよ。

(3) 互いに外部にある 3 つの円の中心が一直線上にないとき，それら 3 つの円のいずれにも直交する円がただ 1 つ存在することを示せ。〔23 熊本大・医〕

26 領　　域

*115 座標平面において，次の連立不等式の表す領域を D とする。
$$x+2y-8\leqq0,\ 3x+y-9\leqq0,\ x\geqq0,\ y\geqq0$$
点 P(x, y) が D を動くとき，

(1) $x+y$ は $(x, y)=({}^{ア}\boxed{},\ {}^{イ}\boxed{})$ のとき，最大値 ${}^{ウ}\boxed{}$ をとる。

(2) $-x+y$ は $(x, y)=({}^{エ}\boxed{},\ {}^{オ}\boxed{})$ のとき，最大値 ${}^{カ}\boxed{}$ をとる。

(3) $x^2+y^2+2x-6y$ は $(x, y)=({}^{キ}\boxed{},\ {}^{ク}\boxed{})$ のとき，最小値 ${}^{ケ}\boxed{}$ をとる。〔23 金沢工大〕

116 連立不等式 $y\geqq x^2+2x$，$y\leqq x+2$ の表す領域を点 P(x, y) が動くとする。このとき，$x-2y$ の最小値は ${}^{ア}\boxed{}$ であり，最大値は ${}^{イ}\boxed{}$ である。また，点 $(-2, 1)$ を中心とし，点 P(x, y) を通る円の半径が最小になるのは，$(x, y)={}^{ウ}\boxed{}$ のときである。〔23 関西学院大・理系〕

117 (1) 不等式 $y^2+xy+y-2x^2-x<0$ の表す領域を図示せよ。

(2) r を正の定数とする。次で定められる円 $x^2-2x+y^2+y+\dfrac{5}{4}-r^2=0$ の内部が(1)で求めた領域に含まれるとき，r のとりうる値の範囲を求めよ。

〔23 関西大・文系〕

*118 xy 平面上に 2 つの放物線 $C_1：y=x^2$, $C_2：y=x^2-k^2$（k は正の実数）がある。C_2 上の点 T から C_1 に 2 本の接線を引き，その接点を A，B とする（A の x 座標は B の x 座標より小さいものとする）。線分 AB の中点を M とし，T を C_2 上で動かしたときの M の軌跡の方程式は ゛□ である。M の軌跡を C_3 としたとき，C_3 が $3x^2+2xy-y^2+2x+2y\leqq0$ を満たす領域に含まれるような k の値の範囲は $k\geqq$ ゛□ である。　　　†〔23 防衛医大〕

119 r, s を正の実数とする。放物線 $y=x^2$ と円 $x^2+(y-s)^2=r^2$ の共有点の個数Nを考える。

(1) N が奇数であるような (r, s) の範囲を rs 平面上に図示せよ。

(2) $N=2$ であるような (r, s) の範囲を rs 平面上に図示せよ。

(3) $N=0$ であるような (r, s) の範囲を rs 平面上に図示せよ。

〔23 滋賀医大〕

27　図形と式の種々の問題

120 xy 平面において方程式 $15x+28y=0$ が表す直線をLとする。

(1) L 上にない格子点とLとの距離の最小値を求めよ。ただし，格子点とは xy 平面上の点で x 座標と y 座標がともに整数であるものをいう。

(2) (1)の最小値を与える格子点の座標 (x, y) の中で，$|x|+|y|$ が最小となるものを求めよ。

〔23 和歌山県立医大・医，薬〕

Ⅷ　三角比・三角関数

28　三角比と三角形

*121 (1)　$\sin\theta\cos\theta=\dfrac{1}{\sqrt{7}}$ のとき，$\sin^6\theta+\cos^6\theta=\dfrac{\text{ア}\boxed{}}{\text{イ}\boxed{}}$，

$\tan^2\theta+\dfrac{1}{\tan^2\theta}=\text{ウ}\boxed{}$ である。　　　　　　〔23 金沢工大〕

°(2)　$0°\leqq\theta\leqq90°$ とする。$\cos(90°-8°)=\sin\theta$ のとき $\theta=\text{ア}\boxed{}$ である。また $\cos8°-\sin82°+\sin172°\sin8°+\cos^28°$ を計算すると値は $\text{イ}\boxed{}$ となる。

〔23 東京都市大〕

122 *(1)　平面上に AB$=2\sqrt{5}$，BC$=\sqrt{5}$，AC$=3$ を満たす三角形 ABC がある。辺 BC を $2:3$ に内分する点をPとするとき，線分 AP の長さdと三角形 ABP の面積Sを求めよ。　　〔23 学習院大・法，国際，社会科学〕

(2)　辺の長さが AB$<$BC を満たす長方形 ABCD がある。この長方形の対角線の長さは4で，面積は4である。対角線 AC と BD の交点をOとするとき，∠AOB を求めよ。　　　　　　　　　〔23 広島工大・情報，環境，生命〕

123　鋭角三角形 ABC において，AB$=5$，AC$=2\sqrt{5}$，$\sin\angle\mathrm{ABC}=\dfrac{4}{5}$ とする。

直線 BC 上に，AD$=4\sqrt{5}$ を満たす点Dを，3点 B，C，D がこの順に並ぶようにとる。また，△ABC の外接円と直線 AD の交点のうち点Aと異なる点をEとする。

(1)　$\sin\angle\mathrm{ACB}$ と $\cos\angle\mathrm{ACB}$ の値を求めよ。

(2)　辺 BC の長さを求めよ。

(3)　線分 AE の長さを求めよ。　　　　　　〔23 広島工大・情報，環境，生命〕

*124　四角形 ABCD は円に内接し，AB$=5$，BC$=3$，CD$=$DA$=7$ とする。このとき，∠ABC$=\text{ア}\boxed{}$° であり，AC$=\text{イ}\boxed{}$ である。また，AC と BD の交点をEとすると，$\sin\angle\mathrm{BEC}=\text{ウ}\boxed{}$ である。

〔23 大阪工大〕

125　∠A$=60°$ の三角形 ABC の内部に点Pをとり，Pから直線 AB に下ろした垂線の交点をDとし，Pから直線 AC に下ろした垂線の交点をEとする。DE$=9$ のとき，AP$=\text{ア}\boxed{}\sqrt{\text{イ}\boxed{}}$ である。このとき，さらに，直線 AB 上に点Fをとり，直線 AC 上に点Gをとるとき，PF$+$FG$+$GP の最小値は $\text{ウ}\boxed{}$ である。　　　　　　　　　　　　　　〔23 近畿大・理系(推薦)〕

*126 三角形 ABC において，AB=3，BC=$\sqrt{13}$，CA=1 であるとし，外接円を C，∠A の二等分線を ℓ とする。ℓ と辺 BC の交点を D，ℓ と円 C の交点のうち A と異なる点を E とする。

(1) cos∠BAC=$\dfrac{\boxed{}}{\boxed{}}$ である。また，三角形 ABC の面積は

$\dfrac{\boxed{}\sqrt{\boxed{}}}{\boxed{}}$ であり，AD=$\dfrac{\boxed{}}{\boxed{}}$ である。

(2) BE=$\sqrt{\boxed{}}$ であり，三角形 EBC の面積は $\dfrac{\boxed{}\sqrt{\boxed{}}}{\boxed{}}$ である。

(3) AE=$\boxed{}$ である。また，∠ADC=θ とするとき，

sinθ=$\dfrac{\boxed{}\sqrt{\boxed{}}}{\boxed{}}$ である。 〔23 自治医大・看護〕

127 △ABC において，BC=3，AC=b，AB=c，∠ACB=θ とする。b と c を素数とするとき，次の問いに答えよ。

(1) $b=3$，$c=5$ のとき，cosθ の値を求めよ。

(2) cos$\theta<0$ のとき，$c=b+2$ が成り立つことを示せ。

(3) $-\dfrac{5}{8}<\cos\theta<-\dfrac{7}{12}$ のとき，b と c の値の組をすべて求めよ。

〔23 浜松医大〕

128 m，n を正の整数とする。半径 1 の円に内接する △ABC が

$$\sin\angle A=\frac{m}{17},\ \sin\angle B=\frac{n}{17},\ \sin^2\angle C=\sin^2\angle A+\sin^2\angle B$$

を満たすとき，△ABC の内接円の半径は $\boxed{}$ である。 〔23 早稲田大・商〕

29 図 形 と 計 量

*129 四角錐 OABCD において，底面 ABCD は 1 辺の長さが 2 の正方形で，辺 OA，OB，OC，OD の長さは $\sqrt{6}$ であるとする。

(1) 四角錐 OABCD の体積は $^{ア}\boxed{}$，四角錐 OABCD に内接する球の半径は $^{イ}\boxed{}$ である。

(2) 四角錐 OABCD に外接する球の中心を E とする。このとき，cos∠AEB の値は $^{ウ}\boxed{}$ である。 〔23 関西学院大・文系〕

130 半径 1 の球面上の相異なる 4 点 A, B, C, D が

$$AB=1,\ AC=BC,\ AD=BD,\ \cos\angle ACB=\cos\angle ADB=\frac{4}{5}$$

を満たしているとする。

(1) 三角形 ABC の面積を求めよ。

(2) 四面体 ABCD の体積を求めよ。　　　　　　　　　　〔23 東京大・文系〕

30 三角関数の問題 (1)

131 (1) $\dfrac{1}{\sin^2 x}+\dfrac{1}{\cos^2 x}=\dfrac{\boxed{}^{\text{ア}}}{\sin^2 2x}$ である。ただし，$\boxed{}^{\text{ア}}$ は x を含まない

数である。また，実数 θ が $\dfrac{\pi}{2}<\theta<\pi$ かつ $\dfrac{3\sin\theta}{\cos\theta}+1=\dfrac{2}{\sin\theta\cos\theta}$ を満た

すとき，$\tan\theta=\boxed{}^{\text{イ}}$ である。　　　　　　　〔23 大阪工大〕

*(2) $0<\alpha<\dfrac{\pi}{2}$, $\dfrac{\pi}{2}<\beta<\pi$, $\sin\alpha=\dfrac{\sqrt{15}}{5}$, $\sin\beta=\dfrac{\sqrt{10}}{5}$ のとき，

$\cos\alpha=\dfrac{\sqrt{\boxed{}^{\text{ア}}}}{\boxed{}^{\text{イ}}}$, $\cos 2\alpha=-\dfrac{\boxed{}^{\text{ウ}}}{\boxed{}^{\text{エ}}}$, $\cos(\beta-\alpha)=\boxed{}^{\text{オ}}$,

$\cos(12\alpha-8\beta)=-\dfrac{\boxed{}^{\text{カ}}}{\boxed{}^{\text{キ}}}$ である。　　　　　　〔23 大同大〕

***132** $0\leqq x<2\pi$ のとき，不等式 $\sqrt{3}\sin x+\cos x>1$ の解は $\boxed{}^{\text{ア}}$ であり，

$0\leqq\theta<\pi$ のとき，不等式 $\cos^2\theta-\sin^2\theta+2\sqrt{3}\sin\theta\cos\theta>1$ の解は $\boxed{}^{\text{イ}}$ で

ある。　　　　　　　　　　　　　　　　　　　〔23 南山大・理工〕

133 集合 $\{\sin n\,|\,n$ は整数, $1\leqq n\leqq 9\}$ の要素の中で，最大の要素は $\sin\boxed{}^{\text{ア}}$,

最小の要素は $\sin\boxed{}^{\text{イ}}$, 絶対値が最小の要素は $\sin\boxed{}^{\text{ウ}}$ である。ただし，

$\pi=3.14$ とする。　　　　　　　　　〔23 京都産大・理，情報理工，生命科学(推薦)〕

134 $\sin 2\theta=\cos 3\theta$ のとき，$\sin\theta$ の値を求めよ。ただし，$0<\theta<\pi$ とする。

　　　　　　　　　　　　　　〔23 東京都市大・理工，建築都市デザイン，情報工〕

***135** $0\leqq x<2\pi$ のとき，不等式 $\sqrt{2}\sin x+2\cos x+\sqrt{2}\sin 2x+1\leqq 0$ の解は

$\boxed{}$ である。　　　　　　　　　　　　　　〔23 福岡大・医〕

***136** 関数 $y=2\sin 2\theta+4(\sin\theta-\cos\theta)-1$ の $0\leqq\theta<\pi$ における最大値は $\boxed{}^{\text{ア}}$,

最小値は $-\boxed{}^{\text{イ}}$ である。　　　　　　　　　　　　〔23 星薬大〕

31　三角関数の問題⑵

137　$0 \leqq \theta < 2\pi$ とする。$F = \dfrac{2\sin 2\theta + 8\sin\theta}{2\cos 2\theta + 3\cos\theta - 8}$ は $F = \dfrac{\boxed{}^{ア}\sin\theta}{\boxed{}^{イ}\cos\theta - \boxed{}^{ウ}}$

と変形できる。どのような θ の値に対しても，F は座標平面上の 2 点

$(\cos\theta,\ \sin\theta)$, $\left(\dfrac{\boxed{}^{エ}}{\boxed{}^{オ}},\ 0\right)$ を通る直線の傾きに等しい。F の最大値は $\dfrac{\boxed{}^{カ}}{\boxed{}^{キ}}$

である。　〔23 千葉工大〕

138　$0 \leqq \theta \leqq \pi$ とする。2 次方程式 $x^2 - 2(\sin\theta + \cos\theta)x - \sqrt{3}\cos 2\theta = 0$ について，次の問いに答えよ。

⑴　この方程式の判別式 D を $\sin 2\theta$, $\cos 2\theta$ を用いて表せ。

⑵　この方程式が実数解をもつとき，定数 θ の値の範囲を求めよ。

⑶　この方程式の解がすべて正の実数であるとき，定数 θ の値の範囲を求めよ。

〔23 徳島大・医，理工〕

*139　$0 \leqq \theta \leqq \dfrac{3}{4}\pi$ とし，$s = \sin\theta - \sqrt{3}\cos\theta$ とする。

⑴　$s = r\sin(\theta - \alpha)$（$r$, α は $r > 0$, $0 \leqq \alpha < \pi$ を満たす定数）の形に書き直すと，$s = \boxed{}^{ア}$ である。s のとりうる値の範囲は $\boxed{}^{イ}$ である。

⑵　s^2 は $\theta = \boxed{}^{ウ}$ のとき最小値をとり，$\theta = \boxed{}^{エ}$ のとき最大値 $\boxed{}^{オ}$ をとる。また，関数 $f(s) = \dfrac{s^2}{2} + \dfrac{2}{s^2}$ を $s > 0$ となる場合に限って考えると，$f(s)$ は $\theta = \boxed{}^{カ}$ のとき最小値をとる。

⑶　$t = -\sqrt{3}\sin 2\theta + \cos 2\theta$ とする。t を s の式で表すと $t = \boxed{}^{キ}$ であり，$g(t) = t + 2\sqrt{3(t+2)}$ は $\theta = \boxed{}^{ク}$ のとき最小値 $\boxed{}^{ケ}$ をとる。

a は実数の定数とするとき，$g(t) = a$ を満たす θ が 2 個存在するような a の値の範囲は $\boxed{}^{コ}$ である。　〔23 関西学院大〕

*140　θ を $0 < \theta < \pi$ を満たす実数とする。

⑴　θ が $\cos 3\theta = \cos 2\theta$ を満たすとき，$\theta = \boxed{}^{ア}$, $\boxed{}^{イ}$ である。ここで，$\boxed{}^{ア} < \boxed{}^{イ}$ である。一方，$\cos 3\theta - \cos 2\theta$ を $\cos\theta$ の整式で表すことにより，$\cos\boxed{}^{ア}$, $\cos\boxed{}^{イ}$ を解にもつ x に関する 2 次方程式が $\boxed{}^{ウ} = 0$ であることがわかる。ここで，$\boxed{}^{ウ}$ は x について整理された最も次数が高い項の係数が 1 である多項式である。（注：$\boxed{}^{ウ}$ は三角関数を用いずに答えること。）

(2)　n を自然数とする。等式 $\cos(n+1)\theta=\cos n\theta$ を満たす θ は全部で $^{エ}\square$ 個ある。その中で最も小さなものは $^{オ}\square$，最も大きなものは $^{カ}\square$ である。

(3)　実数 α に対して等式 $\cos\alpha+\cos(\pi-\alpha)=^{キ}\square$ が成り立つことを用いると，$\cos\dfrac{\pi}{7}$，$\cos\dfrac{3\pi}{7}$，$\cos\dfrac{5\pi}{7}$ を解にもつ x に関する3次方程式は $^{ク}\square=0$ である。ここで，$^{ク}\square$ は x について整理された最も次数が高い項の係数が1である多項式である。また，$\cos\dfrac{\pi}{7}+\cos\dfrac{3\pi}{7}+\cos\dfrac{5\pi}{7}=^{ケ}\square$ である。
(注：$^{ク}\square$，$^{ケ}\square$ は三角関数を用いずに答えること。)

〔23 立命館大・理系〕

***141**　三角形 ABC において $\angle A=A$，$\angle B=B$，$\angle C=C$ とする。

(1)　$\cos 2A+\cos 2B=2\cos(A+B)\cos(A-B)$ が成り立つことを示せ。

(2)　$1-\cos 2A-\cos 2B+\cos 2C=4\sin A\sin B\cos C$ が成り立つことを示せ。

(3)　$A=B$ のとき，$1-\cos 2A-\cos 2B+\cos 2C$ の最小値を求めよ。

〔23 滋賀大・データサイエンス〕

142　θ がすべての実数値をとって変化するとき，放物線
$y=(x-\sin\theta)(x-\cos\theta)$ が通過する領域を D とする。

(1)　$t=\sin\theta+\cos\theta$ とおくとき，t のとりうる値の範囲を求めよ。また，y を x と t を用いて表せ。

(2)　t の最大値を M とし，p を $0\leqq p\leqq M$ を満たす定数とする。点 $P(p,\ q)$ が領域 D に属するとき，q のとりうる値の範囲を p を用いて表せ。

(3)　領域 D を図示せよ。　〔23 広島工大〕

***143**　座標平面において，放物線 $y=x^2$ 上に3点 $A(a,\ a^2)$，$B(b,\ b^2)$，$C(c,\ c^2)$ がある。ただし，$a<b<c$ とする。三角形 ABC は1辺の長さが l の正三角形であり，点 B，C を通る直線の傾きを m とする。

(1)　点 B が原点 O にあるとき，$m=\sqrt{^{ア}\square}$，$c=\sqrt{^{イ}\square}$，$l=^{ウ}\square\sqrt{^{エ}\square}$ である。

(2)　$m=\sqrt{5}$ とする。直線 BC と x 軸の正の向きとのなす角を θ とすると，$\tan\theta=\sqrt{^{オ}\square}$ である。点 A，C を通る直線の傾きは

$\dfrac{^{カ}\square\sqrt{^{キ}\square}-^{ク}\square\sqrt{^{ケ}\square}}{^{コ}\square}$ であり，$c-b=\dfrac{^{サ}\square\sqrt{^{シ}\square}}{^{ス}\square}$ である。

また，$l=\dfrac{^{セ}\square\sqrt{^{ソ}\square}}{^{タ}\square}$ である。　〔23 近畿大・理系(推薦)〕

144 半径 1 の円に内接する △ABC において，∠A$=\alpha$，∠B$=\beta$，∠C$=\gamma$ とする。

(1) △ABC の面積 S を $\sin\alpha$，$\sin\beta$，$\sin\gamma$ を用いて表せ。

(2) $\alpha=\dfrac{\pi}{6}$ のとき，S がとりうる最大の値を求めよ。

(3) $\alpha=\beta$ のとき，△ABC の内接円の半径 r がとりうる最大の値を求めよ。

〔23 香川大〕

145 座標平面上の 3 点 O$(0, 0)$，A$(1, 0)$，B に対し，三角形 OAB は正三角形である。ただし，B の y 座標は正であるとする。さらに点 C は OAB の重心とする。O を中心として OAB を反時計回りに角度 α 回転させたときの三角形を OA′B′ とする。さらに点 C′ は OA′B′ の重心とする。ただし，$0 \leqq \alpha \leqq \dfrac{2\pi}{3}$ とする。

(1) B および C の座標をそれぞれ求めよ。

(2) B′ および C′ の座標をそれぞれ $\cos\alpha$，$\sin\alpha$ を用いて表せ。

(3) 線分 B′C′ の中点を P とし，P の y 座標を $f(\alpha)$ とする。$0 \leqq \alpha \leqq \dfrac{2\pi}{3}$ の範囲における $f(\alpha)$ の最大値を求めよ。

(4) 線分 B′C′ が x 軸と平行になるときの α の値を α_0 とする。α_0 を求めよ。

(5) α が 0 から (4) で求めた α_0 まで動くとき，B′C′ が通過する領域を D とする。D の面積 S を求めよ。

〔23 立教大・理〕

◇**146** 関数 $f(x)=\sqrt{3}\,\sin x+\cos(ax)$ について，次の各問いに答えよ。

(1) $a=1$ のとき，$0 \leqq x \leqq 2\pi$ における $y=f(x)$ のグラフをかけ。また，$f(x)$ の最大値と最小値を求めよ。

(2) $a=\pi$ のとき，$f(x)$ は周期関数でないことを示せ。ただし，π は無理数であることを用いてよい。

〔23 宮崎大・教育〕

IX 指数関数・対数関数

32 指数・対数の計算

°**147** $\log_2 16 = ^{ア}\boxed{}$, $\log_2 32 = ^{イ}\boxed{}$ である。

n は 2 以上の整数とする。$\log_n 16$ が整数となる n の値は $^{ウ}\boxed{}$ 個あり、

$\log_n 32$ が整数となる n の値は $^{エ}\boxed{}$ 個ある。また、$72\log_n 2$ が整数となる

n の値は $^{オ}\boxed{}$ 個あり、$300\log_n 144$ が整数となる n の値は $^{カ}\boxed{}$ 個ある。

〔23 大同大〕

***148** $\log_{10} 2 = 0.3010$, $\log_{10} 3 = 0.4771$ として、次の問いに答えよ。

(1) 18^{49} は $^{ア}\boxed{}$ 桁の自然数で、最高位の数字は $^{イ}\boxed{}$ である。

(2) $\left(\dfrac{15}{32}\right)^{15}$ を小数で表すと、小数第 $^{ウ}\boxed{}$ 位にはじめて 0 でない数字が現れ、

その数字は $^{エ}\boxed{}$ である。 〔23 星薬大〕

149 $\log_{10} 2 = 0.30$, $\log_{10} 41 = 1.61$ とするとき、$\log_{10} 80$, $\log_{10} 82$ の値を求めよ。

さらに、$10^{0.95} < 9 < 10^{0.96}$ を示せ。 〔23 三重大・工(後期)〕

***150** $a = \sqrt[3]{5\sqrt{2}+7} - \sqrt[3]{5\sqrt{2}-7}$ とする。

(1) a^3 を a の 1 次式で表せ。

(2) a は整数であることを示せ。

(3) $b = \sqrt[3]{5\sqrt{2}+7} + \sqrt[3]{5\sqrt{2}-7}$ とするとき、b を越えない最大の整数を求めよ。

〔23 早稲田大・社会科学〕

151 $(2\cdot 7\cdot 11\cdot 13)^{20}$ の桁数は $\boxed{}$ である。 〔23 上智大・経、理工〕

33 指数・対数の種々の問題

°***152** (1) 方程式 $2^{x+2} - 2^{2x+1} + 16 = 0$ を解くと $x = \boxed{}$ である。

〔23 立教大・理〕

(2) $2^{-x} = \dfrac{1}{16}$ を満たす実数 x の値は、$x = ^{ア}\boxed{}$ である。

また、$\left(\dfrac{1}{4}\right)^{x} - 2^{-x} - 2 < 0$ を満たす実数 x の値の範囲は $x > ^{イ}\boxed{}$ である。

〔23 大阪工大(推薦)〕

153 °(1) $(\log_2 9)(\log_3 x) - \log_2 5 = 2$ を解くと $x=\boxed{}$ である。

〔23 慶応大・看護医療〕

*(2) a, b を実数とする。$\log_6 a + \log_6 (a+1) = 1$ であるとき，$a={}^{\mathcal{P}}\boxed{}$ である。また，$\log_2|b| + \log_{\frac{1}{2}}(b+1) = 1$ であるとき，$b={}^{\mathcal{A}}\boxed{}$ である。

〔23 大阪工大〕

(3) 不等式 $8(\log_2\sqrt{x})^2 - 3\log_8 x^9 < 5$ を満たす x の範囲を求めよ。

〔23 札幌医大・医〕

154 (1) 15 分ごとに分裂して，個数が 2 倍に増える細胞がある。この細胞 1 個は $\boxed{}$ 時間後に初めて 50 万個以上になる。ただし，$\log_{10} 2 = 0.3010$ として，答は整数で求めよ。 〔23 福岡大・理，工，薬〕

*(2) 厚さ 0.09 mm の紙を三つ折りで 1 回折りたたむと元の厚さの 3 倍になる。折りたたんだ紙の厚さが初めて 10000 m を超えるのは三つ折りで $\boxed{}$ 回折りたたんだときである。ただし，紙は何回でも折りたためるものとし，$\log_{10} 3 = 0.4771$ とする。 〔23 上智大・経〕

*155 関数 $f(x) = 10^{\frac{x}{50}} - 4 \cdot 10^{\frac{x}{100}} - 3 \cdot 10^{-\frac{x}{100}} + 12 \cdot 10^{-\frac{x}{50}}$ について，

(1) $t = 10^{\frac{x}{100}}$ とおくとき，$10^{\frac{x}{50}} f(x)$ を t についての多項式で表せ。

(2) 方程式 $f(x) = 0$ を満たす実数 x をすべて求めよ。

(3) 不等式 $f(x) < 0$ を満たす整数 x の個数を求めよ。ただし，$\log_{10} 2 = 0.3010$，$\log_{10} 3 = 0.4771$ とする。 〔23 関西大・文系〕

156 n, x を 2 以上の整数とする。各 n に対して，

$$-1 \leq \log_n x - 6\log_x n \leq 1 \quad \cdots\cdots (*)$$

を満たす x の個数 S_n を考える。

(1) $\log_2 k - 6\log_k 2 = -1$ を満たす 2 以上の整数 k を求めよ。

(2) $n = 2$ のとき $(*)$ を満たし，かつ $\log_2 x$ が整数となる x をすべて求めよ。

(3) S_n を n を用いて表せ。

(4) $10 \leq S_n \leq 100$ となる n をすべて求めよ。 〔23 岐阜大〕

*157　実数 a を定数とする。x の方程式 $4^x-(a-6)2^{x+1}+17-a=0$ …… ① がある。

(1)　$a=9$ のとき，方程式 ① の 2 つの解を求めよ。

(2)　(i)　方程式 ① が $x=0$ を解にもつとき，a の値を求めよ。

　(ii)　a を (i) で求めた値とするとき，他の解を求めよ。

(3)　方程式 ① が実数解をもたないとき，a の値の範囲を求めよ。

(4)　方程式 ① の異なる 2 つの解の和が 0 であるとき，a の値を求めよ。また，そのとき 2 つの解を求めよ。　〔23 立命館大・文系〕

158　a を実数の定数とする。x の方程式 $\log_2|x-5|+\log_2|x+3|=a$ の異なる実数解の個数は，$a>$ ア□ のとき イ□ 個，$a=$ ア□ のとき ウ□ 個，$a<$ ア□ のとき エ□ 個である。　〔23 摂南大・理工，薬(推薦)〕

*159　a を実数とする。実数 x の関数 $f(x)=4^x+4^{-x}+a(2^x+2^{-x})+\dfrac{1}{3}a^2-1$ がある。

(1)　$t=2^x+2^{-x}$ とおくとき t の最小値は ア□ であり，$f(x)$ を t の式で表すと イ□ である。

(2)　$a=-3$ のとき，方程式 $f(x)=0$ の解をすべて求めると，$x=$ ウ□ である。

(3)　方程式 $f(x)=0$ が実数解をもたないような a の値の範囲は エ□ である。

　〔23 慶応大・薬〕

160　x，y を正の実数とし，$z=2\log_2 x+\log_2 y$ とする。また k を正の実数とする。

(1)　x，y が $x+y=k$ を満たすとき，z のとりうる値の最大値 z_1 およびそのときの x の値を，k を用いて表せ。

(2)　x，y は $x+y=k$ または $kx+y=2k$ を満たすとする。このとき，z のとりうる値の最大値 z_2 が (1) の z_1 と一致するための必要十分条件を，k を用いて表せ。

(3)　n を自然数とし，$k=2^{\frac{n}{5}}$ とする。(2) の z_2 について，$\dfrac{3}{2}<z_2<\dfrac{7}{2}$ を満たす n の最大値および最小値を求めよ。なお，必要があれば $1.58<\log_2 3<1.59$ を用いよ。　〔23 慶応大・経〕

161　x，y は 1 でない正の実数とする。

(1)　$\log_x y>0$ を満たす点 (x, y) の範囲を座標平面に図示せよ。

(2)　$\log_x y+3\log_y x-4<0$ を満たす点 (x, y) の範囲を座標平面に図示せよ。

　〔23 香川大〕

X 微 分 法

34 導関数, 接線

*162 次の □ をうめよ。ただし, ア□, イ□, エ□, オ□ は a の式で, ウ□, カ□ は数値でうめよ。

曲線 $y=x^3-x$ を C とおき, a を 0 と異なる定数とする。P を x 座標が a である C 上の点とし, P における C の接線を ℓ とおく。C と ℓ の共有点のうち, P と異なるものを Q とすると, Q の x 座標は ア□ である。Q における C の接線を m とおく。このとき, m の傾きは イ□ である。m と x 軸が平行になるのは, $a^2=$ ウ□ のときである。

C と m が共有する点のうち, Q と異なるものを R とおくとき, R の x 座標は エ□ である。R における C の接線を n とおくとき, n の傾きは オ□ である。ℓ と n が垂直になるのは, $a^2=\dfrac{1}{96}($ カ□$)$ のときである。

〔23 関西大・文系〕

163 a を正の実数とする。2 つの曲線 $C_1 : y=x^3+2ax^2$ および $C_2 : y=3ax^2-\dfrac{3}{a}$ の両方に接する直線が存在するような a の範囲を求めよ。

〔23 一橋大〕

*164 座標平面上にある放物線 $y=x^2$ を C とし, C 上の 2 点 $A(\alpha, \alpha^2)$ と $B(\beta, \beta^2)$ を考える。ただし, $\alpha<\beta$ とする。C の A における接線 ℓ_1 と, B における接線 ℓ_2 との交点を P とする。また, A を通り ℓ_1 と直交する直線 m_1 と, B を通り ℓ_2 と直交する直線 m_2 との交点を Q とする。さらに, 3 点 A, B, Q を通る円の中心を点 $S(s, t)$ とする。

(1) P と Q の座標を α, β を用いて表せ。

(2) s と t を α, β を用いて表せ。

(3) α, β が $\alpha<\beta$ かつ $s=0$ を満たしながら動くとき, t のとりうる値の範囲を求めよ。

〔23 北海道大・理, 工(後期)〕

165 整式 $f(x)=(x-1)^2(x-2)$ を考える。

(1) $g(x)$ を実数を係数とする整式とし，$g(x)$ を $f(x)$ で割った余りを $r(x)$ とおく。$g(x)^7$ を $f(x)$ で割った余りと $r(x)^7$ を $f(x)$ で割った余りが等しいことを示せ。

(2) a, b を実数とし，$h(x)=x^2+ax+b$ とおく。$h(x)^7$ を $f(x)$ で割った余りを $h_1(x)$ とおき，$h_1(x)^7$ を $f(x)$ で割った余りを $h_2(x)$ とおく。$h_2(x)$ が $h(x)$ に等しくなるような a, b の組をすべて求めよ。　〔23 東京大・理系〕

35　関数の増減・極値

166 関数 $f(x)=(x+1)(2x-3)(x-3)$ について，次の問いに答えよ。

(1) $f'(x)=0$ となる x の値を求めよ。

(2) $f(x)$ の増減を調べ，極値を求めよ。

(3) $g(x)=(x+1)|2x-3|(x-3)$ と定めるとき，$y=g(x)$ のグラフをかけ。
　〔23 東京都市大・理工，建築都市デザイン，情報工〕

*167 関数 $f(x)=x^3-(a^2+2)x^2+(a^2-5)x+6(a^2+1)$ について，次の問いに答えよ。ただし，a は $-1<a<1$ を満たす定数とする。

(1) $f(-2)$ および $f(3)$ を求めよ。

(2) $f(x)$ を因数分解せよ。

(3) $y=f(x)$ のグラフと x 軸および y 軸との共有点の座標を求めよ。

(4) $y=f(x)$ の増減を調べ，グラフの概形をかけ。ただし，極値は求めなくてよい。
　〔23 広島工大(推薦)〕

168 a を実数とする。関数 $f(x)=\dfrac{a+1}{2}x^4-a^2x^3-a^2(a+1)x^2+3a^4x$ について

考える。

(1) $f'(a)={}^{\text{ア}}\boxed{}$ であり，$f'(-a)={}^{\text{イ}}\boxed{}$ である。

(2) $y=f(x)$ は，$a={}^{\text{ウ}}\boxed{}$ のとき，極値をとる x の値がちょうど 2 つとなり，

$a=\dfrac{{}^{\text{エ}}\boxed{}}{{}_{\text{オ}}\boxed{}}$，${}^{\text{カ}}\boxed{}$，${}^{\text{キ}}\boxed{}$ のとき，極値をとる x の値がただ 1 つとなる。

ただし，$\dfrac{{}^{\text{エ}}\boxed{}}{{}_{\text{オ}}\boxed{}}<{}^{\text{カ}}\boxed{}<{}^{\text{キ}}\boxed{}$ とする。

(3) $a={}^{\text{ウ}}\boxed{}$ のとき，$x={}^{\text{ク}}\boxed{}$ で極大値 ${}^{\text{ケ}}\boxed{}$，$x={}^{\text{コ}}\boxed{}$ で極小値

${}^{\text{サ}}\boxed{}$ をとる。

(4) $a=1$ とする。点 $(-1,\ f(-1))$ を通り，$y=f(x)$ のグラフに接する直線

は 3 本あり，それぞれ，$x={}^{\text{シ}}\boxed{}$，${}^{\text{ス}}\boxed{}$，$\dfrac{{}^{\text{セ}}\boxed{}}{{}_{\text{ソ}}\boxed{}}$ で $y=f(x)$ と接する。

ただし，${}^{\text{シ}}\boxed{}<{}^{\text{ス}}\boxed{}<\dfrac{{}^{\text{セ}}\boxed{}}{{}_{\text{ソ}}\boxed{}}$ とする。　　　　　〔23 上智大・経〕

*169 関数 $y=2\cos^5x-3\cos^3x+\cos x-2\sin^5x+3\sin^3x-\sin x$ を考える。ただ

し，$0\leqq x<2\pi$ とする。$t=\cos x-\sin x$ とおくと，t のとりうる値の範囲は

$-\sqrt{{}^{\text{ア}}\boxed{}}\leqq t\leqq\sqrt{{}^{\text{イ}}\boxed{}}$ である。このとき，$\cos x\sin x$ と $\cos^3x-\sin^3x$ はそ

れぞれ t を用いて

$$\cos x\sin x=\frac{-t^2+{}^{\text{ウ}}\boxed{}}{{}_{\text{エ}}\boxed{}},\quad \cos^3x-\sin^3x=\frac{-t^3+{}^{\text{オ}}\boxed{}t}{{}_{\text{カ}}\boxed{}}$$

と表され，関数 y は t を用いて

$$y=\frac{-t^5+{}^{\text{キ}}\boxed{}t^3-{}^{\text{ク}}\boxed{}t}{{}_{\text{ケ}}\boxed{}}\qquad \cdots\cdots ①$$

と表される。

$y=0$ となる x の値は全部で ${}^{\text{コ}}\boxed{}$ 個あり，そのうち最も大きい値は

$\dfrac{{}^{\text{サ}}\boxed{}}{{}_{\text{シ}}\boxed{}}\pi$ である。

式 ① で表される t の関数 y を $f(t)$ とする。$y=f(t)$ が極値をとる t は 4 つ

あり，小さい方から順に $a,\ b,\ c,\ d$ とする。このとき，$ac=\dfrac{{}^{\text{ス}}\boxed{}\sqrt{{}^{\text{セ}}\boxed{}}}{{}_{\text{ソ}}\boxed{}}$，

$f(b)f(d)=\dfrac{{}^{\text{タ}}\boxed{}\sqrt{{}^{\text{チ}}\boxed{}}}{{}_{\text{ツ}}\boxed{}}$ である。　　　　　〔23 近畿大・理系(推薦)〕

36 最大・最小(微分法)

*170 曲線 $C:y=x-x^3$ 上の点 A$(1,\ 0)$ における接線を ℓ とし,C と ℓ の共有
点のうち A とは異なる点を B とする。また,$-2<t<1$ とし,C 上の点
P$(t,\ t-t^3)$ をとる。さらに,三角形 ABP の面積を $S(t)$ とする。

(1) 点 B の座標を求めよ。

(2) $S(t)$ を求めよ。

(3) t が $-2<t<1$ の範囲を動くとき,$S(t)$ の最大値を求めよ。〔23 筑波大〕

171 $0<b<100$ を満たす実数 b に対し,点 $(10,\ b)$ から放物線 $C:y=x^2$ に相
異なる 2 本の接線を引き,この 2 本の接線の C における接点をそれぞれ P$_1$,
P$_2$ とする。実数 b が $0<b<100$ の範囲で動くとき,三角形 OP$_1$P$_2$ の面積の
最大値を求めよ。ただし,O は原点を表す。   〔23 早稲田大・教育〕

*172 実数 $x,\ y$ が $x^2-xy+y^2-1=0$ を満たすとする。また,$t=x+y$ とおく。

(1) xy を t を用いて表せ。

(2) t のとる値の範囲を求めよ。

(3) $3x^2y+3xy^2+x^2+y^2+5xy-6x-6y+1$ のとる値の範囲を求めよ。

〔23 高知大・教育〕

173 実数 $x,\ y$ が $10^x+10^{\frac{y}{2}}=1$ を満たしているとき,$x+y$ が最大となる $x,\ y$
を求めよ。   〔23 兵庫県大・国際商経〕

*174 a を実数の定数とする。関数 $f(x)=x^3+3x^2-6ax$ について,次の問いに
答えよ。

(1) $f(x)$ が極値をもたないような a の値の範囲を求めよ。

(2) $x=\dfrac{1}{2}$ において $f(x)$ が極小となるような a の値を求めよ。

(3) $-1\leqq x\leqq 1$ における $f(x)$ の最小値を a を用いて表せ。   〔23 香川大〕

37 方程式・不等式への応用

175 $f(x)=-x^3+5x+1$ とし，曲線 $y=f(x)$ 上の点 $(1, f(1))$ における接線 ℓ の方程式を $y=g(x)$ とする。

(1) $g(x)$ を求めよ。

(2) $h(x)=f(x)-g(x)$ とする。関数 $h(x)$ の増減を調べ，$h(x)$ の極値を求めよ。

(3) k を実数とし，点 $(0, k)$ を通り ℓ に平行な直線を ℓ_k とする。

直線 ℓ_k と曲線 $y=f(x)$ が異なる 3 個の共有点をもつような k の値の範囲を求めよ。 〔23 大阪工大(推薦)〕

176 k を定数とする。関数 $f(x)$ と $g(x)$ を

$$f(x)=x^3-\frac{9}{2}x^2+6x-k, \ g(x)=\frac{2}{3}x^3-2x^2+2x+4|x-1|$$

と定めるとき，次の問いに答えよ。

(1) $y=f(x)$ のグラフと x 軸が相異なる 3 つの共有点をもつような k の値の範囲を求めよ。

(2) $y=f(x)$ のグラフと $y=g(x)$ のグラフが相異なる 3 つの共有点をもつような k の値の範囲を求めよ。 〔23 信州大・経法，医〕

*177 a, b を実数とし，実数 x の関数 $f(x)$ を $f(x)=x^3+ax^2+bx-6$ とおく。方程式 $f(x)=0$ は $x=-1$ を解にもち，$f'(-1)=-7$ である。

(1) $a=$ ア[ ]，$b=$ イ[ ] である。

(2) c は正の実数とする。$f(x)\geqq 3x^2+4(3c-1)x-16$ が $x\geqq 0$ において常に成立するとき，c の値の範囲は ウ[ ] である。 〔23 慶応大・薬〕

178 a を実数とし，座標平面上の点 $(0, a)$ を中心とする半径 1 の円の周を C とする。

(1) C が，不等式 $y>x^2$ の表す領域に含まれるような a の範囲を求めよ。

(2) a は(1)で求めた範囲にあるとする。C のうち $x\geqq 0$ かつ $y<a$ を満たす部分を S とする。S 上の点 P に対し，点 P での C の接線が放物線 $y=x^2$ によって切り取られてできる線分の長さを L_P とする。$L_Q=L_R$ となる S 上の相異なる 2 点 Q，R が存在するような a の範囲を求めよ。

〔23 東京大・理系〕

XI 積 分 法

38 積 分 の 計 算

*179 a を正の定数として関数 $f(x)=x^2+(8a^2-2a-1)x+2a(1-8a^2)$ を定める。

$I_1=\int_0^1 f(x)dx$, $I_2=\int_0^1 |f(x)|dx$ とするとき，次の問いに答えよ。

(1) $f(1-8a^2)$ の値を求めよ。

(2) I_1 を a を用いて表せ。

(3) $a=\dfrac{1}{2\sqrt{2}}$ のとき，I_2 の値を求めよ。

(4) I_2-I_1 を a を用いて表せ。

〔23 同志社大・政策，文化情報，スポーツ健康科学〕

180 n を正の整数とする。次の条件 (i), (ii), (iii) を満たす n 次関数 $f(x)$ のうち n が最小のものは，$f(x)=\boxed{}$ である。

(i) $f(1)=2$ (ii) $\int_{-1}^1 (x+1)f(x)dx=0$

(iii) すべての正の整数 m に対して，$\int_{-1}^1 |x|^m f(x)dx=0$ 〔23 早稲田大・商〕

181 a を実数の定数，n を自然数とし，関数 $f(x)$ を $f(x)=1-ax^n$ と定める。

(1) $\dfrac{n+5}{n+2}\leqq 2$ を示せ。

(2) $\displaystyle\int_0^1 xf(x)dx\leqq\dfrac{2}{3}\left(\int_0^1 f(x)dx\right)^2$ を示せ。

(3) (2)の不等式において，等号が成立するときの a と n の値を求めよ。

〔23 島根大・医，総合理工，材料エネルギー〕

39 定積分で表された関数

*182 α, β は実数で，$\beta\geqq 0$ であるとする。$f(x)=\int_{-1}^{\beta}(x^2-\alpha t)f(t)dt+1$ を満たす関数 $f(x)$ が α に無関係になるように β を定め，そのときの $f(x)$ を求めよう。

$A=\int_{-1}^{\beta}f(t)dt$, $B=\int_{-1}^{\beta}tf(t)dt$ とおけば，$f(x)=Ax^2+{}^{\text{ア}}\boxed{}$ と表すことができる。よって，$f(x)$ が α に無関係ならば $B={}^{\text{イ}}\boxed{}$ でなければならない。このとき $A={}^{\text{ウ}}\boxed{}$ であるから，$B={}^{\text{イ}}\boxed{}$ のとき $\beta={}^{\text{エ}}\boxed{}$ であり，$f(x)={}^{\text{オ}}\boxed{}$ である。 〔23 関西大・総合情報〕

*183 2つの関数 $f(x)$, $g(x)$ がそれぞれ

$$f(x)=3x^2-2x-2+2\int_0^1 f(t)dt,$$

$$g(x)=x-\int_0^1 |g(t)|dt$$

を満たすとき，次の問いに答えよ。

(1) $\int_0^x (3t^2-2t-2)dt$ を求めよ。

(2) $I=\int_0^1 f(t)dt$ とおくとき，I の値を求めよ。また，$f(x)$ を求めよ。

(3) $g(x)$ を求めよ。

(4) $h(x)=\int_0^x f(t)dt-2g(x)$ の $0\leqq x\leqq 1$ における最大値と最小値を求めよ。

〔23 大阪工大〕

184 $0\leqq k\leqq 2$ とし，$S(k)=\int_k^{k+1} |x^2-2x|dx$ とする。

(1) 関数 $y=|x^2-2x|$ のグラフをかけ。

(2) $0\leqq k\leqq 1$ のとき，$S(k)$ を k を用いて表せ。

(3) $0\leqq k\leqq 1$ のとき，$S(k)$ の最大値とそのときの k の値を求めよ。

(4) $1\leqq k\leqq 2$ のとき，$S(k)$ を k を用いて表せ。

(5) $1\leqq k\leqq 2$ のとき，$S(k)$ が最小となる k の値を求めよ。

〔23 大分大・教育，経，理工〕

°185 関数 $f(x)$ と $g(x)$ が

$$f(x)=-x^2\int_0^1 f(t)dt-12x+\frac{2}{9}\int_{-1}^0 f(t)dt$$

$$g(x)=\int_0^1 (3x^2+t)g(t)dt-\frac{3}{4}$$

を満たしている。このとき

$$f(x)={}^{\text{ア}}\boxed{}x^2-12x+{}^{\text{イ}}\boxed{}$$

$$g(x)={}^{\text{ウ}}\boxed{}x^2+{}^{\text{エ}}\boxed{}$$

である。また，xy 平面上の $y=f(x)$ と $y=g(x)$ のグラフの共通接線は

$$y={}^{\text{オ}}\boxed{}x+\dfrac{{}^{\text{カ}}\boxed{}}{{}^{\text{キ}}\boxed{}}$$

である。なお，n を0または正の整数としたとき，x^n の不定積分は

$$\int x^n dx=\frac{1}{n+1}x^{n+1}+C \ (C は積分定数) である。$$

〔23 慶応大・環境情報〕

*186　実数 $t \geqq 0$ に対して関数 $G(t)$ を次のように定義する。

$$G(t) = \int_t^{t+1} |3x^2 - 8x - 3| \, dx$$

このとき

(1)　$0 \leqq t <$ ⁷□ のとき $G(t) =$ ⁴□ $t^2 +$ ⁹□ $t +$ ᵞ□

(2)　⁷□ $\leqq t <$ ⁴□ のとき $G(t) =$ ⁵□ $t^3 +$ ⁴□ $t^2 +$ ⁷□ $t +$ ⁶□

(3)　⁴□ $\leqq t$ のとき $G(t) =$ ⁵□ $t^2 +$ ⁵□ $t +$ ⁵□

である。また，$G(t)$ が最小となるのは，$t = \dfrac{\text{ス}□ + \sqrt{\text{セ}□}}{\text{ソ}□}$ のときである。

〔23　慶応大・総合政策〕

40　面　　積(1)

187　a を実数とし，$f(x) = \left(a + \dfrac{2}{3}\right)x^3 + x^2 - 3ax$ とする。

(1)　関数 $f(x)$ を微分せよ。

(2)　$f'(x) = 0$ の異なる実数解の個数を a の値で場合分けして求めよ。

(3)　$-\dfrac{2}{3} < a < -\dfrac{1}{3}$ とする。$f(x)$ の増減を調べて，$f(x)$ が極大となるときの x の値を求めよ。ただし，極大値は求めなくてよい。

(4)　$a = -\dfrac{2}{3}$ のとき，曲線 $y = f(x)$ $(x \geqq 0)$ と直線 $y = 2x + 3$ および y 軸で囲まれる図形の面積を求めよ。　　〔23　大阪工大〕

*188　a を定数とする。座標平面上の直線 $y = 2ax + \dfrac{1}{4}$ と放物線 $y = x^2$ の 2 つの交点を P_1，P_2 とする。a が $0 \leqq a \leqq 1$ の範囲を動くとき，線分 $P_1 P_2$ の通過する部分の面積は $\dfrac{\text{ア}□}{\text{イ}□}$ である。　　〔23　上智大・文系〕

*189　p を実数とし，$f(x) = x^3 - 3x^2 + p$ とおく。

(1)　関数 $f(x)$ の増減を調べ，$f(x)$ の極値を求めよ。

(2)　方程式 $f(x) = 0$ が異なる 3 個の実数解をもつとき，p のとりうる値の範囲を求めよ。

(3)　$f(1) = 0$ のとき，p が(2)で求めた範囲にあることを示せ。

(4)　(3)のとき，方程式 $f(x) = 0$ の 1 以外の実数解を α，β $(\alpha < 1 < \beta)$ とする。$\alpha + \beta$，$\alpha\beta$ の値を求めよ。

(5)　(4)のとき，$\alpha \leqq x \leqq 1$ において x 軸と曲線 $y=f(x)$ で囲まれた部分の面積を S_1 とし，$1 \leqq x \leqq \beta$ において x 軸と曲線 $y=f(x)$ で囲まれた部分の面積を S_2 とする．$S_1=S_2$ となることを示せ。　　　　　〔23 岐阜大・文系〕

190　a を正の実数とする。直線 $\ell_1: y=-ax$ と放物線 $C: y=x(x-3a)$ の原点 O 以外の交点を P$(p,\ q)$ とする。

(1)　$p,\ q$ の値を求めよ。

(2)　放物線 C の点 P における接線 ℓ_2 の方程式を求めよ。

(3)　曲線 $y=x(x-3a)\ (x \geqq p)$ と線分 OP および x 軸で囲まれた図形の面積 S を求めよ。

(4)　(2)で求めた直線 ℓ_2 と y 軸の交点を Q とし，$\angle \text{OPQ}=\theta\ (0 \leqq \theta \leqq \pi)$ とする。$\tan\theta = 2\sqrt{2}$ のとき，a の値を求めよ。　　　　　〔23 大阪工大〕

191　a を実数とする。関数 $f(x)$ を $f(x)=x^2-2ax+2a^2$ とし，放物線 $y=f(x)$ を C とする。$f(x)$ は $x=$ ᵃ ☐ において最小値 ⁱ ☐ をとる。放物線 C が点 $(2,\ 4)$ を通るのは，$a=$ ᵘ ☐ のときである。また，a が実数全体を動くときに平面上で放物線 C が通過する領域は不等式 $y \geqq$ ᵉ ☐ で表される。

b を実数とする。直線 $x=b$ と放物線 C のただ 1 つの共有点の y 座標を a の関数とみなし，$g(a)$ とおく。a が実数全体を動くときの $g(a)$ の最小値は ᵒ ☐ である。

a が $-1 \leqq a \leqq 1$ の範囲を動くときに平面上で放物線 C が通過する領域について考える。$b \geqq 0$ のときは，次の 2 つの場合が考えられる。

- $0 \leqq b \leqq$ ᵏ ☐ の場合，$-1 \leqq a \leqq 1$ における $g(a)$ の最小値 ᵒ ☐，最大値は ᵏ ☐ である。
- ᵏ ☐ $<b$ の場合，$-1 \leqq a \leqq 1$ における $g(a)$ の最小値は ᵏ ☐，最大値は ᵏ ☐ である。

$b<0$ のときも同様に考えると，a が $-1 \leqq a \leqq 1$ の範囲を動くときに平面上で放物線 C が通過する領域と不等式 $-3 \leqq x \leqq 3$ の表す領域との共通部分の面積は ᶜ ☐ となる。　　　　　〔23 立命館大・理系〕

***192**　2 つの関数 $f(x),\ g(x)$ について，

$$f(x)=2x^2+\int_1^x g(t)dt$$

$$g(x)=2x+\int_0^2 f(t)dt$$

が成り立つとする。

(1)　定積分 $\displaystyle\int_0^2 f(t)dt$ の値を求めよ。

(2) 関数 $h(x)$ を，$h(x)=\displaystyle\int_1^x f(t)dt-g(x)+2$ によって定める。

(i) $h(x)$ を x の式で表せ。

(ii) $h(x)$ の極値を求めよ。

(3) (2)で求めた $h(x)$ に対して，曲線 $y=h(x)$ と曲線 $y=f(x)+g(x)$ で囲まれた 2 つの部分の面積の和 S を求めよ。

〔23 関西学院大・経済，国際，総合政策〕

193 p を正の実数とする。O を原点とする座標平面上の放物線 $C:y=\dfrac{1}{4}x^2$ 上の点 $\mathrm{P}\left(p,\ \dfrac{1}{4}p^2\right)$ における接線を ℓ，P を通り x 軸に垂直な直線を m とする。また，m 上の点 $\mathrm{Q}(p,\ -1)$ を通り，ℓ に垂直な直線を n とし，ℓ と n の交点を R とする。さらに，ℓ に関して Q と対称な点を S とする。

(1) ℓ の方程式を p を用いて表せ。

(2) n の方程式および R の座標をそれぞれ p を用いて表せ。

(3) S の座標を求めよ。

(4) ℓ を対称軸として，ℓ に関して m と対称な直線 m' の方程式を p を用いて表せ。また，m' と C の交点のうち P と異なる点を T とするとき，T の x 座標を p を用いて表せ。

(5) (4)の T に対して，線分 ST，線分 OS および C で囲まれた部分の面積を p を用いて表せ。 〔23 立教大・文系〕

194 $f(x)=\big||x+1|-2x^2\big|$ とする。座標平面において関数 $y=f(x)$ のグラフを考える。

(1) $y=f(x)$ が最小値をとる x の値は小さい順に $\dfrac{\boxed{\text{ア}}}{\boxed{\text{イ}}}$，$\boxed{\text{ウ}}$ であり，$y=f(x)$ の $-2\leqq x\leqq 2$ における最大値は $\boxed{\text{エ}}$ である。

(2) 点 $(-1,\ 3)$ を通り，$y=f(x)$ のグラフに接する直線の傾きは $\boxed{\text{オ}}-\boxed{\text{カ}}\sqrt{\boxed{\text{キ}}}$ である。

(3) a を正の定数とする。直線 $y=a$ と $y=f(x)$ のグラフとの共有点が 2 個となるとき，a のとりうる値の範囲は $\dfrac{\boxed{\text{ク}}}{\boxed{\text{ケ}}}<a$ である。

(4) b を負の定数とする。直線 $y=b\left(x+\dfrac{1}{2}\right)$ と $y=f(x)$ のグラフとの共有点が 2 個となるとき，b のとりうる値の範囲は $b<\boxed{\text{コ}}$，$\boxed{\text{サ}}-\boxed{\text{シ}}\sqrt{\boxed{\text{ス}}}<b<\boxed{\text{セ}}$ である。

(5)　$y=f(x)$ のグラフと x 軸および 2 直線 $x=-2$, $x=0$ で囲まれた部分の面

積は $\dfrac{\boxed{}}{\boxed{}}$ である。　　　　　　　　　　　　〔23 近畿大・理系(推薦)〕

*195　$a>0$, $b<0$ とする。放物線 $C: y=\dfrac{3}{2}x^2$ 上の点 $\mathrm{A}\left(a, \dfrac{3}{2}a^2\right)$ と点

$\mathrm{B}\left(b, \dfrac{3}{2}b^2\right)$ について，点 A と点 B における放物線の接線をそれぞれ ℓ と m で

表し，その交点を P とする。

(1)　ℓ と m が直交するとき，交点 P の y 座標は $-\dfrac{\boxed{}}{\boxed{}}$ である。

(2)　$a=2$ で，$\angle \mathrm{APB}=\dfrac{\pi}{4}$ とする。このとき，b の値は $-\dfrac{\boxed{}}{\boxed{}}$ である。

(3)　$b=-a$ で，$\angle \mathrm{APB}=\dfrac{\pi}{3}$ とする。このとき，a の値は $\dfrac{\sqrt{\boxed{}}}{\boxed{}}$ である。

また PA を半径，$\angle \mathrm{APB}$ を中心角として扇形 PAB が定まる。この扇形は

放物線 C によって 2 つの図形に分割され，大きい図形の面積と小さい図形の

面積の差は $\dfrac{\boxed{}}{\boxed{}}\pi-\dfrac{\boxed{}\sqrt{\boxed{}}}{\boxed{}}$ である。　　　　〔23 慶応大・商〕

*196　関数 $f(x)$ を $f(x)=x|x-7|$ で定める。曲線 $y=f(x)$ の点 $\mathrm{P}(3, f(3))$ に

おける接線を ℓ とする。

(1)　直線 ℓ の方程式を求めよ。

(2)　曲線 $y=f(x)$ と直線 ℓ の共有点のうち，点 P と異なる点の座標を求めよ。

(3)　曲線 $y=f(x)$ と直線 ℓ で囲まれた図形の面積 S の値を求めよ。

〔23 佐賀大・教育，農〕

197　関数 $f(x)$ を $f(x)=\dfrac{1}{2}(x^2-x-3|x|)$ で定める。

(1)　$y=f(x)$ のグラフをかけ。

(2)　曲線 $y=f(x)$ 上の点 $\mathrm{A}(-3, f(-3))$ を通り，点 A における接線に垂直

な直線 ℓ の方程式は $y=\boxed{}$ である。また，曲線 $y=f(x)$ と直線 ℓ は 2

つの共有点をもつが，点 A とは異なる共有点の座標は $\boxed{}$ である。さら

に，曲線 $y=f(x)$ と直線 ℓ で囲まれた図形の面積は $\boxed{}$ である。

(3)　連立不等式 $y\geqq f(x)$, $y\leqq f(-3)$ の表す領域を D とする。点 (x, y) がこ

の領域 D を動くとき，$x+y$ は $(x, y)=\boxed{}$ のとき最大値 $\boxed{}$ をとり，

$(x, y)=\boxed{}$ のとき最小値 $\boxed{}$ をとる。　　　〔23 慶応大・看護医療〕

*198 実数 a, b に対し
$$C_1 : y=(x-a)^2+a^2, \quad C_2 : y=-(x-b)^2+b$$
とする。a が実数全体を動くとき，C_1 の通過する領域を D_1 とする。同様に，b が実数全体を動くとき，C_2 の通過する領域を D_2 とする。

(1) D_1 を表す不等式を求めよ。

(2) D_2 を表す不等式を求めよ。

(3) D_1 と D_2 の共通部分の面積を求めよ。 〔23 学習院大・文〕

199 k は正の実数とし，2 つの関数
$$f(x)=\frac{2}{3}x^3+x^2-4x+\frac{7}{3}, \quad g(x)=x^2+4x+4+k$$
を考える。xy 平面上の曲線 $y=f(x)$ を C_1 とし，放物線 $y=g(x)$ を C_2 とする。

(1) 関数 $f(x)-g(x)$ の極値を k を用いて表せ。

(2) C_1 と C_2 がちょうど 2 個の共有点をもつような k の値を求めよ。

(3) k を (2) で求めた値とする。C_1 と C_2 の 2 個の共有点を通る直線を ℓ とするとき，C_2 と ℓ で囲まれた図形と $x \geqq 0$ の表す領域の共通部分の面積を求めよ。 〔23 熊本大・教育，医〕

41 面 積 (2)

*200 a, b を定数とし，$f(x)=3x^2+ax+b$ とする。

(1) $\displaystyle\int_{-1}^{1} f(x)dx = $ ア□ $b +$ イ□ である。

(2) $f(x)$ が，すべての 1 次式 $g(x)$ に対して $\displaystyle\int_{-1}^{1} f(x)g(x)dx=0$ を満たす場合を考える。$a=$ ウ□ ，$b=$ エ□ である。

　　c を正の定数とし，$h(x)=cx+5$ とする。座標平面において，$y=f(x)$ と $y=h(x)$ のグラフで囲まれた部分の面積が $\dfrac{27}{2}$ であるとき，$c=$ オ□ であり，$y=f(x)$ と $y=h(x)$ の交点の座標は，x 座標の小さい方から順に (カ□ ，キ□), (ク□ ，ケ□) である。このとき，方程式 $f(x)h(x)=0$ の解のうち，最小の値を m とすると $m=\dfrac{\text{コ}□}{\text{サ}□}$ であり，

$$\int_{m}^{1} f(x)h(x)dx = \frac{\text{シ}□}{\text{ス}□}$$ である。 〔23 近畿大・経済，産業理工，理工 (推薦)〕

201 座標平面上において，放物線 $y=4x^2-5x+2$ と直線 $y=3x-1$ の 2 つの交点を P，Q とし，それぞれの x 座標を p，q $(p<q)$ とする。また，$y=ax^2+bx+c$ で表される放物線 C が 2 点 P，Q を通るとき，次の問いに答えよ。ただし，a，b，c は定数であり，$a<0$ とする。

(1) p，q の値を求めよ。

(2) b，c を a の式で表せ。

(3) 放物線 C と x 軸および 2 直線 $x=p$，$x=q$ で囲まれた部分の面積が $\dfrac{a^2}{18}$ であるとき，a の値を求めよ。　　　　　　〔23 日本女子大・家政，理〕

*202 xy 平面上に 2 つの放物線 $C_1：y=x^2+2x$，$C_2：y=-2x^2+2x$ がある。

(1) C_1 と C_2 のどちらにも接する直線が 1 つだけ存在することを示し，その直線の方程式を求めよ。

上で求めた直線を ℓ とする。さらに，実数 a，b に対して定まる直線 $m：y=ax+b$ が，次の 2 つの条件を満たすとする。

- m は ℓ と垂直に交わる。
- 和集合 $\{P\,|\,P は m と C_1 との共有点\}\cup\{Q\,|\,Q は m と C_2 との共有点\}$ の要素の個数がちょうど 4 である。

(2) b のとりうる値の範囲を求めよ。

(3) m と C_1 で囲まれた部分の面積を S_1 とし，m と C_2 で囲まれた部分の面積を S_2 とする。$S_1：S_2=1：2$ を満たす b の値を求めよ。

〔23 横浜国大・経済，経営〕

*203 $f(x)=x^3+x^2$ とする。

(1) $f(x)$ の増減，極値を調べ，$y=f(x)$ のグラフの概形をかけ。

(2) $0<a<1$ とする。曲線 $y=f(x)$ と直線 $y=a^2(x+1)$ によって囲まれた 2 つの部分の面積の和 $S(a)$ を求めよ。

(3) $0<a<1$ の範囲で $S(a)$ を最小にする a の値を求めよ。

〔23 琉球大・国際地域創造，教育，農〕

*204 3 次関数 $f(x)$ は常に $f(-x)=-f(x)$ を満たし，$x=1$ のときに極大値 2 をとる。

(1) $f(x)$ を求めよ。

(2) 曲線 $y=f(x)$ と x 軸で囲まれた 2 つの部分のうち，$y\geqq0$ の領域にある部分を D とする。直線 $y=ax$ が D の面積を 2 等分するように a の値を定めよ。

〔23 群馬大・情報，理工〕

205 a は $1 \leqq a \leqq 4$ を満たす定数とする。点 A を $(a, 0)$，点 B を (a, a^2)，点 C を $(-1, 1)$，点 D を $(-1, 0)$ とし，曲線 E を $y = x^2$ とする。線分 BC と曲線 E で囲まれる図形の面積を S とし，線分 AB，曲線 E，線分 CD，線分 DA で囲まれる図形の面積を T とする。

(1) S と T が等しくなるときの a の値を求めよ。

(2) S と T の差が最大となるときの a の値を求めよ。　　〔23 新潟大・理系〕

*206 $t > 0$ とする。放物線 $C : y = x^2 - 4x + 5$ 上の点 $P(t, t^2 - 4t + 5)$ から x 軸，y 軸にそれぞれ垂線 PA，PB を下ろす。原点を O とし，長方形 OAPB の内部で C の下側にある部分の面積を $S(t)$ とする。

(1) $S(t)$ を求めよ。

(2) 関数 $S(t)$ の増減を調べよ。　　〔23 滋賀大・データサイエンス〕

207 α, β を実数とし，$\alpha > 1$ とする。曲線 $C_1 : y = |x^2 - 1|$ と曲線 $C_2 : y = -(x - \alpha)^2 + \beta$ が，点 (α, β) と点 (p, q) の 2 点で交わるとする。また，C_1 と C_2 で囲まれた図形の面積を S_1 とし，x 軸，直線 $x = \alpha$，および C_1 の $x \geqq 1$ を満たす部分で囲まれた図形の面積を S_2 とする。

(1) p を α を用いて表し，$0 < p < 1$ であることを示せ。

(2) S_1 を α を用いて表せ。

(3) $S_1 > S_2$ であることを示せ。　　〔23 筑波大〕

208 曲線 $y = ax^2 + b$ 上に x 座標が p である点 P をとり，点 P における接線を ℓ とする。ただし，定数 a, b は $a > 0, b > 0$ とする。

(1) 接線 ℓ の方程式を a, b, p を用いて表せ。

(2) 接線 ℓ と曲線 $y = ax^2$ で囲まれた図形の面積 S を a, b を用いて表せ。

(3) 接線 ℓ と曲線 $y = ax^2 + \dfrac{b}{2}$ で囲まれた図形の面積を S' としたとき，S' を S を用いて表せ。

(4) 接線 ℓ と曲線 $y = ax^2 + c$ で囲まれた図形の面積を S'' とする。$S'' = \dfrac{S}{2}$ のとき，c を a, b を用いて表せ。ただし $b > c$ とする。

〔23 早稲田大・社会科学〕

XII ベクトル

42 ベクトルの基本

°*209 (1) 座標平面において，2つのベクトル $\vec{a}=(-2, 1)$, $\vec{b}=(t, 2)$ に対して，$\vec{a}+\vec{b}$ と $\vec{a}-2\vec{b}$ が平行になるような実数 t の値は ☐ である。

〔23 京都産大・理, 情報理工〕

(2) $\vec{a}=(3, -1, 2)$, $\vec{b}=(2, 2, 1)$ とする。t をすべての実数とするとき $|\vec{a}+t\vec{b}|$ の最小値を求めよ。 〔23 札幌医大・医〕

°*210 平面上に三角形 ABC と点Pがあり，$2\overrightarrow{AP}-3\overrightarrow{BP}-4\overrightarrow{CP}=\vec{0}$ を満たすとき，$\overrightarrow{AP}=\dfrac{^{\text{ア}}☐}{^{\text{イ}}☐}\overrightarrow{AB}+\dfrac{^{\text{ウ}}☐}{^{\text{エ}}☐}\overrightarrow{AC}$ が成り立つ。よって，直線 AP と直線 BC の交点をQとすると，Qは線分 AP を $^{\text{オ}}☐$：$^{\text{カ}}☐$ に内分する。ただし，$^{\text{オ}}☐$ と $^{\text{カ}}☐$ は互いに素である。したがって，三角形 PQC の面積は三角形 ABC の面積の $\dfrac{^{\text{キ}}☐}{^{\text{ク}}☐}$ 倍である。 〔23 摂南大・理工, 薬(推薦)〕

211 座標平面に A(4, 3), B(6, 2) がある。原点Oを通り直線 AB に垂直な直線を ℓ とし，直線 AB と ℓ の交点をCとする。また，実数 s と t に対して，点Pを $\overrightarrow{OP}=s\overrightarrow{OA}+t\overrightarrow{OB}$ で定める。

(1) 点Cの座標は $^{\text{ア}}☐$ である。また，$\overrightarrow{CP}$ を s と t を用いて成分表示すると，$\overrightarrow{CP}=(^{\text{イ}}☐, {}^{\text{ウ}}☐)$ である。

(2) s の値を固定し，t を $t\geqq0$ の範囲で動かす。

　(i) $s<^{\text{エ}}☐$ ならば，$|\overrightarrow{CP}|^2$ は $t=^{\text{オ}}☐$ のとき最小値 $^{\text{カ}}☐$ をとる。

　(ii) $s\geqq^{\text{エ}}☐$ ならば，$|\overrightarrow{CP}|^2$ は $t=^{\text{キ}}☐$ のとき最小値 $^{\text{ク}}☐$ をとる。

(3) $s<^{\text{エ}}☐$ を満たすような s の値を一つ選んで固定する。点 $(4s, 3s)$ を通り，$\overrightarrow{OB}$ に平行な直線を m とする。点Cを通り m に垂直な直線と直線 m の交点をHとするとき，Hの座標は $^{\text{ケ}}☐$ である。また，三角形 OCH の面積は $^{\text{コ}}☐$ である。 〔23 関西学院大・理系〕

43　内　　　積

°*212　(1)　$\vec{a}=(2,\ -1,\ 3)$, $\vec{b}=(1,\ 3,\ -4)$, $\vec{c}=\vec{a}+t\vec{b}$ とする。ただし，t は実数とする。$\vec{a}$ と $\vec{c}$ が垂直になるときの t の値は $\dfrac{\boxed{\ \ \text{ア}\ \ }}{\boxed{\ \ \text{イ}\ \ }}$ である。

また，$|\vec{c}|$ は $t=\dfrac{\boxed{\ \ \text{ウ}\ \ }}{\boxed{\ \ \text{エ}\ \ }}$ のとき，最小値 $\dfrac{\sqrt{\boxed{\ \ \text{オ}\ \ }}}{\boxed{\ \ \text{カ}\ \ }}$ をとる。

〔23 京都産大・理，情報理工，生命科学(推薦)〕

(2)　2 つのベクトル $\vec{a}=(1,\ -2,\ 1)$, $\vec{b}=(2,\ 1,\ 1)$ がある。$\vec{a}$ と $\vec{b}$ のなす角を θ とするとき $\cos\theta=\boxed{\ \ \text{ア}\ \ }$ である。$\vec{a}$ および $\vec{b}$ の両方に垂直で，大きさが $2\sqrt{35}$ であるベクトル $\vec{p}$ を求めると $\vec{p}=\boxed{\ \ \text{イ}\ \ }$ となる。〔23 東京都市大〕

*213　△ABC とその内部の点Pが条件 $t\overrightarrow{PA}+4\overrightarrow{PB}+5\overrightarrow{PC}=\vec{0}$ $(t>0)$ を満たすとする。

(1)　$\overrightarrow{AP}$ を $\overrightarrow{AB}$, $\overrightarrow{AC}$ および t で表せ。

(2)　辺 BC を 5：4 に内分する点をDとする。Pが直線 AD 上にあることを示せ。

(3)　$\dfrac{\triangle BPC}{\triangle APB}$ を t で表せ。

(4)　$\overrightarrow{AB}\cdot\overrightarrow{BC}=-17$, $\overrightarrow{BC}\cdot\overrightarrow{CA}=\overrightarrow{CA}\cdot\overrightarrow{AB}=-8$ であるとき，辺 AB，BC，CA の長さをそれぞれ求めよ。

(5)　(4)のとき，Pを中心とする円Sが AB と BC の両方に接しているとする。このときの t の値とSの半径rを求めよ。　〔23 南山大・理工〕

214　原点をOとする座標平面上に 3 点 A，B，C がある。$\overrightarrow{OA}=\vec{u}$, $\overrightarrow{AB}=\vec{v}$, $\overrightarrow{BC}=\vec{w}$ とおく。

$\vec{e_1}=(1,\ 0)$, $\vec{e_2}=(0,\ 1)$ とするとき，3 つのベクトル $\vec{u}$, $\vec{v}$, $\vec{w}$ は

$$\begin{cases} \vec{u}=-\vec{e_1}, \\ \vec{v}\cdot\vec{e_1}=4, \qquad |\vec{v}|=2\sqrt{5}, \qquad \vec{v}\cdot\vec{e_2}<0, \\ \vec{w}\cdot\vec{e_1}=8, \qquad |\vec{w}|=8\sqrt{2}, \qquad \vec{w}\cdot\vec{e_2}>0 \end{cases}$$

を満たすとする。ただし，$|\vec{x}|$ はベクトル $\vec{x}$ の大きさを表し，$\vec{x}\cdot\vec{y}$ は 2 つのベクトル $\vec{x}$ と $\vec{y}$ の内積を表す。

(1)　3 点 A，B，C の座標をそれぞれ求めよ。

(2)　3 点 A，B，C を通る円の方程式を求めよ。

(3)　3 点 A，B，C を通る円の中心をPとするとき，△ABC の面積と△ABP の面積の比を求めよ。　〔23 熊本大・医〕

*215 座標平面上の原点Oを中心とする半径2の円周上に3点A，B，Cがある。$\overrightarrow{OA}=\vec{a}$，$\overrightarrow{OB}=\vec{b}$，$\overrightarrow{OC}=\vec{c}$ として，$4\vec{a}+5\vec{b}+3\vec{c}=\vec{0}$ を満たすとする。

(1) $\vec{a}\cdot\vec{b}=\dfrac{\boxed{}^{ア}}{\boxed{}_{イ}}$，$\vec{b}\cdot\vec{c}=\dfrac{\boxed{}^{ウ}}{\boxed{}_{エ}}$，$\vec{c}\cdot\vec{a}={}^{オ}\boxed{}$ である。

(2) $|\overrightarrow{AB}|^2=\dfrac{\boxed{}^{カ}}{\boxed{}_{キ}}$，$|\overrightarrow{AC}|^2={}^{ク}\boxed{}$ である。

(3) 三角形 ABC の面積は $\dfrac{\boxed{}^{ケ}}{\boxed{}_{コ}}$ である。

(4) 点Aの座標が $(2, 0)$ であり，点Cの y 座標が正であるとき，点Bの座標は $\left(\dfrac{\boxed{}^{サ}}{\boxed{}_{シ}}, \dfrac{\boxed{}^{ス}}{\boxed{}_{セ}}\right)$，点Cの座標は $({}^{ソ}\boxed{}, {}^{タ}\boxed{})$ である。

〔23 近畿大・理系(推薦)〕

216 平面上の3点O，A，Bが
$$|2\overrightarrow{OA}+\overrightarrow{OB}|=|\overrightarrow{OA}+2\overrightarrow{OB}|=1 \quad かつ \quad (2\overrightarrow{OA}+\overrightarrow{OB})\cdot(\overrightarrow{OA}+\overrightarrow{OB})=\frac{1}{3}$$
を満たすとする。

(1) $(2\overrightarrow{OA}+\overrightarrow{OB})\cdot(\overrightarrow{OA}+2\overrightarrow{OB})$ を求めよ。

(2) 平面上のPが
$$|\overrightarrow{OP}-(\overrightarrow{OA}+\overrightarrow{OB})|\leqq\frac{1}{3} \quad かつ \quad \overrightarrow{OP}\cdot(2\overrightarrow{OA}+\overrightarrow{OB})\leqq\frac{1}{3}$$
を満たすように動くとき，$|\overrightarrow{OP}|$ の最大値と最小値を求めよ。 †〔23 大阪大〕

*217 中心O，半径1の球に内接する四面体で，その4頂点 T_1, T_2, T_3, T_4 が次の条件(i)，(ii)を満たすものを考える。

　(i) $|\overrightarrow{T_1T_2}|=\sqrt{3}$

　(ii) $k(\overrightarrow{OT_1}+\overrightarrow{OT_2})+\overrightarrow{OT_3}+\overrightarrow{OT_4}=\vec{0}$

ここで，k は2未満の正の実数とする。

(1) 線分 T_3T_4 の中点をMとしたとき，$\triangle T_1T_2M$ の面積を k を用いて表せ。

(2) 各 k に対し，上の条件を満たす四面体の体積の最大値を $V(k)$ とする。
　　$V(k)$ が最大になるときの k の値を求めよ。 〔23 早稲田大・商〕

◆**218**　点 O を原点とする座標平面上の $\vec{0}$ でない 2 つのベクトル $\vec{m}=(a, c)$,
$\vec{n}=(b, d)$ に対して，$D=ad-bc$ とおく。座標平面上のベクトル $\vec{q}$ に対して，
次の条件を考える。

　　条件 I　　$r\vec{m}+s\vec{n}=\vec{q}$ を満たす実数 r, s が存在する。

　　条件 II　　$r\vec{m}+s\vec{n}=\vec{q}$ を満たす整数 r, s が存在する。

次の問いに答えよ。

(1)　条件 I がすべての $\vec{q}$ に対して成り立つとする。$D\neq0$ であることを示せ。
以下，$D\neq0$ であるとする。

(2)　座標平面上のベクトル $\vec{v}, \vec{w}$ で
$$\vec{m}\cdot\vec{v}=\vec{n}\cdot\vec{w}=1, \quad \vec{m}\cdot\vec{w}=\vec{n}\cdot\vec{v}=0$$
を満たすものを求めよ。

(3)　さらに a, b, c, d が整数であるとし，x 成分と y 成分がともに整数であ
るすべてのベクトル $\vec{q}$ に対して条件 II が成り立つとする。D のとりうる値
をすべて求めよ。　　　　　　　　　　　　　　　　　〔23 九州大・理系〕

44　ベクトルと平面図形

*219　△ABC において，∠A=60°，AB=8，AC=6 とする。△ABC の垂心を
H とするとき，$\overrightarrow{AH}$ を $\overrightarrow{AB}$, $\overrightarrow{AC}$ を用いて表せ。　　　　　　〔23 鳥取大〕

*220　平面上の定点 O, A, B に対し，$|\overrightarrow{OA}|=2$，$|\overrightarrow{OB}|=3$，$|\overrightarrow{OA}+\overrightarrow{OB}|=4$ とす
る。点 P が $(\overrightarrow{OP}-\overrightarrow{OA})\cdot(\overrightarrow{OP}-\overrightarrow{OB})=0$ を満たしながら動くとき，P の描く曲
線の長さを求めよ。　　　　　　　　　　　　　　　〔23 三重大・医，工〕

221　平面上に，OA=1，OB=2，∠AOB=45° を満たす △OAB がある。
$\overrightarrow{OP}=(3s+2t)\overrightarrow{OA}+(s+2t)\overrightarrow{OB}$，$s+t\leqq1$，$s\geqq0$，$t\geqq0$ を満たす点 P の存在範
囲は，ある三角形の周および内部となる。その三角形の面積を求めると ア□□
である。また，$\overrightarrow{OP}=(3s+2t)\overrightarrow{OA}+(s+2t)\overrightarrow{OB}$，$\dfrac{1}{4}\leqq s+t\leqq1$，$s\geqq0$，$t\geqq0$ を
満たす点 P の存在範囲は，ある図形の周および内部となる。その図形の面積を
求めると イ□□ である。　　　　　　　　　　　　　〔23 南山大・経〕

*222　△ABC において，辺 BC，CA，AB を 1:2 に内分する点をそれぞれ A_1,
B_1, C_1 とし，線分 AA_1 と線分 BB_1 の交点を A_2，線分 BB_1 と線分 CC_1 の
交点を B_2，線分 CC_1 と線分 AA_1 の交点を C_2 とする。△ABC，$\triangle A_2B_2C_2$
の面積をそれぞれ S，S_2 とする。また，$\overrightarrow{AB}=\vec{a}$，$\overrightarrow{AC}=\vec{b}$ とする。

(1)　ベクトル $\overrightarrow{AA_1}$，$\overrightarrow{AA_2}$，$\overrightarrow{AC_2}$ をそれぞれ $\vec{a}$，$\vec{b}$ を用いて表せ。

(2)　$\triangle BAC_2$ の面積と $\triangle BA_2C_2$ の面積は等しいことを示せ。

(3)　面積比 $S:S_2$ を求めよ。　　　　　　　　　　〔23 静岡大・情報，理，工〕

223 すべての角の大きさが 120° である六角形 ABCDEF において,
AB=CD=DE=AF=1, BC=EF=2 であるとする。また,線分 BF の中点
をPとし,2線分 AC, BE の交点をQとする。$\overrightarrow{AB}=\vec{a}$, $\overrightarrow{AF}=\vec{b}$ とするとき,
次の問いに答えよ。

(1) ベクトル $\overrightarrow{AP}$, $\overrightarrow{AC}$ を $\vec{a}$, $\vec{b}$ を用いて表せ。

(2) ベクトル $\overrightarrow{AQ}$ を $\vec{a}$, $\vec{b}$ を用いて表せ。

(3) 内積 $\vec{a}\cdot\vec{b}$ を求めよ。さらに,点Qを通り,直線 AC に垂直な直線を引き,
辺 EF との交点をRとする。内積 $\overrightarrow{FR}\cdot\overrightarrow{AQ}$ を求めよ。

〔23 関西大・システム理工,環境都市工,化学生命工〕

224 (1) 同一直線上にない平面上の相異なる任意の3つの点 X, Y, Z に対し
て,∠YXZ の二等分線はベクトル $\dfrac{1}{|\overrightarrow{XY}|}\overrightarrow{XY}+\dfrac{1}{|\overrightarrow{XZ}|}\overrightarrow{XZ}$ と平行であるこ
とを示せ。

平面上の OA=2, OB=3, AB=4 である三角形 OAB の内接円の中心を I と
する。

(2) $\overrightarrow{OI}$ を,$\overrightarrow{OA}$ と $\overrightarrow{OB}$ を用いて表せ。

∠OAB の外角の二等分線と直線 OI の交点を J とする。

(3) $\overrightarrow{OJ}$ を,$\overrightarrow{OA}$ と $\overrightarrow{OB}$ を用いて表せ。

(4) I から直線 OA に下ろした垂線を IH とするとき,IH の長さを求めよ。

(5) J から直線 AB に下ろした垂線を JK とするとき,JK の長さを求めよ。

〔23 札幌医大・医〕

225 △OAB において,OA=2, OB=1, ∠OBA=90° とする。また,$0<t<1$
とし,OA を $t:1-t$ に内分する点をP,OB の中点をQとする。AQ と BP
の交点を C,∠COQ=θ とするとき,次の問いに答えよ。

(1) 内積 $\overrightarrow{OA}\cdot\overrightarrow{OB}$ を求めよ。

(2) $\cos\theta$ を t を用いて表せ。

(3) a を実数の定数とする。このとき,$\dfrac{1}{\cos^2\theta}-6at=0$ を満たす t が,

$\dfrac{1}{3}<t<\dfrac{2}{3}$ の範囲に2つ存在するような a の値の範囲を求めよ。

〔23 島根大・医,総合理工,材料エネルギー〕

45　ベクトルと空間図形

*226 空間内の 4 点 O，A，B，C は同一平面上にないとする。点 D，P，Q を次のように定める。点 D は $\overrightarrow{OD}=\overrightarrow{OA}+2\overrightarrow{OB}+3\overrightarrow{OC}$ を満たし，点 P は線分 OA を 1：2 に内分し，点 Q は線分 OB の中点である。さらに，直線 OD 上の点 R を，直線 QR と直線 PC が交点をもつように定める。このとき，線分 OR の長さと線分 RD の長さの比 OR：RD を求めよ。　　　〔23 京都大〕

227 底面が平行四辺形 OABC である四角錐 D-OABC を考え，点 X を線分 BD を 2：1 に内分する点，点 P を線分 AD 上の点，点 Q を線分 CD 上の点とする。$\overrightarrow{OA}=\vec{a}$，$\overrightarrow{OC}=\vec{c}$，$\overrightarrow{OD}=\vec{d}$ として，次の問いに答えよ。

(1) $\overrightarrow{OX}$ を $\vec{a}$，$\vec{c}$，$\vec{d}$ を用いて表せ。

(2) △ACD を含む平面と直線 OX との交点を Y とする。$\overrightarrow{OY}$ を $\vec{a}$，$\vec{c}$，$\vec{d}$ を用いて表せ。

(3) 4 点 O，X，P，Q が同一平面上にあるとき，$\dfrac{AP}{AD} \leqq \dfrac{2}{3}$ であることを示せ。　　　〔23 群馬大・情報，理工〕

*228 四面体 OABC において，$\vec{a}=\overrightarrow{OA}$，$\vec{b}=\overrightarrow{OB}$，$\vec{c}=\overrightarrow{OC}$ とおき，次が成り立つとする。

$$\angle AOB=60°，\ |\vec{a}|=2，\ |\vec{b}|=3，\ |\vec{c}|=\sqrt{6}，\ \vec{b}\cdot\vec{c}=3$$

ただし $\vec{b}\cdot\vec{c}$ は，2 つのベクトル $\vec{b}$ と $\vec{c}$ の内積を表す。さらに，線分 OC と線分 AB は垂直であるとする。点 C から 3 点 O，A，B を含む平面に下ろした垂線を CH とし，点 O から 3 点 A，B，C を含む平面に下ろした垂線を OK とする。

(1) $\vec{a}\cdot\vec{b}$ と $\vec{c}\cdot\vec{a}$ を求めよ。

(2) ベクトル $\overrightarrow{OH}$ を $\vec{a}$ と $\vec{b}$ を用いて表せ。

(3) ベクトル $\vec{c}$ とベクトル $\overrightarrow{HK}$ は平行であることを示せ。〔23 東北大・理系〕

*229 三角錐 OABC は OA＝BC＝5，OB＝AC＝7，OC＝AB＝8 を満たしている。点Cから平面 OAB に垂線 CH を下ろす。$\overrightarrow{OA}=\vec{a}$，$\overrightarrow{OB}=\vec{b}$，$\overrightarrow{OC}=\vec{c}$ として，次の問いに答えよ。

(1) 内積 $\vec{a}\cdot\vec{b}$，$\vec{b}\cdot\vec{c}$，$\vec{c}\cdot\vec{a}$ を求めよ。

(2) $\overrightarrow{OH}$ を $\vec{a}$，$\vec{b}$，$\vec{c}$ で表せ。

(3) 平面 OAB において，点Bから直線 OA に垂線 BK を下ろす。このとき $\dfrac{OK}{OA}$ を求めよ。

(4) 平面 OAB 上の直線 ℓ は，点Aを通り，直線 OA とのなす角が ∠OAB と等しく，直線 AB とは異なる。ℓ と直線 OH の交点をDとするとき，$\dfrac{OD}{OH}$ を求めよ。　　　　　　　　　　　　　〔23 名古屋工大〕

230 k を正の実数とし，空間内に点 O(0, 0, 0)，A($4k$, $-4k$, $-4\sqrt{2}\,k$)，B(7, 5, $-\sqrt{2}$) をとる。点Cは O，A，B を含む平面上の点であり，OA＝4BC で，四角形 OACB は OA を底辺とする台形であるとする。

(1) $\cos\angle AOB={}^{\text{ア}}\boxed{}$ である。台形 OACB の面積を k を用いて表すと ${}^{\text{イ}}\boxed{}$ となる。また，線分 AC の長さを k を用いて表すと ${}^{\text{ウ}}\boxed{}$ となる。

(2) 台形 OACB が円に内接するとき，$k={}^{\text{エ}}\boxed{}$ である。

(3) $k={}^{\text{エ}}\boxed{}$ であるとし，直線 OB と直線 AC の交点をDとする。△OBP と △ACP の面積が等しい，という条件を満たす空間内の点P全体は，点Dを通る2つの平面上の点全体から点Dを除いたものとなる。これら2つの平面のうち，線分 OA と交わらないものを α とする。点Oから平面 α に下ろした垂線の長さは ${}^{\text{オ}}\boxed{}$ である。　　　　　〔23 慶応大・理工〕

231 座標空間内の4点 O(0, 0, 0)，A(2, 0, 0)，B(1, 1, 1)，C(1, 2, 3) を考える。

(1) $\overrightarrow{OP}\perp\overrightarrow{OA}$，$\overrightarrow{OP}\perp\overrightarrow{OB}$，$\overrightarrow{OP}\cdot\overrightarrow{OC}=1$ を満たす点Pの座標を求めよ。

(2) 点Pから直線 AB に垂線を下ろし，その垂線と直線 AB の交点をHとする。$\overrightarrow{OH}$ を $\overrightarrow{OA}$ と $\overrightarrow{OB}$ を用いて表せ。

(3) 点Qを $\overrightarrow{OQ}=\dfrac{3}{4}\overrightarrow{OA}+\overrightarrow{OP}$ により定め，Qを中心とする半径 r の球面 S を考える。S が三角形 OHB と共有点をもつような r の範囲を求めよ。ただし，三角形 OHB は3点 O，H，B を含む平面内にあり，周とその内部からなるものとする。　　　　　　　　　　　　　　〔23 東京大・理系〕

232 四面体 OABC 各辺上に頂点以外の点を 1 つずつとり，その 6 点を考える。

(1) 6 点のうちの 4 点を頂点とする平行四辺形が作れるとき，平行四辺形の辺は四面体のある辺と平行であることを示せ。

(2) 6 点のうちの 4 点を頂点とする平行四辺形が 2 つ作れるとき，2 つの平行四辺形は対角線の 1 本を共有することを示せ。

(3) (2)において，共有する対角線の中点を M とするとき，$\overrightarrow{OM}$ を $\overrightarrow{OA}$，$\overrightarrow{OB}$，$\overrightarrow{OC}$ を用いて表せ。 〔23 滋賀医大・医〕

46 空間座標，直線と球面

233 空間内の 2 つの直線 $\ell : 2x-4=y=2z+2$ と $m : 6-2x=y-5=z+5$ について，以下の各問いに答えよ。

(1) ℓ，m 両方の直線の方向ベクトルに垂直なベクトル $\vec{p}$ を求めよ。

(2) (1)で求めた $\vec{p}$ に平行な直線 n が ℓ，m とそれぞれ点 P，Q とで交わるとき，P，Q それぞれの座標および直線 n の方程式を求めよ。

(3) 線分 PQ を直径としてもつような球面の方程式を求めよ。

†〔23 横浜市大・理，データサイエンス，医〕

234 座標空間内の点 A$(-1, 1, 3)$，B$(2, 1, 0)$，C$(0, 3, 1)$，D$(5, 1, -3)$，P$(5, 3, 5)$ について次の問いに答えよ。

(1) 点 A，B，C を含む平面 α に対してベクトル $\vec{n}=(a, 1, c)$ が垂直であるとする。このとき，a，c を求めよ。

(2) 点 P から平面 α に下ろした垂線を PH とする。このとき，点 H の座標を求めよ。

(3) さらに 2 点 Q$(2t+5, t+3, 2t-4)$$(t>0)$，R$(2u+3, u-1, 2u)$$(u>0)$ を考える。四面体 QABC と四面体 RACD の体積比を t，u を用いて表せ。

〔23 名古屋市大・医〕

*235 座標空間内の原点 O を中心とする半径 r の球面 S 上に 4 つの頂点がある四面体 ABCD が，$\overrightarrow{OA}+\overrightarrow{OB}+\overrightarrow{OC}+\overrightarrow{OD}=\vec{0}$ を満たしているとする。また三角形 ABC の重心を G とする。

(1) $\overrightarrow{OG}$ を $\overrightarrow{OD}$ を用いて表せ。

(2) $\overrightarrow{OA}\cdot\overrightarrow{OB}+\overrightarrow{OB}\cdot\overrightarrow{OC}+\overrightarrow{OC}\cdot\overrightarrow{OA}$ を r を用いて表せ。

(3) 点 P が球面 S 上を動くとき，$\overrightarrow{PA}\cdot\overrightarrow{PB}+\overrightarrow{PB}\cdot\overrightarrow{PC}+\overrightarrow{PC}\cdot\overrightarrow{PA}$ の最大値を r を用いて表せ。さらに，最大値をとるときの点 P に対して，$|\overrightarrow{PG}|$ を r を用いて表せ。 〔23 筑波大〕

***236**　t を正の実数とする。座標空間の 4 点 A$(2,\ 0,\ 2)$, B$(-2,\ 0,\ 2)$,
　　C$(0,\ -2,\ -2)$, D$(0,\ 2,\ -t)$ を考える。xy 平面と直線 AC, AD, BC, BD
　　の交点をそれぞれ E, F, G, H とする。

　(1)　点 E と点 G の座標をそれぞれ求めよ。

　(2)　点 F と点 H の座標をそれぞれ t を用いて表せ。

　(3)　xy 平面上の四角形 EFHG の面積を S とする。$(t+2)^2 S$ を t の式で表せ。

　(4)　t が正の実数全体を動くとき, (3)の S の最大値とそのときの t の値を求
　　　めよ。　　　　　　　　　　　　　　　　　　　　　　　　　〔23 同志社大・理工〕

237　O を原点とする座標空間において, 3 点 A$(4,\ 2,\ 1)$, B$(1,\ -4,\ 1)$,
　　C$(2,\ 2,\ -1)$ を通る平面を α とおく。また, 球面 S は半径が 9 で, S と α の
　　交わりは A を中心とし B を通る円であるとする。ただし, S の中心 P の z 座標
　　は正とする。

　(1)　線分 AP の長さを求めよ。

　(2)　P の座標を求めよ。

　(3)　S と直線 OC は 2 点で交わる。その 2 点間の距離を求めよ。
　　　　　　　　　　　　　　　　　　　　　　　　　　　　　　〔23 北海道大・理系〕

***238**　座標空間の 2 点 A$(1,\ -1,\ 1)$, B$(1,\ -1,\ 5)$ を直径の両端とする球面を S
　　とする。

　(1)　球面 S の中心 C の座標と, S の方程式を求めよ。

　(2)　点 P が S 上を動くとき, △ABP の面積の最大値を求めよ。

　(3)　点 Q$(x,\ y,\ z)$ が $\angle QCA = \dfrac{\pi}{3}$ かつ $y \geqq 0$ を満たしながら S 上を動く。点
　　　R$(1+\sqrt{2},\ 0,\ 4)$ に対して, 内積 $\overrightarrow{CQ} \cdot \overrightarrow{CR}$ のとりうる値の範囲を求めよ。
　　　　　　　　　　　　　　　　　　　　　　　　　　　　　　〔23 新潟大・理系〕

◇**239**　xyz 空間の 4 点 A$(1,\ 0,\ 0)$, B$(1,\ 1,\ 1)$, C$(-1,\ 1,\ -1)$, D$(-1,\ 0,\ 0)$
　　を考える。

　(1)　2 直線 AB, BC から等距離にある点全体のなす図形を求めよ。

　(2)　4 直線 AB, BC, CD, DA にともに接する球面の中心と半径の組をすべ
　　　て求めよ。　　　　　　　　　　　　　　　　　　　　　　〔23 東京工大〕

XⅢ 数　　列

47 等差・等比数列

°*240 第3項が15，第11項が47の等差数列 $\{a_n\}$ の初項は ${}^{\mathcal{T}}\boxed{}$ であり，初項から第11項までの和は ${}^{\mathcal{I}}\boxed{}$ である。また，等差数列 $\{b_n\}$ の初項から第 n 項までの和が $3n^2-7n$ であるとき，初項は ${}^{\mathcal{ウ}}\boxed{}$，公差は ${}^{\mathcal{エ}}\boxed{}$ である。

さらに，初項3，公比 $\dfrac{8}{3}$ の等比数列 $\{c_n\}$ に対し，

$$\frac{1}{c_1}+\frac{1}{c_2}+\frac{1}{c_3}+\cdots\cdots+\frac{1}{c_{10}}=\frac{{}^{\mathcal{オ}}\boxed{}}{{}^{\mathcal{カ}}\boxed{}}\left\{1-\left(\frac{{}^{\mathcal{キ}}\boxed{}}{{}^{\mathcal{ク}}\boxed{}}\right)^{10}\right\}$$ である。　　〔23 大同大〕

*241 2つの等差数列 $\{a_n\}$（$n=1,\ 2,\ 3,\ \cdots\cdots$）と $\{b_n\}$（$n=1,\ 2,\ 3,\ \cdots\cdots$）がある。$\{a_n\}$ は $a_4+a_5+a_6=-3$ を満たし，$\{b_n\}$ の一般項は $b_n=\dfrac{2}{3}n+6$ である。

(1) a_5 の値を求めよ。

(2) $\{a_n\}$ の公差が正で，$a_4a_5a_6=8$ のとき，$\{a_n\}$ の一般項を求めよ。

(3) (2)のとき，$\{a_n\}$ の初項から第 n 項までの和を S_n，$\{b_n\}$ の初項から第 n 項までの和を T_n とする。このとき，S_n-T_n（ただし，$1\leqq n\leqq15$）の最小値と最大値を求めよ。

(4) (2)のとき，$\{a_n\}$ と $\{b_n\}$ に共通して現れる数を小さい順に並べてできる数列 $\{c_n\}$（$n=1,\ 2,\ 3,\ \cdots\cdots$）の一般項を求めよ。　　〔23 南山大・経営〕

242 $d,\ r$ は実数で，$r>0$ とする。数列 $\{a_n\}$ は $a_1=2$ で公差が d の等差数列とする。数列 $\{b_n\}$ は $b_1=4$ で公比が r の等比数列とする。さらに，数列 $\{c_n\}$ を

$$c_n=\begin{cases} a_n & (a_n\geqq b_n \text{ のとき}) \\ b_n & (a_n<b_n \text{ のとき}) \end{cases}$$

によって定める。

(1) $c_3=c_4=3$ となるような $d,\ r$ を求めよ。

(2) $d=-\dfrac{1}{64},\ r=\dfrac{1}{2}$ のとき，$c_n=a_n$ を満たす最大の n を求めよ。

(3) $d=9,\ r=2$ のとき，$\displaystyle\sum_{k=1}^{n}c_k$ を求めよ。　　〔23 高知大・理工，医〕

48　種々の数列

°*243　次のように，項数 m の2つの等差数列 $\{a_n\}$，$\{b_n\}$ がある。

$\{a_n\}$　1, 2, 3, 4, ……, $m-2$, $m-1$, m

$\{b_n\}$　m, $m-1$, $m-2$, ……, 4, 3, 2, 1

数列 $\{c_n\}$ の一般項を $c_n=a_n b_n$ とするとき，c_n の最大値，および $\sum_{k=1}^{m} c_k$ をそれぞれ m の式で表せ。　　　　　　　〔23 長崎大〕

*244　等差数列 $\{a_n\}$ について，その初項から第 n 項までの和を S_n とおく。数列 $\{a_n\}$ と和 S_n は，$a_1-a_{10}=-18$，$S_3=15$ を満たしているとする。

(1)　数列 $\{a_n\}$ の一般項は $a_n=$ ⁷$\boxed{}$ であり，$S_n=$ ⁱ$\boxed{}$ である。

(2)　$\sum_{k=1}^{8} \dfrac{1}{S_k}=$ ᵘ$\boxed{}$ である。

(3)　自然数 n に対して，n^2 を3で割った余りを b_n とするとき，

$\sum_{k=1}^{3n} b_k S_k=$ ᵉ$\boxed{}$ である。　　　　　〔23 関西学院大・文系〕

245　(1)　和 $A_n=\sum_{k=1}^{n} (-1)^{k-1}=1+(-1)+\cdots\cdots+(-1)^{n-1}$ を求めよ。

(2)　和 $S_n=\sum_{k=1}^{n} (-1)^{k-1}k=1+(-1)2+\cdots\cdots+(-1)^{n-1}n$ を求めよ。

(3)　和 $C_n=\dfrac{1}{n}\sum_{k=1}^{n} S_k=\dfrac{1}{n}(S_1+S_2+\cdots\cdots+S_n)$ を求めよ。

〔23 島根大・医，総合理工，材料エネルギー〕

*246　n を自然数として，数字の1と2のみを用いてできる自然数を小さい順に並べて数列 $\{a_n\}$ を次のように作る。

$\{a_n\}$：1, 2, 11, 12, 21, 22, 111, 112, ……

(1)　$a_{11}=$ ⁷$\boxed{}$，$a_{16}=$ ⁱ$\boxed{}$ である。

(2)　数列 $\{a_n\}$ の項のうち，4桁の自然数で，千の位の数が1であるものは全部で ᵘ$\boxed{}$ 個ある。また，4桁の自然数となるすべての項の和は ᵉ$\boxed{}$ である。

(3)　$a_n=21121$ であるとき，$n=$ ᵒ$\boxed{}$ である。

(4)　数列 $\{a_n\}$ の項のうち，n 桁の自然数で，左端の数が1であるものは全部で ᵏ$\boxed{}$ 個ある。また，n 桁の自然数となるすべての項の和は ᵏ$\boxed{}$ である。　　　　〔23 関西大・システム理工，環境都市工，化学生命工〕

247 数列 $\{a_n\}$ の初項 a_1 から第 n 項 a_n までの和 S_n は次の式で表されるとする。

$$S_n=\frac{1}{2}(5n-2022)(n+1)-6 \ (n=1,\ 2,\ 3,\ \cdots\cdots)$$

不等式 $a_n\leqq0$ を満たす n の最大値を p とする。

(1) 数列 $\{a_n\}$ の一般項を求めよ。

(2) a_n が 7 の倍数であり, かつ $n\leqq p$ を満たす n の個数を求めよ。

(3) $q=p+1$ とし, $n\geqq q$ を満たす n に対して

$$A_n=\frac{1}{a_{n+1}\sqrt{a_n}+a_n\sqrt{a_{n+1}}},\ B_n=\frac{1}{\sqrt{a_n}}-\frac{1}{\sqrt{a_{n+1}}}$$

とする。次の等式が成り立つような定数 c の値を求めよ。

$$A_n=cB_n\ (n\geqq q)$$

また, 和 $D=A_q+A_{q+1}+A_{q+2}+\cdots\cdots+A_{2q}$ を求めよ。

〔23 茨城大・理(後期)〕

*248 n を 2 以上の整数とする。整数 $k\in\{1,\ 2,\ \cdots\cdots,\ n\}$ に対し, y 軸に平行な直線 $x=2^{k-1}$ と曲線 $y=\log_2 x$ の交点を P_k とする。このとき, 線分 P_1P_2, P_2P_3, $\cdots\cdots$, $P_{n-1}P_n$ と直線 $x=2^{n-1}$ および x 軸で囲まれる図形の面積を $S(n)$ とする。不等式 $\dfrac{S(n)}{2^n}\geqq2023$ を満たす最小の n は $\boxed{}$ である。

〔23 早稲田大・商〕

49 漸化式と数列

249 2 つの数列 $\{a_n\}$, $\{b_n\}$ を, 条件 $a_1=\sqrt{15}$, $b_n=[a_n]\ (n=1,\ 2,\ 3,\ \cdots\cdots)$, $a_{n+1}=\dfrac{1}{a_n-b_n}\ (n=1,\ 2,\ 3,\ \cdots\cdots)$ によって定める。ただし, 実数 x に対して, $[x]$ は x を超えない最大の整数である。このとき, b_3 の値は $^{\text{ア}}\boxed{}$ であり, b_{1934} の値は $^{\text{イ}}\boxed{}$ である。 〔23 福岡大・理, 工〕

*250 数列 $\{a_n\}$ は, $a_1=-1$, $a_{n+1}=-a_n+2n^2\ (n=1,\ 2,\ 3,\ \cdots\cdots)$ を満たすとする。 〔23 関西学院大・経, 国際, 総合政策〕

(1) α, β, γ を定数とし, $f(n)=\alpha n^2+\beta n+\gamma$ とおく。このとき, $a_{n+1}-f(n+1)=-\{a_n-f(n)\}$ がすべての自然数 n について成り立つように α, β, γ の値を定めると, $f(n)=^{\text{ア}}\boxed{}$ である。

(2) (1)で求めた $f(n)$ について, $b_n=a_n-f(n)$ とおく。このとき, 数列 $\{b_n\}$ の一般項は $b_n=^{\text{イ}}\boxed{}$ である。

(3) 数列 $\{a_n\}$ の一般項は $a_n=^{\text{ウ}}\boxed{}$ である。また, $\displaystyle\sum_{k=1}^{n}a_k=^{\text{エ}}\boxed{}$ である。

*251 等比数列 $\{a_n\}$ は $a_2=3$, $a_5=24$ を満たし，$S_n=\sum\limits_{k=1}^{n}a_k$ とする。また，数列 $\{b_n\}$ は，$\sum\limits_{k=1}^{n}b_k=\dfrac{3}{2}b_n+S_n$ を満たすとする。

(1) 一般項 a_n と S_n を n を用いてそれぞれ表せ。

(2) b_1 の値を求めよ。

(3) b_{n+1} を b_n, n を用いて表せ。

(4) 一般項 b_n を n を用いて表せ。　　　　　〔23 大分大・教育，経，理工〕

252 数列 $\{a_n\}$ を
$$a_1=\dfrac{1}{8},\quad (4n^2-1)(a_n-a_{n+1})=8(n^2-1)a_n a_{n+1}\ (n=1,\ 2,\ 3,\ \cdots\cdots)$$
により定める。

(1) a_2, a_3 を求めよ。

(2) $a_n\neq0$ を示せ。

(3) $\dfrac{1}{a_{n+1}}-\dfrac{1}{a_n}$ を n の式で表せ。

(4) 数列 $\{a_n\}$ の一般項を求めよ。　　　　　　〔23 熊本大・理系〕

253 数列 $\{a_n\}$ を
$$a_1=1,\quad a_{n+1}=(\sqrt{2}-1)a_n+2\ (n=1,\ 2,\ 3,\ \cdots\cdots)$$
によって定める。このとき，a_n は整数 p_n, q_n を用いて $a_n=p_n+\sqrt{2}\,q_n$ と表せる。

(1) p_1, p_2, q_1, q_2 を求めよ。

(2) p_{n+1}, q_{n+1} を p_n と q_n を用いてそれぞれ表せ。

(3) $b_n=a_n-(2+\sqrt{2})$ とする。b_{n+1} を b_n を用いて表せ。また，b_n を n を用いて表せ。

(4) $c_n=p_n-\sqrt{2}\,q_n$ とする。c_{n+1} を c_n を用いて表せ。

(5) p_n, q_n を n を用いてそれぞれ表せ。　　　　　〔23 岐阜大〕

*254 n を自然数とする。1から4までの4種類の数字を並べて n 桁の数を作る。ただし同一の数字が何回使われてもよく，使われない数字があってもよい。このような n 桁の数のうち，ちょうど2種類の数字が使われているものの総数を a_n とし，ちょうど3種類の数字が使われているものの総数を b_n とする。ただし $a_1=0$, $b_1=b_2=0$ とする。

(1) a_2, b_3 を求めよ。

(2) a_{n+1} を a_n を用いて表せ。

(3) a_n を求めよ。

(4) 関係式 $b_{n+1}=pb_n+qa_n$ $(n=1, 2, 3, \cdots\cdots)$ が成り立つような p, q を求めよ。ただし p, q は n によらない定数とする。

(5) (4)の定数 p を用いて $c_n=\dfrac{b_n}{p^n}$ $(n=1, 2, 3, \cdots\cdots)$ とおく。c_n を求めよ。

(6) b_n を求めよ。 〔23 埼玉大・理, 工(後期)〕

*255 s を実数とし, 数列 $\{a_n\}$ を $a_1=s$, $(n+2)a_{n+1}=na_n+2$
$(n=1, 2, 3, \cdots\cdots)$ で定める。

(1) a_n を n と s を用いて表せ。

(2) ある正の整数 m に対して $\displaystyle\sum_{n=1}^{m} a_n=0$ が成り立つとする。s を m を用いて
表せ。 〔23 東北大・理系〕

*256 数列 $\{a_n\}$ を次で定める。

$$a_1=1, \quad \begin{cases} a_{2n}=3a_{2n-1}-n \\ a_{2n+1}=a_{2n}+1 \end{cases} (n=1, 2, 3, \cdots\cdots)$$

(1) a_5 を求めよ。

(2) $b_n=a_{2n+1}-a_{2n-1}$ $(n=1, 2, 3, \cdots\cdots)$ とおく。数列 $\{b_n\}$ の一般項を求めよ。

(3) a_{2n+1} を求めよ。

(4) a_{199} の桁数を求めよ。ただし, $\log_{10}2=0.3010$, $\log_{10}3=0.4771$ とする。
  〔23 名古屋工大〕

50 数 学 的 帰 納 法

257 関数 $f(x)$ を $f(x)=\begin{cases} \dfrac{1}{2}x+\dfrac{1}{2} & (x\leqq1) \\ 2x-1 & (x>1) \end{cases}$ で定める。a を実数とし, 数列 $\{a_n\}$
を $a_1=a$, $a_{n+1}=f(a_n)$ $(n=1, 2, 3, \cdots\cdots)$ で定める。

(1) すべての実数 x について $f(x)\geqq x$ が成り立つことを示せ。

(2) $a\leqq1$ のとき, すべての正の整数 n について $a_n\leqq1$ が成り立つことを示せ。

(3) 数列 $\{a_n\}$ の一般項を n と a を用いて表せ。 〔23 神戸大・理系〕

*258 各項が正の実数である数列 $\{a_n\}$ が
$$a_1=1, \quad a_2=3, \quad a_{n+1}{}^2-a_na_{n+2}=2^n \quad (n=1, 2, 3, \cdots\cdots)$$
を満たしているとする。

(1) すべての自然数 n に対して $a_{n+2}-3a_{n+1}+2a_n=0$ が成り立つことを示せ。

(2) $a_{n+2}+\beta a_{n+1}=a_{n+1}+\beta a_n$ がすべての自然数 n に対して成り立つような実数 β の値を求めよ。

(3) a_n を n を用いて表せ。　　　　　　　　　　　　　　〔23 香川大・医〕

*259　$0<\theta<\dfrac{\pi}{2}$ である θ が $\cos\theta+\cos 2\theta+\cos 3\theta+\cos 4\theta=0$ を満たすとき，次の問いに答えよ。

(1)　$\cos\theta$ の値を求めよ。

(2)　n を自然数とするとき，次の恒等式が成り立つことを示せ。
$$\alpha^{n+2}+\beta^{n+2}=(\alpha^{n+1}+\beta^{n+1})(\alpha+\beta)-\alpha\beta(\alpha^n+\beta^n)$$

(3)　(1)で求めた $\cos\theta$ に対して，数列 $\{a_n\}$ を
$$a_n=(2\cos\theta)^n+(1-2\cos\theta)^n \quad (n=1,\ 2,\ 3,\ \cdots\cdots)$$
と定める。このとき，a_{n+2} を a_{n+1} と a_n を用いて表せ。

(4)　(3)で定めた数列 $\{a_n\}$ について，$(-1)^n\{a_na_{n+2}-(a_{n+1})^2\}$ は n によらない定数であることを数学的帰納法を用いて示せ。　　〔23 鳥取大・地域，農，医〕

*260　自然数 n に対して，a_n，b_n を $\left(\dfrac{1+\sqrt{5}}{2}\right)^n=a_n+b_n\sqrt{5}$ を満たす有理数とする。ただし，4つの有理数 a，b，c，d が $a+b\sqrt{5}=c+d\sqrt{5}$ を満たせば $a=c$ かつ $b=d$ が成り立つので，a_n，b_n は各自然数 n に対し 1 通りに定まることに注意する。　　　　　　　　　　　　　　　　　　　　　　　　〔23 鹿児島大〕

(1)　n が 3 の倍数であるとき，a_n，b_n がともに整数となることを示せ。

(2)　自然数 n が 3 の倍数であるとき，a_n，b_n のどちらか一方が偶数で他方が奇数となることを示せ。

(3)　a_n，b_n がともに整数となるのは n が 3 の倍数のときに限ることを示せ。

261　n を自然数として，整式 $(3x+2)^n$ を x^2+x+1 で割った余りを a_nx+b_n とおく。　　　　　　　　　　　　　〔23 早稲田大・基幹理工，創造理工，先進理工〕

(1)　a_{n+1} と b_{n+1} を，それぞれ a_n と b_n を用いて表せ。

(2)　すべての n に対して，a_n と b_n は 7 で割り切れないことを示せ。

(3)　a_n と b_n を a_{n+1} と b_{n+1} で表し，すべての n に対して，2 つの整数 a_n と b_n は互いに素であることを示せ。

262　実数 θ が $\cos(2\pi\theta)=\dfrac{\sqrt{3}-1}{4}$ を満たすとする。数列 $\{a_n\}$ を
$a_n=2(\sqrt{3}+1)^n\cos(2\pi n\theta) \quad (n=1,\ 2,\ 3,\ \cdots\cdots)$ で定める。次の問いに答えよ。ただし，必要ならば，整数 p，q，r，s が等式 $p+q\sqrt{3}=r+s\sqrt{3}$ を満たすとき，$p=r$，$q=s$ が成り立つことを証明なしに用いてよい。

(1)　a_1，a_2 の値を求めよ。

(2) m を整数とし，t を実数とする。$\cos t \cdot \cos(mt)$ を $\cos\{(m+1)t\}$，$\cos\{(m-1)t\}$ を用いて表せ。

(3) すべての自然数 n に対して，$a_{n+2}=ca_{n+1}+da_n$ を満たす定数 c, d を求めよ。

(4) すべての自然数 n に対して，$a_n=p_n+q_n\sqrt{3}$ となる整数 p_n, q_n が存在する。このことは証明なしに用いてよい。このとき，p_{n+2}, q_{n+2} を p_n, q_n, p_{n+1}, q_{n+1} の式で表せ。また，p_n が奇数であることを数学的帰納法を用いて示せ。

(5) $\cos(2\pi N\theta)=1$ を満たす自然数 N は存在しないことを示せ。ただし，必要ならば，すべての自然数 n に対して，$(\sqrt{3}+1)^n=r_n+s_n\sqrt{3}$ を満たす整数 r_n, s_n が存在することを証明なしに用いてよい。　　〔23 同志社大・理系〕

51　数列の応用問題

*263　xy 平面上の曲線 $C:y=x^3-3x$ を考える。n を自然数とし，点 $(n,\ n^3-3n)$ における C の接線を ℓ_n とする。また，C と ℓ_n で囲まれた図形（境界を含む）を D_n とし，D_n に含まれる格子点の個数を T_n とする。ただし，格子点とは x 座標，y 座標がどちらも整数である点のことをいう。

(1) ℓ_n の方程式を求めよ。

(2) C と ℓ_n の共有点をすべて求めよ。

(3) $n=1$ のときを考える。D_1 に含まれる格子点をすべて求めよ。

(4) T_n を求めよ。　　〔23 埼玉大・理，工〕

*264　m を 7 で割ったときの余りが 5 となる整数とする。k を自然数とするとき，次の ☐ をうめよ。ただし，ᵒ☐ と ᵏ☐ 以外は数値でうめ，また，$1\leq$ ⁱ☐ ≤9 とする。

　　m^k を 7 で割ったときの商を q_k，余りを a_k とおくと，$m^k=7q_k+a_k$ ($0\leq a_k\leq6$) と表されることから，$a_1=5$, $a_2=$ ᵃ☐ である。さらに，a_{k+1} は ⁱ☐ $\times a_k$ を 7 で割ったときの余りに等しいことがわかる。これを繰り返して，a_1, a_2, a_3, …… を計算することができる。

　　$a_k=a_1$ となる 1 より大きい自然数 k の中で最小のものを l とおくと，$l=$ ᵘ☐ である。数列 $\{a_n\}$ の初項から第 n 項までの和を S_n とすると，S_{l-1} の値は ᵉ☐ であり，S_{l^n} を n の式で表すと $S_{l^n}=\dfrac{\boxed{}^{ᵒ}}{2}$ である。さらに，S_{l^n} を l 進法で表すと ᵏ☐ 桁であり，ᵏ☐ 桁目の数字は ᵏ☐ である。

〔23 関西大・システム理工，環境都市工，化学生命工〕

265 $x_0=0$, $y_0=-1$ のとき, 非負整数 $n \geqq 0$ に対して,

$$x_{n+1}=\left(\cos\frac{3\pi}{11}\right)x_n-\left(\sin\frac{3\pi}{11}\right)y_n$$

$$y_{n+1}=\left(\sin\frac{3\pi}{11}\right)x_n+\left(\cos\frac{3\pi}{11}\right)y_n$$

で定義される数列において, x_n が最小値をとる最初の n を求めよ。

〔23 早稲田大・教育〕

◇**266** p を 3 以上の素数とする。また, θ を実数とする。

(1) $\cos3\theta$ と $\cos4\theta$ を $\cos\theta$ の式として表せ。

(2) $\cos\theta=\dfrac{1}{p}$ のとき, $\theta=\dfrac{m}{n}\cdot\pi$ となるような正の整数 m, n が存在するか

否かを理由を付けて判定せよ。 〔23 京都大〕

◇**267** p は素数とする。

(1) j を $0<j<p$ である整数とすると, 二項係数 ${}_pC_j$ は p で割り切れること
を示せ。

(2) 自然数 m に対して $(m+1)^p-m^p-1$ は p で割り切れることを示せ。

(3) 自然数 m に対して m^p-m は p で割り切れることを示せ。さらに m が p
で割り切れないときには, $m^{p-1}-1$ が p で割り切れることを示せ。

ここで, 次の集合 S を考える。

$$S=\{4n^2+4n-1\,|\,n\text{ は自然数}\}$$

例えば, $n=22$ とすると $4n^2+4n-1=2023$ なので 2023 は S に属する。

(4) 整数 a が S に属し, $a=4n^2+4n-1$ (n は自然数) と表されているとする。
このとき, a と $2n+1$ は互いに素であることを示せ。

(5) p は 3 以上の素数とする。p が S に属するある整数 a を割り切るならば,
$2^{\frac{p-1}{2}}-1$ は p で割り切れることを示せ。 〔23 大阪公大・理系〕

XIV データの分析

52 データの分析

*268 変量 x のデータが次のように与えられている。

610, 530, 590, 550, 570

いま, $c=10$, $x_0=500$, $u=\dfrac{x-x_0}{c}$ として新たな変量 u を作る。このとき, 変量 u のデータの平均値 $\bar{u}$ と分散 $s_u{}^2$ を求めると $\bar{u}=$ ア[ ], $s_u{}^2=$ イ[ ] である。　〔23 南山大・理工〕

269 次のデータは, 5 人の生徒に 6 点満点のテストを行い, その得点を小さい方から順に並べたものである。

a, b, 4, d, e (ただし, $a \leqq b \leqq 4 \leqq d \leqq e$)

各生徒のテストの得点は 0 以上 6 以下の整数であり, 単位は点である。このデータの平均値は 3 点であった。このとき, $d+e$ のとりうる最も大きい値は ア[ ] である。さらに, このデータの分散が 1.6 であるとき, $a+e$ の値は イ[ ] である。　〔23 福岡大・理, 工〕

*270 次の表は, 生徒 10 人に各 20 点満点のテストを行ったときの数学の得点と英語の得点の結果である。

生徒	A	B	C	D	E	F	G	H	I	J
数学の得点 (点)	8	12	12	8	14	16	14	10	12	14
英語の得点 (点)	9	10	11	10	15	20	12	8	10	15

このとき, 数学の得点の平均値は ア[ ] 点, 分散は イ[ ] であり, 英語の得点の平均値は ウ[ ] 点, 分散は エ[ ] である。数学の得点と英語の得点の相関係数の 2 乗は 0. オ[ ] である。　〔23 大同大〕

271 右表は, 100 人の生徒を 2 つのクラス X, Y に分けて行った試験の結果である。100 人全員の点数についての平均点が 60 点, 分散が 87 であるとき, X クラスの平均点 $\bar{x}$ の値を求めよ。ただし, $\bar{x}<\bar{y}$ である。

クラス	人 数	平均点	分 散
X	60	$\bar{x}$	83
Y	40	$\bar{y}$	78

〔23 福島県立医大・医, 保健科学〕

272 変量 x と変量 y のデータの組が表のように与えられている。k は $1 \leqq k \leqq 5$ を満たす整数とし，x を横軸，y を縦軸にとった座標平面上の点を $P_k = (x_k, y_k)$ で表す。例えば，$k=3$ のとき，$P_3 = (90, 100)$ となる。

表

k	1	2	3	4	5
x	50	70	90	80	60
y	40	60	100	70	50

(1) x の平均値 $\bar{x}$ は $^{\text{ア}}\boxed{}$，分散 $s_x{}^2$ は $^{\text{イ}}\boxed{}$ である。

(2) x と y の共分散 s_{xy} は $^{\text{ウ}}\boxed{}$ である。

(3) 座標平面上の 5 つの点 P_k にできるだけ合うように引いた直線が $y = ax + b$ (a, b は定数) で表されるとする。この直線上の点は $Q_k = (x_k, ax_k + b)$ で表される。ここで，「できるだけ合うように」とは，次の 2 つの条件を満たすことである。

  条件1 この直線が x と y の平均値による点 $(\bar{x}, \bar{y})$ を通る。

  条件2 $L = P_1Q_1{}^2 + P_2Q_2{}^2 + P_3Q_3{}^2 + P_4Q_4{}^2 + P_5Q_5{}^2$ …… ①

    が最小となる。

ここで，座標平面上に P_k，Q_k，点 $(\bar{x}, \bar{y})$ と $y = ax + b$ の関係を示すと，図のようになる。

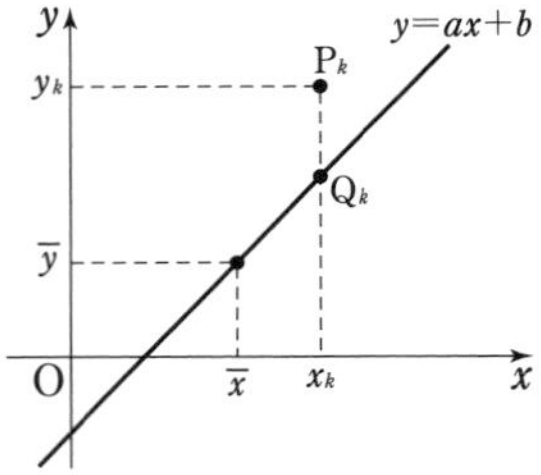

条件1 より，$\bar{y} = a\bar{x} + b$ なので，

$$b = -a\bar{x} + \bar{y} \quad \text{……②}$$

となる。式② より，点 $Q_k = (x_k, a(x_k - \bar{x}) + \bar{y})$ である。よって，

$$P_kQ_k{}^2 = |y_k - \{a(x_k - \bar{x}) + \bar{y}\}|^2$$
$$= (y_k - \bar{y})^2 - 2a(x_k - \bar{x})(y_k - \bar{y}) + a^2(x_k - \bar{x})^2 \quad \text{……③}$$

となる。ここで，式① と式③ から，数値を用いず，$s_x{}^2$, s_{xy}, a, y の分散 $s_y{}^2$ を用いて L を表すと，

$$L = 5(^{\text{エ}}\boxed{}a^2 - {}^{\text{オ}}\boxed{}a + s_y{}^2)$$

となる。

(4) 条件2 より L が最小となるように a と b の値を求めると，$a = {}^{\text{カ}}\boxed{}$，$b = {}^{\text{キ}}\boxed{}$ となる。ただし，$^{\text{カ}}\boxed{}$，$^{\text{キ}}\boxed{}$ は $s_x{}^2$, $s_y{}^2$, s_{xy} を用いず数値で答えよ。

〔23 立命館大・文系〕

XV 補 充 問 題

273 位置 O から位置 P_i $(i=1, 2, 3, \cdots\cdots, n)$ に向かってそれぞれ 1 本ずつ，合計 n 本の経路が放射状に延びている。最初，位置 O にいるロボットは等確率でひとつの経路を選んでいずれかの位置 P_i に移動するものとする。P_1, P_2, $\cdots\cdots$, P_n のうちの k 箇所の位置には扉があり，ロボットは移動した位置に扉があるかどうかをセンサーによって確率的に検知することができる。扉が実際にある場合に扉センサーが反応する確率は 0.8 であり，扉がないのに反応する確率は 0.1 であるとする。

(1) ロボットが扉のある位置に移動する確率を求めよ。

(2) ロボットの扉センサーが反応しているとき，ロボットが扉のある位置に移動している確率を求めよ。

(3) 扉のある k 箇所のうちの s 箇所だけには扉の向こう側に宝物があり，扉を開けて宝物を見つけると，ロボットには 100 ポイントが与えられるとする。最初の位置 O にいるときのポイントの期待値と，扉センサーが反応して扉を開ける動作に入る前のポイントの期待値を求めよ。　〔23 関西大・総合情報〕

274 ある工場で作られているまんじゅうについて，まんじゅう 1 つの重さを X グラムとするとき，確率変数 X が平均 $m=40$，分散 $\sigma^2=18$ の正規分布 $N(40, 18)$ に従うとみなせるものとする。なお，$\sqrt{2}=1.41$ とし，付表の正規分布表を利用してよい。

(1) 作ったすべてのまんじゅうの個数に対する，重さが 35 グラム以上のまんじゅうの個数の割合を求めよ。ただし，小数第 3 位を四捨五入せよ。

(2) 無作為に選ばれた 50 個のまんじゅうが入ったまんじゅうセットを考える。1 つのセットに入ったまんじゅうの重さの合計を Y グラムとするとき，確率変数 Y の平均と分散を求めよ。

(3) (2)で考えたまんじゅうセットに対してある整数 T を定め，「内容量約 T グラム」という表記を付けることを考える。ここで T は，たくさんのまんじゅうセットから無作為に 1 つのセットを取り出した際に，95 % 以上の確率でそのセットに含まれるまんじゅうの重さの合計 Y グラムが $Y \geqq T$ となるように定める。このとき，T の最大値を求めよ。

〔23 滋賀大・データサイエンス〕

付表：正規分布表

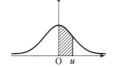

u	.00	.01	.02	.03	.04	.05	.06	.07	.08	.09
0.0	0.0000	0.0040	0.0080	0.0120	0.0160	0.0199	0.0239	0.0279	0.0319	0.0359
0.1	0.0398	0.0438	0.0478	0.0517	0.0557	0.0596	0.0636	0.0675	0.0714	0.0753
0.2	0.0793	0.0832	0.0871	0.0910	0.0948	0.0987	0.1026	0.1064	0.1103	0.1141
0.3	0.1179	0.1217	0.1255	0.1293	0.1331	0.1368	0.1406	0.1443	0.1480	0.1517
0.4	0.1554	0.1591	0.1628	0.1664	0.1700	0.1736	0.1772	0.1808	0.1844	0.1879
0.5	0.1915	0.1950	0.1985	0.2019	0.2054	0.2088	0.2123	0.2157	0.2190	0.2224
0.6	0.2257	0.2291	0.2324	0.2357	0.2389	0.2422	0.2454	0.2486	0.2517	0.2549
0.7	0.2580	0.2611	0.2642	0.2673	0.2704	0.2734	0.2764	0.2794	0.2823	0.2852
0.8	0.2881	0.2910	0.2939	0.2967	0.2995	0.3023	0.3051	0.3078	0.3106	0.3133
0.9	0.3159	0.3186	0.3212	0.3238	0.3264	0.3289	0.3315	0.3340	0.3365	0.3389
1.0	0.3413	0.3438	0.3461	0.3485	0.3508	0.3531	0.3554	0.3577	0.3599	0.3621
1.1	0.3643	0.3665	0.3686	0.3708	0.3729	0.3749	0.3770	0.3790	0.3810	0.3830
1.2	0.3849	0.3869	0.3888	0.3907	0.3925	0.3944	0.3962	0.3980	0.3997	0.4015
1.3	0.4032	0.4049	0.4066	0.4082	0.4099	0.4115	0.4131	0.4147	0.4162	0.4177
1.4	0.4192	0.4207	0.4222	0.4236	0.4251	0.4265	0.4279	0.4292	0.4306	0.4319
1.5	0.4332	0.4345	0.4357	0.4370	0.4382	0.4394	0.4406	0.4418	0.4429	0.4441
1.6	0.4452	0.4463	0.4474	0.4484	0.4495	0.4505	0.4515	0.4525	0.4535	0.4545
1.7	0.4554	0.4564	0.4573	0.4582	0.4591	0.4599	0.4608	0.4616	0.4625	0.4633
1.8	0.4641	0.4649	0.4656	0.4664	0.4671	0.4678	0.4686	0.4693	0.4699	0.4706
1.9	0.4713	0.4719	0.4726	0.4732	0.4738	0.4744	0.4750	0.4756	0.4761	0.4767
2.0	0.4772	0.4778	0.4783	0.4788	0.4793	0.4798	0.4803	0.4808	0.4812	0.4817
2.1	0.4821	0.4826	0.4830	0.4834	0.4838	0.4842	0.4846	0.4850	0.4854	0.4857
2.2	0.4861	0.4864	0.4868	0.4871	0.4875	0.4878	0.4881	0.4884	0.4887	0.4890
2.3	0.4893	0.4896	0.4898	0.4901	0.4904	0.4906	0.4909	0.4911	0.4913	0.4916
2.4	0.4918	0.4920	0.4922	0.4925	0.4927	0.4929	0.4931	0.4932	0.4934	0.4936
2.5	0.4938	0.4940	0.4941	0.4943	0.4945	0.4946	0.4948	0.4949	0.4951	0.4952
2.6	0.49534	0.49547	0.49560	0.49573	0.49585	0.49598	0.49609	0.49621	0.49632	0.49643
2.7	0.49653	0.49664	0.49674	0.49683	0.49693	0.49702	0.49711	0.49720	0.49728	0.49736
2.8	0.49744	0.49752	0.49760	0.49767	0.49774	0.49781	0.49788	0.49795	0.49801	0.49807
2.9	0.49813	0.49819	0.49825	0.49831	0.49836	0.49841	0.49846	0.49851	0.49856	0.49861
3.0	0.49865	0.49869	0.49874	0.49878	0.49882	0.49886	0.49889	0.49893	0.49897	0.49900

答 と 略 解

1. 問題の要求している答の数値・図をあげ，略解，略証は [ ] に入れて付した。
　 ただし，証明問題では一部，その略証を省いたところもある。
2. [ ] の中は答案形式ではなく，本文・答にない文字でも，断らずに用いたので注意し
　 てほしい（例えば，D：判別式，S：面積，V：体積など）。

1 (1) (ア) 3 (イ) 1 (ウ) 5 (エ) 8
(2) (ア) 1 (イ) 4 (ウ) 3 (エ) 6
2 (ア) 3 (イ) 6 (ウ) 10 (または (イ) 10 (ウ) 6)
(エ) 2 (オ) 6 (カ) 10 (キ) 15 (または (オ) 15
(キ) 6)
3 (1) (ア) $4+\sqrt{15}$ (イ) $-\dfrac{3}{13}$ (ウ) $\dfrac{4\sqrt{10}}{13}$
(2) (ア) -1 (イ) 0
4 (1) (ア) 2 (イ) $\dfrac{1}{4}$ (ウ) $-\dfrac{1}{2}$
(2) $\dfrac{5}{4}x+\dfrac{3}{4}$
5 (ア) 210 (イ) $100x+110$
6 x^3-1
7 (1) $b_n=0$, $b_{n-1}=na_n$
(2) $g(x)=\dfrac{1}{4}x^4-\dfrac{1}{2}x^3-\dfrac{1}{4}x^2+\dfrac{1}{2}x$
(3) $h(x)=x^2+4x+5$
8 (1) $x=0,\ 3,\ 5$ (2) (ア) -2 (イ) 3
9 $0<a\leqq 2$ のとき $x=\pm\dfrac{2-a}{a}$
　 $a\leqq 0$，$2<a$ のとき 解なし
10 [$\sqrt{n}$ を超えない最大の整数を p とする
と，集合 A の要素の個数は $2p+1$]
11 (ア) 5 (イ) 80
12 (ア) 3 (イ) 6
13 (1) (ア) 322 (イ) $-\sqrt{5}$ (2) 0
14 $\dfrac{19}{4}$
15 (ア) -6 (イ) 3 (ウ) 2 (エ) -11 (オ) 2
16 (ア) 2 (イ) -1 (ウ) -3 (エ) 2 (オ) 7
(カ) 3 (キ) 2 (ク) 1 (ケ) 4 (コ) 3 (サ) 5 (シ) 5
17 (ア) 2 (イ) -4 (ウ) 5
18 (ア) 0 (イ) 8 (ウ) 5 (エ) 4 (オ) 4 (カ) 16
(キ) 5 (ク) 1
19 (ア) 2 (イ) 8 (ウ) -3 (エ) -4 (オ) -9
20 (1) $f(x)=x^2-6x+7$, 頂点は $(3,\ -2)$

(2) $g(0)=-1$, $g(2)=-1$, $g(x)=0$ を満たす
x は $x=\dfrac{1}{3}$, $3\pm\sqrt{2}$
(3) $-1\leqq a\leqq 1$ または $a=3$
21 (ア) 1 (イ) $0<a\leqq 6$ (ウ) $1+\sqrt{5}$
[(3) $0<a\leqq 3$ のとき $0<a<2a<6$ であるか
ら $0<M\leqq 9$, $0<m<9$ となる。
よって，$M-m=12$ となることはない。
したがって，$a>3$ のときを考えればよい]
22 $\dfrac{24}{5}$
23 (ア) $a^2-a\geqq b$ (イ) $b\leqq -\dfrac{1}{4}$
24 (ア) -2 (イ) 5
25 $\dfrac{19}{3}<b<7$
26 (ア) $-\dfrac{5}{3}$ (イ) $\dfrac{8}{3}$
27 (1) $a^2-4b>0$ かつ $a<0$ かつ $b>0$
(2) 〔図〕，境界線を含まない
(3) 〔図〕，境界線を含まない

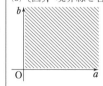

28 $(a,\ b)=(-3,\ 5)$
29 $-\dfrac{5}{4}$
30 (1) $C=-5$ (2) $\dfrac{9}{4}-A$
(3) $\beta=1-2i$, $\gamma=-\dfrac{1}{2}$
31 (ア) 4 (イ) $2p+2$ (ウ) $-\dfrac{5}{2}$ (エ) $-\dfrac{1}{2}$
[$P(x)=x^2+px+2$, $Q(x)=x^3+qx^2+rx+s$

とおくと $Q(x)=(x+2)P(x)$ と表せること
を用いる]

32 (1) $a=2\sqrt{p}$, $b=-2\sqrt{p}$
(3) $A=p$, $B=-p$
[(2) $f(x)=0$ の解はすべて実数であり，か
つ有理数でないことを示す]

33 (ア) 2 (イ) 2 (ウ) 3 (エ) 2 (オ) 3 (カ) 2
(キ) 5 (ク) 1 (ケ) 3 (コ) 2 (サ) 5

34 (ア) 16 (イ) 1 (ウ) 3

35 (ア) $4a$ (イ) $\sqrt{5}-2$ (ウ) $2\sqrt{5}+2$

36 (1) $x=1$ で最小値 2
$\left[(2) \displaystyle\sum_{k=1}^{2n} \dfrac{x^k}{1+x^{2k}} \right.$
$=\displaystyle\sum_{l=1}^{n} \dfrac{1}{\dfrac{1}{x^{2l-1}}+x^{2l-1}}+\sum_{l=1}^{n} \dfrac{1}{\dfrac{1}{x^{2l}}+x^{2l}}$

$\displaystyle\sum_{l=1}^{n} \dfrac{1}{\dfrac{1}{x^{2l-1}}+x^{2l-1}}$ と $\displaystyle\sum_{l=1}^{n} \dfrac{1}{\dfrac{1}{x^{2l}}+x^{2l}}$ のとりう

る値の範囲をそれぞれ考える]

37 (1) (ア) -2835 (2) (イ) 6 (3) (ウ) 567

38 (ア) 55 (イ) 9 (ウ) 2 (エ) 7560

39 [(1) $P_n(1)$ を 2 通りの方法で表す。
(2) $P_n(x+1)=\displaystyle\sum_{m=1}^{n} {}_n\mathrm{B}_m(x+1)^m$
$(x+1)^m$ に二項定理を用いる。
(3) ${}_{n+1}\mathrm{B}_{k+1}$ は，$P_{n+1}(x)$ を展開したときの
x^{k+1} の係数である。
$P_{n+1}(x)=xP_n(x+1)$ が成り立つから，(2) を
利用して x^{k+1} の係数を求める]

40 $a \leqq -\dfrac{1}{2}$, $\dfrac{2}{3} \leqq a$

41 (1) 偽（反例）$a=-2$, $b=2$ (2) 真
(3) 偽（反例）$n=12$ (4) 偽（反例）2
(5) 真

42 [(1) $7=4^2-3^2$
(2) $m^2-n^2=(m+n)(m-n)$ であることから，
$m+n$ と $m-n$ の偶奇について考える。
(3) k を整数として，$2k+1=m^2-n^2$ を満た
す整数 m, n を見つける。
(4) 偶数 a が A の要素であるとき，
$a=m^2-n^2$ と表せる。
$m+n$ と $m-n$ の偶奇について考える。
逆に，偶数 a がある整数 k を用いて $a=4k$
と書けるとき，$4k=m^2-n^2$ を満たす整数 m,

n を見つける]

43 (1) 210
(2) (ア) 24 (イ) 761

44 7

45 (1) $a^{N+1}-b^{N+1}$ (3) 3 (4) $2^{36} \cdot 5^{36}$ (5) 1
$\left[(2) A=\dfrac{10^{40}-3^{10}}{9997}=\dfrac{(10^4)^{10}-3^{10}}{10^4-3} \right.$
$=\displaystyle\sum_{n=0}^{9} (10^4)^{9-n} \cdot 3^n$
$=10^{36}+10^{32} \cdot 3+10^{28} \cdot 3^2+\cdots\cdots+10^4 \cdot 3^8+3^9$
$B=\dfrac{10^{36}-3^9}{9997}=\dfrac{(10^4)^9-3^9}{10^4-3}$
$=\displaystyle\sum_{n=0}^{8} (10^4)^{8-n} \cdot 3^n$
$=10^{32}+10^{28} \cdot 3+10^{24} \cdot 3^2+\cdots\cdots+10^4 \cdot 3^7+3^8$
(3) A
　　$=10^4(10^{32}+10^{28} \cdot 3+10^{24} \cdot 3^2+\cdots\cdots+3^8)+3^9$
であるから，A の一の位の数字は 3^9 の一の
位の数字と同じである。
(5) A と B の最大公約数を g とすると，互い
に素な自然数 k, l を用いて $A=gk$, $B=gl$
と表される。
(4) から $g(k-3l)=2^{36} \cdot 5^{36}$
よって，自然数 g は
　　1 または 2 の倍数 または 5 の倍数
である]

46 [(a) (#) を変形すると
$(x_0-1)\{x_0-1-g(x_0)\}=1$
x_0, $g(x_0)$ は整数であるから，x_0-1,
$x_0-1-g(x_0)$ はいずれも整数である。
ゆえに，x_0-1 は 1 の約数であるから
$x_0-1=\pm 1$
(b) $h(x)$ は係数が整数の多項式であるから，
剰余の定理より $h(x)=x \cdot Q(x)+h(0)$ を満た
す，係数が整数の多項式 $Q(x)$ が存在する。
よって $h(4)=4Q(4)+h(0)$
$f(x)=(x-1)^2(x-2)h(x)$ に $x=0$ を代入す
ると $f(0)=-2h(0)$
条件 (I) より，$f(0)$ は 4 の倍数ではないから，
$h(0)$ は奇数である]

47 (1) (ア) 139
(2) (イ) 89 (ウ) 55
[(2) 余りを求める計算において，それぞれ
の計算の商が小さいほど，計算の回数は多く

なる]

48 (1) (ア) 13　(イ) 3　(ウ) 679　(エ) 157

(2) (ア) 4045　(イ) 4047

49 (1) $(x, y)=(1, 37), (5, 5)$

(2) 存在しない

(3) $(x, y)=(2, 4), (10, 18)$

50 $(m, n)=(-36, 31), (-2059, 1773)$

$\left[\dfrac{1}{ab}=\dfrac{m}{a}+\dfrac{n}{b}\right.$ を整理すると $an+bm=1$

不定方程式 $2023n+1742m=1$ を満たす整数
を求める]

51 (ア) 4　(イ) (2, 3, 6)

$[\quad f(a)+f(b)+f(c)$

$=a+b+c-\left(\dfrac{1}{a}+\dfrac{1}{b}+\dfrac{1}{c}\right)$

$f(a)+f(b)+f(c)$ が自然数であるとき,

$\dfrac{1}{a}+\dfrac{1}{b}+\dfrac{1}{c}$ は自然数となる。

$1\leqq a\leqq b\leqq c$ から

$1\leqq\dfrac{1}{a}+\dfrac{1}{b}+\dfrac{1}{c}\leqq\dfrac{1}{a}+\dfrac{1}{a}+\dfrac{1}{a}=\dfrac{3}{a}$

a の値で場合分けして, b, c を求めていく]

52 $(x, y)=(4, 3), (-4, 3), (5, 2),$
$\qquad\qquad\qquad\qquad\qquad (-5, 2)$

$[86400=2^7\cdot3^3\cdot5^2$

$x^3-x=(x-1)x(x+1)$ より, x^3-x は連続
する 3 つの整数の積であるから, 6 の倍数で
ある]

53 (1) 347　(2) 2265

$[a_n=n^2+n+1$ とおく。

(1) a_1 から a_7 のうち, 7 で割り切れるのは
a_2 と a_4

(2) 91 を素因数分解すると $91=7\cdot13$

a_1 から a_{13} のうち, 13 で割り切れるのは a_3
と a_9]

54 (1) $(x, y)=(2, 4), (9, 1)$

(2) 整数 n の個数は 6 (個),
　　　最大の整数は 11

(3) 整数 n の個数は $a-1$ (個),
　　　最大の整数は $2a-3$

$[(2), (3)$ $n=3k, 3k+1, 3k+2$ で場合分けし
て考える]

55 $-\dfrac{1}{4}$

56 $n=-5, 5$

$[n=3k, 3k+1, 3k+2$ で場合分けして考え
る]

57 (1) $n-2$　(2) 6

$[Z$ を 10 進法で表すと $Z=4n^k+1]$

58 (1) 0　(2) 404　(3) 503

59 (1) 3　(2) 5　(3) 1680

$[(1)$ 5 は素数であるから, $d(n)=5$ となる整
数 n は, 素数 p を用いて $n=p^4$ と表せる。

(2) $15=3\cdot5$

$d(n)=15$ となる整数 n は

[1] 素数 p を用いて $n=p^{14}$

[2] 異なる素数 p_1, p_2 を用いて

$n=p_1{}^2\cdot p_2{}^4$

のいずれかで表せる。

(3) n を素因数分解したときに現れる素数の
数で場合分けする]

60 (1) 10　(2) 4　(3) 14　(4) 6

61 (ア) 720　(イ) 576　(ウ) 144

62 (ア) 1440　(イ) 480　(ウ) 2400　(エ) 2640

63 (1) 24　(2) 24　(3) 8

64 (ア) 74　(イ) 25　(ウ) 8

$[B=\{4\cdot1+1, 4\cdot2+1, 4\cdot3+1, \cdots\cdots,$
$\qquad\qquad\qquad\qquad\qquad\qquad 4\cdot74+1\}]$

65 (1) 36 通り　(2) 684 通り　(3) 576 通り

(4) 648 通り　(5) 216 通り

$[(1)$ a_1 が奇数となるのは, 上列の 3 つの数
がすべて奇数となるときである。

(5) a_1, a_2, b_1, b_2, b_3 がすべて偶数となる
とき, カードの偶奇の並べ方は 6 通りあり,
そのおのおのの場合に対して, 偶数のカード
と奇数のカードの並べ方が, それぞれ 3! 通
りずつある]

66 (1) 945 通り　(2) 905 通り　(3) 250 通り

67 (1) (ア) 27　(イ) 5

(2) (ウ) $\dfrac{3^n-3}{6}$　(エ) $\dfrac{3^n+3}{6}$

$[(2)$ 2 つ以上の箱にカードが入るとき, 箱
を区別しない入れ方 1 通りに対して, 箱を区
別する入れ方が 6 通りずつある]

68 (ア) 105　(イ) 15　(ウ) 9

69 (1) 12600　(2) 2520

(3) (i) 24　(ii) 18　(iii) 175

$[(3)$(iii) 選んだ 4 個の文字の中にある同じ文
字の個数で場合分けすると

{4}, {3, 1}, {2, 2}, {2, 1, 1},
{1, 1, 1, 1}
のいずれかである]

70 (ア) 280 (イ) 199 (ウ) 55

[(ア) 白玉 3 個を 3 つの箱 A，B，C に分ける
とき，分け方の総数は 3 個の○と 2 つの｜の
順列の総数に等しい。

(イ)「どの箱にも少なくとも 1 個以上玉が入
る」という事象は，「1 個も玉が入らない箱が
ある」という事象の余事象である。

(ウ) どの箱にも白玉が 2 個以上または黒玉が
2 個以上入る分け方は，次のように場合分け
できる。

[i] 白玉が 2 個以上入る箱がない場合
[ii] 1 つの箱に白玉が 2 個以上入る場合]

71 (1) L_1 に属する格子折れ線

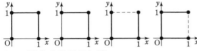

L_2 に属する格子折れ線

(2) 〔図〕

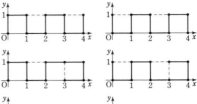

(3) 6 個 (4) $l_n = n^2 + n + 2$

72 (1) (ア) 1 (イ) 91 (ウ) 15 (エ) 91 (オ) 8
(カ) 13

(2) $\dfrac{431}{512}$ (3) $\dfrac{50}{81}$

73 (1) $\dfrac{1}{N^3}$ (2) $\dfrac{(N-1)(N-2)(N-3)}{N^3}$

(3) $\dfrac{4(N-1)}{N^3}$ (4) $\dfrac{6(N-1)(N-2)}{N^3}$

74 (1) $\dfrac{n-1}{2n-1}$ (2) $\dfrac{1}{2}$ (3) $\dfrac{n}{2n-1}$

75 (ア) $\dfrac{1}{9}$ (イ) $\dfrac{10}{27}$ (ウ) $\dfrac{10}{27}$ (エ) $\dfrac{16}{27}$

(オ) $\dfrac{(n+2)(n+1)}{2 \cdot 3^n}$

76 (1) (ア) $\dfrac{2}{9}$ (2) (イ) 1, 5, 6 (ウ) $\dfrac{1}{3}$

(3) (エ) $\dfrac{1}{36}$ (オ) 76

77 (1) $\dfrac{1}{126}$ (2) $\dfrac{38}{63}$

78 (ア) $\dfrac{14}{125}$ (イ) $\dfrac{18}{625}$

79 (1) $P_1 = \dfrac{1}{14}$ (3) $P_2 = \dfrac{1}{5}$ (4) $P_3 = \dfrac{37}{70}$

[(2) 三角形 $A_1 A_4 A_k$ について，原点 O が三
角形の辺上および外部にあるための条件を，
辺 $A_1 A_k$，$A_4 A_k$ についてそれぞれ考える]

80 (1) $\dfrac{32}{625}$ (2) $\dfrac{137}{228}$

81 $\dfrac{11}{42}$

82 (1) $(1-p)^2 p$ (2) $p = \dfrac{2}{7}$ (3) $\dfrac{35}{109}$

83 (1) $p_n = \dfrac{n}{3^{n-1}}$ (2) $q_n = 1 - \dfrac{2^n - 2}{3^{n-1}}$

(3) $\dfrac{125}{729}$

84 (1) $\dfrac{11}{28}$　(2) $\dfrac{10}{13}$

85 (1) (ア) 17　(イ) 125

(2) (ウ) 9　(エ) 136　(オ) 4　(カ) 17

(3) (キ) 3　(ク) 16　(ケ) 16　(コ) 27

86 (1) $n=5$, 6 で最大値 $\dfrac{6}{11}$　(2) $n=5$

87 (1) $1-\left(\dfrac{5}{6}\right)^n$

(2) $1-\left(\dfrac{2}{3}\right)^n-\left(\dfrac{5}{6}\right)^n+\left(\dfrac{1}{2}\right)^n$

88 (1) $\dfrac{3}{8}$　(2) $\dfrac{3}{16}$　(3) 0　(4) $\dfrac{27}{512}$

(5) $\dfrac{675}{8192}$

89 (1) $\dfrac{14}{81}$　(2) $\dfrac{16}{81}$　(3) $\dfrac{64}{729}$

90 (1) $p_2=\dfrac{1}{9}$,　$p_3=\dfrac{5}{72}$

(2) $p_n=\dfrac{n(n-1)(n+2)}{2\cdot6^n}$

(3) $\dfrac{(n-1)(3n+2)}{2\cdot6^n}$

91 (1) $p=\dfrac{14}{55}$　(2) $q=\dfrac{103}{168}$

92 (ア) $\dfrac{13}{18}$　(イ) $\dfrac{5}{36}$　(ウ) $\dfrac{13}{18}$　(エ) $\dfrac{7}{12}$

(オ) $\dfrac{2}{3}\left(\dfrac{7}{12}\right)^m+\dfrac{1}{3}$

93 (1) $p_1=0$,　$q_1=1$,　$p_2=\dfrac{1}{2}$,　$q_2=0$

(2) $p_{n+1}=\dfrac{1}{2}(1-p_n)$,　$q_{n+1}=p_n$

(3) $p_n=\dfrac{1}{3}\left\{1-\left(-\dfrac{1}{2}\right)^{n-1}\right\}$,

$q_n=\dfrac{1}{3}\left\{1-\left(-\dfrac{1}{2}\right)^{n-2}\right\}$

94 (1) $x_{n,m}={}_n\mathrm{C}_m\dfrac{2^{n-m}}{3^n}$

(2) $y_0=\dfrac{13}{27}$,　$y_1=\dfrac{22}{81}$,　$y_2=\dfrac{4}{81}$,　$y_3=\dfrac{11}{81}$,

$y_4=\dfrac{4}{81}$,　$y_6=\dfrac{1}{81}$,

$m=5$, $m\geqq7$ のとき $y_m=0$

(3) $z_n=\dfrac{3}{4}\left(\dfrac{5}{9}\right)^n+\dfrac{1}{4}$

95 (1) $p_1=0$,　$p_2=\dfrac{1}{6}$

(2) $p_n=\dfrac{1}{7}\left\{1-\left(-\dfrac{1}{6}\right)^{n-1}\right\}$

96 (1) (ア) $\dfrac{7}{16}$　(イ) $\dfrac{11}{56}$

(2) (ウ) $-\dfrac{1}{2}p_n+\dfrac{1}{2}$　(エ) $\dfrac{1}{3}\left\{1-\left(-\dfrac{1}{2}\right)^n\right\}$

(3) (オ) $\dfrac{2n-1}{2^n}$　(カ) $\dfrac{2n^2-8n+13}{2^n}$

97 (1) $P_1(k)=\dfrac{1}{2}$,　$P_2(k)=\dfrac{1}{3}$,

$P_n(k)=\dfrac{1}{n+1}$

[(2) 初めに袋の中には $(r+b)$ 個の玉がある。操作を 1 回行うごとに 1 個ずつ増え，n 回目の操作の直前には袋の中には $(r+b+n-1)$ 個の玉がある。

n 回の操作それぞれに対してどの玉を取り出すかを考え，各回それぞれの確率を掛け合わせる]

98 (1) $\dfrac{7}{27}$

(2) $q_n=5$, 必要十分条件は

$a_1\leqq a_2\leqq\cdots\cdots\leqq a_n$

(3) $\dfrac{10(n-2)(n-3)}{6^n}$

[(2) (1) より $q_3=5$ であり，$K_3=q_3$ となるのは $a_1\leqq a_2\leqq a_3$ のときである。

このことから，$K_n\geqq5$ であり，等号が成り立つのは $a_1\leqq a_2\leqq\cdots\cdots\leqq a_n$ のときであると推測できる]

99 (ア) 3　(イ) 33　(ウ) 16　(エ) 24　(オ) 49

100 (1) $x^2-2(a+b)x+a^2+b^2=0$

(2) $r_1+r_2=a+b-\sqrt{2ab}$

(3) $S=\pi\{2r_1^2-2(a+b-\sqrt{2ab})r_1$

$\qquad\qquad\qquad +(a+b-\sqrt{2ab})^2\}$

(4) $\dfrac{\pi}{2}(a+b-\sqrt{2ab})^2$

101 (1) $\dfrac{5\sqrt{13}}{3}$　(2) $\dfrac{4\sqrt{13}}{3}$　(3) 18:5

(4) 3:2

102 (ア) 6　(イ) 12　(ウ) $8\sqrt{3}$　(エ) $\dfrac{8\sqrt{2}}{3}$

103 (1) $\dfrac{\sqrt{3}\,p}{p+1}$ (2) $\dfrac{\sqrt{2}\,p^2}{2(p+1)}$ (3) $\dfrac{p^2+1}{6(p+1)}$

(4) $\dfrac{\sqrt{2}-1}{3}$

[(1) △XAP∽△XGF であるから
AX : GX＝AP : GF＝p : 1

(4) $V=\dfrac{1}{6}\left\{(p+1)+\dfrac{2}{p+1}-2\right\}$

相加平均と相乗平均の大小関係を利用する]

104 (ア) 37 (イ) 5 (ウ) 37 (エ) 2

105 (1) $Q(\alpha,\ -\beta)$, $R(\beta,\ \alpha)$

(2) $\alpha+\beta\neq0$, $S\left(\dfrac{\alpha^2+\beta^2}{\alpha+\beta},\ 0\right)$

(3) $\alpha\neq0$, $T\left(\dfrac{\alpha^2+\beta^2}{2\alpha},\ \dfrac{\alpha^2+\beta^2}{2\alpha}\right)$

(4) $\alpha=\dfrac{3}{5}$, $\beta=\dfrac{6}{5}$

106 (ア) $5x-65$ (イ) $\dfrac{5\sqrt{26}-13\sqrt{2}}{2}$

107 $\dfrac{3-\sqrt{5}}{2}$

108 (ア) -3 (イ) 3

109 (ア) $3+k$ (イ) $2+2k$ (ウ) $k^2-6k+13$
(エ) $3-\sqrt{5}$ (オ) $3+\sqrt{5}$

110 (ア) 1 (イ) -3 (ウ) $\sqrt{11}$ (エ) 7

(オ) $-\dfrac{1}{7}x-\dfrac{20}{7}$

111 (ア) 5 (イ) 6 (ウ) 10 (エ) 1 (オ) 13
(カ) 25 (キ) 16

112 (ア) 3 (イ) 4 (ウ) 2 (エ) 3 (オ) 7 (カ) 9
(キ) 5 (ク) 12 (ケ) 5 (コ) 5 (サ) 4 (シ) 23
(ス) 4 (セ) 6

113 $\dfrac{8\sqrt{5}}{5}$

114 (1) $r_1{}^2+r_2{}^2=d^2$

(2) 直線 $x=\dfrac{r_1{}^2-r_2{}^2+p^2}{2p}$

[(3) 互いに外部にある 3 つの円を
$C_1 : x^2+y^2=r_1{}^2$,
$C_2 : (x-p)^2+y^2=r_2{}^2$,
$C_3 : (x-q)^2+(y-r)^2=r_3{}^2$
とおいても一般性を失わない。
C_1 と C_2 のいずれにも直交する円の中心を
$(x_1,\ y_1)$, 半径を R_1 とおき, (2)の結果を用
いて条件式と中心 $(x_1,\ y_1)$ の軌跡を導く。

C_2 と C_3, C_3 と C_1 についても同様に考え
る。C_1 と C_2 のいずれにも直交する円の中
心の軌跡と, C_2 と C_3 のいずれにも直交す
る円の中心の軌跡の交点が, C_3 と C_1 のい
ずれにも直交する円の中心の軌跡上にあるこ
とを示す。また, 上で考えた 3 つの円の中心
がすべて $(\alpha,\ \beta)$ のとき, それぞれ求めた条
件式から $R_1=R_2=R_3$ を示せばよい]

115 (ア) 2 (イ) 3 (ウ) 5 (エ) 0 (オ) 4 (カ) 4
(キ) 0 (ク) 3 (ケ) -9

116 (ア) -5 (イ) $\dfrac{9}{8}$ (ウ) $\left(-\dfrac{3}{2},\ \dfrac{1}{2}\right)$

117 (1)〔図〕境界線
を含まない。

(2) $0<r\leqq\dfrac{3\sqrt{2}}{4}$

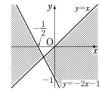

118 (ア) $y=x^2+k^2$ (イ) $\dfrac{\sqrt{17}}{2}$

119 (1)〔図〕

(2)〔図〕, $s=r^2+\dfrac{1}{4}$

の $r>\dfrac{1}{2}$ の部分と図
の斜線部分の和集合。
ただし, 斜線部分の
境界線を含まない。

(3)〔図〕境界線を含ま
ない。

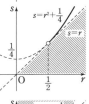

120 (1) $\dfrac{1}{\sqrt{1009}}$ (2) $(-13,\ 7)$, $(13,\ -7)$

121 (1) (ア) 4 (イ) 7 (ウ) 5
(2) (ア) $8°$ (イ) 1

122 (1) $d=\dfrac{6\sqrt{10}}{5}$, $S=\dfrac{6}{5}$　(2) 30°

123 (1) $\sin \angle \mathrm{ACB}=\dfrac{2}{\sqrt{5}}$,

$\cos \angle \mathrm{ACB}=\dfrac{1}{\sqrt{5}}$

(2) 5　(3) $\dfrac{7\sqrt{5}}{10}$

124 (ア) 120　(イ) 7　(ウ) $\dfrac{4\sqrt{3}}{7}$

125 (ア) 6　(イ) 3　(ウ) 18

126 (ア) -1　(イ) 2　(ウ) 3　(エ) 3　(オ) 4
(カ) 3　(キ) 4　(ク) 13　(ケ) 13　(コ) 3　(サ) 4
(シ) 4　(ス) 2　(セ) 39　(ソ) 13

127 (1) $-\dfrac{7}{18}$

(3) $(b,\ c)=(11,\ 13),\ (17,\ 19)$
$[(2)\ \cos\theta<0$ のとき，$\angle \mathrm{ACB}$ の対辺 AB が
最大の辺であることを利用して示す]

128 $\dfrac{6}{17}$

129 (ア) $\dfrac{8}{3}$　(イ) $\dfrac{\sqrt{5}-1}{2}$　(ウ) $\dfrac{1}{9}$

130 (1) $\dfrac{3}{4}$　(2) $\dfrac{\sqrt{11}}{9}$

$[(2)$ 辺 AB，辺 CD の中点をそれぞれ M，N
とおくと，球の中心 O は直線 MN 上にある
ことを用いる]

131 (1) (ア) 4　(イ) -2
(2) (ア) 10　(イ) 5　(ウ) 1　(エ) 5　(オ) 0　(カ) 23
(キ) 25

132 (ア) $0<x<\dfrac{2}{3}\pi$　(イ) $0<\theta<\dfrac{\pi}{3}$

133 (ア) 8　(イ) 5　(ウ) 3

134 $\dfrac{-1+\sqrt{5}}{4}$, 1

135 $\dfrac{2}{3}\pi \leqq x \leqq \dfrac{5}{4}\pi$, $\dfrac{4}{3}\pi \leqq x \leqq \dfrac{7}{4}\pi$

136 (ア) 3　(イ) 5
$[\sin\theta-\cos\theta=t$ とおく $]$

137 (ア) 4　(イ) 4　(ウ) 5　(エ) 5　(オ) 4　(カ) 4
(キ) 3

138 (1) $4\sin 2\theta+4\sqrt{3}\cos 2\theta+4$

(2) $0 \leqq \theta \leqq \dfrac{5}{12}\pi$, $\dfrac{3}{4}\pi \leqq \theta \leqq \pi$

(3) $\dfrac{\pi}{4}<\theta \leqq \dfrac{5}{12}\pi$

139 (ア) $2\sin\left(\theta-\dfrac{\pi}{3}\right)$

(イ) $-\sqrt{3} \leqq s \leqq \dfrac{\sqrt{2}+\sqrt{6}}{2}$　(ウ) $\dfrac{\pi}{3}$　(エ) $\dfrac{3}{4}\pi$

(オ) $2+\sqrt{3}$　(カ) $\dfrac{7}{12}\pi$　(キ) s^2-2　(ク) $\dfrac{\pi}{3}$

(ケ) -2　(コ) $-2<a \leqq 7$

140 (ア) $\dfrac{2}{5}\pi$　(イ) $\dfrac{4}{5}\pi$　(ウ) $x^2+\dfrac{1}{2}x-\dfrac{1}{4}$

(エ) n　(オ) $\dfrac{2}{2n+1}\pi$　(カ) $\dfrac{2n}{2n+1}\pi$　(キ) 0

(ク) $x^3-\dfrac{1}{2}x^2-\dfrac{1}{2}x+\dfrac{1}{8}$　(ケ) $\dfrac{1}{2}$

141 (3) $A=\dfrac{\pi}{6}$, $B=\dfrac{\pi}{6}$, $C=\dfrac{2}{3}\pi$ で最小値
$-\dfrac{1}{2}$

$[(1)\ \alpha=A+B$, $\beta=A-B$ とおくと，
$\alpha+\beta=2A$, $\alpha-\beta=2B$ であることを用いる。
(2) $A+B+C=\pi$ を用いて式を変形する $]$

142 (1) $-\sqrt{2} \leqq t \leqq \sqrt{2}$,

$y=x^2-tx+\dfrac{1}{2}t^2-\dfrac{1}{2}$

(2) $\dfrac{1}{2}p^2-\dfrac{1}{2} \leqq q \leqq p^2+\sqrt{2}\,p+\dfrac{1}{2}$

(3) 〔図〕 境界線を含む

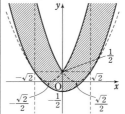

143 (ア) 3　(イ) 3　(ウ) 2　(エ) 3　(オ) 5　(カ) 3
(キ) 3　(ク) 2　(ケ) 5　(コ) 7　(サ) 6　(シ) 3　(ス) 7
(セ) 18　(ソ) 2　(タ) 7

144 (1) $S=2\sin\alpha\sin\beta\sin\gamma$

(2) $\beta=\dfrac{5}{12}\pi$, $\gamma=\dfrac{5}{12}\pi$ で最大値 $\dfrac{2+\sqrt{3}}{4}$

(3) $\alpha=\dfrac{\pi}{3}$, $\beta=\dfrac{\pi}{3}$, $\gamma=\dfrac{\pi}{3}$ で最大値 $\dfrac{1}{2}$

145 (1) $\mathrm{B}\left(\dfrac{1}{2},\ \dfrac{\sqrt{3}}{2}\right)$, $\mathrm{C}\left(\dfrac{1}{2},\ \dfrac{\sqrt{3}}{6}\right)$

(2) $B'\left(\dfrac{1}{2}\cos\alpha-\dfrac{\sqrt{3}}{2}\sin\alpha,\ \dfrac{\sqrt{3}}{2}\cos\alpha+\dfrac{1}{2}\sin\alpha\right)$

$C'\left(\dfrac{1}{2}\cos\alpha-\dfrac{\sqrt{3}}{6}\sin\alpha,\ \dfrac{\sqrt{3}}{6}\cos\alpha+\dfrac{1}{2}\sin\alpha\right)$

(3) $\dfrac{\sqrt{21}}{6}$　(4) $\dfrac{\pi}{2}$　(5) $\dfrac{\pi}{6}$

146 (1) 〔図〕，最大値 2，最小値 -2

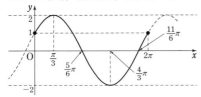

〔(2) 背理法を用いて示す。
$f(x)$ が周期関数であると仮定し，その周期を L $(L>0)$ とすると $f(L)=f(0)$，
$f(-L)=f(0)$ が成り立つことを利用して矛盾を導く〕

147 (ア) 4　(イ) 5　(ウ) 3　(エ) 2　(オ) 12
(カ) 24

148 (ア) 62　(イ) 3　(ウ) 5　(エ) 1

149 $\log_{10}80=1.90$，$\log_{10}82=1.91$
〔$80<81<82$ から $1.90<2\log_{10}9<1.91$〕

150 (1) $a^3=14-3a$　(3) 2
〔(2) 方程式 $a^3+3a-14=0$ を解き，整数解をもつことを確かめる。
または，a を直接計算する〕

151 67

152 (1) 2　(2) (ア) 4　(イ) -1

153 (1) $2\sqrt{5}$　(2) (ア) 2　(イ) $-\dfrac{2}{3}$

(3) $\dfrac{\sqrt{2}}{2}<x<32$

154 (1) 5　(2) 17

155 (1) $t^4-4t^3-3t+12$

(2) $x=\dfrac{100}{3}\log_{10}3$，$200\log_{10}2$　(3) 45 個

156 (1) $k=4$　(2) $x=4$，8
(3) $S_n=n^3-n^2+1$　(4) $n=3$，4

157 (1) $x=1$，2

(2) (i) $a=10$　(ii) $x=\log_2 7$

(3) $a<\dfrac{11+3\sqrt{5}}{2}$

(4) $a=16$，
$x=\log_2(10-3\sqrt{11})$，$\log_2(10+3\sqrt{11})$

158 (ア) 4　(イ) 2　(ウ) 3　(エ) 4

159 (1) (ア) 2　(イ) $t^2+at+\dfrac{1}{3}a^2-3$

(2) (ウ) $\log_2\dfrac{3\pm\sqrt{5}}{2}$

(3) (エ) $a<-6$，$-3+\sqrt{6}<a$

160 (1) $x=\dfrac{2}{3}k$ で $z_1=\log_2\dfrac{4}{27}k^3$

(2) $k\geqq2\sqrt{2}$　(3) 最大値 10，最小値 7

161 (1) 〔図〕　　　(2) 〔図〕
境界線を含まない。　境界線を含まない。

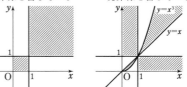

162 (ア) $-2a$　(イ) $12a^2-1$　(ウ) $\dfrac{1}{12}$　(エ) $4a$

(オ) $48a^2-1$　(カ) $17\pm\sqrt{161}$

163 $a\geqq\dfrac{3\sqrt{2}}{2}$

164 (1) $P\left(\dfrac{\alpha+\beta}{2},\ \alpha\beta\right)$，

$Q\left(-2\alpha\beta(\alpha+\beta),\ \alpha^2+\alpha\beta+\beta^2+\dfrac{1}{2}\right)$

(2) $s=\dfrac{1}{4}(\alpha+\beta)(1-4\alpha\beta)$，

$t=\dfrac{1}{2}\left\{(\alpha+\beta)^2+\dfrac{1}{2}\right\}$

(3) $t=\dfrac{1}{4}$，$t>\dfrac{3}{4}$

165 (2) $(a,\ b)=(-2,\ 0)$，$(-2,\ 1)$
〔(1) $g(x)$ を $f(x)$ で割った余りが $r(x)$ であるから，そのときの商を $Q(x)$ とおくと，
$g(x)=f(x)Q(x)+r(x)$
は x についての恒等式である。
$g(x)^7$ を二項定理を用いて展開し，
$g(x)^7-r(x)^7$ が $f(x)$ で割り切れることを示す〕

166 (1) $x=0,\ \dfrac{7}{3}$

(2) $x=0$ で極大値 9, $x=\dfrac{7}{3}$ で極小値 $-\dfrac{100}{27}$

(3) 〔図〕

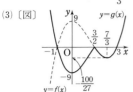

167 (1) $f(-2)=0,\ f(3)=0$

(2) $f(x)=(x+2)(x-3)(x-a^2-1)$

(3) x 軸との共有点 $(-2,\ 0),\ (3,\ 0),$
$(a^2+1,\ 0)$
y 軸との共有点 $(0,\ 6a^2+6)$

(4) 〔図〕，ただし，

$\alpha=\dfrac{a^2+2-\sqrt{a^4+a^2+19}}{3}$

$\beta=\dfrac{a^2+2+\sqrt{a^4+a^2+19}}{3}$

168 (ア) 0 (イ) 0 (ウ) -1 (エ) -2
(オ) 5 (カ) 0 (キ) 2 (ク) 1 (ケ) 2 (コ) -1
(サ) -2 (シ) -1 (ス) 0 (セ) 4 (ソ) 3

169 (ア) 2 (イ) 2 (ウ) 1 (エ) 2 (オ) 3 (カ) 2
(キ) 3 (ク) 2 (ケ) 2 (コ) 8 (サ) 7 (シ) 4
(ス) — (セ) 10 (ソ) 5 (タ) 2 (チ) 10 (ツ) 125

170 (1) $(-2,\ 6)$ (2) $S(t)=\dfrac{3}{2}(t^3-3t+2)$

(3) $t=1$ で最大値 6

171 $b=\dfrac{200}{3}$ で最大値 $\dfrac{2000\sqrt{3}}{9}$

〔放物線 C 上の点 $(t,\ t^2)$ における接線が
点 $(10,\ b)$ を通るとき，t は 2 次方程式
$t^2-20t+b=0$ を満たす。
この方程式の解を $t=\alpha,\ \beta$ とすると，解と係
数の関係により $\alpha+\beta=20,\ \alpha\beta=b$
$P_1(\alpha,\ \alpha^2),\ P_2(\beta,\ \beta^2)$ とおけるから，三角
形 OP_1P_2 の面積を S とすると

$S=\dfrac{1}{2}\,|\alpha\beta^2-\alpha^2\beta|=\dfrac{1}{2}\,|\alpha\beta(\beta-\alpha)|$
$=\dfrac{b}{2}\,|\beta-\alpha|$〕

172 (1) $xy=\dfrac{t^2-1}{3}$ (2) $-2\le t\le 2$

(3) 与えられた式を z とすると $-4\le z\le 14$

$\Big[$(2) $x+y=t,\ xy=\dfrac{t^2-1}{3}$ から，実数 $x,\ y$

は X の 2 次方程式 $X^2-tX+\dfrac{t^2-1}{3}=0$ の解

である。
この方程式が実数解をもてばよい$\Big]$

173 $x=-\log_{10}3,\ y=2(\log_{10}2-\log_{10}3)$

$[t=10^x$ とすると，$10^{\frac{y}{2}}=1-t$ であるから
$0<t<1$
10^{x+y} は底 10 が 1 より大きいから，10^{x+y} が
最大となるとき，$x+y$ は最大となる。
$10^{x+y}=10^x\cdot10^y=t(1-t)^2=t^3-2t^2+t]$

174 (1) $a\le-\dfrac{1}{2}$ (2) $a=\dfrac{5}{8}$

(3) $a\le-\dfrac{1}{2}$ のとき $2+6a$

$-\dfrac{1}{2}<a\le\dfrac{3}{2}$ のとき $2+6a-2(1+2a)^{\frac{3}{2}}$

$a>\dfrac{3}{2}$ のとき $4-6a$

175 (1) $g(x)=2x+3$

(2) $x=-1$ で極小値 -4, $x=1$ で極大値 0

(3) $-1<k<3$

176 (1) $2<k<\dfrac{5}{2}$ (2) $-\dfrac{101}{6}<k<\dfrac{11}{6}$

177 (1) (ア) 3 (イ) -4

(2) (ウ) $0<c\le\dfrac{\sqrt[3]{25}}{4}$

$[$(2) $f(x)-\{3x^2+4(3c-1)x-16\}$ の $x\ge0$ に
おける最小値が 0 以上となるような c の値の
範囲を求める$]$

178 (1) $a>\dfrac{5}{4}$ (2) $\dfrac{5}{4}<a<\dfrac{11}{8}$

$[$(1) C 上の点 $(x,\ y)$ に対して
$x=\cos\theta,\ y=a+\sin\theta,\ 0\le\theta<2\pi$
とすると，この点が $y>x^2$ の表す領域に存
在するための条件は $a+\sin\theta>\cos^2\theta$
(2) $P(\cos\theta,\ a+\sin\theta)$ における C の接線の
方程式は $x\cos\theta+(y-a)\sin\theta=1$
これと $y=x^2$ から y を消去して
$x^2+\dfrac{\cos\theta}{\sin\theta}x-a-\dfrac{1}{\sin\theta}=0$
この方程式の 2 解を $\alpha,\ \beta\ (\alpha<\beta)$ とおくと，
解と係数の関係から

$\alpha+\beta=-\dfrac{\cos\theta}{\sin\theta},\ \alpha\beta=-a-\dfrac{1}{\sin\theta}$

$L_P{}^2=(\beta-\alpha)^2+(\beta^2-\alpha^2)^2$

$\qquad=\dfrac{(4a-1)\sin^2\theta+4\sin\theta+1}{\sin^4\theta}$

$u=-\dfrac{1}{\sin\theta}$ とおくと

$L_P{}^2=u^4-4u^3+(4a-1)u^2$

$g(u)=u^4-4u^3+(4a-1)u^2$ とすると,

$L_Q=L_R$ となる S 上の相異なる 2 点 Q, R が
存在するための条件は, $g(u_1)=g(u_2)$,
$1\leqq u_1<u_2$ となる u_1, u_2 が存在することで
ある。
$y=g(u)\ (u\geqq1)$ のグラフを調べる]

179 (1) 0 (2) $-16a^3+4a^2+a-\dfrac{1}{6}$

(3) $\dfrac{2-\sqrt{2}}{6}$

(4) $0<a<\dfrac{1}{4}$ のとき $-\dfrac{1}{3}(8a^2+2a-1)^3$

$\dfrac{1}{4}\leqq a<\dfrac{\sqrt{2}}{4}$ のとき $\dfrac{1}{3}(8a^2+2a-1)^3$

$\dfrac{\sqrt{2}}{4}\leqq a<\dfrac{1}{2}$ のとき $32a^4+\dfrac{8}{3}a^3-4a^2$

$\dfrac{1}{2}\leqq a$ のとき $32a^3-8a^2-2a+\dfrac{1}{3}$

180 $f(x)=5x^3-3x$

181 (3) $a=1$, $n=1$

$[$(1) $2-\dfrac{n+5}{n+2}\geqq0$ を示す$]$

(2) $\displaystyle\int_0^1 f(x)dx=1-\dfrac{a}{n+1}$,

$\displaystyle\int_0^1 xf(x)dx=\dfrac{1}{2}-\dfrac{a}{n+2}$ より,

$\dfrac{2}{3}\left(1-\dfrac{a}{n+1}\right)^2-\left(\dfrac{1}{2}-\dfrac{a}{n+2}\right)\geqq0$ を示す$]$

182 (ア) $-\alpha B+1$ (イ) 0 (ウ) $\dfrac{3(\beta+1)}{2-\beta^3}$

(エ) 1 (オ) $6x^2+1$

183 (1) x^3-x^2-2x

(2) $I=2$, $f(x)=3x^2-2x+2$

(3) $g(x)=x-\dfrac{2-\sqrt{2}}{2}$

(4) $x=0$, 1 で最大値 $2-\sqrt{2}$,

$x=\dfrac{2}{3}$ で最小値 $\dfrac{50-27\sqrt{2}}{27}$

184 (1) 〔図〕

(2) $S(k)=-k^2+k+\dfrac{2}{3}$

(3) $k=\dfrac{1}{2}$ で最大値 $\dfrac{11}{12}$

(4) $S(k)$

$=\dfrac{2}{3}k^3-k^2-k+2$

(5) $k=\dfrac{1+\sqrt{3}}{3}$

185 (ア) 3 (イ) 2 (ウ) 3 (エ) 0 (オ) -5
(カ) -25 (キ) 12

186 (ア) 2 (イ) -3 (ウ) 5 (エ) 6 (オ) 3
(カ) 2 (キ) -5 (ク) -11 (ケ) 30 (コ) 3
(サ) -5 (シ) -6 (ス) 5 (セ) 91 (ソ) 6

187 (1) $f'(x)=(3a+2)x^2+2x-3a$

(2) $a<-\dfrac{2}{3}$, $-\dfrac{2}{3}<a<-\dfrac{1}{3}$, $-\dfrac{1}{3}<a$ のと
き 2 個

$a=-\dfrac{2}{3}$, $-\dfrac{1}{3}$ のとき 1 個

(3) $x=\dfrac{3a}{3a+2}$ (4) $2\sqrt{3}$

188 (ア) 11 (イ) 6

189 (1) 極大値 $p\ (x=0)$,
極小値 $p-4\ (x=2)$

(2) $0<p<4$ (4) $\alpha+\beta=2$, $\alpha\beta=-2$

$[$(3) $f(1)=0$ を満たす p を求める

(5) $S_1-S_2=\displaystyle\int_\alpha^\beta f(x)dx$ となることを利用し

て示す$]$

190 (1) $p=2a$, $q=-2a^2$ (2) $y=ax-4a^2$

(3) $\dfrac{19}{6}a^3$ (4) $a=\dfrac{\sqrt{2}}{2}$

191 (ア) a (イ) a^2 (ウ) 0, 2 (エ) $\dfrac{1}{2}x^2$

(オ) $\dfrac{b^2}{2}$ (カ) 2 (キ) b^2+2b+2 (ク) b^2-2b+2

(ケ) b^2+2b+2 (コ) $\dfrac{116}{3}$

192 (1) 6 (2) (i) $h(x)=x^3+3x^2-9x-1$
(ii) 極大値 26 $(x=-3)$, 極小値 $-6\ (x=1)$

(3) $\dfrac{289}{2}$

193 (1) $y=\dfrac{p}{2}x-\dfrac{1}{4}p^2$

(2) n の方程式 $y=-\dfrac{2}{p}x+1$,

R の座標 $\left(\dfrac{p}{2},\ 0\right)$

(3) $(0,\ 1)$　(4) m' の方程式 $y=\dfrac{p^2-4}{4p}x+1$,

T の x 座標 $-\dfrac{4}{p}$　(5) $\dfrac{6p^2+8}{3p^3}$

194 (ア) -1　(イ) 2　(ウ) 1　(エ) 7　(オ) 5
(カ) 2　(キ) 10　(ク) 9　(ケ) 8　(コ) -4　(サ) -1
(シ) 2　(ス) 2　(セ) -3　(ソ) 59　(タ) 12

195 (ア) 1　(イ) 6　(ウ) 7　(エ) 15　(オ) 3　(カ) 3
(キ) 2　(ク) 9　(ケ) 2　(コ) 3　(サ) 9

196 (1) $y=x+9$　(2) $(9,\ 18)$　(3) $\dfrac{116}{3}$

197 (1) 〔図〕

(2) (ア) $\dfrac{1}{2}x+3$

(イ) $(6,\ 6)$

(ウ) $\dfrac{135}{4}$

(3) (エ) $\left(2+\sqrt{7},\ \dfrac{3}{2}\right)$

(オ) $\dfrac{7}{2}+\sqrt{7}$　(カ) $(-2,\ 0)$　(キ) -2

198 (1) $y\geqq\dfrac{1}{2}x^2$　(2) $y\leqq x+\dfrac{1}{4}$　(3) $\dfrac{\sqrt{6}}{2}$

199 (1) 極大値 $-k+9\ (x=-2)$,

極小値 $-k-\dfrac{37}{3}\ (x=2)$

(2) $k=9$　(3) $\dfrac{80}{3}$

200 (ア) 2　(イ) 2　(ウ) 0　(エ) -1　(オ) 3
(カ) -1　(キ) 2　(ク) 2　(ケ) 11　(コ) -5　(サ) 3
(シ) 64　(ス) 27

201 (1) $p=\dfrac{1}{2}$,　$q=\dfrac{3}{2}$

(2) $b=-2a+3$,　$c=\dfrac{3}{4}a-1$

(3) $a=-\dfrac{3+3\sqrt{17}}{2}$

202 (1) $y=2x$

(2) $-\dfrac{25}{16}<b<0,\ \ 0<b<\dfrac{25}{32}$

(3) $b=-\dfrac{25}{32}$

203 (1) 〔図〕；極大値 $\dfrac{4}{27}\left(x=-\dfrac{2}{3}\right)$,

極小値 $0\ (x=0)$

(2) $S(a)=-\dfrac{1}{4}a^4+2a^3-\dfrac{1}{2}a^2+\dfrac{1}{12}$

(3) $a=3-2\sqrt{2}$

204 (1) $f(x)=-x^3+3x$　(2) $a=3-\dfrac{3\sqrt{2}}{2}$

205 (1) $a=2+\sqrt{3}$　(2) $a=1+\sqrt{2}$

206 (1) $0<t<2$ のとき $S(t)=t^3-4t^2+5t$
$2\leqq t<4$ のとき

$S(t)=-\dfrac{1}{3}t^3+4t^2-11t+\dfrac{32}{3}$

$4\leqq t$ のとき $S(t)=\dfrac{1}{3}t^3-2t^2+5t$

(2) 区間 $0<t\leqq 1,\ \dfrac{5}{3}\leqq t$ で増加し, 区間

$1\leqq t\leqq\dfrac{5}{3}$ で減少する。

207 (1) $p=\dfrac{1}{\alpha}$　(2) $\dfrac{1}{3}\alpha^3+\dfrac{1}{\alpha}-\dfrac{4}{3}$

$\left[(3)\ S_2=\dfrac{1}{3}\alpha^3-\alpha+\dfrac{2}{3}\ を用いて\ S_1-S_2>0\right.$

を示す$\left.\vphantom{\dfrac{1}{3}}\right]$

208 (1) $y=2apx-ap^2+b$　(2) $\dfrac{4b\sqrt{ab}}{3a}$

(3) $\dfrac{\sqrt{2}}{4}S$　(4) $c=\left(1-\dfrac{1}{\sqrt[3]{4}}\right)b$

209 (1) -4　(2) $\sqrt{10}$

210 (ア) 3　(イ) 5　(ウ) 4　(エ) 5　(オ) 5　(カ) 2
(キ) 6　(ク) 35

211 (1) (ア) $(2,\ 4)$　(イ) $4s+6t-2$
(ウ) $3s+2t-4$

(2) (エ) $\dfrac{2}{3}$　(オ) $\dfrac{2-3s}{4}$　(カ) $\dfrac{5}{2}s^2-10s+10$

(キ) 0　(ク) $25s^2-40s+20$

(3) (ケ) $\left(3-\dfrac{s}{2},\ 1+\dfrac{3}{2}s\right)$　(コ) $\dfrac{1}{2}(10-5s)$

212 (1) (ア) 14　(イ) 13　(ウ) 1　(エ) 2　(オ) 30

(カ) 2

(2) (ア) $\dfrac{1}{6}$　(イ) $(-6,\ 2,\ 10)$, $(6,\ -2,\ -10)$

213 (1) $\overrightarrow{\mathrm{AP}}=\dfrac{4}{t+9}\overrightarrow{\mathrm{AB}}+\dfrac{5}{t+9}\overrightarrow{\mathrm{AC}}$

(3) $\dfrac{\triangle\mathrm{BPC}}{\triangle\mathrm{APB}}=\dfrac{t}{5}$

(4) $\mathrm{AB}=5$, $\mathrm{BC}=5$, $\mathrm{CA}=4$

(5) $t=5$, $r=\dfrac{2\sqrt{21}}{7}$

$\Big[$(2) $\overrightarrow{\mathrm{AP}}=\dfrac{4}{t+9}\overrightarrow{\mathrm{AB}}+\dfrac{5}{t+9}\overrightarrow{\mathrm{AC}}$

$=\dfrac{9}{t+9}\Big(\dfrac{4}{9}\overrightarrow{\mathrm{AB}}+\dfrac{5}{9}\overrightarrow{\mathrm{AC}}\Big)=\dfrac{9}{t+9}\overrightarrow{\mathrm{AD}}$

(5) 円 S は AB と BC の両方に接するから

$\triangle\mathrm{APB}=\dfrac{1}{2}\cdot r\cdot\mathrm{AB}=\dfrac{5}{2}r$

$\triangle\mathrm{BPC}=\dfrac{1}{2}\cdot r\cdot\mathrm{BC}=\dfrac{5}{2}r$

これと (3) の結果を用いる$\Big]$

214 (1) $\mathrm{A}(-1,\ 0)$, $\mathrm{B}(3,\ -2)$, $\mathrm{C}(11,\ 6)$

(2) $x^2+y^2-8x-10y-9=0$　(3) $8:5$

215 (1) (ア) -16　(イ) 5　(ウ) -12　(エ) 5

(オ) 0

(2) (カ) 72　(キ) 5　(ク) 8

(3) (ケ) 24　(コ) 5

(4) (サ) -8　(シ) 5　(ス) -6　(セ) 5　(ソ) 0

(タ) 2

216 (1) 0

(2) 最大値 $\dfrac{\sqrt{5}}{3}$, 最小値 $\dfrac{\sqrt{2}-1}{3}$

$\Big[\overrightarrow{\mathrm{OC}}=2\overrightarrow{\mathrm{OA}}+\overrightarrow{\mathrm{OB}}$, $\overrightarrow{\mathrm{OD}}=\overrightarrow{\mathrm{OA}}+2\overrightarrow{\mathrm{OB}}$ とおく

と $\overrightarrow{\mathrm{OA}}+\overrightarrow{\mathrm{OB}}=\dfrac{1}{3}(\overrightarrow{\mathrm{OC}}+\overrightarrow{\mathrm{OD}})$ となることを利

用して解く$\Big]$

217 (1) $\dfrac{\sqrt{3}}{4}(k+1)$　(2) $\dfrac{-1+\sqrt{33}}{4}$

$\Big[$(1) 条件 (ii) より $\overrightarrow{\mathrm{OM}}=-k\times\dfrac{\overrightarrow{\mathrm{OT_1}}+\overrightarrow{\mathrm{OT_2}}}{2}$

であるから，O は線分 MN を $k:1$ に内分

する点である。

(2) $|\overrightarrow{\mathrm{T_3T_4}}|=\sqrt{4-k^2}$

四面体 $\mathrm{T_1T_2T_3T_4}$ の体積が最大となるのは，

$\triangle\mathrm{T_1T_2M}\perp\mathrm{T_3T_4}$ が成り立つときである$\Big]$

218 (2) $\vec{v}=\Big(\dfrac{d}{ad-bc},\ -\dfrac{b}{ad-bc}\Big)$,

$\vec{w}=\Big(-\dfrac{c}{ad-bc},\ \dfrac{a}{ad-bc}\Big)$　(3) $D=\pm1$

$\Big[$(1) 背理法を用いて示す。

(3) $\vec{q}\cdot\vec{v}=r$, $\vec{q}\cdot\vec{w}=s$ となることを利用して，

すべての整数 x, y に対して r, s が整数に

なるような D の値を求める$\Big]$

219 $\overrightarrow{\mathrm{AH}}=\dfrac{1}{6}\overrightarrow{\mathrm{AB}}+\dfrac{5}{9}\overrightarrow{\mathrm{AC}}$

220 $\sqrt{10}\,\pi$

221 (ア) $2\sqrt{2}$　(イ) $\dfrac{15\sqrt{2}}{8}$

$\Big[$(ア) $\overrightarrow{\mathrm{OP}}=s(3\overrightarrow{\mathrm{OA}}+\overrightarrow{\mathrm{OB}})+t(2\overrightarrow{\mathrm{OA}}+2\overrightarrow{\mathrm{OB}})$

$\overrightarrow{\mathrm{OX}}=3\overrightarrow{\mathrm{OA}}+\overrightarrow{\mathrm{OB}}$, $\overrightarrow{\mathrm{OY}}=2\overrightarrow{\mathrm{OA}}+2\overrightarrow{\mathrm{OB}}$ とする

と，点 P の存在範囲は $\triangle\mathrm{OXY}$ の周および内

部となる$\Big]$

222 (1) $\overrightarrow{\mathrm{AA_1}}=\dfrac{2}{3}\vec{a}+\dfrac{1}{3}\vec{b}$, $\overrightarrow{\mathrm{AA_2}}=\dfrac{4}{7}\vec{a}+\dfrac{2}{7}\vec{b}$,

$\overrightarrow{\mathrm{AC_2}}=\dfrac{2}{7}\vec{a}+\dfrac{1}{7}\vec{b}$

(3) $7:1$

223 (1) $\overrightarrow{\mathrm{AP}}=\dfrac{\vec{a}+\vec{b}}{2}$, $\overrightarrow{\mathrm{AC}}=3\vec{a}+2\vec{b}$

(2) $\overrightarrow{\mathrm{AQ}}=\dfrac{9}{7}\vec{a}+\dfrac{6}{7}\vec{b}$

(3) $\vec{a}\cdot\vec{b}=-\dfrac{1}{2}$, $\overrightarrow{\mathrm{FR}}\cdot\overrightarrow{\mathrm{AQ}}=\dfrac{15}{14}$

224 (2) $\overrightarrow{\mathrm{OI}}=\dfrac{1}{3}\overrightarrow{\mathrm{OA}}+\dfrac{2}{9}\overrightarrow{\mathrm{OB}}$

(3) $\overrightarrow{\mathrm{OJ}}=3\overrightarrow{\mathrm{OA}}+2\overrightarrow{\mathrm{OB}}$　(4) $\dfrac{\sqrt{15}}{6}$　(5) $\dfrac{3\sqrt{15}}{2}$

$\Big[$(1) $\triangle\mathrm{XYZ}$ において，$\angle\mathrm{YXZ}$ の二等分線

と辺 YZ の交点を W とすると

$\mathrm{YW}:\mathrm{ZW}=\mathrm{XY}:\mathrm{XZ}$

$\overrightarrow{\mathrm{XW}}=\dfrac{|\overrightarrow{\mathrm{XZ}}|\overrightarrow{\mathrm{XY}}+|\overrightarrow{\mathrm{XY}}|\overrightarrow{\mathrm{XZ}}}{|\overrightarrow{\mathrm{XY}}|+|\overrightarrow{\mathrm{XZ}}|}$

$=\dfrac{|\overrightarrow{\mathrm{XY}}||\overrightarrow{\mathrm{XZ}}|}{|\overrightarrow{\mathrm{XY}}|+|\overrightarrow{\mathrm{XZ}}|}\Big(\dfrac{1}{|\overrightarrow{\mathrm{XY}}|}\overrightarrow{\mathrm{XY}}+\dfrac{1}{|\overrightarrow{\mathrm{XZ}}|}\overrightarrow{\mathrm{XZ}}\Big)$

(4) IH の長さは，$\triangle\mathrm{OAB}$ の内接円の半径に

等しい$\Big]$

225 (1) 1　(2) $\dfrac{1}{\sqrt{1+3t^2}}$

(3) $\dfrac{1}{\sqrt{3}}<a<\dfrac{7}{12}$

226 $1:9$

227 (1) $\overrightarrow{OX}=\dfrac{1}{3}\vec{a}+\dfrac{1}{3}\vec{c}+\dfrac{2}{3}\vec{d}$

(2) $\overrightarrow{OY}=\dfrac{1}{4}\vec{a}+\dfrac{1}{4}\vec{c}+\dfrac{1}{2}\vec{d}$

[(3) 4点 O, X, P, Q が同一平面上にあるための必要十分条件は, 直線 OX と直線 PQ が交点をもつことである。

ここで, 2点 P, Q は平面 ACD 上の点であり, 直線 OX と平面 ACD の交点は Y であるから, 4点 O, X, P, Q が同一平面上にあるとき, Y は直線 PQ 上の点である。

よって, 2点 P, Q は, Y を通る平面 ACD 上の直線と辺 AD, CD の交点であるから, 直線 CY と辺 AD の交点を P′ とすると AP≦AP′]

228 (1) $\vec{a}\cdot\vec{b}=3$, $\vec{c}\cdot\vec{a}=3$

(2) $\overrightarrow{OH}=\dfrac{2}{3}\vec{a}+\dfrac{1}{9}\vec{b}$

[(3) $\overrightarrow{HK}=k\vec{c}$ (k は実数) と表せることを示す]

229 (1) $\vec{a}\cdot\vec{b}=5$, $\vec{b}\cdot\vec{c}=44$, $\vec{c}\cdot\vec{a}=20$

(2) $\overrightarrow{OH}=\dfrac{19}{30}\vec{a}+\dfrac{5}{6}\vec{b}$ (3) $\dfrac{1}{5}$ (4) $\dfrac{15}{2}$

230 (1) (ア) $\dfrac{1}{\sqrt{19}}$ (イ) $30\sqrt{2}\,k$

(ウ) $2\sqrt{9k^2-6k+19}$

(2) (エ) $\dfrac{2}{3}$ (3) (オ) $8\sqrt{2}$

231 (1) $(0,\ -1,\ 1)$

(2) $\overrightarrow{OH}=\dfrac{1}{3}\overrightarrow{OA}+\dfrac{2}{3}\overrightarrow{OB}$

(3) $\dfrac{\sqrt{11}}{2}\leqq r\leqq\dfrac{\sqrt{17}}{2}$

[(3) 三角形 OHB 上の任意の点 R に対して, 点 D を $\overrightarrow{OD}=\dfrac{3}{4}\overrightarrow{OA}$ によって定めると $QR=\sqrt{DQ^2+DR^2}$ となることを利用して求める。]

232 (3) $\overrightarrow{OM}=\dfrac{1}{4}\overrightarrow{OA}+\dfrac{1}{4}\overrightarrow{OB}+\dfrac{1}{4}\overrightarrow{OC}$

[(1) 辺 OA, OB, OC, BC, CA, AB 上の点をそれぞれ P, Q, R, S, T, U とする。平行四辺形の4つの頂点は同一平面上にあることから, 6点のうち4点を頂点とする平行四辺形が作れるとき, その平行四辺形は

PQST, QRTU, RPUS のいずれかである。

(2) PQST と QRTU が平行四辺形となるとき, 対角線 QT を共有する。

QRTU と RPUS が平行四辺形となるとき, 対角線 RU を共有する。

RPUS と PQST が平行四辺形となるとき, 対角線 PS を共有する]

233 (1) $\vec{p}=\left(a,\ -\dfrac{3}{2}a,\ 2a\right)$

(a は 0 でない実数)

(2) $P(4,\ 4,\ 1)$, $Q(2,\ 7,\ -3)$,

$n:6x-24=-4y+16=3z-3$

(3) $(x-3)^2+\left(y-\dfrac{11}{2}\right)^2+(z+1)^2=\dfrac{29}{4}$

234 (1) $a=2$, $c=2$

(2) $(1,\ 1,\ 1)$

(3) $t:2u$

235 (1) $\overrightarrow{OG}=-\dfrac{1}{3}\overrightarrow{OD}$ (2) $-r^2$

(3) 最大値 $4r^2$, $|\overrightarrow{PG}|=\dfrac{4}{3}r$

236 (1) $E(1,\ -1,\ 0)$, $G(-1,\ -1,\ 0)$

(2) $F\left(\dfrac{2t}{t+2},\ \dfrac{4}{t+2},\ 0\right)$,

$H\left(-\dfrac{2t}{t+2},\ \dfrac{4}{t+2},\ 0\right)$

(3) $3t^2+20t+12$

(4) 最大値 4, そのときの t の値は $t=2$

237 (1) 6 (2) $(0,\ 4,\ 5)$ (3) $2\sqrt{41}$

[(2) 直線 AP は平面 α に垂直かつ AP=6 であることを用いて解く]

238 (1) C の座標は $(1,\ -1,\ 3)$,

S の方程式は $(x-1)^2+(y+1)^2+(z-3)^2=4$

(2) 4 (3) $-2\leqq\overrightarrow{CQ}\cdot\overrightarrow{CR}\leqq2$

239 (1) 平面 $x=y$ と平面 $x+y+2z=4$ の和集合

(2) 中心, 半径の順に

$(\sqrt{2},\ \sqrt{2},\ -2)$, $\sqrt{6}$;

$(-\sqrt{2},\ -\sqrt{2},-2)$, $\sqrt{6}$;

$(0,\ 0,\ \sqrt{2})$, $\sqrt{2}$;

$(0,\ 0,\ -\sqrt{2})$, $\sqrt{2}$;

$(2\sqrt{2},\ 4,\ -\sqrt{2})$, $3\sqrt{2}$;

$(-2\sqrt{2},\ 4,\ \sqrt{2})$, $3\sqrt{2}$;

$(-\sqrt{2},\ \sqrt{2},\ 2)$, $\sqrt{6}$;

$(\sqrt{2}, -\sqrt{2}, 2)$, $\sqrt{6}$

240 (ア) 7 (イ) 297 (ウ) 4 (エ) 6 (オ) 8

(カ) 15 (キ) 3 (ク) 8

241 (1) $a_5 = -1$ (2) $a_n = 3n - 16$

(3) $n = 9$ で最小値 -93, $n = 1$ で最大値 $-\dfrac{59}{3}$

(4) $c_n = 6n + 2$

242 (1) $d = \dfrac{1}{3}$, $r = \dfrac{\sqrt{3}}{2}$ (2) $n = 128$

(3) $\displaystyle\sum_{k=1}^{n} c_k = \begin{cases} 4 & (n=1) \\ 15 & (n=2) \\ 2^{n+2}+3 & (n \geqq 3) \end{cases}$

243 m が奇数のとき, $n = \dfrac{m+1}{2}$ で最大値 $\dfrac{(m+1)^2}{4}$

m が偶数のとき, $n = \dfrac{m}{2}$, $\dfrac{m+2}{2}$ で最大値 $\dfrac{m(m+2)}{4}$

$\displaystyle\sum_{k=1}^{m} c_k = \dfrac{1}{6} m(m+1)(m+2)$

244 (1) (ア) $2n+1$ (イ) $n(n+2)$

(2) (ウ) $\dfrac{29}{45}$

(3) (エ) $n(6n^2 + 6n - 1)$

245 (1) $A_n = \dfrac{1 + (-1)^{n-1}}{2}$

(2) $S_n = \dfrac{1 + (-1)^{n-1}(2n+1)}{4}$

(3) $C_n = \dfrac{\{1 + (-1)^{n-1}\}(n+1)}{4n}$

246 (1) (ア) 211 (イ) 1112 (2) (ウ) 8

(エ) 26664

(3) (オ) 49 (4) (カ) 2^{n-1} (キ) $\dfrac{2^{n-1}(10^n - 1)}{3}$

247 (1) $a_n = \begin{cases} -2023 & (n=1) \\ 5n - 1011 & (n \geqq 2) \end{cases}$ (2) 30 個

(3) $c = \dfrac{1}{5}$, $D = \dfrac{3}{32}$

248 $n = 4049$

249 (ア) 6 (イ) 1

250 (1) (ア) $n^2 - n$ (2) (イ) $(-1)^n$

(3) (ウ) $n^2 - n + (-1)^n$

(エ) $\dfrac{1}{3}n^3 - \dfrac{1}{3}n - \dfrac{1}{2} + \dfrac{(-1)^n}{2}$

251 (1) $a_n = 3 \cdot 2^{n-2}$, $S_n = \dfrac{3}{2}(2^n - 1)$

(2) $b_1 = -3$ (3) $b_{n+1} = 3b_n - 3 \cdot 2^n$

(4) $b_n = 3 \cdot 2^n - 3^{n+1}$

252 (1) $a_2 = \dfrac{1}{8}$, $a_3 = \dfrac{5}{48}$

(3) $\dfrac{1}{a_{n+1}} - \dfrac{1}{a_n} = \dfrac{8(n^2 - 1)}{4n^2 - 1}$

(4) $a_n = \dfrac{2n-1}{4n(n+1)}$

[(2) ある自然数 n に対して $a_{n+1} = 0$ と仮定し, 矛盾を導く]

253 (1) $p_1 = 1$, $p_2 = 1$, $q_1 = 0$, $q_2 = 1$

(2) $p_{n+1} = -p_n + 2q_n + 2$, $q_{n+1} = p_n - q_n$

(3) $b_{n+1} = (\sqrt{2} - 1)b_n$,

$b_n = -(\sqrt{2} - 1)^{n-2}$

(4) $c_{n+1} = -(1 + \sqrt{2})c_n + 2$

(5) p_n

$= \dfrac{-(-1-\sqrt{2})^{n-2} - (\sqrt{2} - 1)^{n-2} + 4}{2}$,

$q_n = \dfrac{(-1-\sqrt{2})^{n-2} - (\sqrt{2} - 1)^{n-2} + 2\sqrt{2}}{2\sqrt{2}}$

254 (1) $a_2 = 12$, $b_3 = 24$

(2) $a_{n+1} = 2a_n + 12$

(3) $a_n = 3 \cdot 2^{n+1} - 12$ (4) $p = 3$, $q = 2$

(5) $c_n = 4 - 8 \cdot \left(\dfrac{2}{3}\right)^{n-1} + 4 \cdot \left(\dfrac{1}{3}\right)^{n-1}$

(6) $b_n = 4 \cdot 3^n - 3 \cdot 2^{n+2} + 12$

255 (1) $a_n = 1 + \dfrac{2s - 2}{n(n+1)}$

(2) $s = \dfrac{-m+1}{2}$

256 (1) $a_5 = 8$ (2) $b_n = \dfrac{3^n + 1}{2}$

(3) $a_{2n+1} = \dfrac{3^{n+1} + 2n + 1}{4}$ (4) 48 桁

257 (3) $a_n = \begin{cases} (a-1) \cdot \left(\dfrac{1}{2}\right)^{n-1} + 1 & (a \leqq 1) \\ (a-1) \cdot 2^{n-1} + 1 & (a > 1) \end{cases}$

[(1) $x \leqq 1$ のとき

$f(x) - x = \left(\dfrac{1}{2}x + \dfrac{1}{2}\right) - x = \dfrac{1}{2}(1 - x) \geqq 0$

$x > 1$ のとき

$f(x)-x=(2x-1)-x=x-1>0$

(2) 数学的帰納法により示す。

(3) $a \leqq 1$ のとき，(2)の結果から

$a_{n+1}=\dfrac{1}{2}a_n+\dfrac{1}{2}$

$a>1$ のとき，すべての正の整数 n について $a_n>1$ が成り立つことを数学的帰納法により示す]

258 (2) $\beta=-2$　(3) $a_n=2^n-1$

[(1) 数学的帰納法により示す。

$n=k+1$ のとき

$a_{k+1}(a_{k+3}-3a_{k+2}+2a_{k+1})=0$ となることを示す]

259 (1) $\dfrac{1+\sqrt{5}}{4}$　(3) $a_{n+2}=a_{n+1}+a_n$

[(2) (右辺)$=\alpha^{n+2}+\alpha^{n+1}\beta+\alpha\beta^{n+1}+\beta^{n+2}$
$\hspace{3cm}-\alpha^{n+1}\beta-\alpha\beta^{n+1}$

(4) すべての自然数 n に対して

$(-1)^n\{a_na_{n+2}-(a_{n+1})^2\}=5$ が成り立つことを数学的帰納法により示す]

260 [(1) 数学的帰納法により示す。

$\left(\dfrac{1+\sqrt{5}}{2}\right)^{3(k+1)}=\left(\dfrac{1+\sqrt{5}}{2}\right)^{3k}\left(\dfrac{1+\sqrt{5}}{2}\right)^3$

$=(a_{3k}+b_{3k}\sqrt{5})(2+\sqrt{5})$

$=2a_{3k}+5b_{3k}+(a_{3k}+2b_{3k})\sqrt{5}$

よって，$a_{3(k+1)}=2a_{3k}+5b_{3k}$，

$b_{3(k+1)}=a_{3k}+2b_{3k}$ であるから $a_{3k},\ b_{3k}$ が整数のとき，$a_{3(k+1)},\ b_{3(k+1)}$ は整数。

(2) 数学的帰納法により示す。(1)で求めた漸化式と，$a_k,\ b_k$ のどちらか一方が偶数で他方が奇数のとき，a_k+b_k が奇数であることを利用する。

(3) n が 3 の倍数でないとき，$a_n,\ b_n$ の少なくとも一方が整数でないことを示せばよい。

$n=3k+1$（k は自然数）のとき

$\left(\dfrac{1+\sqrt{5}}{2}\right)^{3k+1}=\left(\dfrac{1+\sqrt{5}}{2}\right)^{3k}\left(\dfrac{1+\sqrt{5}}{2}\right)$

$=(a_{3k}+b_{3k}\sqrt{5})\left(\dfrac{1+\sqrt{5}}{2}\right)$

$=\dfrac{a_{3k}+5b_{3k}}{2}+\dfrac{a_{3k}+b_{3k}}{2}\sqrt{5}$

よって $a_{3k+1}=\dfrac{a_{3k}+5b_{3k}}{2}$，$b_{3k+1}=\dfrac{a_{3k}+b_{3k}}{2}$

(2)より $a_{3k}+b_{3k}$ は奇数であるから b_{3k+1} は

整数でない。

$n=3k+2$ のときも同様に考える]

261 (1) $a_{n+1}=-a_n+3b_n$，$b_{n+1}=-3a_n+2b_n$

(3) $a_n=\dfrac{2a_{n+1}-3b_{n+1}}{7}$，$b_n=\dfrac{3a_{n+1}-b_{n+1}}{7}$

[(2) すべての自然数 n に対して，a_n を 7 で割った余りは 3，b_n を 7 で割った余りは 2 であることを数学的帰納法により示す。

(3) 背理法により示す。ある自然数 n に対し，a_{n+1} と b_{n+1} が互いに素でないと仮定し，a_{n+1} と b_{n+1} の共通の素因数を d とする。このとき，漸化式と(2)の結果より，a_n と b_n も d の倍数となるから，a_1 と b_1 も d の倍数となるが，これは $a_1=3$，$b_1=2$ に矛盾する]

262 (1) $a_1=1$，$a_2=-7-4\sqrt{3}$

(2) $\cos t\cdot\cos(mt)$

$=\dfrac{1}{2}[\cos\{(m+1)t\}+\cos\{(m-1)t\}]$

(3) $c=1$，$d=-4-2\sqrt{3}$

(4) $p_{n+2}=p_{n+1}-4p_n-6q_n$，

$q_{n+2}=q_{n+1}-2p_n-4q_n$

[(5) 背理法により示す。$\cos(2\pi N\theta)=1$ を満たす自然数 N が存在すると仮定する。

このとき

$a_N=2(\sqrt{3}+1)^N\cos(2\pi N\theta)=2(\sqrt{3}+1)^N$
$=2r_N+2s_N\sqrt{3}$]

263 (1) $y=(3n^2-3)x-2n^3$

(2) $(-2n,\ -8n^3+6n)$，$(n,\ n^3-3n)$

(3) $(-2,\ -2)$，$(-1,\ -2)$，$(-1,\ -1)$，
$(-1,\ 0)$，$(-1,\ 1)$，$(-1,\ 2)$，$(0,\ -2)$，
$(0,\ -1)$，$(0,\ 0)$，$(1,\ -2)$

(4) $T_n=\dfrac{1}{4}(3n+1)(3n+2)(3n^2-3n+2)$

264 (ア) 4　(イ) 5　(ウ) 7　(エ) 21　(オ) $7^{n+1}+3$

(カ) $n+1$　(キ) 3

265 $n=13$

266 (1) $\cos 3\theta=4\cos^3\theta-3\cos\theta$，
$\cos 4\theta=8\cos^4\theta-8\cos^2\theta+1$

(2) 存在しない

[(2) $\cos\theta=\dfrac{1}{p}$ のとき，$\theta=\dfrac{m}{n}\cdot\pi$ となるような正の整数 $m,\ n$ が存在すると仮定する。(1)の結果から，$x=\cos\theta$ とおくとき，$\cos n\theta$

は x の整数係数の n 次式で表すことができ，かつ n 次の項の係数は 2^{n-1} と推測できる。まずはこれを数学的帰納法により示す]

267 [(1) 等式 $j_pC_j=p_{p-1}C_{j-1}$ が成り立つことを示す。

(2) 二項定理により

$$(m+1)^p-m^p-1=\sum_{r=0}^{p}{}_pC_rm^r-m^p-1$$

$$=\sum_{r=1}^{p-1}{}_pC_rm^r$$

これが p で割り切れることを示す。

(3) m^p-m が p で割り切れることは m に関する数学的帰納法により示す。この結果から，$m(m^{p-1}-1)$ は p の倍数であるから，m が p で割り切れないとき，$m^{p-1}-1$ は p で割り切れる。

(4) $a=4n^2+4n-1=(2n+1)^2-2$ であるから，ユークリッドの互除法より，a と $2n+1$ の最大公約数は，$2n+1$ と 2 の最大公約数に等しいことを用いる。

(5) ある自然数 n に対して，$a=4n^2+4n-1$ が p で割り切れるとき，整数 s を用いて $4n^2+4n-1=ps$ と表せる。

このとき $(2n+1)^2=ps+2$ …… ②

(4)から，a と $2n+1$ は互いに素であるから，$a=4n^2+4n-1$ が p で割り切れるとき，$2n+1$ は p で割り切れない。したがって，(3)から，$(2n+1)^{p-1}-1$ は p で割り切れる。

よって，整数 t を用いて

$(2n+1)^{p-1}-1=pt$ …… ③ と表せる。

②，③ から $(ps+2)^{\frac{p-1}{2}}-1=pt$

これを用いて示す]

268 (ア) 7 (イ) 8

269 (ア) 11 (イ) 5

270 (ア) 12 (イ) 6.4 (ウ) 12 (エ) 12 (オ) 675

271 58

272 (1) (ア) 70 (イ) 200

(2) (ウ) 280

(3) (エ) $s_x{}^2$ (オ) $2s_{xy}$

(4) (カ) $\dfrac{7}{5}$ (キ) -34

273 (1) $\dfrac{k}{n}$ (2) $\dfrac{8k}{n+7k}$

(3) 位置 O にいるとき：$\dfrac{100s}{n}$

扉センサーが反応して扉を開ける動作に入る前：$\dfrac{800s}{n+7k}$

274 (1) 0.88 (2) 平均 2000，分散 900

(3) 1950

2023年版

第 1 刷　2023年 8 月 1 日　発行

共通テストの解答について

数研出版の HP では，共通テスト本試験数学Ⅰ・数学Ａ，数学Ⅱ・数学Ｂの問題の設問別分析と解説を公開しています。学習の際の参考にしてください。

https://www.chart.co.jp/subject/sugaku/hen_tsushin/kyoutsu.html

※ Web ページへのアクセスにはネットワーク接続が必要となり，通信料が発生する可能性があります。

ISBN978-4-410-14148-5

※解答・解説は数研出版株式会社が作成したものです。

2023

数学Ⅰ・Ⅱ・A・B

入試問題集

（理系）

編　者　　数研出版編集部

発行者　　星野　泰也

発行所　　**数研出版株式会社**

〒101-0052　東京都千代田区神田小川町 2 丁目 3 番地3
　　　　　　〔振替〕00140-4-118431

〒604-0861　京都市中京区烏丸通竹屋町上る大倉町205番地
　　　　　　〔電話〕代表（075）231-0161

ホームページ　https://www.chart.co.jp

印刷　　創栄図書印刷株式会社

230701

三角，指数・対数関数 | 微分法・積分法

28 正弦定理・余弦定理
$$\frac{a}{\sin A}=\frac{b}{\sin B}=\frac{c}{\sin C}=2R \quad \left(\begin{array}{l}R\text{は外接}\\ \text{円の半径}\end{array}\right)$$
・$a^2=b^2+c^2-2bc\cos A$ など

29 三角形の面積 $(2s=a+b+c)$
・2辺とその間の角 $S=\dfrac{1}{2}bc\sin A$

・3辺（ヘロン） $S=\sqrt{s(s-a)(s-b)(s-c)}$

30 三角関数の性質
・$\sin(-\theta)=-\sin\theta \quad \cos(-\theta)=\cos\theta$
$\tan(-\theta)=-\tan\theta$
・$\sin(\pi\pm\theta)=\mp\sin\theta \quad \cos(\pi\pm\theta)=-\cos\theta$
$\tan(\pi\pm\theta)=\pm\tan\theta$
・$\sin\left(\dfrac{\pi}{2}\pm\theta\right)=\cos\theta \quad \cos\left(\dfrac{\pi}{2}\pm\theta\right)=\mp\sin\theta$
$\tan\left(\dfrac{\pi}{2}\pm\theta\right)=\mp\dfrac{1}{\tan\theta}$

31 三角関数の加法定理
・$\sin(\alpha\pm\beta)=\sin\alpha\cos\beta\pm\cos\alpha\sin\beta$
・$\cos(\alpha\pm\beta)=\cos\alpha\cos\beta\mp\sin\alpha\sin\beta$
・$\tan(\alpha\pm\beta)=\dfrac{\tan\alpha\pm\tan\beta}{1\mp\tan\alpha\tan\beta}$

32 2倍角・半角の公式
・$\sin2\alpha=2\sin\alpha\cos\alpha \qquad \tan2\alpha=\dfrac{2\tan\alpha}{1-\tan^2\alpha}$
$\cos2\alpha=\cos^2\alpha-\sin^2\alpha$
$=2\cos^2\alpha-1=1-2\sin^2\alpha$
・$\sin^2\dfrac{\alpha}{2}=\dfrac{1-\cos\alpha}{2} \quad \cos^2\dfrac{\alpha}{2}=\dfrac{1+\cos\alpha}{2}$
$\tan^2\dfrac{\alpha}{2}=\dfrac{1-\cos\alpha}{1+\cos\alpha}$

33 三角関数の合成
$$a\sin\theta+b\cos\theta=\sqrt{a^2+b^2}\sin(\theta+\alpha)$$
ただし $\sin\alpha=\dfrac{b}{\sqrt{a^2+b^2}}$, $\cos\alpha=\dfrac{a}{\sqrt{a^2+b^2}}$

34 指数法則
$a>0$, $b>0$, m, n は実数のとき
$a^ma^n=a^{m+n}$, $(a^m)^n=a^{mn}$, $(ab)^n=a^nb^n$,
$\dfrac{a^m}{a^n}=a^{m-n}$

35 指数・対数の性質
・$x=a^y \Longleftrightarrow y=\log_a x$
・$\log_a xy=\log_a x+\log_a y \quad \log_a\dfrac{x}{y}=\log_a x-\log_a y$
・$\log_a x^n=n\log_a x \qquad \log_x y=\dfrac{\log_a y}{\log_a x}$

36 桁数・小数首位
・x は n 桁の整数 $\Longleftrightarrow n-1\leqq\log_{10}x<n$
・x は小数第 n 位に初めて0でない数字が
現れる $\Longleftrightarrow -n\leqq\log_{10}x<-n+1$

37 導関数・微分法 （c は定数）
・定義 $f'(x)=\lim\limits_{h\to0}\dfrac{f(x+h)-f(x)}{h}$
・$(c)'=0, \quad (x^n)'=nx^{n-1}, \quad (cu)'=cu'$

38 接線の方程式
曲線 $y=f(x)$ 上の点 $(x_1, f(x_1))$ における接線
$$y-f(x_1)=f'(x_1)(x-x_1)$$

39 関数の増減，極大・極小
・$f'(x)>0$ である区間で $f(x)$ は単調に増加
$f'(x)<0$ である区間で $f(x)$ は単調に減少
$f'(x)=0$ である区間で $f(x)$ は定数
・極大 $f(x)$ が増加から減少に移る点
極小 $f(x)$ が減少から増加に移る点
・$x=a$ で極値をとる $\Longrightarrow f'(a)=0$

40 方程式への応用
方程式 $f(x)=k$ の実数解の個数は，曲線
$y=f(x)$ と直線 $y=k$ の共有点の個数と一致。

41 不定積分・定積分 （C は積分定数）
・$F'(x)=f(x)$ のとき $\displaystyle\int f(x)dx=F(x)+C$
・$\displaystyle\int x^n dx=\dfrac{1}{n+1}x^{n+1}+C$ （n は0以上の整数）
・$\displaystyle\int_a^b f(x)dx=\Big[F(x)\Big]_a^b=F(b)-F(a)$

42 定積分の性質
・$\displaystyle\int_a^b kf(x)dx=k\int_a^b f(x)dx$ （k は定数）
・$\displaystyle\int_a^b\{f(x)+g(x)\}dx=\int_a^b f(x)dx+\int_a^b g(x)dx$
・$\displaystyle\int_a^c f(x)dx+\int_c^b f(x)dx=\int_a^b f(x)dx$
・$\displaystyle\int_a^a f(x)dx=0, \quad \int_b^a f(x)dx=-\int_a^b f(x)dx$
・区間 $a\leqq x\leqq b$ で $f(x)\leqq g(x)$ のとき
$$\int_a^b f(x)dx\leqq\int_a^b g(x)dx \qquad (a<b)$$
・$\displaystyle\int_{-a}^a x^{2n}dx=2\int_0^a x^{2n}dx$, $\displaystyle\int_{-a}^a x^{2n+1}dx=0$

（n は0以上の整数）

43 定積分と微分法
・$\dfrac{d}{dx}\displaystyle\int_a^x f(t)dt=f(x)$

44 面積
・2曲線 $y=f(x)$, $y=g(x)$ の間の面積
$$S=\int_a^b|f(x)-g(x)|\,dx \qquad (a<b)$$

数学 I・II・A・B 入試問題集
（理系）

解答編

数研出版
https://www.chart.co.jp

2023　数学Ⅰ・Ⅱ・A・B　入試問題集（理系）
解　答　編

1　(1)　$x^2+8xy+15y^2+7x+19y-8$

$=x^2+(8y+7)x+15y^2+19y-8$

$=x^2+(8y+7)x+(3y-1)(5y+8)$

$=(x+{}^{\mathcal{P}}3y-{}^{\mathcal{1}}1)(x+{}^{\mathcal{ウ}}5y+{}^{\mathcal{エ}}8)$

(2)　$x(x+1)(x+2)(x+3)-24$

$=x(x+3)\times(x+1)(x+2)-24$

$=(x^2+3x)(x^2+3x+2)-24$

$=(x^2+3x)^2+2(x^2+3x)-24$

$=\{(x^2+3x)-4\}\{(x^2+3x)+6\}$

$=(x-{}^{\mathcal{P}}1)(x+{}^{\mathcal{1}}4)(x^2+{}^{\mathcal{ウ}}3x+{}^{\mathcal{エ}}6)$

2　$(\sqrt{2}+\sqrt{3})(\sqrt{3}+\sqrt{5})$

$=\sqrt{6}+\sqrt{10}+3+\sqrt{15}$

$={}^{\mathcal{P}}3+\sqrt{{}^{\mathcal{1}}6}+\sqrt{{}^{\mathcal{ウ}}10}+\sqrt{15}$

（または　${}^{\mathcal{P}}3+\sqrt{{}^{\mathcal{1}}10}+\sqrt{{}^{\mathcal{ウ}}6}+\sqrt{15}$ ）

$\dfrac{5+\sqrt{6}+\sqrt{10}+\sqrt{15}}{(\sqrt{2}+\sqrt{3})(\sqrt{3}+\sqrt{5})}$

$=\dfrac{2+(3+\sqrt{6}+\sqrt{10}+\sqrt{15})}{(\sqrt{2}+\sqrt{3})(\sqrt{3}+\sqrt{5})}$

$=\dfrac{2+(\sqrt{2}+\sqrt{3})(\sqrt{3}+\sqrt{5})}{(\sqrt{2}+\sqrt{3})(\sqrt{3}+\sqrt{5})}$

$=\dfrac{2}{(\sqrt{2}+\sqrt{3})(\sqrt{3}+\sqrt{5})}+1$

$=\dfrac{2(\sqrt{2}-\sqrt{3})(\sqrt{3}-\sqrt{5})}{(\sqrt{2}+\sqrt{3})(\sqrt{2}-\sqrt{3})(\sqrt{3}+\sqrt{5})(\sqrt{3}-\sqrt{5})}+1$

$=\dfrac{2(\sqrt{6}-\sqrt{10}-3+\sqrt{15})}{(2-3)(3-5)}+1$

$=\sqrt{6}-\sqrt{10}-3+\sqrt{15}+1$

$=-{}^{\mathcal{エ}}2+\sqrt{{}^{\mathcal{オ}}6}-\sqrt{{}^{\mathcal{カ}}10}+\sqrt{{}^{\mathcal{キ}}15}$

（または　$-{}^{\mathcal{エ}}2+\sqrt{{}^{\mathcal{オ}}15}-\sqrt{{}^{\mathcal{カ}}10}+\sqrt{{}^{\mathcal{キ}}6}$ ）

3 (1) $\dfrac{\sqrt{5}+\sqrt{3}}{\sqrt{5}-\sqrt{3}}=\dfrac{(\sqrt{5}+\sqrt{3})^2}{(\sqrt{5}-\sqrt{3})(\sqrt{5}+\sqrt{3})}=\dfrac{5+2\sqrt{15}+3}{5-3}={}^{\text{ア}}4+\sqrt{15}$

$\dfrac{\sqrt{5}+\sqrt{-8}}{\sqrt{5}-\sqrt{-8}}=\dfrac{\sqrt{5}+\sqrt{8}\,i}{\sqrt{5}-\sqrt{8}\,i}=\dfrac{(\sqrt{5}+\sqrt{8}\,i)^2}{(\sqrt{5}-\sqrt{8}\,i)(\sqrt{5}+\sqrt{8}\,i)}$

$\qquad\quad=\dfrac{5+2\sqrt{40}\,i+8i^2}{5-8i^2}=\dfrac{5+4\sqrt{10}\,i-8}{13}$

$\qquad\quad=-\dfrac{3}{13}+\dfrac{4\sqrt{10}}{13}i$

よって　　実部は　${}^{\text{イ}}-\dfrac{3}{13}$　　虚部は　${}^{\text{ウ}}\dfrac{4\sqrt{10}}{13}$

(2)　$z^3=\left(\dfrac{\sqrt{3}+i}{2}\right)^3=\dfrac{(\sqrt{3})^3+3(\sqrt{3})^2i+3\sqrt{3}\,i^2+i^3}{8}$

$\qquad=\dfrac{3\sqrt{3}+9i-3\sqrt{3}-i}{8}=i$

よって　　$z^6=i^2=-1$

したがって　　$a={}^{\text{ア}}-1,\ b={}^{\text{イ}}0$

4 (1)　$\dfrac{x^2+3x-1}{x^3-1}=\dfrac{1}{x-1}+\dfrac{a}{x^2+x+1}$ の両辺に x^3-1 を掛けて得られる等式

$\qquad x^2+3x-1=x^2+x+1+a(x-1)$

も x についての恒等式である。

右辺を x について整理すると　　$x^2+3x-1=x^2+(a+1)x-a+1$

両辺の同じ次数の項の係数を比較して

$\qquad\qquad 3=a+1,\ -1=-a+1$

よって　　$a={}^{\text{ア}}2$

$\qquad \dfrac{1}{x^4-1}=b\left(\dfrac{1}{x-1}-\dfrac{1}{x+1}\right)+\dfrac{c}{x^2+1}=\dfrac{2b}{x^2-1}+\dfrac{c}{x^2+1}$

この両辺に x^4-1 を掛けて得られる等式　　$1=2b(x^2+1)+c(x^2-1)$

も x についての恒等式である。

右辺を x について整理すると　　$1=(2b+c)x^2+2b-c$

両辺の同じ次数の項の係数を比較して

$\qquad\qquad 0=2b+c,\ 1=2b-c$

よって　　$b={}^{\text{イ}}\dfrac{1}{4},\ c={}^{\text{ウ}}-\dfrac{1}{2}$

(2)　$P(x)$ を x^2+2x-3 すなわち $(x-1)(x+3)$ で割ったときの商を $Q(x)$，余りを $ax+b$ とすると，次の等式が成り立つ。

$\qquad\qquad P(x)=(x-1)(x+3)Q(x)+ax+b\quad\cdots\cdots①$

また，$P(x)$ を x^2+x-2，x^2+x-6 すなわち $(x-1)(x+2)$，$(x-2)(x+3)$ で割ったときの商をそれぞれ $Q_1(x)$，$Q_2(x)$ とすると，次の等式が成り立つ。

$\qquad\qquad P(x)=(x-1)(x+2)Q_1(x)+x+1\quad\cdots\cdots②$

$$P(x)=(x-2)(x+3)Q_2(x)+x \qquad \cdots\cdots ③$$

②から　　　　　　$P(1)=2$

これと①から　　　$a+b=2$　……④

③から　　　　　　$P(-3)=-3$

これと①から　　　$-3a+b=-3$　……⑤

④，⑤を連立して解くと　　$a=\dfrac{5}{4}$，$b=\dfrac{3}{4}$

したがって，求める余りは　　$\dfrac{5}{4}x+\dfrac{3}{4}$

5　$P(x)$ を $x-1$ で割ったときの余りは

$$P(1)=\sum_{n=1}^{20}n=\dfrac{1}{2}\cdot20(20+1)={}^{ア}210$$

また，$P(x)$ を x^2-1 で割ったときの商を $Q(x)$，余りを $ax+b$ とすると，次の等式が成り立つ。

$$P(x)=(x^2-1)Q(x)+ax+b \qquad \cdots\cdots ①$$

ここで

$$P(1)=210$$

$$P(-1)=\sum_{n=1}^{20}n\cdot(-1)^n=20-19+18-\cdots\cdots-3+2-1$$

$$=(20-19)+(18-17)+\cdots\cdots+(2-1)$$

$$=1\times10=10$$

これらと①から　　$a+b=210$，$-a+b=10$

これを解くと　　$a=100$，$b=110$

よって，$P(x)$ を x^2-1 で割ったときの余りは　　${}^{イ}100x+110$

6　$x^5-1=(x-1)(x^4+x^3+x^2+x+1)$ であるから

$$x^{2023}-1=x^3(x^{2020}-1)+x^3-1$$

$$=x^3(x^5-1)(x^{2015}+x^{2010}+\cdots\cdots+x^5+1)+x^3-1$$

$$=x^3(x-1)(x^4+x^3+x^2+x+1)\times(x^{2015}+x^{2010}+\cdots\cdots+x^5+1)+x^3-1$$

よって，求める余りは　　x^3-1

7　(1)　二項定理により

$$(x+1)^n={}_nC_0x^n+{}_nC_1x^{n-1}+\cdots\cdots+{}_nC_n$$

よって　　$f(x+1)=a_n(x+1)^n+a_{n-1}(x+1)^{n-1}+\cdots\cdots+a_0$

の x^n の係数は　　a_n

　　　　x^{n-1} の係数は　　${}_nC_1a_n+a_{n-1}=na_n+a_{n-1}$

したがって，$f(x+1)-f(x)$ の

　　　　x^n の係数は　　$a_n-a_n=0$

x^{n-1} の係数は　$(na_n + a_{n-1}) - a_{n-1} = na_n$

ゆえに　　$b_n = 0,\ b_{n-1} = na_n$

(2)　$g(x+1) - g(x) = (x-1)x(x+1)$　……① とする。

　$g(x) = 0$ は ① を満たさないから，$g(x)$ の次数を n とする。

　このとき，(1) の結果から $g(x+1) - g(x)$ は $(n-1)$ 次式である。

　よって，① の両辺の次数を比較すると

$$n - 1 = 3$$

　したがって　　$n = 4$

　よって，$g(x)$ は 4 次式である。

　さらに，$g(0) = 0$ であるから

$$g(x) = c_4 x^4 + c_3 x^3 + c_2 x^2 + c_1 x \quad (c_4 \neq 0)$$

　とおける。

　このとき

$g(x+1) - g(x)$

$= c_4(x+1)^4 + c_3(x+1)^3 + c_2(x+1)^2 + c_1(x+1) - (c_4 x^4 + c_3 x^3 + c_2 x^2 + c_1 x)$

$= 4c_4 x^3 + (6c_4 + 3c_3)x^2 + (4c_4 + 3c_3 + 2c_2)x + c_4 + c_3 + c_2 + c_1$

$(x-1)x(x+1) = x^3 - x$ であるから，① の両辺の同じ次数の項の係数を比較して

$$\begin{cases} 4c_4 = 1 \\ 6c_4 + 3c_3 = 0 \\ 4c_4 + 3c_3 + 2c_2 = -1 \\ c_4 + c_3 + c_2 + c_1 = 0 \end{cases}$$

　これを解くと　　$c_4 = \dfrac{1}{4},\ c_3 = -\dfrac{1}{2},\ c_2 = -\dfrac{1}{4},\ c_1 = \dfrac{1}{2}$

　これは $c_4 \neq 0$ を満たす。

　したがって　　$g(x) = \dfrac{1}{4}x^4 - \dfrac{1}{2}x^3 - \dfrac{1}{4}x^2 + \dfrac{1}{2}x$

(3)　$h(2x+1) - h(2x) = h(x) - x^2$　……② とする。

　$h(x) = 0$ は ② を満たさないから，$h(x)$ の次数を n とする。

　$n \geqq 3$ とすると，(1) の結果より ② の左辺は $(n-1)$ 次式であるが，② の右辺は n 次式となり矛盾する。

　よって，$n \leqq 2$ であるから　　$h(x) = d_2 x^2 + d_1 x + d_0$

　とおける。

　このとき

$h(2x+1) - h(2x)$

$= d_2(2x+1)^2 + d_1(2x+1) + d_0 - \{d_2(2x)^2 + d_1 \cdot 2x + d_0\}$

$= 4d_2 x + d_2 + d_1$

$h(x) - x^2 = (d_2 - 1)x^2 + d_1 x + d_0$

　したがって，② の両辺の同じ次数の項の係数を比較して

$$\begin{cases} 0 = d_2 - 1 \\ 4d_2 = d_1 \\ d_2 + d_1 = d_0 \end{cases}$$

これを解くと $\quad d_2 = 1, \ d_1 = 4, \ d_0 = 5$

ゆえに $\quad h(x) = x^2 + 4x + 5$

8 (1) $|x(x-4)| = x$ ……① とする。

[1] $x < 0, \ 4 < x$ のとき

　①は $\quad x(x-4) = x$

　よって $\quad x(x-5) = 0$

　$x < 0, \ 4 < x$ から $\quad x = 5$

[2] $0 \leqq x \leqq 4$ のとき

　①は $\quad -x(x-4) = x$

　よって $\quad x(x-3) = 0$

　したがって $\quad x = 0, \ 3$

　これらは $0 \leqq x \leqq 4$ を満たす。

[1], [2] から，求める方程式の実数解は $\quad x = 0, \ 3, \ 5$

(2) $5|x+1| < 3x + 11$ ……② とする。

[1] $x + 1 \geqq 0$ すなわち $x \geqq -1$ のとき

　②は $\quad 5(x+1) < 3x + 11$

　よって $\quad 2x < 6$

　したがって $\quad x < 3$

　これと $x \geqq -1$ の共通範囲は $\quad -1 \leqq x < 3$

[2] $x + 1 < 0$ すなわち $x < -1$ のとき

　②は $\quad -5(x+1) < 3x + 11$

　よって $\quad -8x < 16$

　したがって $\quad x > -2$

　これと $x < -1$ の共通範囲は $\quad -2 < x < -1$

[1], [2] から，求める不等式の解は $\quad {}^{\mathcal{P}}\!-2 < x < {}^{\mathcal{I}}3$

9 $ax^2 + 2(a-1)|x| + a - 2 = 0$ ……① とする。

[1] $a = 0$ のとき

　①は $\quad -2|x| - 2 = 0$

　よって $\quad |x| = -1$

　これを満たす x は存在しない。

[2] $a \neq 0$ のとき

　①から

$$a|x|^2 + 2(a-1)|x| + a - 2 = 0$$
$$(a|x| + a - 2)(|x| + 1) = 0$$

よって　　$|x| = \dfrac{2-a}{a},\ -1$　……②

$a < 0,\ 2 < a$ のとき，$\dfrac{2-a}{a} < 0$ より②を満たす x は存在しない。

$0 < a \leqq 2$ のとき，$\dfrac{2-a}{a} \geqq 0$ より②を満たす x は

$$|x| = \dfrac{2-a}{a}$$

したがって　　$x = \pm\dfrac{2-a}{a}$

[1]，[2] から，求める方程式の解は

$0 < a \leqq 2$ のとき　　$x = \pm\dfrac{2-a}{a}$

$a \leqq 0,\ 2 < a$ のとき　　解なし

10　n は自然数であるから，$x^2 \leqq n$ を解くと　　$-\sqrt{n} \leqq x \leqq \sqrt{n}$　……①

ここで，$\sqrt{n}$ を超えない最大の整数を p とすると，①を満たす整数 x の個数は

$-p,\ -p+1,\ \cdots\cdots,\ -1,\ 0,\ 1,\ \cdots\cdots,\ p-1,\ p$

の $(2p+1)$ 個

したがって，集合 A は奇数個の要素をもつ。

11　本試験未受験者を x 名とする。

本試験未受験者以外の平均点は 60 点であるから，本試験未受験者を除く $(40-x)$ 名の点数の合計は　　$60(40-x)$

また，本試験未受験者の追試験の点数と，本試験の結果を合わせた 40 名の平均点は 65 点であったから，点数の合計は　　$40 \times 65 = 2600$

よって，本試験未受験者の追試験の点数の合計は

$$2600 - 60(40-x) = 60x + 200$$

本試験未受験者の追試験の点数の合計は 0 点以上 $100x$ 以下であるから

$$0 \leqq 60x + 200 \leqq 100x$$

これを解くと　　$x \geqq 5$

したがって，本試験未受験者の最小人数は　ア5 名

また，本試験未受験者が 10 名のとき，本試験未受験者の追試験の点数の合計は

$$60 \times 10 + 200 = 800$$

ゆえに，この 10 名の平均点は　　$\dfrac{800}{10} = $ イ80

12　$a^{\frac{3}{2}x} + a^{-\frac{3}{2}x} = \left(a^{\frac{x}{2}} + a^{-\frac{x}{2}}\right)\left(a^x - 1 + a^{-x}\right)$

ここで

$$\left(a^{\frac{x}{2}} + a^{-\frac{x}{2}}\right)^2 = \left(a^{\frac{x}{2}}\right)^2 + 2a^{\frac{x}{2}} \cdot a^{-\frac{x}{2}} + \left(a^{-\frac{x}{2}}\right)^2 = a^x + a^{-x} + 2 = 6$$

$a^{\frac{x}{2}}+a^{-\frac{x}{2}}>0$ であるから　　$a^{\frac{x}{2}}+a^{-\frac{x}{2}}=\sqrt{6}$

よって　　$a^{\frac{3}{2}x}+a^{-\frac{3}{2}x}=\left(a^{\frac{x}{2}}+a^{-\frac{x}{2}}\right)(a^x-1+a^{-x})={}^{7}3\sqrt{{}^{7}6}$

13 (1) $x^3+\dfrac{1}{x^3}=\left(x+\dfrac{1}{x}\right)^3-3\left(x+\dfrac{1}{x}\right)=7^3-3\cdot7={}^{7}322$

また

$$\left(\sqrt{x}-\frac{1}{\sqrt{x}}\right)^2=(\sqrt{x})^2-2\sqrt{x}\cdot\frac{1}{\sqrt{x}}+\left(\frac{1}{\sqrt{x}}\right)^2=x+\frac{1}{x}-2=5$$

$0<x<1$ のとき　　$\sqrt{x}-\dfrac{1}{\sqrt{x}}=\dfrac{x-1}{\sqrt{x}}<0$

よって　　$\sqrt{x}-\dfrac{1}{\sqrt{x}}={}^{7}-\sqrt{5}$

(2) $z^4=z^2-1$ のとき　　$z^6=z^4-z^2=(z^2-1)-z^2=-1$

よって

$$z^{40}+2z^{10}+\frac{1}{z^{20}}=\frac{1}{z^{20}}(z^{60}+2z^{30}+1)$$

$$=\frac{1}{z^{20}}(z^{30}+1)^2=\frac{1}{z^{20}}\{(-1)^5+1\}^2=0$$

14 $16<23<25$ であるから　　$4<\sqrt{23}<5$

よって，$\sqrt{23}$ の整数部分は　　$n_0=4$

したがって

$$(\sqrt{23}-n_0)^{-1}=\frac{1}{\sqrt{23}-4}=\frac{\sqrt{23}+4}{(\sqrt{23}-4)(\sqrt{23}+4)}=\frac{\sqrt{23}+4}{7}$$

$8<\sqrt{23}+4<9$ であるから　　$\dfrac{8}{7}<\dfrac{\sqrt{23}+4}{7}<\dfrac{9}{7}$

よって　　$n_1=1$

したがって

$$\{(\sqrt{23}-n_0)^{-1}-n_1\}^{-1}=\left(\frac{\sqrt{23}+4}{7}-1\right)^{-1}=\left(\frac{\sqrt{23}-3}{7}\right)^{-1}$$

$$=\frac{7}{\sqrt{23}-3}=\frac{7(\sqrt{23}+3)}{(\sqrt{23}-3)(\sqrt{23}+3)}=\frac{\sqrt{23}+3}{2}$$

$7<\sqrt{23}+3<8$ であるから　　$\dfrac{7}{2}<\dfrac{\sqrt{23}+3}{2}<4$

よって　　$n_2=3$

ゆえに　　$n_0+(n_1+n_2^{-1})^{-1}=4+\left(1+\dfrac{1}{3}\right)^{-1}=4+\dfrac{3}{4}=\dfrac{19}{4}$

15　関数 $y=2x^2+ax-1$ のグラフを x 軸方向に -1，y 軸方向に 2 だけ平行移動すると，
移動後のグラフの方程式は　　　$y-2=2(x+1)^2+a(x+1)-1$
この関数のグラフが点 $(2,\ 1)$ を通るから　　　$1-2=2(2+1)^2+a(2+1)-1$
ゆえに　　$3a+18=0$　　　　　よって　　$a={}^{\mathcal{T}}-6$

もとの 2 次関数の方程式は　　　$y=2x^2-6x-1=2\left(x-\dfrac{3}{2}\right)^2-\dfrac{11}{2}$

であるから，もとの関数のグラフの頂点は　　　$\left(\dfrac{{}^{\mathcal{I}}3}{{}^{\mathcal{\dot{\mathcal{}}}}2},\ \dfrac{{}^{\mathcal{I}}-11}{{}^{\mathcal{t}}2}\right)$

16　(1)　$f(x)=ax+b$ とおくと，$a>0$ より $-1\leqq x\leqq 2$ において，$f(x)$ は $x=2$ で
最大値をとり，$x=-1$ で最小値をとる。
よって　　　$f(2)=3,\ f(-1)=-3$
すなわち　　　$2a+b=3,\ -a+b=-3$
これを解いて　　　$a={}^{\mathcal{T}}2,\ b={}^{\mathcal{A}}-1$
$f(x)=2x-1$ より，$f(x)$ は $1\leqq x\leqq 4$ において $x=4$ で最大値 7 をとり，$x=1$ で
最小値 1 をとる。
ここで，$g(x)=cx^2-4cx+4c+d$ とおくと $g(x)=c(x-2)^2+d$ である。
〔1〕　$c<0$ のとき
　$g(x)$ は $1\leqq x\leqq 4$ において $x=2$ で最大値をとり，$x=4$ で最小値をとる。
　よって　　　$g(2)=7,\ g(4)=1$
　すなわち　　　$d=7,\ 4c+d=1$
　これを解いて　　　$c=-\dfrac{3}{2},\ d=7$
　これは $c<0$ を満たす。
〔2〕　$c>0$ のとき
　$g(x)$ は $1\leqq x\leqq 4$ において $x=4$ で最大値をとり，$x=2$ で最小値をとる。
　よって　　　$g(4)=7,\ g(2)=1$
　すなわち　　　$4c+d=7,\ d=1$
　これを解いて　　　$c=\dfrac{3}{2},\ d=1$
　これは $c>0$ を満たす。
〔1〕，〔2〕より　　　$c=\dfrac{{}^{\mathcal{\dot{\mathcal{}}}}-3}{{}^{\mathcal{I}}2},\ d={}^{\mathcal{t}}7$ または $c=\dfrac{{}^{\mathcal{カ}}3}{{}^{\mathcal{キ}}2},\ d={}^{\mathcal{ク}}1$

(2)　(i)　放物線 C は 2 次の係数が 1，頂点の座標が $(-2,\ -1)$ であるから
　　　　　　　$y=(x+2)^2-1=x^2+4x+3$
　　　よって　　　$p={}^{\mathcal{ケ}}4,\ q={}^{\mathcal{コ}}3$
(ii)　放物線 $y=x^2+px+q$ を x 軸方向に p，y 軸方向に $-p$ だけ平行移動すると，移
　　　動後の方程式は　　　$y+p=(x-p)^2+p(x-p)+q$
　　　整理すると　　　$y=x^2-px-p+q$
　　　この放物線が 2 点 $(0,\ 0),\ (2,\ -6)$ を通るから

$0 = 0^2 - p \cdot 0 - p + q$, $-6 = 2^2 - p \cdot 2 - p + q$

ゆえに　　$-p + q = 0$,　$-3p + q + 10 = 0$

これを解いて　　$p = {}^{サ}5$,　$q = {}^{シ}5$

17　$x = 1$ で最小値 3 をとるから，求める 2 次関数は　　$f(x) = a(x-1)^2 + 3$ $(a > 0)$
と表される。

$f(0) = 5$ であるから　　$5 = a + 3$

よって　　$a = 2$

これは $a > 0$ を満たす。

したがって　　$f(x) = 2(x-1)^2 + 3 = 2x^2 - 4x + 5$

以上から　　$a = {}^{ア}2$,　$b = {}^{イ}-4$,　$c = {}^{ウ}5$

18　$f(x) = x^2 - ax - a^2 = \left(x - \dfrac{a}{2}\right)^2 - \dfrac{5}{4}a^2$

(1)　[1]　$\dfrac{a}{2} < 0$　すなわち　$a < {}^{ア}0$ のとき

　　$x = 0$ で最小値　　$-a^2$

　[2]　$0 \leqq \dfrac{a}{2} \leqq 4$　すなわち　${}^{ア}0 \leqq a \leqq {}^{イ}8$ のとき

　　$x = \dfrac{a}{2}$ で最小値　　$-\dfrac{{}^{ウ}5}{{}^{エ}4}a^2$

　[3]　$4 < \dfrac{a}{2}$　すなわち　${}^{イ}8 < a$ のとき

　　$x = 4$ で最小値　　$-a^2 - {}^{オ}4a + {}^{カ}16$

(2)　[1]　$\dfrac{a}{2} < 2$　すなわち　$a < 4$ のとき

　　$x = 4$ で最大値 $-a^2 - 4a + 16$ をとる。

　　ゆえに　　$-a^2 - 4a + 16 = 11$

　　すなわち　　$a^2 + 4a - 5 = 0$

　　よって　　$a = -5, 1$　これは $a < 4$ を満たす。

　[2]　$2 \leqq \dfrac{a}{2}$　すなわち　$4 \leqq a$ のとき

　　$x = 0$ で最大値 $-a^2$ をとる。

　　ゆえに　　$-a^2 = 11$

　　よって，条件を満たす a の値は存在しない。

　[1], [2]から，求める a の値は　　$a = -{}^{キ}5$, ${}^{ク}1$

19　$f(x) = \sqrt{(2x+6)^2} - \sqrt{(x-1)^2} = |2x+6| - |x-1|$

より　　$f(-1) = 4 - 2 = {}^{ア}2$,　$f(1) = 8 - 0 = {}^{イ}8$

$f(x)$ について

[1]　$x<-3$ のとき

　　$f(x)=-(2x+6)-\{-(x-1)\}=-x-7$

[2]　$-3\leqq x<1$ のとき

　　$f(x)=2x+6-\{-(x-1)\}=3x+5$

[3]　$1\leqq x$ のとき

　　$f(x)=2x+6-(x-1)=x+7$

[1]～[3] より，グラフは図のようになる。

図より，$f(x)$ は $x=$ ⁷-3 のとき最小値 ᴱ-4

をとる。

また，図より，$f(x)=2$ となる x $(x$ ᵏ$-1)$ は

$x<-3$ にあるから　　$-x-7=2$

よって　　$x=$ ᵒ-9

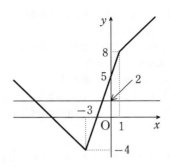

20　(1)　$f(x)=ax^2+bx+c$ とおく。

この関数のグラフが3点 $(0,\ 7)$，$(1,\ 2)$，$(4,\ -1)$ を通るから

　　$f(0)=7$，$f(1)=2$，$f(4)=-1$

すなわち　　$c=7$ ……①，$a+b+c=2$ ……②，$16a+4b+c=-1$ ……③

① を ②，③ に代入して　　$a+b+5=0$，$16a+4b+8=0$

これを解いて　　$a=1$，$b=-6$

よって　　$f(x)=x^2-6x+7$

また，頂点の座標は $f(x)=(x-3)^2-2$ より　　$(3,\ -2)$

(2)　$g(0)=3\cdot0-1=-1$，$g(2)=f(2)=2^2-6\cdot2+7=-1$

[1]　$x<1$ のとき

　　$g(x)=3x-1$ より　　$3x-1=0$

　　これを解いて　　$x=\dfrac{1}{3}$　これは $x<1$ を満たす。

[2]　$x\geqq1$ のとき

　　$g(x)=x^2-6x+7$ より　　$x^2-6x+7=0$

　　これを解いて　　$x=3\pm\sqrt{2}$　これは $x\geqq1$ を満たす。

[1]，[2]から，$g(x)=0$ の解は　　$x=\dfrac{1}{3}$，$3\pm\sqrt{2}$

(3) $y=g(x)$ のグラフは図のようになる。

図より，$g(x)$ の $a \leqq x \leqq a+2$ における最大値が
2 となるための必要十分条件は，

　$a \leqq 1$ かつ $1 \leqq a+2 \leqq 5$

または

　$a \geqq 1$ かつ $a+2=5$

よって　　$-1 \leqq a \leqq 1$ または $a=3$

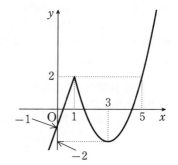

21 $f(x)=-x^2+6x$ とおくと　　$f(x)=-(x-3)^2+9$

(1) $a=2$ のとき定義域は $2 \leqq x \leqq 4$ であるから，$f(x)$ は $x=3$ で最大値 9 をとり，
$x=2$，4 で最小値 8 をとる。

よって　　$M-m=9-8=^{\mathcal{P}}1$

(2) $y=f(x)$ $(x \geqq 0)$ のグラフは図のようになる。

図より $M \geqq 0$ となるのは $a>0$ より　　$a \leqq 6$
のときである。

よって　　$^{\mathcal{A}}0<a \leqq 6$

(3) $0<2a \leqq 6$ すなわち　$0<a \leqq 3$ のとき
$0<a<2a<6$ であるから

　$0<M \leqq 9$，$0<m<9$

よって，$M-m=12$ となることはない。

したがって，$0<a \leqq 3$ は不適。

以上より，$a>3$ のときを考えればよい。

$a>3$ のとき，$g(x)$ は $a \leqq x \leqq 2a$ において
$x=a$ で最大値をとり，$x=2a$ で最小値をとる。

よって

$$M-m=f(a)-f(2a)=-a^2+6a-\{-(2a)^2+6 \cdot (2a)\}=3a^2-6a$$

ゆえに　　$3a^2-6a=12$

これを解いて　　$a=1 \pm \sqrt{5}$

$a>3$ より　　$a=^{\mathcal{P}}1+\sqrt{5}$

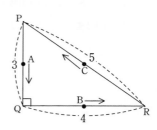

22　辺の長さが 3，4，5 である三角形の頂点を図のよう
に P，Q，R とする。

$5^2=3^2+4^2$ より，$\triangle$PQR は $\angle$Q$=90°$ の直角三角形
である。

よって，$\triangle$PQR の面積 S は　　$S=\dfrac{1}{2} \cdot 4 \cdot 3=6$

また　　$\sin \angle$P$=\dfrac{4}{5}$，$\sin \angle$R$=\dfrac{3}{5}$

時刻 t における $\triangle \mathrm{ABC}$ の面積を $S(t)$ とする。

3点 A，B，C が $\triangle \mathrm{PQR}$ を1周するのにかかる時間は $\triangle \mathrm{PQR}$ の周の長さと同じ 12 であるから，t の範囲は $0 \leqq t \leqq 12$ としてよい。

[1]　$0 \leqq t \leqq \dfrac{3}{2}$ のとき

$\triangle \mathrm{ABC}$ は図のようになる。

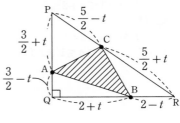

図より $S(t)$ は

$$S(t) = S - (\triangle \mathrm{PCA} + \triangle \mathrm{QAB} + \triangle \mathrm{RBC})$$

$$= 6 - \frac{1}{2}\left(\frac{3}{2}+t\right)\left(\frac{5}{2}-t\right) \cdot \frac{4}{5}$$

$$\qquad - \frac{1}{2}\left(\frac{3}{2}-t\right)(2+t)$$

$$\qquad\qquad - \frac{1}{2}(2-t)\left(\frac{5}{2}+t\right) \cdot \frac{3}{5}$$

$$= 6 + \frac{2}{5}\left(t+\frac{3}{2}\right)\left(t-\frac{5}{2}\right) + \frac{1}{2}\left(t-\frac{3}{2}\right)(t+2) + \frac{3}{10}(t-2)\left(t+\frac{5}{2}\right)$$

よって，$S(t)$ は t の2次関数であり，グラフは下に凸であるから，

$S(t)$ の $0 \leqq t \leqq \dfrac{3}{2}$ における最大値は　　$S(0)$ または $S\left(\dfrac{3}{2}\right)$ である。

[2]　$\dfrac{3}{2} \leqq t \leqq 2$ のとき

$\triangle \mathrm{ABC}$ は図のようになる。

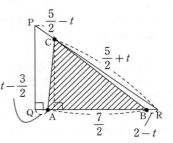

図より $S(t)$ は

$$S(t) = \frac{1}{2} \cdot \frac{7}{2} \cdot \left(\frac{5}{2}+t\right) \cdot \frac{3}{5} = \frac{21}{20}\left(t+\frac{5}{2}\right)$$

よって，$S(t)$ は t の係数が正の1次関数であるから，$S(t)$ の $\dfrac{3}{2} \leqq t \leqq 2$ における最大値は　　$S(2)$

[3]　$2 \leqq t \leqq \dfrac{5}{2}$ のとき

$\triangle \mathrm{ABC}$ は図のようになる。

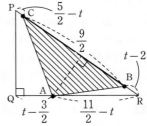

図より $S(t)$ は

$$S(t) = \frac{1}{2} \cdot \frac{9}{2} \cdot \left(\frac{11}{2}-t\right) \cdot \frac{3}{5} = \frac{27}{20}\left(-t+\frac{11}{2}\right)$$

よって，$S(t)$ は t の係数が負の1次関数であるから，

$S(t)$ の $2 \leqq t \leqq \dfrac{5}{2}$ における最大値は　　$S(2)$

[4] $\dfrac{5}{2} \leqq t \leqq \dfrac{11}{2}$ のとき

△ABC は図のようになる。

図より $S(t)$ は

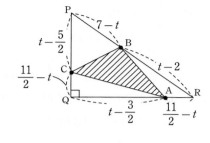

$$S(t) = S - (\triangle PBC + \triangle QCA + \triangle RAB)$$
$$= 6 - \dfrac{1}{2}\Big(t - \dfrac{5}{2}\Big)(7-t) \cdot \dfrac{4}{5}$$
$$\qquad - \dfrac{1}{2}\Big(\dfrac{11}{2} - t\Big)\Big(t - \dfrac{3}{2}\Big)$$
$$\qquad - \dfrac{1}{2}\Big(\dfrac{11}{2} - t\Big)(t-2) \cdot \dfrac{3}{5}$$
$$= 6 + \dfrac{2}{5}\Big(t - \dfrac{5}{2}\Big)(t-7) + \dfrac{1}{2}\Big(t - \dfrac{11}{2}\Big)\Big(t - \dfrac{3}{2}\Big) + \dfrac{3}{10}\Big(t - \dfrac{11}{2}\Big)(t-2)$$

よって，$S(t)$ は t の 2 次関数であり，グラフは下に凸であるから，

$S(t)$ の $\dfrac{5}{2} \leqq t \leqq \dfrac{11}{2}$ における最大値は $\quad S\Big(\dfrac{5}{2}\Big)$ または $S\Big(\dfrac{11}{2}\Big)$ である。

[5] $\dfrac{11}{2} \leqq t \leqq 7$ のとき

△ABC は図のようになる。

図より $S(t)$ は

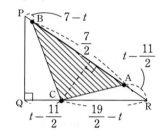

$$S(t) = \dfrac{1}{2} \cdot \dfrac{7}{2} \cdot \Big(\dfrac{19}{2} - t\Big) \cdot \dfrac{3}{5} = \dfrac{21}{20}\Big(-t + \dfrac{19}{2}\Big)$$

よって，$S(t)$ は t の係数が負の 1 次関数であるから，

$S(t)$ の $\dfrac{11}{2} \leqq t \leqq 7$ における最大値は $\quad S\Big(\dfrac{11}{2}\Big)$

[6] $7 \leqq t \leqq \dfrac{19}{2}$ のとき

△ABC は図のようになる。

図より $S(t)$ は

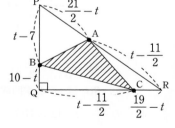

$$S(t) = S - (\triangle PAB + \triangle QBC + \triangle RCA)$$
$$= 6 - \dfrac{1}{2}(t-7)\Big(\dfrac{21}{2} - t\Big) \cdot \dfrac{4}{5}$$
$$\qquad - \dfrac{1}{2}(10 - t)\Big(t - \dfrac{11}{2}\Big)$$
$$\qquad - \dfrac{1}{2}\Big(\dfrac{19}{2} - t\Big)\Big(t - \dfrac{11}{2}\Big) \cdot \dfrac{3}{5}$$
$$= 6 + \dfrac{2}{5}(t-7)\Big(t - \dfrac{21}{2}\Big) + \dfrac{1}{2}(t - 10)\Big(t - \dfrac{11}{2}\Big) + \dfrac{3}{10}\Big(t - \dfrac{19}{2}\Big)\Big(t - \dfrac{11}{2}\Big)$$

よって，$S(t)$ は t の 2 次関数であり，グラフは下に凸であるから，

$S(t)$ の $7 \leqq t \leqq \dfrac{19}{2}$ における最大値は $\quad S(7)$ または $S\Big(\dfrac{19}{2}\Big)$ である。

[7] $\dfrac{19}{2} \le t \le 10$ のとき

△ABCは図のようになる。

図より $S(t)$ は

$$S(t) = \frac{1}{2} \cdot 4 \cdot (t-7) \cdot \frac{4}{5} = \frac{8}{5}(t-7)$$

よって，$S(t)$ は t の係数が正の1次関数であるか

ら，$S(t)$ の $\dfrac{19}{2} \le t \le 10$ における最大値は　　$S(10)$

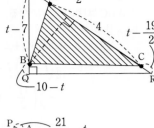

[8] $10 \le t \le \dfrac{21}{2}$ のとき

△ABCは図のようになる。

図より $S(t)$ は

$$S(t) = \frac{1}{2} \cdot 4 \cdot (14-t) \cdot \frac{3}{5} = \frac{6}{5}(-t+14)$$

よって，$S(t)$ は t の係数が負の1次関数であるか

ら，$S(t)$ の $10 \le t \le \dfrac{21}{2}$ における最大値は　　$S(10)$

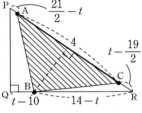

[9] $\dfrac{21}{2} \le t \le 12$ のとき

△ABCは図のようになる。

図より $S(t)$ は

$$\begin{aligned}
S(t) &= S - (\triangle\text{PCA} + \triangle\text{QAB} + \triangle\text{RBC}) \\
&= 6 - \frac{1}{2}\left(t - \frac{21}{2}\right)\left(\frac{29}{2} - t\right) \cdot \frac{4}{5} \\
&\quad - \frac{1}{2}\left(\frac{27}{2} - t\right)(t-10) \\
&\quad\quad - \frac{1}{2}(14-t)\left(t - \frac{19}{2}\right) \cdot \frac{3}{5} \\
&= 6 + \frac{2}{5}\left(t - \frac{21}{2}\right)\left(t - \frac{29}{2}\right) + \frac{1}{2}\left(t - \frac{27}{2}\right)(t-10) + \frac{3}{10}(t-14)\left(t - \frac{19}{2}\right)
\end{aligned}$$

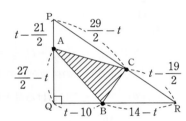

よって，$S(t)$ は t の2次関数であり，グラフは下に凸であるから，

$S(t)$ の $\dfrac{21}{2} \le t \le 12$ における最大値は　　$S\left(\dfrac{21}{2}\right)$ または $S(12)$ である。

[1]～[9]におけるそれぞれの最大値について

$$S\left(\frac{3}{2}\right) < S(2), \ S(2) > S\left(\frac{5}{2}\right), \ S\left(\frac{11}{2}\right) > S(7),$$

$$S\left(\frac{19}{2}\right) < S(10), \ S(10) > S\left(\frac{21}{2}\right), \ S(0) = S(12)$$

は図より明らかに成り立つ。

よって，$S(t)$ の最大値は　　$S(0)$，$S(2)$，$S\left(\dfrac{11}{2}\right)$，$S(10)$

のいずれかである。

ここで

$$S(0)=\frac{1}{2}\cdot 2\cdot\frac{3}{2}=\frac{3}{2}$$

$$S(2)=\frac{21}{20}\Big(2+\frac{5}{2}\Big)=\frac{189}{40}$$

$$S\Big(\frac{11}{2}\Big)=\frac{21}{20}\Big(-\frac{11}{2}+\frac{19}{2}\Big)=\frac{21}{5}$$

$$S(10)=\frac{8}{5}(10-7)=\frac{24}{5}$$

であるから，$S(t)$ の最大値は　　　$\dfrac{24}{5}$

23　2次方程式 $x^2-2ax+a+b=0$ の判別式を D とすると

$$\frac{D}{4}=(-a)^2-1\cdot(a+b)=a^2-a-b$$

2次方程式が実数解をもつのは $D\geqq 0$ のときであるから

$$a^2-a-b\geqq 0$$

よって　　　$^{ア}a^2-a\geqq b$　……①

① がどのような a に対しても成り立つ b の範囲は

$$a^2-a=\Big(a-\frac{1}{2}\Big)^2-\frac{1}{4}$$

より　　　$^{イ}b\leqq-\dfrac{1}{4}$

24　$x=1-2i$ が2次方程式 $x^2+ax+b=0$　……① の解の1つであるから，共役な複素数 $1+2i$ も解である。ここで，$\alpha=1-2i$，$\beta=1+2i$ とおく。

解と係数の関係により　　　$a=-(\alpha+\beta)$，$b=\alpha\beta$

よって　　　$a=-(1-2i+1+2i)=^{ア}-2$，$b=(1-2i)(1+2i)=^{イ}5$

別解 1

$x=1-2i$ より　　　$2i=1-x$

両辺を2乗して整理すると　　　$x^2-2x+5=0$

よって，x は2次方程式 $x^2-2x+5=0$ の解である。

したがって　　　$a=^{ア}-2$，$b=^{イ}5$

別解 2

$x=1-2i$ が $x^2+ax+b=0$ の解であるから　　　$(1-2i)^2+a\cdot(1-2i)+b=0$

整理すると　　　$(a+b-3)-(2a+4)i=0$

a，b は実数より，$a+b-3$，$-(2a+4)$ は実数であるから

$$a+b-3=0,\ 2a+4=0$$

これを解くと　　　$a=^{ア}-2$，$b=^{イ}5$

25　$f(x) = x^2 - bx + 10$ とおく。

2 次方程式 $f(x) = 0$ の判別式を D とすると　　$D = (-b)^2 - 4 \cdot 10 = b^2 - 40$

$f(x) = \left(x - \dfrac{b}{2}\right)^2 - \dfrac{b^2}{4} + 10$ より，$y = f(x)$ のグラフは下に凸の放物線で，軸は直線

$x = \dfrac{b}{2}$ である。

[1]　$f(x) = 0$ の解が $2 < x < 3$ の範囲に異なる 2 つの実数解または重解をもつための条件は，次の (i)～(iv) が同時に成り立つことである。

　　(i) $D \geqq 0$　　(ii) 軸が $2 < x < 3$ の範囲にある　　(iii) $f(2) > 0$　　(iv) $f(3) > 0$

(i)　$D \geqq 0$ より　　$b^2 - 40 \geqq 0$

　　よって　　$b^2 \geqq 40$　……①

(ii)　軸 $x = \dfrac{b}{2}$ について　　$2 < \dfrac{b}{2} < 3$

　　よって　　$4 < b < 6$　……②

①，②を同時に満たす b は存在しない。

[2]　解の 1 つが $2 < x < 3$ にあり，他の解が $x < 2$ または $3 < x$ にあるための条件は

　　　　$f(2)f(3) < 0$

　ゆえに　　$(-2b + 14)(-3b + 19) < 0$

　よって　　$(2b - 14)(3b - 19) < 0$

　ゆえに　　$\dfrac{19}{3} < b < 7$

[3]　解の 1 つが $x = 2$ のとき

　$f(2) = 0$ から　　$-2b + 14 = 0$

　ゆえに　　$b = 7$

　このとき，方程式は　　$x^2 - 7x + 10 = 0$

　よって　　$(x - 2)(x - 5) = 0$

　ゆえに，解は $x = 2$，5 となり，条件を満たさない。

[4]　解の 1 つが $x = 3$ のとき

　$f(3) = 0$ から　　$-3b + 19 = 0$

　ゆえに　　$b = \dfrac{19}{3}$

　このとき，方程式は　　$3x^2 - 19x + 30 = 0$

　よって　　$(x - 3)(3x - 10) = 0$

　ゆえに，解は $x = 3$，$\dfrac{10}{3}$ となり，条件を満たさない。

[1]～[4] より，求める b の範囲は　　$\dfrac{19}{3} < b < 7$

別解　$x^2 - bx + 10 = 0$　……① より　　$x^2 + 10 = bx$

　すなわち，方程式①の実数解は放物線 $y = x^2 + 10$ と直線 $y = bx$ の共有点の x 座標と一致する。

　直線 $y = bx$ が点 $(2, 14)$ を通るとき，$14 = 2b$ より　　$b = 7$

点 $(3, 19)$ を通るとき，$19 = 3b$ より $b = \dfrac{19}{3}$

また，放物線 $y = x^2 + 10$ と直線 $y = bx$ が接するとき，2次方程式 ① は重解をもつ。

2次方程式 ① の判別式を D とすると $D = (-b)^2 - 4 \cdot 1 \cdot 10 = b^2 - 40$

2次方程式 ① が重解をもつのは，$D = 0$ のときであるから $b^2 - 40 = 0$

よって $b = \pm 2\sqrt{10}$

このとき，① の重解は $x = \dfrac{b}{2}$ であるから

$\quad b = -2\sqrt{10}$ のとき $\quad x = -\sqrt{10}$

$\quad b = 2\sqrt{10}$ のとき $\quad x = \sqrt{10}$

以上から，図より，放物線 $y = x^2 + 10$ と
直線 $y = bx$ が $2 < x < 3$ の部分で共有点を
少なくとも1つもつ条件は

$\qquad \dfrac{19}{3} < b < 7$

以上から，求める b の値の範囲は

$\qquad \dfrac{19}{3} < b < 7$

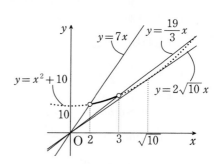

26 2次方程式 $x^2 + x + 3 = 0$ の2つの解を α，β とすると，解と係数の関係から

$\qquad \alpha + \beta = -1, \quad \alpha\beta = 3$

よって，

$$\dfrac{\beta}{\alpha} + \dfrac{\alpha}{\beta} = \dfrac{\beta^2 + \alpha^2}{\alpha\beta} = \dfrac{(\alpha+\beta)^2 - 2\alpha\beta}{\alpha\beta} = \dfrac{(-1)^2 - 2\cdot 3}{3} = {}^{\mathcal{T}}-\dfrac{5}{3}$$

$$\dfrac{\beta^2}{\alpha} + \dfrac{\alpha^2}{\beta} = \dfrac{\beta^3 + \alpha^3}{\alpha\beta} = \dfrac{(\alpha+\beta)^3 - 3\alpha\beta(\alpha+\beta)}{\alpha\beta} = \dfrac{(-1)^3 - 3\cdot 3\cdot(-1)}{3} = {}^{\mathcal{イ}}\dfrac{8}{3}$$

27 2次方程式 $f(x) = 0$ の判別式を D とすると $D = a^2 - 4b$

$f(x) = \left(x + \dfrac{a}{2}\right)^2 - \dfrac{a^2}{4} + b$ より，$y = f(x)$ のグラフは下に凸の放物線で，軸は直線

$x = -\dfrac{a}{2}$ である。

(1) $f(x) = 0$ が異なる2つの正の解をもつための必要十分条件は，次の (i), (ii), (iii) が同時に成り立つことである。

$\quad$ (i) $D > 0$ $\quad$ (ii) 軸が $x > 0$ の範囲にある $\quad$ (iii) $f(0) > 0$

$\quad$ (i) $D > 0$ から $\quad a^2 - 4b > 0$

$\qquad$ すなわち $\quad b < \dfrac{a^2}{4}$

$\quad$ (ii) 軸 $x = -\dfrac{a}{2}$ について $\quad -\dfrac{a}{2} > 0$

よって　　$a<0$

(iii)　$f(0)>0$ から　　$b>0$

(i), (ii), (iii) より　　$b<\dfrac{a^2}{4}$ かつ $a<0$ かつ $b>0$

よって　　$0<b<\dfrac{a^2}{4}$ かつ $a<0$

(2)　[1]　2つの解が実数のとき

$f(x)=0$ が実数解をもち，かつすべての実数解が $x<0$ の範囲にあるための条件は次の (i), (ii), (iii) が同時に成り立つことである。

　　(i)　$D\geqq0$　　(ii)　軸が $x<0$ の範囲にある　　(iii)　$f(0)>0$

(i)　$D\geqq0$ から　　$a^2-4b\geqq0$

　　すなわち　　$b\leqq\dfrac{a^2}{4}$

(ii)　軸 $x=-\dfrac{a}{2}$ について　　$-\dfrac{a}{2}<0$

　　よって　　$a>0$

(iii)　$f(0)>0$ から　　$b>0$

(i), (ii), (iii) より　　$b\leqq\dfrac{a^2}{4}$ かつ $a>0$ かつ $b>0$

よって　　$0<b\leqq\dfrac{a^2}{4}$ かつ $a>0$

[2]　2つの解が虚数のとき

$f(x)=0$ が実部が負の虚数を解にもつための条件は次の (i), (ii) が同時に成り立つことである。

　　(i)　$D<0$　　(ii)　解の実部が負

(i)　$D<0$ から　　$a^2-4b<0$

　　すなわち　　$b>\dfrac{a^2}{4}$

(ii)　$f(x)=0$ の解は　　$x=\dfrac{-a\pm\sqrt{a^2-4b}}{2}$

　　であるから，解の実部が負のとき　　$-\dfrac{a}{2}<0$

　　すなわち　$a>0$

(i), (ii) より　　$b>\dfrac{a^2}{4}$ かつ $a>0$

[1], [2] より，点 $(a,\ b)$ は　　$\begin{cases}a>0\\0<b\leqq\dfrac{a^2}{4}\end{cases}$　または　$\begin{cases}a>0\\b>\dfrac{a^2}{4}\end{cases}$

すなわち　　$\begin{cases}a>0\\b>0\end{cases}$

を満たす点である。

よって，点 (a, b) が存在する範囲は右の図の斜線部分。
ただし，境界線は含まない。

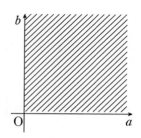

(3)　[1]　2つの解が実数のとき

$f(x)=0$ が 実数解をもち，かつすべての実数解が $-1<x<0$ の範囲にあるための条件は次の (i) ～ (iv) が同時に成り立つことである。

　　　(i)　$D \geqq 0$　　(ii)　軸が $-1<x<0$ の範囲にある

　　　(iii)　$f(0)>0$　　(iv)　$f(-1)>0$

　　(i)　$D \geqq 0$ から　　$a^2-4b \geqq 0$

　　　　すなわち　　$b \leqq \dfrac{a^2}{4}$

　　(ii)　軸 $x=-\dfrac{a}{2}$ について　　$-1<-\dfrac{a}{2}<0$

　　　　よって　　$0<a<2$

　　(iii)　$f(0)>0$ から　　$b>0$

　　(iv)　$f(-1)>0$ から　　$1-a+b>0$

　　　　すなわち　　$b>a-1$

　　(i) ～ (iv) より　　$b \leqq \dfrac{a^2}{4}$ かつ $0<a<2$ かつ $b>0$ かつ $b>a-1$

　[2]　2つの解が虚数のとき

$f(x)=0$ が実部が -1 から 0 の間にある虚数解にもつための条件は次の (i)，(ii) が同時に成り立つことである。

　　　(i)　$D<0$　　(ii)　解の実部が -1 から 0 の間

　　(i)　$D<0$ から　　$a^2-4b<0$

　　　　すなわち　　$b>\dfrac{a^2}{4}$

　　(ii)　$f(x)=0$ の解は　　$x=\dfrac{-a \pm \sqrt{a^2-4b}}{2}$

　　　　であるから，解の実部が -1 から 0 の間のとき　　$-1<-\dfrac{a}{2}<0$

　　　　すなわち　　$0<a<2$

　　(i)，(ii) より　　$b>\dfrac{a^2}{4}$ かつ $0<a<2$

[1], [2] より, 点 (a, b) は
$$\begin{cases} 0 < a < 2 \\ b \le \dfrac{a^2}{4} \\ b > 0 \\ b > a - 1 \end{cases}$$
または
$$\begin{cases} 0 < a < 2 \\ b > \dfrac{a^2}{4} \end{cases}$$

ここで, $\dfrac{a^2}{4} - (a-1) = \dfrac{1}{4}(a-2)^2$ より, $0 < a < 2$ のとき　$\dfrac{a^2}{4} - (a-1) > 0$

ゆえに　$\dfrac{a^2}{4} > a - 1$

よって, 点 (a, b) は
$$\begin{cases} 0 < a < 2 \\ b > 0 \\ b > a - 1 \end{cases}$$

を満たす点である。
よって, 点 (a, b) が存在する範囲は右の図の斜線部分。
ただし, 境界線は含まない。

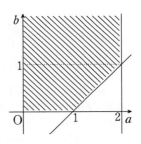

28　$x^3 + ax^2 + x + b = 0$ が $x = 2 + i$ を解にもつとき
$$(2+i)^3 + a(2+i)^2 + (2+i) + b = 0$$
整理して　$(3a + b + 4) + (4a + 12)i = 0$
a, b は実数より, $3a + b + 4$, $4a + 12$ は実数であるから
$$3a + b + 4 = 0, \quad 4a + 12 = 0$$
よって　$a = -3, \ b = 5$
したがって　$(a, b) = (-3, \ 5)$

別解1　実数係数の3次方程式が虚数解 $x = 2 + i$ を解にもつとき, $x = 2 - i$ もこの方程式
の解になる。
また, 残りの解は実数解で, それを $x = c$ とおく。　……(*)
$x^3 + ax^2 + x + b$ は $\{x - (2+i)\}\{x - (2-i)\}$ すなわち $x^2 - 4x + 5$ で割り切れるから,
次の恒等式が成り立つ。
$$x^3 + ax^2 + x + b = (x^2 - 4x + 5)(x - c)$$
右辺を展開し整理すると　$x^3 + ax^2 + x + b = x^3 - (c+4)x^2 + (4c+5)x - 5c$
両辺の係数を比較すると　$a = -(c+4), \ 1 = 4c + 5, \ b = -5c$
これを解いて　$c = -1, \ a = -3, \ b = 5$
したがって　$(a, b) = (-3, \ 5)$

別解 2 ((∗)までは上の 別解 1 と同じ。)

3次方程式の解と係数の関係から

$$(2+i)+(2-i)+c=-a, \quad (2+i)(2-i)+c(2+i)+c(2-i)=1, \quad (2+i)(2-i)c=-b$$

すなわち $\quad 4+c=-a, \quad 5+4c=1, \quad 5c=-b$

これを解いて $\quad c=-1, \quad a=-3, \quad b=5$

したがって $\quad (a, \ b)=(-3, \ 5)$

29 $(x-\alpha)(x-\beta)(x-\gamma)=x^3+3x^2+2x+4$

左辺を展開し整理すると

$$x^3-(\alpha+\beta+\gamma)x^2+(\alpha\beta+\beta\gamma+\gamma\alpha)x-\alpha\beta\gamma=x^3+3x^2+2x+4$$

両辺の係数を比較すると

$-(\alpha+\beta+\gamma)=3 \quad$ すなわち $\quad \alpha+\beta+\gamma=-3$

$\alpha\beta+\beta\gamma+\gamma\alpha=2$

$-\alpha\beta\gamma=4 \quad$ すなわち $\quad \alpha\beta\gamma=-4$

よって

$$\frac{1}{\alpha^2}+\frac{1}{\beta^2}+\frac{1}{\gamma^2}=\frac{\beta^2\gamma^2+\gamma^2\alpha^2+\alpha^2\beta^2}{\alpha^2\beta^2\gamma^2}$$

$$=\frac{(\alpha\beta+\beta\gamma+\gamma\alpha)^2-2\alpha\beta\gamma(\alpha+\beta+\gamma)}{(\alpha\beta\gamma)^2}$$

$$=\frac{2^2-2\cdot(-4)\cdot(-3)}{(-4)^2}=-\frac{5}{4}$$

30 (1) $\quad 2x^4+Cx^3+(A+3)x^2+(B-A)x-B=0 \quad \cdots\cdots ①$

は $x=1$ を解にもつから $\quad 2\cdot1^4+C\cdot1^3+(A+3)\cdot1^2+(B-A)\cdot1-B=0$

これを解いて $\quad C=-5$

(2) (1) より ① は $\quad 2x^4-5x^3+(A+3)x^2+(B-A)x-B=0$

ゆえに $\quad (x-1)(2x^3-3x^2+Ax+B)=0$

よって $\alpha, \ \beta, \ \gamma$ は3次方程式 $2x^3-3x^2+Ax+B=0$ の解である。

3次方程式の解と係数の関係より

$$\alpha+\beta+\gamma=\frac{3}{2}, \quad \alpha\beta+\beta\gamma+\gamma\alpha=\frac{A}{2}, \quad \alpha\beta\gamma=-\frac{B}{2}$$

よって

$$\alpha^2+\beta^2+\gamma^2=(\alpha+\beta+\gamma)^2-2(\alpha\beta+\beta\gamma+\gamma\alpha)=\left(\frac{3}{2}\right)^2-2\cdot\frac{A}{2}=\frac{9}{4}-A$$

(3) 実数係数の3次方程式が虚数解 $x=1+2i$ を解にもつとき, $x=1-2i$ もこの方程式の解になる。

γ は実数であるから $\quad \beta=1-2i$

$\alpha+\beta+\gamma=\dfrac{3}{2}$ より $\quad (1+2i)+(1-2i)+\gamma=\dfrac{3}{2}$

よって　　$\gamma = -\dfrac{1}{2}$

したがって　　$\beta = 1 - 2i$,　$\gamma = -\dfrac{1}{2}$

31　$P(x) = x^2 + px + 2$,　$Q(x) = x^3 + qx^2 + rx + s$ とおく。$P(x) = 0$ の 2 つの解が α, β であるから　　$P(x) = (x - \alpha)(x - \beta)$　……①

また，$Q(x) = 0$ の解が α, β, -2 であるから　　$Q(x) = (x - \alpha)(x - \beta)(x + 2)$　……②

①，②より　　$Q(x) = (x + 2)P(x)$

すなわち　　$x^3 + qx^2 + rx + s = (x + 2)(x^2 + px + 2)$

右辺を展開し整理すると　　$x^3 + qx^2 + rx + s = x^3 + (p + 2)x^2 + (2p + 2)x + 4$

両辺の係数を比較すると　　$q = p + 2$　……③，$r = {}^{イ}2p + 2$,　$s = {}^{ア}4$

$P(x) = 0$ を解くと　　$x = \dfrac{-p \pm \sqrt{p^2 - 8}}{2}$

$P(x) = 0$ は異なる 2 つの虚数解をもつから　　$p^2 - 8 < 0$

よって　　$x = -\dfrac{p}{2} \pm \dfrac{\sqrt{8 - p^2}}{2}i$

となる。$P(x) = 0$ の 1 つの解 α は実部が正，虚部が $\dfrac{\sqrt{7}}{4}$ であるから

$$-\dfrac{p}{2} > 0 \text{ かつ } \dfrac{\sqrt{8 - p^2}}{2} = \dfrac{\sqrt{7}}{4}$$

これを解いて　　$p = {}^{ウ}-\dfrac{5}{2}$

③に代入して　　$q = {}^{エ}-\dfrac{1}{2}$

別解　$x^2 + px + 2 = 0$　……① の判別式を D とすると　　$D = p^2 - 4 \cdot 1 \cdot 2 = p^2 - 8$

① は異なる 2 つの虚数解をもつから　　$D < 0$

ゆえに　　$-2\sqrt{2} < p < 2\sqrt{2}$

① は α, β を解にもつから，解と係数の関係より

$\alpha + \beta = -p$　……②，$\alpha\beta = 2$　……③

$x^3 + qx^2 + rx + s = 0$ は α, β, -2 を解にもつから 3 次方程式の解と係数の関係より

$\alpha + \beta + (-2) = -q$

ゆえに　　$-p - 2 = -q$

すなわち　　$q = p + 2$　……④

$\alpha\beta + \beta \cdot (-2) + (-2) \cdot \alpha = r$

ゆえに　　$\alpha\beta - 2(\alpha + \beta) = r$

すなわち　　$r = {}^{イ}2p + 2$

$\alpha\beta \cdot (-2) = -s$　　　　ゆえに　　$-4 = -s$

すなわち　　$s = {}^{ア}4$

α の実部を $a\,(a>0)$ とおくと $\quad \alpha = a + \dfrac{\sqrt{7}}{4}i$

実数係数の 2 次方程式 ① が虚数解 $x = a + \dfrac{\sqrt{7}}{4}i$ を解にもつとき，$x = a - \dfrac{\sqrt{7}}{4}i$ も

この方程式の解になる。

よって $\quad \beta = a - \dfrac{\sqrt{7}}{4}i$

$\alpha,\ \beta$ を ③ に代入すると $\quad \left(a + \dfrac{\sqrt{7}}{4}i\right)\left(a - \dfrac{\sqrt{7}}{4}i\right) = 2$

これを解いて $\quad a = \pm\dfrac{5}{4}$

$a > 0$ より $\quad a = \dfrac{5}{4}$

よって $\quad \alpha = \dfrac{5}{4} + \dfrac{\sqrt{7}}{4}i,\ \beta = \dfrac{5}{4} - \dfrac{\sqrt{7}}{4}i$

これを ②，④ に代入して $\quad p = -(\alpha+\beta) = \overset{\text{ウ}}{-}\dfrac{5}{2},\ q = -\dfrac{5}{2} + 2 = \overset{\text{エ}}{-}\dfrac{1}{2}$

32 (1) $x^4 - (4p+2)x^2 + 1 = (x^2 + ax - 1)(x^2 + bx - 1)$

右辺を展開し整理すると

$\qquad x^4 - (4p+2)x^2 + 1 = x^4 + (a+b)x^3 + (ab-2)x^2 - (a+b)x + 1$

両辺の係数を比較すると $\quad a+b = 0\ \cdots\cdots ①,\ -(4p+2) = ab-2\ \cdots\cdots ②$

① より $\quad b = -a$

② に代入して整理すると $\quad a^2 = 4p$

ゆえに $\quad a = \pm 2\sqrt{p}$

$a \geqq b$ より $\quad a = 2\sqrt{p},\ b = -2\sqrt{p}$

(2) (1) より，$f(x) = 0$ の解は $x^2 + 2\sqrt{p}\,x - 1 = 0,\ x^2 - 2\sqrt{p}\,x - 1 = 0$ の解であるから，

解の公式より $\quad x = -\sqrt{p} \pm \sqrt{p+1},\ \sqrt{p} \pm \sqrt{p+1}$

p は素数であるから，これらは実数である。

方程式 $f(x) = 0$ が有理数解 $x = \dfrac{n}{m}$ ($m,\ n$ は互いに素な整数，$m \geqq 1$) をもつとき

$\qquad \left(\dfrac{n}{m}\right)^4 - (4p+2)\left(\dfrac{n}{m}\right)^2 + 1 = 0$

$m^4 \neq 0$ より，両辺に m^4 を掛けて整理すると $\quad n^4 = m^2\{(4p+2)n^2 - m^2\}\ \cdots\cdots ③$

$m,\ n,\ p$ は整数であるから $n^4,\ m^2,\ (4p+2)n^2 - m^2$ は整数である。

よって，③ より m は n^2 の約数であり，m と n は互いに素であるから $\quad m = 1$

$m = 1$ を ③ に代入して整理すると $\quad n^2\{n^2 - (4p+2)\} = -1$

$n^2,\ n^2 - (4p+2)$ は整数であるから $\quad n^2 = 1$

よって $\quad n = \pm 1$

したがって，$x = \dfrac{n}{m}$ が $f(x) = 0$ の解となるには，$\dfrac{n}{m} = \pm 1$ であることが必要条件である。

$$f(1) = 4p \neq 0, \quad f(-1) = 4p \neq 0$$

より $x = \pm 1$ はどちらも $f(x) = 0$ の解でない。

よって，$f(x) = 0$ は有理数解をもたないから，$f(x) = 0$ の解はすべて無理数である。

(3) $f(x) = 0$ の解の中で最大のものは $\sqrt{p} + \sqrt{p+1}$，最小のものは $-\sqrt{p} - \sqrt{p+1}$ であるから $\beta = -\alpha$ が成り立つ。これを $AB\alpha + A - B = p(2 + p\beta)$ に代入して整理すると

$$A - B - 2p + (AB + p^2)\alpha = 0$$

(2) より α は無理数であるから　　$A - B - 2p = 0, \quad AB + p^2 = 0$

これを解いて　　$A = p, \quad B = -p$

33　$f(x) = (x - 2)^2 - 3$ より，頂点の x 座標は　　$^{ア}2$

$f(x) = 0$ を解くと　　$x = 2 \pm \sqrt{3}$

よって $f(x) \leqq 0$ の解は　　$^{イ}2 - \sqrt{^{ウ}3} \leqq x \leqq {}^{エ}2 + \sqrt{^{オ}3}$

$|f(x)| \leqq 2$ から　　$-2 \leqq f(x) \leqq 2$

$-2 \leqq f(x)$ から　　$x^2 - 4x + 3 \geqq 0$

$x^2 - 4x + 3 = 0$ を解くと　　$x = 1, \ 3$

よって $-2 \leqq f(x)$ を解くと　　$x \leqq 1, \ 3 \leqq x$　……①

$f(x) \leqq 2$ から　　$x^2 - 4x - 1 \leqq 0$

$x^2 - 4x - 1 = 0$ を解くと　　$x = 2 \pm \sqrt{5}$

よって $f(x) \leqq 2$ を解くと　　$2 - \sqrt{5} \leqq x \leqq 2 + \sqrt{5}$　……②

①，② より　　$^{カ}2 - \sqrt{^{キ}5} \leqq x \leqq {}^{ク}1, \ {}^{ケ}3 \leqq x \leqq {}^{コ}2 + \sqrt{^{サ}5}$

34　$A \supset B$ となるための必要十分条件は $-2 \leqq x \leqq 2$ を満たすすべての x に対して $f(x) > 0$ が成り立つことである。

よって，求める条件は，$-2 \leqq x \leqq 2$ における $f(x)$ の最小値が正となることである。

$f(x) = -3\left(x - \dfrac{1}{3}\right)^2 + a + \dfrac{1}{3}$ であるから，$f(x)$ は $-2 \leqq x \leqq 2$ において $x = -2$ のとき最小値をとる。

ゆえに　　$f(-2) > 0$

すなわち　　$a - 16 > 0$

よって　　$a > {}^{ア}16$

$A \cap B$ が空集合でないための必要十分条件は $-2 \leqq x \leqq 2$ を満たすある x に対して $f(x) > 0$ が成り立つことである。

よって，求める条件は，$-2 \leqq x \leqq 2$ における $f(x)$ の最大値が正となることである。

$f(x)$ は $-2 \leqq x \leqq 2$ において $x = \dfrac{1}{3}$ のとき最大値をとる。

ゆえに　　$f\left(\dfrac{1}{3}\right) > 0$

すなわち　　$a+\dfrac{1}{3}>0$

よって　　$a>-\dfrac{^{\text{イ}}1}{^{\text{ウ}}3}$

35　$x>0$，$a>0$ であるから，相加平均と相乗平均の大小関係により

$$x+a+\frac{4a^2}{x+a}\geqq 2\sqrt{(x+a)\cdot\frac{4a^2}{x+a}}=2\sqrt{4a^2}=4a$$

等号が成り立つのは $x+a=\dfrac{4a^2}{x+a}$ のときである。

このとき　　$(x+a)^2=4a^2$

$x>0$，$a>0$ より　　$x+a=2a$

よって，等号が成り立つのは $x=a$ のときである。

したがって，$x+a+\dfrac{4a^2}{x+a}$ は $x=a$ で最小値 $^{\text{ア}}4a$ をとる。

また　　$\dfrac{x^2+6x+13}{x+2}=\dfrac{(x+2)(x+4)+5}{x+2}$

$$=x+4+\frac{5}{x+2}=x+2+\frac{5}{x+2}+2$$

$x>0$ であるから，相加平均と相乗平均の大小関係により

$$x+2+\frac{5}{x+2}+2\geqq 2\sqrt{(x+2)\cdot\frac{5}{x+2}}+2=2\sqrt{5}+2$$

等号が成り立つのは $x+2=\dfrac{5}{x+2}$ のときである。

このとき　　$(x+2)^2=5$

$x>0$ より　　$x+2=\sqrt{5}$

よって，等号が成り立つのは $x=\sqrt{5}-2$ のときである。

したがって，$\dfrac{x^2+6x+13}{x+2}$ は $x=^{\text{イ}}\sqrt{5}-2$ のとき最小値 $^{\text{ウ}}2\sqrt{5}+2$ をとる。

36　(1)　$x>0$ であるから，相加平均と相乗平均の大小関係により

$$x+\frac{1}{x}\geqq 2\sqrt{x\cdot\frac{1}{x}}=2$$

等号が成り立つのは $x>0$ かつ $x=\dfrac{1}{x}$，すなわち $x=1$ のときである。

よって，$x+\dfrac{1}{x}$ は $x=1$ で最小値 2 をとる。

(2)　$\displaystyle\sum_{k=1}^{2n}\frac{x^k}{1+x^{2k}}=n$　……　① とおく。

$x=0$ は ① の解ではないから，$x\neq 0$ としてよい。

$\dfrac{x^k}{1+x^{2k}}=\dfrac{1}{\dfrac{1}{x^k}+x^k}$ であるから

$$\sum_{k=1}^{2n}\dfrac{x^k}{1+x^{2k}}=\sum_{k=1}^{2n}\dfrac{1}{\dfrac{1}{x^k}+x^k}=\sum_{l=1}^{n}\dfrac{1}{\dfrac{1}{x^{2l-1}}+x^{2l-1}}+\sum_{l=1}^{n}\dfrac{1}{\dfrac{1}{x^{2l}}+x^{2l}}$$

したがって，① は

$$\sum_{l=1}^{n}\dfrac{1}{\dfrac{1}{x^{2l-1}}+x^{2l-1}}+\sum_{l=1}^{n}\dfrac{1}{\dfrac{1}{x^{2l}}+x^{2l}}=n \quad\cdots\cdots②$$

と書ける。

$\dfrac{1}{x^{2l}}+x^{2l}$ について，$x^{2l}=(x^l)^2>0$ であるから，相加平均と相乗平均の大小関係により

$$\dfrac{1}{x^{2l}}+x^{2l}\geqq2\sqrt{\dfrac{1}{x^{2l}}\cdot x^{2l}}=2$$

よって，$\dfrac{1}{\dfrac{1}{x^{2l}}+x^{2l}}\leqq\dfrac{1}{2}$ であるから　　$\displaystyle\sum_{l=1}^{n}\dfrac{1}{\dfrac{1}{x^{2l}}+x^{2l}}\leqq\dfrac{1}{2}n \quad\cdots\cdots③$

等号が成り立つのは $\dfrac{1}{x^{2l}}=x^{2l}$ のときである。

x は実数であるから，$\displaystyle\sum_{l=1}^{n}\dfrac{1}{\dfrac{1}{x^{2l}}+x^{2l}}$ は $x=\pm1$ で最大値 $\dfrac{1}{2}n$ をとる。

また，$\dfrac{1}{x^{2l-1}}+x^{2l-1}$ について，$x<0$ のとき $x^{2l-1}<0$，$\dfrac{1}{x^{2l-1}}<0$ より

$$\dfrac{1}{x^{2l-1}}+x^{2l-1}<0$$

よって，③ より $x<0$ のとき ② を満たす x は存在しない。
したがって，$x>0$ である。

このとき，③ と同様に考えて　　$\displaystyle\sum_{l=1}^{n}\dfrac{1}{\dfrac{1}{x^{2l-1}}+x^{2l-1}}\leqq\dfrac{1}{2}n \quad\cdots\cdots④$

等号が成り立つのは $x>0$ かつ $\dfrac{1}{x^{2l-1}}=x^{2l-1}$，すなわち $x=1$ のときである。

よって，$\displaystyle\sum_{l=1}^{n}\dfrac{1}{\dfrac{1}{x^{2l-1}}+x^{2l-1}}$ は $x=1$ で最大値 $\dfrac{1}{2}n$ をとる。

③，④ より　　$\displaystyle\sum_{l=1}^{n}\dfrac{1}{\dfrac{1}{x^{2l-1}}+x^{2l-1}}+\sum_{l=1}^{n}\dfrac{1}{\dfrac{1}{x^{2l}}+x^{2l}}\leqq\dfrac{1}{2}n+\dfrac{1}{2}n=n$

であり，等号が成り立つのは $x=1$ のときである。
したがって，方程式 ① の実数解は $x=1$ だけである。

37 $(3x^2-y)^7$ の展開式の一般項は

$$_7\mathrm{C}_r\cdot(3x^2)^{7-r}\cdot(-y)^r={}_7\mathrm{C}_r(-1)^r3^{7-r}x^{14-2r}y^r\quad\cdots\cdots ①$$

(1)　x^8y^3 の項は $r=3$ のときであり，そのときの係数は　　$_7\mathrm{C}_3(-1)^33^4={}^{\mathcal{P}}-2835$

(2)　係数が 21 となるのは $r=6$ のときである。

　このとき，① より y の次数は　$^{\mathcal{A}}6$

(3)　① に $y=\dfrac{1}{3x^5}$ を代入すると

$$_7\mathrm{C}_r(-1)^r3^{7-r}x^{14-2r}\left(\dfrac{1}{3x^5}\right)^r={}_7\mathrm{C}_r(-1)^r3^{7-2r}x^{14-7r}$$

　定数項は $r=2$ のときであるから　　$_7\mathrm{C}_2(-1)^23^3={}^{\mathcal{P}}567$

38 $(px-q)^{11}$ の展開式の一般項は　　$_{11}\mathrm{C}_r\cdot(px)^{11-r}\cdot q^r={}_{11}\mathrm{C}_rp^{11-r}q^rx^{11-r}$

　x^9 の項は $r=2$ のときであり，そのときの係数は　　$_{11}\mathrm{C}_2p^9q^2={}^{\mathcal{P}}55p^{{}^{\mathcal{A}}9}q^{{}^{\mathcal{P}}2}$

　また，$(x-2y^2+3z)^7$ の展開式の一般項は

$$\dfrac{7!}{p!\,q!\,r!}\cdot x^p\cdot(-2y^2)^q\cdot(3z)^r=\dfrac{7!}{p!\,q!\,r!}(-2)^q3^rx^py^{2q}z^r$$

　ただし，p, q, r は 0 以上の整数で $p+q+r=7$ を満たす。

　$x^3y^4z^2$ の項は $p=3$, $q=2$, $r=2$ のときであり，そのときの係数は

$$\dfrac{7!}{3!\,2!\,2!}(-2)^23^2={}^{\mathcal{I}}7560$$

39 (1)　$P_n(x)=x(x+1)\cdots\cdots(x+n-1)$ より　　$P_n(1)=1\cdot2\cdot\cdots\cdots\cdot n=n!$

　また，$P_n(x)=\displaystyle\sum_{m=1}^{n}{}_n\mathrm{B}_mx^m$ より　　$P_n(1)=\displaystyle\sum_{m=1}^{n}{}_n\mathrm{B}_m$

　以上より　　$\displaystyle\sum_{m=1}^{n}{}_n\mathrm{B}_m=n!$

(2)　二項定理より　　$(x+1)^m={}_m\mathrm{C}_0+{}_m\mathrm{C}_1x+\cdots\cdots+{}_m\mathrm{C}_kx^k+\cdots\cdots+{}_m\mathrm{C}_mx^m$
　であるから

$$P_n(x+1)=\sum_{m=1}^{n}{}_n\mathrm{B}_m(x+1)^m$$

$$=\sum_{m=1}^{n}{}_n\mathrm{B}_m({}_m\mathrm{C}_0+{}_m\mathrm{C}_1x+\cdots\cdots+{}_m\mathrm{C}_kx^k+\cdots\cdots+{}_m\mathrm{C}_mx^m)$$

$$=\sum_{m=1}^{n}({}_n\mathrm{B}_m\cdot{}_m\mathrm{C}_0+{}_n\mathrm{B}_m\cdot{}_m\mathrm{C}_1x+\cdots\cdots+{}_n\mathrm{B}_m\cdot{}_m\mathrm{C}_kx^k+\cdots\cdots+{}_n\mathrm{B}_m\cdot{}_m\mathrm{C}_mx^m)$$

(3)　$_{n+1}\mathrm{B}_{k+1}$ は，

　$P_{n+1}(x)=x(x+1)(x+2)\cdots\cdots(x+n)$ を展開したときの x^{k+1} の係数である。

　$P_n(x+1)=(x+1)(x+2)\cdots\cdots(x+n)$ であるから　　$P_{n+1}(x)=xP_n(x+1)$

　(2)から

$$xP_n(x+1)$$

$$= \sum_{m=1}^{n} ({}_n\mathrm{B}_m \cdot {}_m\mathrm{C}_0 x + {}_n\mathrm{B}_m \cdot {}_m\mathrm{C}_1 x^2 + \cdots\cdots + {}_n\mathrm{B}_m \cdot {}_m\mathrm{C}_k x^{k+1} + \cdots\cdots + {}_n\mathrm{B}_m \cdot {}_m\mathrm{C}_m x^{m+1})$$

$$= \sum_{j=1}^{n} {}_n\mathrm{B}_j \cdot {}_j\mathrm{C}_0 x + \sum_{j=1}^{n} {}_n\mathrm{B}_j \cdot {}_j\mathrm{C}_1 x^2 + \sum_{j=2}^{n} {}_n\mathrm{B}_j \cdot {}_j\mathrm{C}_2 x^3 + \cdots\cdots + \sum_{j=k}^{n} {}_n\mathrm{B}_j \cdot {}_j\mathrm{C}_k x^{k+1}$$

$$+ \cdots\cdots + \sum_{j=n}^{n} {}_n\mathrm{B}_j \cdot {}_j\mathrm{C}_n x^{n+1}$$

したがって，$\displaystyle\sum_{j=k}^{n} {}_n\mathrm{B}_j \cdot {}_j\mathrm{C}_k$ が x^{k+1} の係数となる。

よって　　$\displaystyle\sum_{j=k}^{n} {}_n\mathrm{B}_j \cdot {}_j\mathrm{C}_k = {}_{n+1}\mathrm{B}_{k+1}$

40　$|x-a| \leqq 3$ について　　$-3 \leqq x-a \leqq 3$

　　　　$a-3 \leqq x \leqq a+3$

　B が A の部分集合であるとき　　$a+3 \leqq 6a^2+1$

　よって　　$6a^2 - a - 2 \geqq 0$

　　　　　　$(2a+1)(3a-2) \geqq 0$

　したがって　　$a \leqq -\dfrac{1}{2}$，$\dfrac{2}{3} \leqq a$

41　(1)　偽　（反例：$a=-2$，$b=2$）

(2)　真

　（証明）　与えられた命題の対偶は

　　　「実数 x，y について，$x>2$ かつ $y>2$ ならば $x+y>4$ である。」

　　である。対偶は真であるから，もとの命題も真である。

(3)　偽　（反例：$n=12$）

(4)　偽　（反例：2）

(5)　真

　（証明）　$f'(x) = 3x^2 + 4x + k$

　　$f(x)$ の極大値と極小値が存在するとき，2 次方程式 $f'(x)=0$ の判別式 D について

　　　$D>0$

　　$D = 4 - 3k$ より　　$k < \dfrac{4}{3}$

　　$f'(x)=0$ とすると　　$x = \dfrac{-2 \pm \sqrt{4-3k}}{3}$

　　$\alpha = \dfrac{-2-\sqrt{4-3k}}{3}$，$\beta = \dfrac{-2+\sqrt{4-3k}}{3}$ とおくと，$f(x)$ の増減表は次のようになる。

x	$\cdots$	α	$\cdots$	β	$\cdots$
$f'(x)$	+	0	−	0	+
$f(x)$	↗	極大	↘	極小	↗

$$f(x)=\left(\frac{1}{3}x+\frac{2}{9}\right)(3x^2+4x+k)+\left(\frac{2}{3}k-\frac{8}{9}\right)x-\frac{2}{9}k$$

であるから

$$f(\alpha)+f(\beta)=\left(\frac{2}{3}k-\frac{8}{9}\right)(\alpha+\beta)-\frac{4}{9}k=\left(\frac{2}{3}k-\frac{8}{9}\right)\left(-\frac{4}{3}\right)-\frac{4}{9}k$$

$$=-\frac{4}{3}k+\frac{32}{27}$$

$f(\alpha)+f(\beta)=0$ のとき　　$-\frac{4}{3}k+\frac{32}{27}=0$

すなわち　　$k=\frac{8}{9}$　　これは $k<\frac{4}{3}$ を満たす。

42 (1)　$7=4^2-3^2$ より，7 は A の要素である。

(2)　$m^2-n^2=(m+n)(m-n)$

$m+n$ と $m-n$ について，以下のことが成り立つ。

[1]　m と n がともに偶数またはともに奇数のとき

$m+n$ と $m-n$ はともに偶数である。

[2]　m と n の一方が偶数でもう一方が奇数のとき

$m+n$ と $m-n$ はともに奇数である。

6 を 2 つの整数の積で表したとき，必ず一方が偶数でもう一方が奇数となるから，

$6=m^2-n^2=(m+n)(m-n)$ を満たす整数 m，n は存在しない。

したがって，6 は A の要素ではない。

(3)　すべての奇数は，整数 k を用いて $2k+1$ と表せる。

ここで　　$2k+1=k^2+2k+1-k^2=(k+1)^2-k^2$

$k+1$ は整数であるから，すべての奇数は A の要素である。

したがって，奇数全体の集合は A の部分集合である。

(4)　偶数 a が A の要素であるとき，ある整数 m，n を用いて $a=m^2-n^2$ と表せる。

$m^2-n^2=(m+n)(m-n)$ であり，a が偶数であるから，$m+n$ と $m-n$ の少なくとも一方は偶数である。

(2)の[1]，[2]より $m+n$ と $m-n$ はともに偶数であるか，ともに奇数であるかのいずれかであるから，$m+n$ と $m-n$ はともに偶数である。

よって，$a=4k$ となる整数 k が存在する。

逆に，偶数 a がある整数 k を用いて $a=4k$ と書けるとする。

$$4k=(k+1)^2-(k-1)^2$$

であり，$k+1$ と $k-1$ はともに整数であるから，a は A の要素である。

以上より，偶数 a が A の要素であるための必要十分条件は，ある整数 k を用いて $a=4k$ と書けることである。

43 (1) $\dfrac{\sqrt{280n}}{\sqrt{3}} = \sqrt{\dfrac{2^3 \cdot 5 \cdot 7 \cdot n}{3}}$

これが正の整数となるような最小の正の整数 n は　　$n = 2 \cdot 3 \cdot 5 \cdot 7 = 210$

(2)　$4725 = 3^3 \cdot 5^2 \cdot 7$ であるから，正の約数の個数は

$\quad (3+1)(2+1)(1+1) = 4 \cdot 3 \cdot 2 = {}^{\mathcal{ア}}24$ （個）

8371 と 14459 について，互除法により

$\quad 14459 = 8371 \cdot 1 + 6088$

$\quad 8371 = 6088 \cdot 1 + 2283$

$\quad 6088 = 2283 \cdot 2 + 1522$

$\quad 2283 = 1522 \cdot 1 + 761$

$\quad 1522 = 761 \cdot 2$

よって，最大公約数は　${}^{\mathcal{イ}}761$

44　2023^{2023} の一の位の数字は，2023^{2023} を 10 で割った余りに等しい。

2023^{2023} を 10 で割った余りは，3^{2023} を 10 で割った余りに等しい。

ここで，$3^1 = 3,\ 3^2 = 9,\ 3^3 = 27,\ 3^4 = 81,\ 3^5 = 243,\ \cdots\cdots$

であるから，3^n（n は自然数）を 10 で割った余りは，3，9，7，1 を順に繰り返す。

$2023 = 4 \cdot 505 + 3$ であるから，3^{2023} を 10 で割った余りは 3^3 を 10 で割った余りに等しく，7 である。

したがって，2023^{2023} の一の位の数字は　　7

[別解]　2 つの整数 a，b について，$a - b$ が 10 の倍数であるとき，$a \equiv b \pmod{10}$ とかく。

$\quad 2023^{2023} \equiv 3^{2023} \equiv 3^{4 \cdot 505 + 3} \equiv (3^4)^{505} \cdot 3^3 \equiv 1^{505} \cdot 7 \equiv 7 \pmod{10}$

よって，2023^{2023} の一の位の数字は　　7

45 (1)　$a^N \displaystyle\sum_{n=0}^{N} \left(\dfrac{b}{a}\right)^n = \dfrac{C}{a-b}$ より

$\quad C = (a-b) a^N \displaystyle\sum_{n=0}^{N} \left(\dfrac{b}{a}\right)^n = (a-b) \sum_{n=0}^{N} a^{N-n} b^n$

$\quad = (a-b)(a^N + a^{N-1}b + a^{N-2}b^2 + \cdots\cdots + a^2 b^{N-2} + a b^{N-1} + b^N)$

$\quad = a^{N+1} - b^{N+1}$

[別解]　$\displaystyle\sum_{n=0}^{N} \left(\dfrac{b}{a}\right)^n$ は初項 1，公比 $\dfrac{b}{a}$，項数 $N+1$ の等比数列の和であるから

$\quad \displaystyle\sum_{n=0}^{N} \left(\dfrac{b}{a}\right)^n = \dfrac{1 - \left(\dfrac{b}{a}\right)^{N+1}}{1 - \dfrac{b}{a}} = \dfrac{a^{N+1} - b^{N+1}}{a^N (a-b)}$

よって　　$C = a^N (a-b) \displaystyle\sum_{n=0}^{N} \left(\dfrac{b}{a}\right)^n = a^{N+1} - b^{N+1}$

(2) (1) より，$\dfrac{a^{N+1}-b^{N+1}}{a-b}=\displaystyle\sum_{n=0}^{N}a^{N-n}b^{n}$ であるから

$$A=\frac{10^{40}-3^{10}}{9997}=\frac{(10^4)^{10}-3^{10}}{10^4-3}=\sum_{n=0}^{9}(10^4)^{9-n}\cdot 3^n$$

$$=10^{36}+10^{32}\cdot 3+10^{28}\cdot 3^2+\cdots\cdots+10^4\cdot 3^8+3^9$$

$$B=\frac{10^{36}-3^9}{9997}=\frac{(10^4)^9-3^9}{10^4-3}=\sum_{n=0}^{8}(10^4)^{8-n}\cdot 3^n$$

$$=10^{32}+10^{28}\cdot 3+10^{24}\cdot 3^2+\cdots\cdots+10^4\cdot 3^7+3^8$$

よって，A と B は整数である。

(3) $A=10^{36}+10^{32}\cdot 3+10^{28}\cdot 3^2+\cdots\cdots+10^4\cdot 3^8+3^9$

$\qquad =10^4(10^{32}+10^{28}\cdot 3+10^{24}\cdot 3^2+\cdots\cdots+3^8)+3^9$

であるから，A の一の位の数字は 3^9 の一の位の数字と同じである。

ここで，$3^1=3$，$3^2=9$，$3^3=27$，$3^4=81$，$3^5=243$，$\cdots\cdots$

であるから，3^n（n は自然数）の一の位は，3，9，7，1 を順に繰り返す。

$9=4\cdot 2+1$ であるから，A の一の位の数字は　3

(4) (2) から

$$A=10^{36}+10^{32}\cdot 3+10^{28}\cdot 3^2+\cdots\cdots+10^4\cdot 3^8+3^9$$

$$3B=\qquad\quad 10^{32}\cdot 3+10^{28}\cdot 3^2+\cdots\cdots+10^4\cdot 3^8+3^9$$

よって　$A-3B=10^{36}=2^{36}\cdot 5^{36}$

(5) A と B の最大公約数を g とすると，互いに素な自然数 k，l を用いて

$$A=gk，\quad B=gl$$

と表される。

(4) から，$A-3B=2^{36}\cdot 5^{36}$ であり，$A-3B=gk-3gl=g(k-3l)$

であるから　　$g(k-3l)=2^{36}\cdot 5^{36}$

$k-3l$ は整数であるから，自然数 g は

　　　1　または　2 の倍数　または　5 の倍数

である。

ここで，(3) より A の一の位の数字は 3 であるから，$A=gk$ は 2 の倍数ではなく，かつ 5 の倍数でもない。

よって　　$g=1$

したがって，A と B の最大公約数は　1

46 (a) $x_0(x_0-2)=(x_0-1)^2-1$ であるから，(#) を変形すると

$$(x_0-1)g(x_0)=(x_0-1)^2-1$$

よって　　$(x_0-1)\{x_0-1-g(x_0)\}=1$

x_0，$g(x_0)$ は整数であるから，x_0-1，$x_0-1-g(x_0)$ はいずれも整数である。

ゆえに，x_0-1 は 1 の約数であるから　　$x_0-1=\pm 1$

したがって　　$x_0=0$，2

(b)　$h(x)$ は係数が整数の多項式であるから，剰余の定理より

$$h(x)=x\cdot Q(x)+h(0) \quad\cdots\cdots ①$$

を満たす係数が整数の多項式 $Q(x)$ が存在する。

①に $x=4$ を代入すると　　　$h(4)=4Q(4)+h(0)$

$Q(4)$ は整数であるから，$4Q(4)$ は偶数である。

よって，$h(4)$ と $h(0)$ の偶奇は一致する。

$f(x)=(x-1)^2(x-2)h(x)$ に $x=0$ を代入すると　　　$f(0)=-2h(0)$

条件 (I) より，$f(0)$ は 4 の倍数ではないから，$h(0)$ は 2 の倍数ではない，すなわち奇数である。

したがって，$h(4)$ は奇数である。

47　(1)　20711 と 15151 にユークリッドの互除法を用いると

$$20711=15151\cdot 1+5560$$
$$15151=5560\cdot 2+4031$$
$$5560=4031\cdot 1+1529$$
$$4031=1529\cdot 2+973$$
$$1529=973\cdot 1+556$$
$$973=556\cdot 1+417$$
$$556=417\cdot 1+139$$
$$417=139\cdot 3$$

よって，20711 と 15151 の最大公約数は　ㇷ゚139

(2)　m と n に対してユークリッドの互除法を用いたとき，k 回目の余りを求める計算における商を q_k，余りを r_k とする。

余りを求める計算が N 回目で終わるとすると，余りを求める計算は以下のようになる。

$$m=nq_1+r_1$$
$$n=r_1q_2+r_2$$
$$r_1=r_2q_3+r_3$$
$$\vdots$$
$$r_{N-3}=r_{N-2}q_{N-1}+r_{N-1}$$
$$r_{N-2}=r_{N-1}q_N$$

ここで，割り算の性質により　　　$n>r_1>r_2>r_3>\cdots\cdots>r_{N-1}>0$

が成り立つ。

また，N を大きくするためには，$q_k\ (k=1,\ 2,\ \cdots\cdots,\ N)$ をなるべく小さくすればよい。

それぞれの k に対する q_k の最小値は，$r_{N-2}>r_{N-1}$ に注意すると

$$q_1=q_2=\cdots\cdots=q_{N-1}=1,\quad q_N=2$$

r_{N-1} が最小となるとき，N は最大となるから，$r_{N-1}=1$ として余りを求める計算を逆順にたどり，左辺を求めていくと

$$1\cdot 2=2$$
$$2\cdot 1+1=3$$

$$3 \cdot 1 + 2 = 5$$
$$5 \cdot 1 + 3 = 8$$
$$8 \cdot 1 + 5 = 13$$
$$13 \cdot 1 + 8 = 21$$
$$21 \cdot 1 + 13 = 34$$
$$34 \cdot 1 + 21 = 55$$
$$55 \cdot 1 + 34 = 89$$
$$89 \cdot 1 + 55 = 144$$

したがって，$m = 89$，$n = 55$ のとき，$N = 9$ となり N は最大となる。

よって，$m = {}^{イ}89$，$n = {}^{ウ}55$ とすると，余りを求める計算の回数が最も多く必要になる。

48 (1)　　$77x - 333y = 2$　……①

77 と 333 に互除法の計算を行うと，次のようになる。

$$333 = 77 \cdot 4 + 25 \quad \text{移項すると} \quad 25 = 333 - 77 \cdot 4$$
$$77 = 25 \cdot 3 + 2 \quad \text{移項すると} \quad 2 = 77 - 25 \cdot 3$$

よって

$$2 = 77 - 25 \cdot 3 = 77 - (333 - 77 \cdot 4) \cdot 3 = 77 \cdot 13 - 333 \cdot 3$$

したがって　　$77 \cdot 13 - 333 \cdot 3 = 2$　……②

①−② から　　$77(x - 13) - 333(y - 3) = 0$

$77 = 7 \cdot 11$，$333 = 3^2 \cdot 37$ より，77 と 333 は互いに素であるから，整数 k を用いて

$$x - 13 = 333k, \quad y - 3 = 77k$$

と表せる。

すなわち　　$x = 333k + 13$，$y = 77k + 3$

x が最小の自然数となるのは $k = 0$ のときであるから，x が最小の自然数となる解は

$$x = {}^{ア}13, \quad y = {}^{イ}3$$

x が 3 桁の自然数となるとき，$k = 1$，2 のいずれかである。

このうち，y が 3 桁の自然数となるのは $k = 2$ のときであるから，x，y がともに 3 桁の自然数となる解は　　$x = 333 \cdot 2 + 13 = {}^{ウ}679$，$y = 77 \cdot 2 + 3 = {}^{エ}157$

(2)　不等式を変形すると

$$1 - \frac{2023}{2024} < 1 - \frac{m}{n} < 1 - \frac{2022}{2023}$$

よって　　$\dfrac{1}{2024} < \dfrac{n - m}{n} < \dfrac{1}{2023}$

すなわち　　$\dfrac{2}{4048} < \dfrac{n - m}{n} < \dfrac{2}{4046}$

これを満たす $\dfrac{n - m}{n}$ のうち，分母が最小のものは $\dfrac{2}{4047}$ であるから，

n が最小となるとき　　$n - m = 2$，$n = 4047$

よって　　$m = n - 2 = 4045$

したがって，求める分数 $\dfrac{m}{n}$ は　　$\dfrac{m}{n} = \dfrac{{}^{ア}4045}{{}^{イ}4047}$

49 (1)　$4xy - 12x - 3y = 25$
$\qquad 4x(y-3) - 3(y-3) = 25 + 9$
$\qquad (4x-3)(y-3) = 34$　……①

　x，y が自然数であるとき，$4x-3$ は 1 以上の整数，$y-3$ は -2 以上の整数である。
これと①から，$4x-3$ は 34 の正の約数である。
$\qquad 4x-3 = 4(x-1) + 1$
から，$4x-3$ を 4 で割った余りは 1 である。
　よって　　$(4x-3,\ y-3) = (1,\ 34),\ (17,\ 2)$
　したがって　　$(x,\ y) = (1,\ 37),\ (5,\ 5)$

(2)　　$9x^2 - 4y^2 = 35$
$\qquad (3x+2y)(3x-2y) = 35$　……②

　x，y が自然数であるとき，$3x+2y$ は 5 以上の整数，$3x-2y$ は整数である。
　これと②から　　$(3x+2y,\ 3x-2y) = (5,\ 7),\ (7,\ 5),\ (35,\ 1)$
　$(3x+2y) - (3x-2y) = 4y$ であり，これを各組について計算すると
$\qquad 4y = -2,\ 2,\ 34$
となるが，これを満たす自然数 y は存在しない。
　よって，与えられた方程式を満たす自然数の組 $(x,\ y)$ は存在しない。

(3)　　$9x^2 + 18x - 4y^2 + 16y = 72$
$\qquad 9(x+1)^2 - 4(y-2)^2 = 72 + 9 - 16$
$\qquad \{3(x+1) + 2(y-2)\}\{3(x+1) - 2(y-2)\} = 65$
$\qquad (3x+2y-1)(3x-2y+7) = 65$　……③

　x，y が自然数であるとき，$3x+2y-1$ は 4 以上の整数，$3x-2y+7$ は整数である。
　これと③から　　$(3x+2y-1,\ 3x-2y+7) = (5,\ 13),\ (13,\ 5),\ (65,\ 1)$
　よって　$(x,\ y) = (2,\ 0),\ (2,\ 4),\ (10,\ 18)$
　x，y がともに自然数である組を求めて　　$(x,\ y) = (2,\ 4),\ (10,\ 18)$

50　$a > 0$，$b > 0$ であるから，$\dfrac{1}{ab} = \dfrac{m}{a} + \dfrac{n}{b}$ の両辺に ab を掛けて整理すると
$\qquad an + bm = 1$
　よって　　$2023n + 1742m = 1$　……①
　2023 と 1742 に互除法の計算を行うと，次のようになる。
$\qquad 2023 = 1742 \cdot 1 + 281$　　移項すると　$281 = 2023 - 1742 \cdot 1$
$\qquad 1742 = 281 \cdot 6 + 56$　　移項すると　$56 = 1742 - 281 \cdot 6$
$\qquad 281 = 56 \cdot 5 + 1$　　移項すると　$1 = 281 - 56 \cdot 5$
　よって　$1 = 281 - 56 \cdot 5 = 281 - (1742 - 281 \cdot 6) \cdot 5$
$\qquad = 281 \cdot 31 - 1742 \cdot 5 = (2023 - 1742 \cdot 1) \cdot 31 - 1742 \cdot 5$
$\qquad = 2023 \cdot 31 + 1742 \cdot (-36)$
　したがって　　$2023 \cdot 31 + 1742 \cdot (-36) = 1$　……②
　①－②から　　$2023(n-31) + 1742(m+36) = 0$
　互除法の計算により，2023 と 1742 は互いに素であるから，整数 k を用いて
$\qquad m + 36 = -2023k,\quad n - 31 = 1742k$

すなわち $\quad m=-2023k-36, \quad n=1742k+31$

$1\leqq n\leqq 2000$ を満たすとき，$k=0$，1 であるから

$\quad k=0$ のとき $\quad m=-36, \quad n=31$

$\quad k=1$ のとき $\quad m=-2059, \quad n=1773$

したがって，求める整数の組 (m, n) は $\quad (m, n)=(-36, 31), (-2059, 1773)$

51 $\quad f(a)+f(b)+f(c)=a+b+c-\left(\dfrac{1}{a}+\dfrac{1}{b}+\dfrac{1}{c}\right)$

よって，$f(a)+f(b)+f(c)$ が自然数であるとき，$\dfrac{1}{a}+\dfrac{1}{b}+\dfrac{1}{c}$ は自然数となる。

よって $\quad 1\leqq\dfrac{1}{a}+\dfrac{1}{b}+\dfrac{1}{c}$ ……①

$1\leqq a\leqq b\leqq c$ であるから $\quad \dfrac{1}{c}\leqq\dfrac{1}{b}\leqq\dfrac{1}{a}\leqq 1$ ……②

①，② から $\quad 1\leqq\dfrac{1}{a}+\dfrac{1}{b}+\dfrac{1}{c}\leqq\dfrac{1}{a}+\dfrac{1}{a}+\dfrac{1}{a}=\dfrac{3}{a}$

したがって $\quad 1\leqq\dfrac{3}{a}$

これを満たす自然数 a は $\quad a=1, 2, 3$

[1] $a=1$ のとき

$\quad \dfrac{1}{a}+\dfrac{1}{b}+\dfrac{1}{c}=1+\dfrac{1}{b}+\dfrac{1}{c}$

② より $\dfrac{1}{c}\leqq\dfrac{1}{b}\leqq 1$ であるから $\quad \dfrac{1}{b}+\dfrac{1}{c}\leqq 2$

よって，$\dfrac{1}{a}+\dfrac{1}{b}+\dfrac{1}{c}$ が自然数となるとき，$\dfrac{1}{b}+\dfrac{1}{c}$ のとりうる値は

1 または 2 である。

(i) $\dfrac{1}{b}+\dfrac{1}{c}=1$ のとき

両辺に bc を掛けると $\quad b+c=bc$

変形すると $\quad (b-1)(c-1)=1$

$1\leqq b\leqq c$ より $0\leqq b-1\leqq c-1$ であるから

$\quad b-1=1, \quad c-1=1$ すなわち $b=2, c=2$

このとき，$(a, b, c)=(1, 2, 2)$ であるから

$\quad f(a)+f(b)+f(c)=1+2+2-\left(1+\dfrac{1}{2}+\dfrac{1}{2}\right)=3$

よって，$f(a)+f(b)+f(c)$ は自然数である。

(ii) $\dfrac{1}{b}+\dfrac{1}{c}=2$ のとき

$\dfrac{1}{c}\leqq\dfrac{1}{b}\leqq 1$ であるから $\quad \dfrac{1}{c}=\dfrac{1}{b}=1$

したがって $\quad b=1, c=1$

このとき，$(a,\ b,\ c)=(1,\ 1,\ 1)$

$\qquad f(a)+f(b)+f(c)=1+1+1-(1+1+1)=0$

よって，$f(a)+f(b)+f(c)$ は自然数ではない。

[2]　$a=2$ のとき

$\dfrac{1}{a}+\dfrac{1}{b}+\dfrac{1}{c}\leqq\dfrac{3}{a}$ から　　$\dfrac{1}{2}+\dfrac{1}{b}+\dfrac{1}{c}\leqq\dfrac{3}{2}$

よって，自然数 $\dfrac{1}{2}+\dfrac{1}{b}+\dfrac{1}{c}$ のとりうる値は 1 のみである。

したがって　　$\dfrac{1}{b}+\dfrac{1}{c}=\dfrac{1}{2}$

両辺に $2bc$ を掛けると　$2b+2c=bc$

変形すると　　$(b-2)(c-2)=4$

$2\leqq b\leqq c$ より $0\leqq b-2\leqq c-2$ であるから　　$(b-2,\ c-2)=(1,\ 4),\ (2,\ 2)$

したがって　$(b,\ c)=(3,\ 6),\ (4,\ 4)$

(i)　$(a,\ b,\ c)=(2,\ 3,\ 6)$ のとき

$\qquad f(a)+f(b)+f(c)=2+3+6-\left(\dfrac{1}{2}+\dfrac{1}{3}+\dfrac{1}{6}\right)=10$

よって，$f(a)+f(b)+f(c)$ は自然数である。

(ii)　$(a,\ b,\ c)=(2,\ 4,\ 4)$ のとき

$\qquad f(a)+f(b)+f(c)=2+4+4-\left(\dfrac{1}{2}+\dfrac{1}{4}+\dfrac{1}{4}\right)=9$

よって，$f(a)+f(b)+f(c)$ は自然数である。

[3]　$a=3$ のとき

$\dfrac{1}{a}+\dfrac{1}{b}+\dfrac{1}{c}\leqq\dfrac{3}{a}$ から　　$\dfrac{1}{3}+\dfrac{1}{b}+\dfrac{1}{c}\leqq1$

よって，自然数 $\dfrac{1}{3}+\dfrac{1}{b}+\dfrac{1}{c}$ のとりうる値は 1 のみである。

したがって　　$\dfrac{1}{b}+\dfrac{1}{c}=\dfrac{2}{3}$

両辺に $3bc$ を掛けると　$3b+3c=2bc$

変形すると　　$(2b-3)(2c-3)=9$

$3\leqq b\leqq c$ より　$3\leqq 2b-3\leqq 2c-3$ であるから　　$(2b-3,\ 2c-3)=(3,\ 3)$

したがって　$(b,\ c)=(3,\ 3)$

このとき，$(a,\ b,\ c)=(3,\ 3,\ 3)$ であるから

$\qquad f(a)+f(b)+f(c)=3+3+3-\left(\dfrac{1}{3}+\dfrac{1}{3}+\dfrac{1}{3}\right)=8$

よって，$f(a)+f(b)+f(c)$ は自然数である。

以上から，自然数 $a,\ b,\ c$ の組で，$a\leqq b\leqq c$ かつ $f(a)+f(b)+f(c)$ が自然数である
ものは　　$(a,\ b,\ c)=(1,\ 2,\ 2),\ (2,\ 3,\ 6),\ (2,\ 4,\ 4),\ (3,\ 3,\ 3)$
であるから，総数は $^{\text{ア}}4$ 個である。

その中で $f(a)+f(b)+f(c)$ が最大になるのは $(a,\ b,\ c)=\ ^{\text{イ}}(2,\ 3,\ 6)$ のときである。

52　$f(t)=t^3-t$ とおく。

方程式 $(x^3-x)^2(y^3-y)=86400$ を変形すると　　$\{f(x)\}^2f(y)=2^7\cdot3^3\cdot5^2$　……①

ここで，$f(t)=(t-1)t(t+1)$ より，$f(t)$ は連続する 3 つの整数の積であるから，6 の倍数である。

したがって，$f(x)$，$f(y)$ は 6 の倍数であるから，整数 A，B を用いて $f(x)=6A$，$f(y)=6B$ と表せる。

よって，① から　　$(6A)^2\cdot6B=2^7\cdot3^3\cdot5^2$

すなわち　　$A^2B=2^4\cdot5^2$

これを満たす整数 A，B の組は

$$(A,\ B)=(\pm1,\ 2^4\cdot5^2),\ (\pm2,\ 2^2\cdot5^2),\ (\pm2^2,\ 5^2),$$
$$(\pm5,\ 2^4),\ (\pm2\cdot5,\ 2^2),\ (\pm2^2\cdot5,\ 1)$$

したがって，① を満たす $f(x)$，$f(y)$ の組は

$$(f(x),\ f(y))=(\pm6,\ 2400),\ (\pm12,\ 600),\ (\pm24,\ 150),$$
$$(\pm30,\ 96),\ (\pm60,\ 24),\ (\pm120,\ 6)\ \cdots\cdots②$$

ここで，$f(t)=t^3-t$ について　　$f'(t)=3t^2-1$

であるから，$t\geqq1$ において $f(t)$ は単調に増加する。

$f(t)$ のとりうる値を考えると

$$f(1)=0,\ f(2)=6,\ f(3)=24,\ f(4)=60,\ f(5)=120,$$
$$f(6)=210,\ f(13)=2184,\ f(14)=2730$$

であり，$f(-t)=-f(t)$ であるから，② の中で整数 x，y が存在するものは

$$(f(x),\ f(y))=(\pm60,\ 24),\ (\pm120,\ 6)$$

よって，求める整数の組 $(x,\ y)$ は

$$(x,\ y)=(4,\ 3),\ (-4,\ 3),\ (5,\ 2),\ (-5,\ 2)$$

53　(1)　$a_n=n^2+n+1$ とおく。

a_1 から a_7 までを求めると，次のようになる。

$$a_1=1^2+1+1=3$$
$$a_2=2^2+2+1=7$$
$$a_3=3^2+3+1=13$$
$$a_4=4^2+4+1=21$$
$$a_5=5^2+5+1=31$$
$$a_6=6^2+6+1=43$$
$$a_7=7^2+7+1=57$$

よって，このうち a_n が 7 で割り切れるのは a_2 と a_4 のみである。

また，$a_{n+7}-a_n$ を計算すると

$$a_{n+7}-a_n=(n+7)^2+(n+7)+1-(n^2+n+1)=14n+56=7(2n+8)$$

$2n+8$ は整数であるから，$a_{n+7}-a_n$ は 7 で割り切れる。

よって，a_{n+7} を 7 で割った余りと a_n を 7 で割った余りは等しい。

したがって，a_n が 7 で割り切れるような n は，0 以上の整数 x を用いて
$$n = 7x + 2,\ 7x + 4$$
と表せるから，このような n を小さい順に並べるとき，100 番目の整数 n は
$$n = 7 \cdot 49 + 4 = 347$$

(2)　91 を素因数分解すると　　$91 = 7 \cdot 13$

よって，a_n が 91 で割り切れるのは，a_n が 7 で割り切れ，かつ 13 で割り切れるときである。

a_8 から a_{13} までを求めると，次のようになる。
$$a_8 = 8^2 + 8 + 1 = 73 = 13 \cdot 5 + 8$$
$$a_9 = 9^2 + 9 + 1 = 91 = 13 \cdot 7$$
$$a_{10} = 10^2 + 10 + 1 = 111 = 13 \cdot 9 + 4$$
$$a_{11} = 11^2 + 11 + 1 = 133 = 13 \cdot 10 + 3$$
$$a_{12} = 12^2 + 12 + 1 = 157 = 13 \cdot 12 + 1$$
$$a_{13} = 13^2 + 13 + 1 = 183 = 13 \cdot 14 + 1$$

よって，a_1 から a_{13} のうち，a_n が 13 で割り切れるのは a_3 と a_9 のみである。

また，$a_{n+13} - a_n$ を計算すると
$$a_{n+13} - a_n = (n+13)^2 + (n+13) + 1 - (n^2 + n + 1)$$
$$= 26n + 182 = 13(2n + 14)$$

$2n + 14$ は整数であるから，$a_{n+13} - a_n$ は 13 で割り切れる。

したがって，a_n が 13 で割り切れるような n は，0 以上の整数 y を用いて
$$n = 13y + 3,\ 13y + 9$$
と表せる。

これと (1) から，a_n が 91 で割り切れるのは

　「n を 7 で割った余りが 2 または 4 であり，かつ

　　n を 13 で割った余りが 3 または 9 である」　　……①

が成り立つときである。

n を 91 で割った余り 0，1，2，……，90 のうち，13 で割った余りが 3 または 9 となるものは　　3，9，16，22，29，35，42，48，55，61，68，74，81，87

このうち，7 で割った余りが 2 または 4 となるものは　　9，16，74，81

したがって，① を満たす n は，0 以上の整数 k を用いて
$$n = 91k + 9,\ 91k + 16,\ 91k + 74,\ 91k + 81$$
と表せるから，このような n を小さい順に並べるとき，100 番目の整数 n は
$$n = 91 \cdot 24 + 81 = 2265$$

54　(1)　　$3x + 7y = 34$　　……①
$$3 \cdot 2 + 7 \cdot 4 = 34 \quad ……②$$

①−② から　　$3(x-2) + 7(y-4) = 0$

3 と 7 は互いに素であるから，整数 k を用いて $x - 2 = 7k$，$y - 4 = -3k$ と表せる。

よって　　$x = 7k + 2,\ y = -3k + 4$

x, y はともに 0 以上の整数であるから $k=0$, 1
したがって，求める整数の組は $(x, y)=(2, 4)$, $(9, 1)$

(2) $3x+7y=n$ ……③
0 以上の整数 n は，0 以上の整数 k を用いて $n=3k$, $3k+1$, $3k+2$
のいずれかで表せる。

[1] $n=3k$ のとき
   ③ を変形すると $7y=3(k-x)$
   $(x, y)=(k, 0)$ はこの方程式を満たすから，③ を満たす組 (x, y) が存在する。

[2] $n=3k+1$ のとき
   ③ を変形すると $7y=3(k-x)+1$ ……③′
   $k-x$ は整数であるから，$7y$ は 3 で割った余りが 1 となる 0 以上の整数である。
   これを満たす y の最小値は $y=1$ であり，そのときの左辺は $7y=7$ であるから
      $7=3(k-x)+1$
   すなわち $x=k-2$
   よって，$k≧2$ のとき，$(x, y)=(k-2, 1)$ は ③′ を満たす。
   $k=0$, 1 のとき，$3(k-x)+1≦4$ であるから，③′ を満たす組 (x, y) は存在しない。
   このときの n の値は $n=1, 4$

[3] $n=3k+2$ のとき
   ③ を変形すると $7y=3(k-x)+2$ ……③″
   $k-x$ は整数であるから，$7y$ は 3 で割った余りが 2 となる 0 以上の整数である。
   これを満たす y の最小値は $y=2$ であり，そのときの左辺は $7y=14$ であるから
      $14=3(k-x)+2$
   すなわち $x=k-4$
   よって，$k≧4$ のとき，$(x, y)=(k-4, 2)$ は ③″ を満たす。
   $k=0$, 1, 2, 3 のとき，$3(k-x)+2≦11$ であるから，③″ を満たす組 (x, y) は存在しない。
   このときの n の値は $n=2, 5, 8, 11$

[1]〜[3] から，求める整数 n の個数は 6 個
また，その中で最大の整数は 11

(3) $3x+ay=n$ ……④
a は 3 で割った余りが 1 である自然数であり，$a>1$ であるから，自然数 l を用いて
$a=3l+1$ と表せる。
よって，④ から $3x+(3l+1)y=n$ ……⑤
(2)と同様に，n を 3 で割った余りで場合分けする。

[1] $n=3k$ のとき
   ⑤ を変形すると $(3l+1)y=3(k-x)$
   $(x, y)=(k, 0)$ はこの方程式を満たすから，⑤ を満たす組 (x, y) が存在する。

[2] $n=3k+1$ のとき
   ⑤ を変形すると $(3l+1)y=3(k-x)+1$ ……⑤′
   $k-x$ は整数であるから，$(3l+1)y$ は 3 で割った余りが 1 となる 0 以上の整数である。
   これを満たす y の最小値は $y=1$ であり，そのときの左辺は $(3l+1)y=3l+1$ である

から　　　　$k-x=l$

すなわち　　$x=k-l$

よって，$k \geqq l$ のとき，$(x,\ y)=(k-l,\ 1)$ は ⑤′ を満たす。

$k=0,\ 1,\ 2,\ \cdots\cdots,\ l-1$ のとき，$3(k-x)+1 \leqq 3l-2$ であるから，⑤′ を満たす組 $(x,\ y)$ は存在しない。

よって，⑤ を満たす 0 以上の整数の組 $(x,\ y)$ が存在しないような n の個数は　l（個）

[3]　$n=3k+2$ のとき

⑤ を変形すると　　$(3l+1)y=3(k-x)+2$　……⑤″

$k-x$ は整数であるから，$(3l+1)y$ は 3 で割った余りが 2 となる 0 以上の整数である。

これを満たす y の最小値は $y=2$ であり，そのときの左辺は $(3l+1)y=6l+2$ である

から　　　　$6l=3(k-x)$

すなわち　　$x=k-2l$

よって，$k \geqq 2l$ のとき，$(x,\ y)=(k-2l,\ 2)$ は ⑤″ を満たす。

$k=0,\ 1,\ 2,\ \cdots\cdots,\ 2l-1$ のとき，$3(k-x)+2 \leqq 6l-1$ であるから，⑤″ を満たす組 $(x,\ y)$ は存在しない。

よって，⑤ を満たす 0 以上の整数の組 $(x,\ y)$ が存在しないような n の個数は

　　　$2l$（個）

[1]〜[3] から，求める整数 n の個数は　　　$l+2l=3l=a-1$（個）

また，その中で最大の整数は，[3] における $k=2l-1$ の場合であるから

　　　$n=3(2l-1)+2=6l-1=2(a-1)-1=2a-3$

55　$x^2-\dfrac{3}{2}x-\dfrac{9}{4}+\alpha=0$　……① から　　　$4x^2-6x-9+4\alpha=0$

これを解くと　　$x=\dfrac{3 \pm \sqrt{3^2-4(-9+4\alpha)}}{4}$

すなわち　　　　$x=\dfrac{3 \pm \sqrt{45-16\alpha}}{4}$　……②

① が整数解をもつとき，$45-16\alpha$ は平方数となる。

すなわち，$45-16\alpha=n^2$ を満たす 0 以上の整数 n が存在する。

ここで，$-1 \leqq \alpha \leqq 1$ から　　$29 \leqq 45-16\alpha \leqq 61$

すなわち　　　$29 \leqq n^2 \leqq 61$

これを満たす n は　　$n=6,\ 7$

[1]　$n=6$ のとき

　　②から　　　$x=\dfrac{3 \pm 6}{4}$

　　よって　　　$x=-\dfrac{3}{4},\ \dfrac{9}{4}$

　　したがって，① は整数解をもたない。

[2]　$n=7$ のとき

　　②から　　　$x=\dfrac{3 \pm 7}{4}$

よって $x=-1,\ \dfrac{5}{2}$

したがって，① は整数解 $x=-1$ をもつ。

以上から，① が整数解をもつのは $n=7$ のときであるから，$45-16\alpha=n^2$ に代入して
$$45-16\alpha=7^2$$

よって，求める α の値は $\alpha=-\dfrac{1}{4}$

56 整数 n は，整数 k を用いて $n=3k,\ 3k+1,\ 3k+2$ のいずれかで表せる。

[1]　$n=3k$ のとき
$$|n|=|3k|=3|k|$$
$|n|$ は素数であるから $3|k|=3$

すなわち $k=\pm1$

(i)　$k=1$ のとき

$n=3$ であるから $|n-2|=|3-2|=1$

よって，$|n-2|$ が素数ではないから不適。

(ii)　$k=-1$ のとき

$n=-3$ であるから $|n+2|=|-3+2|=1$

よって，$|n+2|$ が素数ではないから不適。

[2]　$n=3k+1$ のとき
$$|n+2|=|3k+3|=3|k+1|$$
$|n+2|$ は素数であるから $3|k+1|=3$

よって $|k+1|=1$

すなわち $k=0,\ -2$

(i)　$k=0$ のとき

$n=1$ であるから $|n|=1$

よって，$|n|$ が素数ではないから不適。

(ii)　$k=-2$ のとき

$n=-5$ となり，このとき
$$|n-2|=|-5-2|=7,\ |n|=|-5|=5,\ |n+2|=|-5+2|=3$$
であるから，すべて素数になる。

[3]　$n=3k+2$ のとき
$$|n-2|=|3k|=3|k|$$
$|n-2|$ は素数であるから $3|k|=3$

よって $|k|=1$

すなわち $k=\pm1$

(i)　$k=1$ のとき

$n=5$ となり，このとき
$$|n-2|=|5-2|=3,\ |n|=|5|=5,\ |n+2|=|5+2|=7$$
であるから，すべて素数になる。

(ii)　$k=-1$ のとき

$n=-1$ であるから　$|n|=1$

よって，$|n|$ が素数ではないから不適。

以上から，求める整数 n は　　$n=-5,\ 5$

57　n^k の位の数が 4 であるから　　$n\geqq 5$

Z を 10 進法で表すと　　$Z=4n^k+1$

(1)　$k=3$ のとき

$$Z=4n^3+1=4\{(n+1)-1\}^3+1$$
$$=4\{(n+1)^3-3(n+1)^2+3(n+1)-1\}+1$$
$$=(n+1)\{4(n+1)^2-12(n+1)+12\}-3$$
$$=(n+1)\{4(n+1)^2-12(n+1)+11\}+n-2$$

$4(n+1)^2-12(n+1)+11$ は整数であり，$n-2$ は 0 以上 $n+1$ 未満の整数である。

よって，Z を $n+1$ で割ったときの余りは　　$n-2$

(2)　$Z=4n^k+1$ であるから

$$Z=4n^k+1=4\{(n-1)+1\}^k+1$$
$$=4\{(n-1)^k+{}_k\mathrm{C}_1(n-1)^{k-1}+{}_k\mathrm{C}_2(n-1)^{k-2}+\cdots\cdots+{}_k\mathrm{C}_{k-1}(n-1)+1\}+1$$
$$=(n-1)\{4(n-1)^{k-1}+{}_k\mathrm{C}_1(n-1)^{k-2}+\cdots\cdots+{}_k\mathrm{C}_{k-1}\}+5$$

Z が $n-1$ で割り切れるための必要十分条件は，5 が $n-1$ で割り切れることである。

$n\geqq 5$ であるから，$n-1=5$ に限られる。

よって，求める n の値は　　$n=6$

58　(1)　2023 を 5 で割り，商を 5 で割る割り算を繰り返すと，右のようになる。

$$\begin{array}{r}5)\underline{2023}\ \text{余り}\\5)\underline{\ 404}\ \cdots 3\\5)\underline{\ 80}\ \cdots 4\\5)\underline{\ 16}\ \cdots 0\\3\ \cdots 1\end{array}$$

余りを逆順に並べて　$31043_{(5)}$

よって，5^2 の位の数字は　0

(2)　1 から 2023 までの自然数のうち，5 の倍数の個数は，2023 を 5 で割った商である。

(1) の計算から，5 の倍数の個数は　404（個）

(3)　2023! を計算したときの末尾に並ぶ 0 の個数は，2023! を素因数分解したときの素因数 5 の個数に一致する。

(1) の計算から，1 から 2023 までの自然数のうち，

5 の倍数の個数は，2023 を 5 で割った商で　404

5^2 の倍数の個数は，2023 を 5^2 で割った商で　80

5^3 の倍数の個数は，2023 を 5^3 で割った商で　16

5^4 の倍数の個数は，2023 を 5^4 で割った商で　3

$2023<5^5$ であるから，$5^n\ (n\geqq 5)$ の倍数はない。

よって，素因数 5 の個数は，全部で　　$404+80+16+3=503$（個）

したがって，0 は 503 個連続して並ぶ。

59 素数 p, 自然数 k に対して $d(p^k)=k+1$

また, l を 2 以上の自然数として異なる l 個の素数 p_1, p_2, ……, p_l, l 個の自然数 k_1, k_2, ……, k_l に対して

$$d(p_1{}^{k_1} \cdot p_2{}^{k_2} \cdot \cdots\cdots \cdot p_l{}^{k_l})=(k_1+1)(k_2+1)\cdots\cdots(k_l+1)$$

(1) 5 は素数であるから, $d(n)=5$ となる整数 n は, 素数 p を用いて $n=p^4$ と表せる。

$p=2$ のとき $n=2^4=16$

$p=3$ のとき $n=3^4=81$

$p=5$ のとき $n=5^4=625$

$p\geqq7$ のとき $n\geqq7^4=2401>2023$ より不適。

よって, $d(n)=5$ を満たす n は

$n=2^4,\ 3^4,\ 5^4$

の 3 個ある。

(2) 15 を素因数分解すると $15=3\cdot5$

よって, $d(n)=15$ となる整数 n は

[1] 素数 p を用いて $n=p^{14}$

[2] 異なる素数 p_1, p_2 を用いて $n=p_1{}^2 \cdot p_2{}^4$

のいずれかで表せる。

[1] $n=p^{14}$ の場合

$n\geqq2^{14}>2^{11}=2048>2023$ より不適。

[2] $n=p_1{}^2 \cdot p_2{}^4$ の場合

(i) $p_2=2$ のとき

$p_1=3$ ならば $n=3^2 \cdot 2^4=144$

$p_1=5$ ならば $n=5^2 \cdot 2^4=400$

$p_1=7$ ならば $n=7^2 \cdot 2^4=784$

$p_1=11$ ならば $n=11^2 \cdot 2^4=1936$

$p_1\geqq13$ ならば $n\geqq13^2 \cdot 2^4=2704>2023$ より不適。

(ii) $p_2=3$ のとき

$p_1=2$ ならば $n=2^2 \cdot 3^4=324$

$p_1\geqq5$ ならば $n\geqq5^2 \cdot 3^4=2025>2023$ より不適。

(iii) $p_2\geqq5$ のとき

$n\geqq2^2 \cdot 5^4=2500>2023$ より不適。

以上から, $d(n)=15$ を満たす n は

$n=3^2 \cdot 2^4,\ 5^2 \cdot 2^4,\ 7^2 \cdot 2^4,\ 11^2 \cdot 2^4,\ 2^2 \cdot 3^4$

の 5 個ある。

(3) n を素因数分解したとき, m 種類の素数が現れるとする。

[1] $m=1$ のとき

$n=p_1{}^{k_1}$ と表せるから, $d(n)$ が最大となるとき, $n=2^{k_1}$ と表せる。

$2^{10}=1024$，$2^{11}=2048$ であるから　　$2^{10}<2023<2^{11}$

よって，$m=1$ のとき，$n=2^{10}$ で $d(n)$ は最大となり，そのときの値は　$d(2^{10})=11$

[2]　$m=2$ のとき

$d(n)$ が最大となるとき，$k_1 \geqq k_2$ を満たす自然数 k_1，k_2 を用いて，$n=2^{k_1}\cdot 3^{k_2}$ と表せる。

(i)　$k_2=1$ のとき

　$2^9\cdot 3=1536$，$2^{10}\cdot 3=3072$ より，k_1 の最大値は 9 であるから，$d(n)$ の最大値は

　　$d(2^9\cdot 3)=(9+1)(1+1)=20$

(ii)　$k_2=2$ のとき

　$2^7\cdot 3^2=1152$，$2^8\cdot 3^2=2304$ より，k_1 の最大値は 7 であるから，$d(n)$ の最大値は

　　$d(2^7\cdot 3^2)=(7+1)(2+1)=24$

(iii)　$k_2=3$ のとき

　$2^6\cdot 3^3=1728$，$2^7\cdot 3^3=3456$ より，k_1 の最大値は 6 であるから，$d(n)$ の最大値は

　　$d(2^6\cdot 3^3)=(6+1)(3+1)=28$

(iv)　$k_2=4$ のとき

　$2^4\cdot 3^4=1296$，$2^5\cdot 3^4=2592$ より，k_1 の最大値は 4 であるから，$d(n)$ の最大値は

　　$d(2^4\cdot 3^4)=(4+1)(4+1)=25$

(v)　$k_2=5$ のとき

　$2^5\cdot 3^5=7776>2023$ より　不適

[3]　$m=3$ のとき

$d(n)$ が最大となるとき，$k_1 \geqq k_2 \geqq k_3$ を満たす自然数 k_1，k_2，k_3 を用いて，

$n=2^{k_1}\cdot 3^{k_2}\cdot 5^{k_3}$ と表せる。

(i)　$k_2=k_3=1$ のとき

　$2^7\cdot 3\cdot 5=1920$，$2^8\cdot 3\cdot 5=3840$ より，k_1 の最大値は 7 であるから，

　$d(n)$ の最大値は　　$d(2^7\cdot 3\cdot 5)=(7+1)(1+1)(1+1)=32$

(ii)　$k_2=2$，$k_3=1$ のとき

　$2^5\cdot 3^2\cdot 5=1440$，$2^6\cdot 3^2\cdot 5=2880$ より，k_1 の最大値は 5 であるから，

　$d(n)$ の最大値は　　$d(2^5\cdot 3^2\cdot 5)=(5+1)(2+1)(1+1)=36$

(iii)　$k_2=3$，$k_3=1$ のとき

　$2^3\cdot 3^3\cdot 5=1080$，$2^4\cdot 3^3\cdot 5=2160$ より，k_1 の最大値は 3 であるから，

　$d(n)$ の最大値は　　$d(2^3\cdot 3^3\cdot 5)=(3+1)(3+1)(1+1)=32$

(iv)　$k_2 \geqq 4$，$k_3=1$ のとき

　$n \geqq 2^4\cdot 3^4\cdot 5=6480>2023$ より不適。

(v)　$k_2=k_3=2$ のとき

　$2^3\cdot 3^2\cdot 5^2=1800$，$2^4\cdot 3^2\cdot 5^2=3600$ より，k_1 の最大値は 3 であるから，

　$d(n)$ の最大値は　　$d(2^3\cdot 3^2\cdot 5^2)=(3+1)(2+1)(2+1)=36$

(vi)　$k_2 \geqq 3$，$k_3 \geqq 2$ のとき

$n \geqq 2^3 \cdot 3^3 \cdot 5^2 = 5400 > 2023$ より不適。

[4] $m=4$ のとき

$d(n)$ が最大となるとき，$k_1 \geqq k_2 \geqq k_3 \geqq k_4$ を満たす自然数 k_1，k_2，k_3，k_4 を用いて，

$n = 2^{k_1} \cdot 3^{k_2} \cdot 5^{k_3} \cdot 7^{k_4}$ と表せる。

(i) $k_2 = k_3 = k_4 = 1$ のとき

$2^4 \cdot 3 \cdot 5 \cdot 7 = 1680$，$2^5 \cdot 3 \cdot 5 \cdot 7 = 3360$ より，k_1 の最大値は 4 であるから，

$d(n)$ の最大値は $d(2^4 \cdot 3 \cdot 5 \cdot 7) = (4+1)(1+1)(1+1)(1+1) = 40$

(ii) $k_2 = 2$，$k_3 = k_4 = 1$ のとき

$2^2 \cdot 3^2 \cdot 5 \cdot 7 = 1260$，$2^3 \cdot 3^2 \cdot 5 \cdot 7 = 2520$ より，k_1 の最大値は 2 であるから，

$d(n)$ の最大値は $d(2^2 \cdot 3^2 \cdot 5 \cdot 7) = (2+1)(2+1)(1+1)(1+1) = 36$

(iii) $k_2 \geqq 2$，$k_3 \geqq 2$，$k_4 \geqq 1$ のとき

$n \geqq 2^2 \cdot 3^2 \cdot 5^2 \cdot 7 = 6300 > 2023$ より不適。

[5] $m \geqq 5$ のとき

$n \geqq 2 \cdot 3 \cdot 5 \cdot 7 \cdot 11 = 2310 > 2023$ より不適。

以上から，$d(n)$ が最大となるのは [4](i) の $d(n) = 40$ のときであり，このとき

$n = 2^4 \cdot 3 \cdot 5 \cdot 7 = 1680$

である。

60 生徒全体の集合を U，数学の試験に合格であった生徒の集合を A，英語の試験に合格であった生徒の集合を B とすると

$n(U) = 20$，$n(A) = 10$，$n(B) = 8$，$n(A \cap B) = 4$

(1) 数学の試験に不合格であった生徒の人数は

$n(\overline{A}) = n(U) - n(A) = 20 - 10 = 10$ (人)

(2) 数学の試験に不合格で，英語の試験に合格であった生徒の人数は

$n(\overline{A} \cap B) = n(B) - n(A \cap B) = 8 - 4 = 4$ (人)

(3) 数学と英語の少なくともどちらか一方の試験に合格であった生徒の人数は

$n(A \cup B) = n(A) + n(B) - n(A \cap B) = 10 + 8 - 4 = 14$ (人)

(4) 数学と英語のどちらの試験にも不合格であった生徒の人数は

$n(\overline{A} \cap \overline{B}) = n(\overline{A \cup B}) = n(U) - n(A \cup B) = 20 - 14 = 6$ (人)

61 男子 3 人と女子 3 人の計 6 人が 1 列に並ぶ並び方は

$6! = 6 \cdot 5 \cdot 4 \cdot 3 \cdot 2 \cdot 1 = {}^{\mathcal{T}}720$ (通り)

「女子が少なくとも 2 人隣り合う」という事象は，

「どの女子も隣り合わない」という事象の余事象である。

男子 3 人の並び方は 3! 通り

男子と男子の間か両端の 4 箇所に女子 3 人が並ぶ並び方は ${}_4\mathrm{P}_3$ 通り

よって，どの女子も隣り合わない並び方は $3! \times {}_4\mathrm{P}_3 = 6 \times 24 = 144$ (通り)

したがって，女子が少なくとも 2 人隣り合う並び方は $720 - 144 = {}^{\mathcal{A}}576$ (通り)

女子が 3 人とも隣り合う並び方は，女子 3 人をまとめて考えると，男子 3 人と女子 1 組

の $(3+1)$ 個の順列と，女子 3 人の順列から　　　$4! \times 3! = 24 \times 6 = {}^{\text{ウ}}144$ （通り）

62　数字が隣り合う順列は，数字 2 個をまとめて考えると，アルファベット 5 個と数字
1 組の $(5+1)$ 個の順列と，まとめた数字 2 個の順列から　　$6! \times 2! = {}^{\text{ア}}1440$ （通り）
　数字の間にちょうど 4 文字並ぶとき，
　　2 個の数字の並べ方は　2! 通り
　　5 文字の中から，数字の間に並ぶ 4 文字を選んで並べる並べ方は　${}_5P_4$ 通り
　　残りの 1 文字は両端のどちらかに並ぶから　2 通り
　であるから，このような並び方は　　$2! \times {}_5P_4 \times 2 = {}^{\text{イ}}480$ （通り）
　両端ともアルファベットである順列は，両端にくるアルファベットの並べ方が ${}_5P_2$ 通り
　あり，残りの 5 文字の並べ方が 5! 通りあるから　　${}_5P_2 \times 5! = {}^{\text{ウ}}2400$ （通り）
　「少なくとも一方の端が数字である」という事象は
　「両端ともアルファベットである」という事象の余事象である．
　7 文字の順列は 7! 通りあるから，少なくとも一方の端が数字である順列は
　　　　$7! - 2400 = 5040 - 2400 = {}^{\text{エ}}2640$ （通り）

63　(1)　3 桁の数が偶数となるのは，一の位が偶数，すなわち 2 か 4 のときであるから，
　偶数は全部で　　$2 \times {}_4P_2 = 24$ （個）
(2)　3 桁の数が 3 の倍数となるのは，各桁の数の和が 3 の倍数のときである．
　このような数の組み合わせは
　　　$(1,\ 2,\ 3),\ (1,\ 3,\ 5),\ (2,\ 3,\ 4),\ (3,\ 4,\ 5)$
　の 4 通りであり，それぞれに 3! 通りの並び方があるから，3 の倍数は全部で
　　　$4 \times 3! = 24$ （個）
(3)　3 桁の数が 6 の倍数となるのは，偶数かつ 3 の倍数となるときである．
　(2) から，3 の倍数となる数の組み合わせについて考えると
　　$(1,\ 2,\ 3)$ のとき，偶数となる数は　2! （個）
　　$(1,\ 3,\ 5)$ のとき，偶数となる数は　0 （個）
　　$(2,\ 3,\ 4)$ のとき，偶数となる数は　$2 \times 2!$ （個）
　　$(3,\ 4,\ 5)$ のとき，偶数となる数は　2! （個）
　よって，6 の倍数となる数は全部で　　$2! + 0 + 2 \times 2! + 2! = 8$ （個）

64　集合 B の要素を書き並べて表すと
　　$B = \{4 \cdot 1 + 1,\ 4 \cdot 2 + 1,\ 4 \cdot 3 + 1,\ \cdots\cdots,\ 4 \cdot 74 + 1\} = \{5,\ 9,\ 13,\ \cdots\cdots,\ 297\}$
　よって，B の要素の個数は　${}^{\text{ア}}74$ （個）
　自然数 m について，$m \in A \cap B$ であるとき，自然数 $k,\ l$ を用いて
　　　　$m = 3k - 1$　かつ　$m = 4l + 1$
　と表せる．
　よって　　$3k - 1 = 4l + 1$　　$\cdots\cdots$①
　$k = 2,\ l = 1$ は①の整数解の 1 つであるから　　$3 \cdot 2 - 1 = 4 \cdot 1 + 1$　　$\cdots\cdots$②
　①，②の辺々を引いて　　$3(k - 2) = 4(l - 1)$

3と4は互いに素であるから，整数 N を用いて
$$k-2=4N \quad \text{すなわち} \quad k=4N+2$$
と表せる。

$m=3k-1$ に代入して　　$m=3(4N+2)-1=12N+5$

$m \in B$ より，$5 \leqq m \leqq 297$ であることに注意すると
$$A \cap B=\{12 \cdot 0+5,\ 12 \cdot 1+5,\ \cdots\cdots,\ 12 \cdot 24+5\}=\{5,\ 17,\ 29,\ \cdots\cdots,\ 293\}$$
よって，$A \cap B$ の要素の個数は　ⁱ25 (個)

$0 \leqq x < y \leqq 24$ を満たす整数 x，y に対して，$A \cap B$ から 2 つの数 $12x+5$，$12y+5$ を選び，その和が 190 となるとき　　$12x+5+12y+5=190$

よって　　　$12(x+y)=180$

すなわち　　$x+y=15$

これを満たす x，y の組は
$$(x,\ y)=(0,\ 15),\ (1,\ 14),\ (2,\ 13),\ \cdots\cdots,\ (7,\ 8)$$
の 8 個である。

したがって，求める選び方は　ᵘ8 通り

65 (1)　a_1 が奇数となるのは，上列の 3 つの数がすべて奇数となるときである。
　　このとき，上列の並べ方が $3!$ 通りあり，下列の並べ方が $3!$ 通りあるから，
　　a_1 が奇数となる並べ方は　　$3! \times 3!=36$ (通り)

(2)　6 枚のカードの並べ方の総数は　$6!=720$ (通り)
　　(1) から，a_1 が偶数となる並べ方は　　$720-36=684$ (通り)

(3)　b_1 が奇数となるのは，左列の 2 つの数がともに奇数となるときであるから，
　　その並べ方は　　${}_3\mathrm{P}_2 \times 4!=144$ (通り)
　　よって，b_1 が偶数となる並べ方は　　$720-144=576$ (通り)

(4)　a_2 が奇数となる並べ方の総数は，a_1 が奇数になる並べ方の総数と等しいから，
　　(1) より　　36 通り
　　また，a_1 と a_2 がともに奇数になることはないから，a_1 と a_2 がともに偶数となる
　　並べ方は　　$720-(36+36)=648$ (通り)

(5)　a_1，a_2，b_1，b_2，b_3 がすべて偶数となるのは，置かれたカードの偶奇が次の 6 通り
　　のいずれかとなる場合である。

偶	偶	奇		偶	奇	奇		偶	奇	偶
奇	奇	偶		奇	偶	偶		奇	偶	奇

奇	偶	奇		奇	偶	偶		奇	奇	偶
偶	奇	偶		偶	奇	奇		偶	偶	奇

　　そのおのおのの場合に対して，偶数のカードと奇数のカードの並べ方が，
　　それぞれ $3!$ 通りずつあるから，求める並べ方は　　$6 \times 3! \times 3!=216$ (通り)

66 (1)　委員の選び方は，次の場合に分けられる。

　[1]　A市から3名，B市から2名選出される場合

　　　$_7C_3 \times _6C_2 = 525$（通り）

　[2]　A市から2名，B市から3名選出される場合

　　　$_7C_2 \times _6C_3 = 420$（通り）

　よって，求める選び方は　　$525 + 420 = 945$（通り）

(2)　すべての委員が男性となる選び方は，次の場合に分けられる。

　[1]　A市から3名，B市から2名選出される場合

　　A市の男性幹部職員は5名，B市の男性幹部職員は3名であるから

　　　$_5C_3 \times _3C_2 = 30$（通り）

　[2]　A市から2名，B市から3名選出される場合

　　　$_5C_2 \times _3C_3 = 10$（通り）

　よって，すべての委員が男性となる選び方は

　　　$30 + 10 = 40$（通り）

　したがって，少なくとも1名の女性が入っているような委員の選び方は

　　　$945 - 40 = 905$（通り）

(3)　ちょうど1名の女性が入っているような委員の選び方は，次の場合に分けられる。

　[1]　A市から女性1名と男性2名，B市から男性2名が選出される場合

　　　$_2C_1 \times _5C_2 \times _3C_2 = 60$（通り）

　[2]　A市から女性1名と男性1名，B市から男性3名が選出される場合

　　　$_2C_1 \times _5C_1 \times _3C_3 = 10$（通り）

　[3]　A市から男性3名，B市から女性1名と男性1名が選出される場合

　　　$_5C_3 \times _3C_1 \times _3C_1 = 90$（通り）

　[4]　A市から男性2名，B市から女性1名と男性2名が選出される場合

　　　$_5C_2 \times _3C_1 \times _3C_2 = 90$（通り）

　よって，求める選び方は　　$60 + 10 + 90 + 90 = 250$（通り）

67 (1)　袋を区別するとき，3個のボールの入れ方は，それぞれのボールが入る袋を3つ
の中から1つ選べばよいから　　$3^3 = {}^{\text{ア}}27$（通り）

袋を区別しないとき，3つの袋に入るボールの入れ方は次の場合に分けられる。

　[1]　1つの袋にのみボールが入る場合

　　ボールの入れ方は　1通り

　[2]　2つの袋にのみボールが入る場合

　　同じ袋に入る2個のボールの選び方を考えると，

　　ボールの入れ方は　$_3C_2 = 3$（通り）

　[3]　3つの袋すべてにボールが入る場合

　　ボールの入れ方は　1通り

　[1]，[2]，[3]から，袋を区別しないときの入れ方は　　$1 + 3 + 1 = {}^{\text{イ}}5$（通り）

(2)　3つの箱を区別して考えるとき，n枚のカードの入れ方は全部で3^n通りある。

　また，1つの箱にのみカードが入る入れ方は3通りあるから，2つ以上の箱にカードが

入る入れ方は　　3^n-3　(通り)

2つ以上の箱にカードが入るとき，箱を区別しない入れ方1通りに対して，3つの箱に名前を付けて区別すると，箱を区別する入れ方は $3!=6$ 通りずつある。

よって，箱を区別しないとき，2つ以上の箱にカードが入るような入れ方は全部で

$$^{ウ}\frac{3^n-3}{6}　(通り)$$

箱を区別しないとき，1つの箱にすべてのカードが入る入れ方は1通りであるから，

カードの入れ方は全部で　　$\dfrac{3^n-3}{6}+1=\ ^{エ}\dfrac{3^n+3}{6}$　(通り)

68　7個のガラス玉を1列に並べる方法は　　$\dfrac{7!}{4!2!1!}=\ ^{ア}105$　(通り)

ガラス玉を円形に並べる方法は，透明のガラス玉を固定して考えると，赤色のガラス玉4個と青色のガラス玉2個の順列に等しい。

よって，並べ方の総数は　　$\dfrac{6!}{4!2!}=\ ^{イ}15$　(通り)

この15通りのうち，裏返してもとの順列と一致するものは，次の[1]～[3]の　3通り

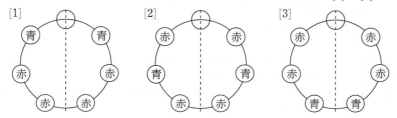

残りの12通りの円順列1つ1つに対して，裏返すと一致するものが他に必ず1つずつあるから，首輪を作る方法は全部で　　$3+\dfrac{12}{2}=\ ^{ウ}9$　(通り)

69　(1)　10個の文字のうち，aが4個，bが3個，cが2個，dが1個あるから，1列に並べる並べ方は　　$\dfrac{10!}{4!3!2!1!}=12600$　(通り)

(2)　2個のcをまとめて考えると，求める並べ方は　　$\dfrac{9!}{4!3!1!1!}=2520$　(通り)

(3)　(i)　異なる4個の文字の選び方は1通りであるから，文字列の総数は

$$1\times 4!=24\ (個)$$

(ii)　同じ文字を2個ずつ用いる場合，a，b，cの3種類から2種類の文字を選ぶ選び方は $_3C_2$ 通りであるから，求める文字列の総数は

$$_3C_2\times\frac{4!}{2!2!}=18\ (個)$$

(iii)　選んだ4個の文字の中にある同じ文字の個数で場合分けすると

$\{4\}$, $\{3,\ 1\}$, $\{2,\ 2\}$, $\{2,\ 1,\ 1\}$, $\{1,\ 1,\ 1,\ 1\}$

のいずれかである。

（ア）　$\{4\}$ の場合

a を4個選ぶ場合に限られるため，文字列の総数は　1個

（イ）　$\{3,\ 1\}$ の場合

3個選ばれる文字は a か b の2通りであるから，文字の選び方は　$2 \times 3 = 6$（通り）

よって，文字列の総数は　　$6 \times \dfrac{4!}{3!1!} = 24$（個）

（ウ）　$\{2,\ 2\}$ の場合

(ii)から，文字列の総数は　18個

（エ）　$\{2,\ 1,\ 1\}$ の場合

2個選ばれる文字は d 以外の3通りであり，1個選ばれる2種類の文字は残りの3種類から選べばよいから，文字の選び方は　　$3 \times {}_3C_2 = 9$（通り）

よって，文字列の総数は　　$9 \times \dfrac{4!}{2!1!1!} = 108$（個）

（オ）　$\{1,\ 1,\ 1,\ 1\}$ の場合

(i)から，文字列の総数は　24個

（ア）〜（オ）から，作ることができる文字列の総数は

$1 + 24 + 18 + 108 + 24 = 175$（個）

70　白玉3個を3つの箱 A，B，C に分けるとき，分け方の総数は3個の ◯ と2つの ｜ の順列の総数に等しいから，${}_5C_2$ 通りである。

また，黒玉6個を3つの箱 A，B，C に分けるとき，分け方の総数は6個の ● と2つの ｜ の順列の総数に等しいから，${}_8C_2$ 通りである。

よって，9個の玉を3つの箱に分ける分け方の総数は

$${}_5C_2 \times {}_8C_2 = 10 \times 28 = {}^{\scriptsize ア}280$$（通り）

「どの箱にも少なくとも1個以上玉が入る」という事象は，

「1個も玉が入らない箱がある」という事象の余事象である。

[1]　2つの箱に玉が入らない場合

玉が入る箱の選び方は　3通り

1つの箱に9個すべての玉が入るから，玉の入れ方は　1通り

よって，この場合の玉の分け方は　　$3 \times 1 = 3$（通り）

[2]　1つの箱に玉が入らない場合

玉が入る箱の選び方は　${}_3C_2$ 通り

白玉3個，黒玉6個を区別された2つの箱に分ける分け方は，(1)と同様に考えて

$${}_4C_1 \times {}_7C_1 = 28$$（通り）

このうち，1つの箱にのみ玉が入る分け方が2通りあるから，2つの箱に少なくとも1個以上玉が入る分け方は

$$28 - 2 = 26$$（通り）

よって，この場合の玉の分け方は　　${}_3C_2 \times 26 = 78$（通り）

[1]，[2]から，どの箱にも少なくとも1個以上玉が入る分け方は

$$280-(3+78)={}^{\prime}199\ (通り)$$

どの箱にも白玉が2個以上または黒玉が2個以上入る分け方が，次のように場合分けできる。

[i] 白玉が2個以上入る箱がない場合

すべての箱に，白玉が1個，黒玉が2個入るから，玉の分け方は 1通り

[ii] 1つの箱に白玉が2個以上入る場合

白玉が2個以上入る箱の選び方は 3通り

残りの2つの箱には，黒玉が2個以上入るから，3つの箱に白玉2個，黒玉2個，黒玉2個の合計6個の玉を入れた状態を考え，残りの白玉1個，黒玉2個の分け方を求める。

白玉1個を3つの箱に入れる分け方は 3通り

黒玉2個を3つの箱に入れる分け方は，2個の ● と2つの ｜ の順列の総数に等しいから ${}_4C_2=6\ (通り)$

したがって，この場合の玉の分け方は $3\times3\times6=54\ (通り)$

[i]，[ii]から，どの箱にも白玉が2個以上または黒玉が2個以上入る分け方は

$$1+54={}^{\prime\prime}55\ (通り)$$

71 (1) L_1 に属する格子折れ線は次の4つである。

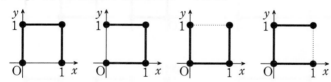

L_2 に属する格子折れ線は次の8つである。

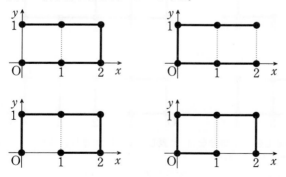

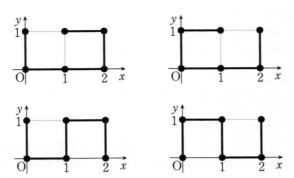

(2)　格子折れ線の端点 A，B の x 座標をそれぞれ α，β $(0 \leqq \alpha \leqq \beta \leqq 4)$ とする。

このとき，両端点の x 座標の差が3以上となるような α，β の組は

$$(\alpha,\ \beta) = (0,\ 4),\ (0,\ 3),\ (1,\ 4)$$

の3通りである。

よって，求める格子折れ線は次の6つである。

$(\alpha,\ \beta) = (0,\ 4)$ の場合

$(\alpha,\ \beta) = (0,\ 3)$ の場合

$(\alpha,\ \beta) = (1,\ 4)$ の場合

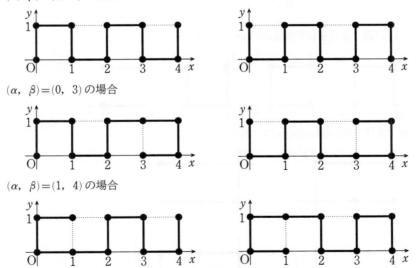

(3)　x 座標が等しい格子点同士を結ぶ線分を ｜ と表し，y 座標が等しい隣り合った格子点を結ぶ線分を ― と表すことにする。

格子折れ線は V_n に属するすべての点を通過するため，必ず ｜ が含まれる。

L_n に属する格子折れ線のうち，端点の x 座標が α，β $(0 \leqq \alpha < \beta \leqq n)$ であるものを考える。

まず，左側の端点 A $(\alpha,\ 0)$ から格子折れ線を進み，初めて ｜ が現れる場所の x 座標を γ とする。

このとき，領域 $x<\gamma$ に含まれる V_n の要素と，領域 $\gamma<x$ に含まれる V_n の要素のどちらか一方の点しか通れないため，$\gamma>0$ のとき L_n に属する格子折れ線は存在しない。

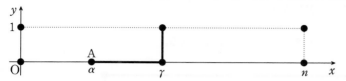

よって，$\gamma=0$ となるから，格子折れ線を次の 3 つの部分に分けて考える。

[1]　$0\leqq x\leqq\alpha$

格子折れ線は右の図のように 4 点 $(\alpha,\ 0)$，$(0,\ 0)$，$(0,\ 1)$，$(\alpha,\ 1)$ をこの順に結んだ形となる。

ここで，$\alpha=0$ の場合は 2 点 $(0,\ 0)$，$(0,\ 1)$ を結んだ形とすればよい。

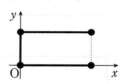

[2]　$\alpha\leqq x\leqq\beta$

V_n に含まれる点のうち，$\alpha\leqq x\leqq\beta$ の点をすべて通るためには，次の図のように ― と | が交互に現れる必要がある。

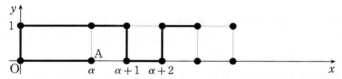

このとき，最初に $x=\beta$ に到達する点は $(\beta,\ 0)$ か $(\beta,\ 1)$ のいずれかであるが，これは $\beta-\alpha$ の偶奇により以下のように決まる。

[i]　$\beta-\alpha$ が偶数のとき

最初に $x=\beta$ に到達する点は $(\beta,\ 0)$ となるから，もう一方の端点は $(\beta,\ 1)$ となる。

[ii]　$\beta-\alpha$ が奇数のとき

最初に $x=\beta$ に到達する点は $(\beta,\ 1)$ となるから，もう一方の端点は $(\beta,\ 0)$ となる。

[3]　$\beta\leqq x\leqq n$

[1] と同様に考えて，格子折れ線は右の図のように 4 点 $(\beta,\ 0)$，$(n,\ 0)$，$(n,\ 1)$，$(\beta,\ 1)$ をこの順に結んだ形となる。

ここで，$\beta=n$ の場合は 2 点 $(n,\ 0)$，$(n,\ 1)$ を結んだ形とすればよい。

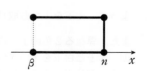

[1] 〜 [3] の順で考えると，$(\alpha,\ 0)$ を端点とする格子折れ線が 1 通りであることがわかる。

同様に，$(\alpha,\ 1)$ を端点とする格子折れ線は 1 通りである。

したがって，$0\leqq\alpha<\beta\leqq n$ において，L_n に属する格子折れ線のうち端点の x 座標が α，β であるようなものは 2 個である。

ここで，$n\geqq3$ のとき，L_n に属する格子折れ線のうち，両端点の x 座標の差がちょうど $n-2$ となるものは，両端点の x 座標 α，β の組が

$(\alpha,\ \beta)=(0,\ n-2),\ (1,\ n-1),\ (2,\ n)$

の 3 通りであり，そのおのおのに対して L_n に属する格子折れ線は 2 個存在するから，求める個数は　　$3 \times 2 = 6$（個）

(4)　両端点の x 座標の差を X とする。

　[1]　$X = 0$ のとき

　　　次の図のように，端点の x 座標は 0 か n となる。

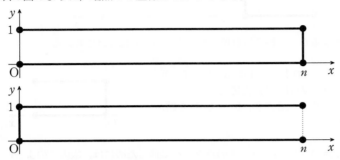

　　　よって，条件を満たす格子折れ線は　2 個

　[2]　$1 \leqq X \leqq n$ のとき

　　　(3)と同様に考えると，$0 \leqq \alpha < \beta \leqq n$ であるから，α，β の選び方は ${}_{n+1}\mathrm{C}_2$ 通りある。そのおのおのに対して，L_n に属する格子折れ線が 2 個あるから，条件を満たす格子折れ線は　　${}_{n+1}\mathrm{C}_2 \times 2 = n(n+1)$（個）

　[1]，[2]から，求める格子折れ線の個数は　　$l_n = 2 + n(n+1) = n^2 + n + 2$

72　(1)　2 個の玉の取り出し方の総数は　　${}_{14}\mathrm{C}_2$ 通り

　　これらは同様に確からしい。

　　黄玉 2 個の取り出し方は　　1 通り

　　よって，黄玉 2 個を取り出す確率は　　$\dfrac{1}{{}_{14}\mathrm{C}_2} = \dfrac{{}^{\mathcal{P}}1}{{}^{\mathcal{I}}91}$

　　赤玉以外を 2 個取り出す場合の数は　　${}_6\mathrm{C}_2$ 通り

　　よって，赤玉を 1 つも取り出さない確率は　　$\dfrac{{}_6\mathrm{C}_2}{{}_{14}\mathrm{C}_2} = \dfrac{{}^{\mathcal{P}}15}{{}^{\mathcal{I}}91}$

　　また，異なる 2 色の玉を取り出すとき，次の [1]〜[3] の場合が考えられる。

　[1]　赤玉と白玉を 1 つずつ取り出すとき

　　　その取り出し方の総数は　$8 \times 4 = 32$（通り）

　[2]　赤玉と黄玉を 1 つずつ取り出すとき

　　　その取り出し方の総数は　$8 \times 2 = 16$（通り）

　[3]　白玉と黄玉を 1 つずつ取り出すとき

　　　その取り出し方の総数は　$4 \times 2 = 8$（通り）

　[1]〜[3] より，異なる 2 色の玉を取り出す確率は

$$\dfrac{32 + 16 + 8}{{}_{14}\mathrm{C}_2} = \dfrac{{}^{\mathcal{I}}8}{{}^{\mathcal{D}}13}$$

(2)　硬貨の表の出方の総数は　　2^9 通り

これらは同様に確からしい。

表が出た硬貨の合計金額が 500 円以上となるのは，次の [1]〜[3] のときである。

[1]　100 円硬貨が 5 枚表になるとき

その出方の総数は　　${}_5C_5 \cdot 2^4 = 16$ （通り）

[2]　100 円硬貨が 4 枚，50 円硬貨が 2 枚以上表になるとき

その出方の総数は　　${}_5C_4({}_4C_4 + {}_4C_3 + {}_4C_2) = 55$ （通り）

[3]　100 円硬貨が 3 枚，50 円硬貨が 4 枚表になるとき

その出方の総数は　　${}_5C_3 \cdot {}_4C_4 = 10$ （通り）

よって，表が出た硬貨の合計金額が 500 円以上となる確率は

$$\frac{16 + 55 + 10}{2^9} = \frac{81}{2^9}$$

ゆえに，表が出た硬貨の合計金額が 500 円未満となる確率は

$$1 - \frac{81}{2^9} = \frac{431}{512}$$

(3)　5 桁の数は全部で　　$3^5 = 243$ （通り）

これらは同様に確からしい。

1，2，3 の数字のうち，含まれないものがあるのは次の [1]〜[2] の場合である。

[1]　1 種類の数字のみを使うとき

そのような 5 桁の数は全部で　　3 個

[2]　ちょうど 2 種類の数字を使うとき

2 種類の数字を選ぶ方法が　　${}_3C_2 = 3$ （通り）

そのそれぞれに応じて，選んだ 2 種類の数字で 5 桁の数を作る方法は全部で 2^5 通り

あるが，そのうち [1] に相当する場合を除いて　　$3 \cdot (2^5 - 2) = 90$ （通り）

[1]，[2] より，求める確率は　　$1 - \dfrac{3 + 90}{243} = \dfrac{50}{81}$

別解　1，2，3 をすべて含む 5 桁の数をつくるとき，5 桁の数に含まれる 1，2，3 の個数の組は，次の 6 通りのいずれかとなる。

(3, 1, 1), (2, 2, 1), (2, 1, 2), (1, 3, 1), (1, 2, 2), (1, 1, 3)

よって，1，2，3 をすべて含む 5 桁の数の個数は

$$3({}_5C_3 \cdot {}_2C_1 \cdot {}_1C_1) + 3({}_5C_2 \cdot {}_3C_2 \cdot {}_1C_1) = 60 + 90 = 150$$

したがって，求める確率は　　$\dfrac{150}{243} = \dfrac{50}{81}$

73　カードに書かれた番号の組 (X, Y, Z, W) は全部で　　N^4 通り

これらは同様に確からしい。

(1)　$X = Y = Z = W$ となる組 (X, Y, Z, W) は X の値によって決まるから，

全部で　　N 通り

よって，求める確率は　　$\dfrac{N}{N^4} = \dfrac{1}{N^3}$

(2)　X, Y, Z, W のどの2つも互いに異なる組 (X, Y, Z, W) は全部で　　$_N\mathrm{P}_4$ 通り

よって，求める確率は

$$\frac{_N\mathrm{P}_4}{N^4} = \frac{(N-1)(N-2)(N-3)}{N^3}$$

(3)　X, Y, Z, W のうち3つが同じで残り1つが他と異なるような組 (X, Y, Z, W) は，他と異なる1つの選び方が4通りで，その番号の選び方が N 通り，残り3つの番号の選び方が $(N-1)$ 通りある。

したがって，全部で　　$4N(N-1)$ 通り

よって，求める確率は　　$\dfrac{4N(N-1)}{N^4} = \dfrac{4(N-1)}{N^3}$

(4)　X, Y, Z, W が3つの異なる番号からなる組 (X, Y, Z, W) は，同じ番号である2つの選び方が $_4\mathrm{C}_2$ 通りで，その番号の選び方が N 通り，残り2つの番号の選び方が $_{N-1}\mathrm{P}_2$ 通りである。

したがって，全部で　　$_4\mathrm{C}_2 \cdot N \cdot {_{N-1}\mathrm{P}_2} = 6N(N-1)(N-2)$ （通り）

よって，求める確率は　　$\dfrac{6N(N-1)(N-2)}{N^4} = \dfrac{6(N-1)(N-2)}{N^3}$

74　(1)　2枚のカードの取り出し方の総数は　　$_{2n}\mathrm{C}_2$ 通り

これらは同様に確からしい。

取り出した2枚のカードに書かれている数の和が偶数となるのは，2枚とも偶数のカードを取り出すか，2枚とも奇数のカードを取り出す場合である。

よって，求める確率は　　$\dfrac{_n\mathrm{C}_2 + {_n\mathrm{C}_2}}{_{2n}\mathrm{C}_2} = \dfrac{n(n-1)}{n(2n-1)} = \dfrac{n-1}{2n-1}$

(2)　3枚のカードの取り出し方の総数は　　$_{2n}\mathrm{C}_3$ 通り

これらは同様に確からしい。

[1]　$n=2$ のとき

取り出したカードに書かれている数の和が偶数となるのは，1枚は偶数のカードを，残りの2枚は奇数のカードを取り出すときであり，その総数は　　$_2\mathrm{C}_1 \cdot {_2\mathrm{C}_2} = 2$ （通り）

[2]　$n \geqq 3$ のとき

取り出したカードに書かれている数の和が偶数となるのは，次の (i), (ii) の場合である。

(i)　3枚とも偶数のカードを取り出すとき

その取り出し方の総数は　　$_n\mathrm{C}_3$ 通り

(ii)　1枚は偶数のカードを，残りの2枚は奇数のカードを取り出すとき

その取り出し方の総数は　　$_n\mathrm{C}_1 \cdot {_n\mathrm{C}_2}$ 通り

(i), (ii) より，カードに書かれている数の和が偶数となる場合の総数は

$$_n\mathrm{C}_3 + {_n\mathrm{C}_1} \cdot {_n\mathrm{C}_2}$$
$$= \frac{n(n-1)(n-2)}{3 \cdot 2 \cdot 1} + n \cdot \frac{n(n-1)}{2} = \frac{n(n-1)(2n-1)}{3}$$

$n=2$ を代入すると $\dfrac{2\cdot1\cdot3}{3}=2$

よって，$n=2$ のときも成り立つ。

[1]，[2] より，取り出したカードに書かれている数の和が偶数となるのは

$$\dfrac{n(n-1)(2n-1)}{3} \text{ (通り)}$$

よって，求める確率は

$$\dfrac{n(n-1)(2n-1)}{3}\times\dfrac{3\cdot2\cdot1}{2n(2n-1)(2n-2)}=\dfrac{1}{2}$$

別解 取り出したカードに書かれている数の和が奇数となるのは，次の (iii)，(iv) の場合である。

(iii) 3枚とも奇数のカードを取り出すとき

(iv) 1枚は奇数のカードを，残りの2枚は偶数のカードを取り出すとき

(i)～(iv) を合わせると全事象となる。

また，(i) と (iii) の場合の数は等しく，(ii) と (iv) の場合の数は等しいから，求める確率は $\dfrac{1}{2}$

(3) 2枚のカードに書かれている数を x，y $(x<y)$

とおくと $\begin{cases} x+y\geqq 2n+1 & \cdots\cdots(*) \\ 1\leqq x<y\leqq 2n \end{cases}$

$y=k$ $(k=n+1,\ n+2,\ \cdots\cdots,\ 2n)$ のとき，$(*)$ を満たす x の値の範囲は

$$2n-k+1\leqq x<k$$

この不等式を満たす整数 x の個数は

$$k-(2n-k+1)=2k-2n-1 \text{ (個)}$$

したがって，取り出した2枚のカードに書かれている数の和が $2n+1$ 以上となる場合の総数は

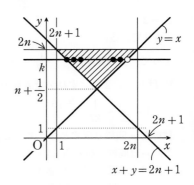

$$x+y=2n+1$$

$$\sum_{k=n+1}^{2n}(2k-2n-1)=\sum_{j=1}^{n}(2j-1)$$
$$=2\cdot\dfrac{1}{2}n(n+1)-n=n^2$$

よって，求める確率は $\dfrac{n^2}{n(2n-1)}=\dfrac{n}{2n-1}$

75 $n=3$ のとき，X_1，X_2，X_3 の組合せの総数は $3^3=27$ (通り)

これらは同様に確からしい。

$X_1=X_2<X_3$ となるのは，3つの番号 1，2，3 から2つを選び，小さい方を X_1，X_2，大きい方を X_3 としたときであるから，その並び方は ${}_3C_2=3$ (通り)

よって，求める確率は $\dfrac{3}{27}=\overset{\text{ア}}{}\dfrac{1}{9}$

$X_1\leqq X_2\leqq X_3$ となる場合について，次の $(*)$ のような場合と対応させる。

(＊)　2つの仕切り | によって，

　　　1 | 2 | 3

のように 3 つの区画を作り，3 つの ○ を 1 〜 3 のいずれかの区画に入れる。

3 つの ○ を左から順に X_1，X_2，X_3 とし，それぞれが入っている区画の値を対応させる。

　例えば，○ | | ○○ を $X_1=1$，$X_2=3$，$X_3=3$ に，

　　　　　| ○○ | ○ を $X_1=2$，$X_2=2$，$X_3=3$ に対応させる。

このとき，$X_1 \leqq X_2 \leqq X_3$ となる場合と，3 つの ○ と 2 つの仕切り | の順列が 1 対 1 に対応する。

3 つの ○ と 2 つの仕切り | の順列の総数は　　${}_5 C_2 = 10$（通り）

よって，求める確率は　　$\dfrac{{}^{イ}10}{27}$

$Y_3 = 0$ となるのは，$X_1 \geqq X_2 \geqq X_3$ となるときである。

$Z_n = 4 - X_n$ とすると $Z_1 \leqq Z_2 \leqq Z_3$ となり，$X_1 \leqq X_2 \leqq X_3$ となる確率と一致する。

よって，求める確率は　　$\dfrac{{}^{ウ}10}{27}$　……①

$Y_3 = 2$ となるのは，$X_1 < X_2 < X_3$ となるときであり，$X_1 = 1$，$X_2 = 2$，$X_3 = 3$ の 1 通りである。

よって，その確率は　　$\dfrac{1}{27}$　……②

Y_3 は 0，1，2 のいずれかであるから，$Y_3 = 1$ となる確率は，①，② より

$$1 - \frac{10}{27} - \frac{1}{27} = \frac{{}^{エ}16}{27}$$

試行を n 回繰り返すとき，X_1，X_2，……，X_n の組合せの総数は　　3^n 通り

これらは同様に確からしい。

$Y_n = 0$ となるのは，$X_1 \geqq X_2 \geqq \cdots\cdots \geqq X_n$ となるときである。

その並べ方は，(＊) と同様に考えると，n 個の ○ と 2 つの仕切り | の順列と 1 対 1 に対応する。

その総数は　　${}_{n+2} C_2 = \dfrac{(n+2)(n+1)}{2}$　（通り）

よって，求める確率は　　$\dfrac{{}^{オ}(n+2)(n+1)}{2 \cdot 3^n}$

76　(1)　2 桁の自然数 n は全部で　　${}_9 P_2 = 72$（個）

これらは同様に確からしい。

2 桁の 4 の倍数は，$4 \cdot 3$，$4 \cdot 4$，……，$4 \cdot 24$ の　　22（個）

このうち，20，40，44，60，80，88 の 6 個は n にならないから，

n が 4 の倍数になるのは　　$22 - 6 = 16$（個）

よって，n が 4 の倍数である確率は　　$\dfrac{16}{72} = \dfrac{{}^{ア}2}{9}$

(2) $n^2-n=n(n-1)$ であるから，n^2-n が 10 の倍数になるのは，n または $n-1$ が 5 の倍数のときである。

[1] n が 5 の倍数のとき

$10a+b=5\cdot2a+b$ であるから，n が 5 の倍数となるのは b が 5 の倍数のときである。

$1\leqq b\leqq9$ より　　$b=5$

[2] $n-1$ が 5 の倍数のとき

$n-1=10a+b-1=5\cdot2a+b-1$ であるから，$n-1$ が 5 の倍数となるのは $b-1$ が 5 の倍数のときである。

$1\leqq b\leqq9$ より $0\leqq b-1\leqq8$ であるから

$b-1=0,\ 5$　　すなわち　　$b=1,\ 6$

[1]，[2] より $b={}^{\gamma}1,\ 5,\ 6$ であり，そのそれぞれに対して a の値は 8 通りある。

したがって，求める確率は　　$\dfrac{3\cdot8}{72}={}^{\text{ウ}}\dfrac{1}{3}$

(3) 100 の倍数はすべて 10 の倍数であるから，(2) より　　$b=1,\ 5,\ 6$

[1] $b=1$ のとき

$$\begin{aligned}n^2-n&=(10a+1)^2-(10a+1)\\&=100a^2+20a+1-10a-1\\&=100a^2+10a\end{aligned}$$

$1\leqq a\leqq9$ より，$10a$ は 100 の倍数とならない。

[2] $b=5$ のとき

$$\begin{aligned}n^2-n&=(10a+5)^2-(10a+5)\\&=100a^2+100a+25-10a-5\\&=100a^2+90a+20\end{aligned}$$

n^2-n が 100 の倍数となるのは，$90a+20$ が 100 の倍数となるときであるから

$a=2$

[3] $b=6$ のとき

$$\begin{aligned}n^2-n&=(10a+6)^2-(10a+6)\\&=100a^2+120a+36-10a-6\\&=(100a^2+100a)+10a+30\end{aligned}$$

n^2-n が 100 の倍数となるのは，$10a+30$ が 100 の倍数となるときであるから

$a=7$

[1]，[2]，[3] より　　$a=2,\ 7$

よって，n^2-n が 100 の倍数である確率は　　$\dfrac{2}{72}={}^{\text{エ}}\dfrac{1}{36}$

であり，そのような最大の n は　　$10\cdot7+6={}^{\text{オ}}76$

77 (1) このゲームが引き分けとなるのは A が白玉を，B が赤玉を取り続けたとき，すなわち，A と B が取り出した玉が順に白赤白赤白赤白赤白となったときである。よって，求める確率は

$$\frac{5}{9} \cdot \frac{4}{8} \cdot \frac{4}{7} \cdot \frac{3}{6} \cdot \frac{3}{5} \cdot \frac{2}{4} \cdot \frac{2}{3} \cdot \frac{1}{2} \cdot \frac{1}{1} = \frac{1}{126}$$

(2)　このゲームに A が勝つのは，次の [1]～[4] の場合である。

[1]　玉が 1 個取り出されて A が勝つ場合

A が 1 回目に赤玉を取り出せばよいから　　$\dfrac{4}{9}$

[2]　玉が 3 個取り出されて A が勝つ場合

順に白赤赤と取り出されればよいから

$$\frac{5}{9} \cdot \frac{4}{8} \cdot \frac{3}{7} = \frac{5}{42}$$

[3]　玉が 5 個取り出されて A が勝つ場合

順に白赤白赤赤と取り出されればよいから

$$\frac{5}{9} \cdot \frac{4}{8} \cdot \frac{4}{7} \cdot \frac{3}{6} \cdot \frac{2}{5} = \frac{2}{63}$$

[4]　玉が 7 個取り出されて A が勝つ場合

順に白赤白赤白赤赤と取り出されればよいから

$$\frac{5}{9} \cdot \frac{4}{8} \cdot \frac{4}{7} \cdot \frac{3}{6} \cdot \frac{3}{5} \cdot \frac{2}{4} \cdot \frac{1}{3} = \frac{1}{126}$$

[1]～[4] より，求める確率は

$$\frac{4}{9} + \frac{5}{42} + \frac{2}{63} + \frac{1}{126} = \frac{38}{63}$$

78　玉の取り出し方の総数は　　$5^4 = 625$（通り）

これらは同様に確からしい。

（$r_1 + r_2 + r_3 + r_4 \leqq 8$ となる確率）

$r_1 + r_2 + r_3 + r_4 \leqq 8$ となる玉の取り出し方は，次の [1]～[5] の場合がある。

[1]　$r_1 + r_2 + r_3 + r_4 = 4$ となる場合

その総数は，4 つの数 $(1, 1, 1, 1)$ の順列の総数と等しい。

よって　　1 通り

[2]　$r_1 + r_2 + r_3 + r_4 = 5$ となる場合

その総数は，$(2, 1, 1, 1)$ の順列の総数と等しい。

よって　　${}_4C_1 = 4$（通り）

[3]　$r_1 + r_2 + r_3 + r_4 = 6$ となる場合

その総数は，$(3, 1, 1, 1)$，$(2, 2, 1, 1)$ のそれぞれの順列の総数の和と等しい。

よって　　${}_4C_1 + \dfrac{4!}{2!2!} = 10$（通り）

[4]　$r_1 + r_2 + r_3 + r_4 = 7$ となる場合

その総数は，$(4, 1, 1, 1)$，$(3, 2, 1, 1)$，$(2, 2, 2, 1)$ のそれぞれの順列の総数の和と等しい。

よって　　${}_4C_1 + \dfrac{4!}{2!} + {}_4C_1 = 20$（通り）

[5]　$r_1+r_2+r_3+r_4=8$ となる場合

　その総数は，$(5,\ 1,\ 1,\ 1)$，$(4,\ 2,\ 1,\ 1)$，$(3,\ 3,\ 1,\ 1)$，$(3,\ 2,\ 2,\ 1)$，
　$(2,\ 2,\ 2,\ 2)$ のそれぞれの順列の総数の和と等しい。

　よって　　${}_4C_1+\dfrac{4!}{2!}+\dfrac{4!}{2!2!}+\dfrac{4!}{2!}+1=35\,(通り)$

[1]〜[5]より，求める確率は　　$\dfrac{1+4+10+20+35}{625}=\overset{ア}{}\dfrac{14}{125}$

別解　$r_1+r_2+r_3+r_4\leqq8$ かつ $1\leqq r_k\leqq5$ $(k=1,\ 2,\ 3,\ 4)$ となる場合の数は，自然数 w
に対して

　　$r_1+r_2+r_3+r_4+w=9$　　かつ　　$1\leqq r_k\leqq5$ $(k=1,\ 2,\ 3,\ 4)$　　かつ　　$1\leqq w\leqq5$
となる場合の数と等しい。

これは，1列に並べた9個の ◯ の間の8か所から4か所を選んで仕切り | を1つずつ
入れる場合の数と等しいから　　${}_8C_4=70\,(通り)$

　よって，求める確率は　　$\dfrac{70}{625}=\overset{ア}{}\dfrac{14}{125}$

$\left(\dfrac{4}{r_1r_2}+\dfrac{2}{r_3r_4}=1\ となる確率\right)$

$\dfrac{4}{r_1r_2}+\dfrac{2}{r_3r_4}=1$ を変形すると

　　$4r_3r_4+2r_1r_2=r_1r_2r_3r_4$

　　$r_1r_2r_3r_4-2r_1r_2-4r_3r_4=0$

　　$(r_1r_2-4)(r_3r_4-2)=8$

$r_k>0$ $(k=1,\ 2,\ 3,\ 4)$ であるから

　　$(r_1r_2-4,\ r_3r_4-2)=(8,\ 1),\ (4,\ 2),\ (2,\ 4),\ (1,\ 8)$

[1]　$(r_1r_2-4,\ r_3r_4-2)=(8,\ 1)$ のとき

　$(r_1r_2,\ r_3r_4)=(12,\ 3)$ であるから，$1\leqq r_k\leqq5$ $(k=1,\ 2,\ 3,\ 4)$ に注意すると

　$(r_1,\ r_2,\ r_3,\ r_4)=(3,\ 4,\ 1,\ 3),\ (3,\ 4,\ 3,\ 1),\ (4,\ 3,\ 1,\ 3),\ (4,\ 3,\ 3,\ 1)$

　の　4通り

[2]　$(r_1r_2-4,\ r_3r_4-2)=(4,\ 2)$ のとき

　$(r_1r_2,\ r_3r_4)=(8,\ 4)$ であるから，$1\leqq r_k\leqq5$ $(k=1,\ 2,\ 3,\ 4)$ に注意すると

　$(r_1,\ r_2,\ r_3,\ r_4)=(2,\ 4,\ 1,\ 4),\ (2,\ 4,\ 2,\ 2),\ (2,\ 4,\ 4,\ 1)$，

　　　　　　　　　　$(4,\ 2,\ 1,\ 4),\ (4,\ 2,\ 2,\ 2),\ (4,\ 2,\ 4,\ 1)$

　の　6通り

[3]　$(r_1r_2-4,\ r_3r_4-2)=(2,\ 4)$ のとき

　$(r_1r_2,\ r_3r_4)=(6,\ 6)$ であるから，$1\leqq r_k\leqq5$ $(k=1,\ 2,\ 3,\ 4)$ に注意すると

　$(r_1,\ r_2,\ r_3,\ r_4)=(2,\ 3,\ 2,\ 3),\ (2,\ 3,\ 3,\ 2),\ (3,\ 2,\ 2,\ 3),\ (3,\ 2,\ 3,\ 2)$

　の　4通り

[4]　$(r_1r_2-4,\ r_3r_4-2)=(1,\ 8)$ のとき

　$(r_1r_2,\ r_3r_4)=(5,\ 10)$ であるから，$1\leqq r_k\leqq5$ $(k=1,\ 2,\ 3,\ 4)$ に注意すると

　　$(r_1,\ r_2,\ r_3,\ r_4)=(1,\ 5,\ 2,\ 5),\ (1,\ 5,\ 5,\ 2),\ (5,\ 1,\ 2,\ 5),\ (5,\ 1,\ 5,\ 2)$

　　の　4通り

　[1]〜[4]より，求める確率は　　　$\dfrac{4+6+4+4}{625}=\text{ꜞ}\ \dfrac{18}{625}$

79　3点の選び方の総数は　　　$_{16}\mathrm{C}_3=560$（通り）

　これらは同様に確からしい。

(1)　三角形 $\mathrm{A}_i\mathrm{A}_j\mathrm{A}_k$ が三角形の頂点とならないのは，正方形 $\mathrm{A}_3\mathrm{A}_7\mathrm{A}_{11}\mathrm{A}_{15}$ の1つの辺上
　　にある5点から3点選ぶ場合である。

　　その選び方は　　　$4\times{}_5\mathrm{C}_3=40$（通り）

　　よって，求める確率 P_1 は　　　$P_1=\dfrac{40}{560}=\dfrac{1}{14}$

(2)　原点 O に関して A_1 と対称な点 A_9 と A_1 を結んだ線分 $\mathrm{A}_1\mathrm{A}_9$ に関して，点 A_4 と同
　　じ側にある頂点（A_9 を含む）が A_k のとき，原点 O は三角形 $\mathrm{A}_1\mathrm{A}_4\mathrm{A}_k$ の外部または辺上
　　にある。

　　同様に，原点 O に関して A_4 と対称な点 A_{12} と A_4 を結んだ線分 $\mathrm{A}_4\mathrm{A}_{12}$ に関して，点
　　A_1 と同じ側にある頂点（A_{12} を含む）が A_k のとき，原点 O は三角形 $\mathrm{A}_1\mathrm{A}_4\mathrm{A}_k$ の外部ま
　　たは辺上にある。

　　これら以外の点 A_{10}，A_{11} が A_k のときに限り，三角形 $\mathrm{A}_1\mathrm{A}_4\mathrm{A}_k$ の内部に原点 O が存
　　在する。

(3)　与えられた16個の点の配置は x 軸に関して対称である。

　　まず，2点 A_i，A_j が x 軸を含めて上側にあるときを考える。

　[1]　$2\leqq i<j\leqq 8$ のとき

　　　(2)と同様に考えると，三角形 $\mathrm{A}_i\mathrm{A}_j\mathrm{A}_k$ の内部に原点 O があるような k の選び方は
　　　　$(j-i-1)$ 通り

　　　$i=2$ のとき，$j=3,\ 4,\ \cdots\cdots,\ 8$ であり，三角形 $\mathrm{A}_i\mathrm{A}_j\mathrm{A}_k$ の内部に原点 O があるよ
　　　うな k の選び方は　　　$0+1+2+3+4+5=15$（通り）

　　　同様にして，

　　　　$i=3$ のとき　$0+1+2+3+4=10$（通り）

　　　　$i=4$ のとき　$0+1+2+3=6$（通り）

　　　　$i=5$ のとき　$0+1+2=3$（通り）

　　　　$i=6$ のとき　$0+1=1$（通り）

　　　　$i=7$ のとき　0 通り

　　　以上より　$15+10+6+3+1=35$（通り）

　[2]　$i=1$ のとき

　　　$\mathrm{A}_1\mathrm{A}_2$，$\mathrm{A}_1\mathrm{A}_3$，$\cdots\cdots$，$\mathrm{A}_1\mathrm{A}_8$ を1辺とするそれぞれの三角形について，k の選び方の
　　　総数は　　　$0+1+2+3+4+5+6=21$（通り）

　　ここで，[1]の35通りの三角形は，x 軸に関して折り返しても条件を満たす。

　　また，$i=9$ のときも $i=1$ と同様に考えて21通りある。

よって，求める確率 P_2 は $\qquad P_2 = \dfrac{(35+21) \times 2}{560} = \dfrac{112}{560} = \dfrac{1}{5}$

(4) 3点 A_i，A_j，A_k が三角形を構成するとき，原点 O は三角形 $A_i A_j A_k$ の内部，辺上，外部のいずれかに存在する。

三角形 $A_i A_j A_k$ の内部に原点 O が含まれるのは，(3) より $\qquad$ 112 通り

また，三角形 $A_i A_j A_k$ の辺上に原点 O が存在するのは，原点に関して対称な2点を頂点にもつ場合である。

2点 A_1，A_9 が頂点の三角形について，辺 $A_1 A_9$ 上に原点 O が存在する。このとき，A_k が残りの14点のいずれの場合も3点 A_1，A_9，A_k は三角形を構成する。よって，三角形 $A_1 A_9 A_k$ が辺上に原点 O をもつのは $\qquad$ 14 通り

$A_2 A_{10}$，$A_3 A_{11}$，……，$A_8 A_{16}$ を辺にもつ場合も同様であるから，三角形 $A_i A_j A_k$ の辺上に原点 O が存在するのは $\qquad$ $14 \times 8 = 112$ (通り)

また，3点 A_i，A_j，A_k が三角形を構成しないのは (1) より $\qquad$ 40 通り

以上より，三角形 $A_i A_j A_k$ の外部に原点 O が存在すのは

$\qquad 560 - 112 - 112 - 40 = 296$ (通り)

よって，求める確率 P_3 は $\qquad P_3 = \dfrac{296}{560} = \dfrac{37}{70}$

80 (1) 5問のうち，正解となる3問の選び方は $\qquad {}_5C_3$ 通り

この3問が正解で，残りの2問が不正解である確率は $\qquad \left(\dfrac{1}{5}\right)^3 \left(\dfrac{4}{5}\right)^2$

よって，求める確率は $\qquad {}_5C_3 \left(\dfrac{1}{5}\right)^3 \left(\dfrac{4}{5}\right)^2 = \dfrac{32}{625}$

(2) 1本も当たりくじを引かない確率は $\qquad \dfrac{15}{20} \cdot \dfrac{14}{19} \cdot \dfrac{13}{18} = \dfrac{91}{228}$

よって，求める確率は $\qquad 1 - \dfrac{91}{228} = \dfrac{137}{228}$

81 赤玉が合計3個となるのは，次の [1]，[2] の場合である。

[1] ステップ1で赤玉を2個取り出し，ステップ2で赤玉を1個取り出すとき

確率は $\qquad \dfrac{{}_5C_2 \cdot {}_5C_1}{{}_{10}C_3} \cdot \dfrac{{}_3C_1 \cdot {}_4C_1}{{}_7C_2} = \dfrac{5}{21}$

[2] ステップ1で赤玉を3個取り出し，ステップ2で赤玉を1個も取り出さないとき

確率は $\qquad \dfrac{{}_5C_3}{{}_{10}C_3} \cdot \dfrac{{}_5C_3}{{}_7C_3} = \dfrac{1}{42}$

[1]，[2] は互いに排反であるから，求める確率は $\qquad \dfrac{5}{21} + \dfrac{1}{42} = \dfrac{11}{42}$

82 「3回目で初めてシュートを成功させた」事象を X とする。

(1) 事象 X が起こる確率 $P(X)$ は $\qquad P(X) = (1-p)^2 p$

(2)　事象 A は「3回ともシュートが成功しなかった」の余事象であるから，
確率 $P(A)$ は
$$1-(1-p)^3 = 1-1+3p-3p^2+p^3 = p(p^2-3p+3)$$
また，事象 $A \cap X$ の起こる確率 $P(A \cap X)$ は $P(X)$ と等しいから　　$(1-p)^2 p$
$P_A(X) = \dfrac{25}{109}$ であり，
$$P_A(X) = \frac{P(A \cap X)}{P(A)} = \frac{(1-p)^2 p}{p(p^2-3p+3)} = \frac{(1-p)^2}{p^2-3p+3}$$
であるから　　$\dfrac{(1-p)^2}{p^2-3p+3} = \dfrac{25}{109}$

整理すると　　$84p^2 - 143p + 34 = 0$
$$(7p-2)(12p-17) = 0$$
$0 < p < 1$ であるから　　$p = \dfrac{2}{7}$

(3)　(2)より　　$P(A) = 1-\left(1-\dfrac{2}{7}\right)^3 = \dfrac{218}{343}$

「2回目で初めてシュートを成功させる」事象を Y とおく。

事象 Y の確率 $P(Y)$ は　　$P(Y) = \left(1-\dfrac{2}{7}\right) \cdot \dfrac{2}{7} = \dfrac{10}{49}$

事象 $A \cap Y$ の起こる確率 $P(A \cap Y)$ は $P(Y)$ と等しいから，求める確率 $P_A(Y)$ は
$$P_A(Y) = \frac{P(A \cap Y)}{P(A)} = \frac{10}{49} \cdot \frac{343}{218} = \frac{35}{109}$$

83　(1)　1回目のじゃんけんでの n 人の手の出し方は　　3^n 通り
これらは同様に確からしい。
n 人の中で勝つ1人の選び方が　　n 通り
どの手を出して勝つかの選び方が　　3通り

よって，求める確率 p_n は　　$p_n = \dfrac{n \cdot 3}{3^n} = \dfrac{n}{3^{n-1}}$

(2)　1回目のじゃんけんであいこにならないのは，n 人が出す手の種類がちょうど2種類
のときである。
どの手を出すかの選び方が　　${}_3C_2$ 通り
n 人の手の出し方が，全員同じ手を出す場合に注意して　　(2^n-2) 通り
したがって，1回目のじゃんけんであいこにならない確率は
$$\frac{{}_3C_2(2^n-2)}{3^n} = \frac{2^n-2}{3^{n-1}}$$
よって，求める確率 q_n は　　$q_n = 1-\dfrac{2^n-2}{3^{n-1}}$

(3)　2回目に勝者が1人に決まるのは，1回目のじゃんけんで2人以上が勝つかあいこと
なり，2回目のじゃんけんで1人が勝つときである。

5人でじゃんけんを行って k 人が残る確率を r_k とおく。

n 人の中で勝つ k 人の選び方が ${}_5C_k$ 通り

どの手で勝つかの選び方が 3通り

よって $\quad r_k = \dfrac{{}_5C_k \cdot 3}{3^5} = \dfrac{{}_5C_k}{3^4}$

5人でじゃんけんを行っていることから，1回目のじゃんけんで残るのは2，3，4，5人のいずれかである。

[1] 1回目のじゃんけんで2人残るとき

そのときの確率は $\quad r_2 \cdot p_2 = \dfrac{{}_5C_2}{3^4} \cdot \dfrac{2}{3^1} = \dfrac{20}{3^5} = \dfrac{180}{3^7}$

[2] 1回目のじゃんけんで3人残るとき

そのときの確率は $\quad r_3 \cdot p_3 = \dfrac{{}_5C_3}{3^4} \cdot \dfrac{3}{3^2} = \dfrac{30}{3^6} = \dfrac{90}{3^7}$

[3] 1回目のじゃんけんで4人残るとき

そのときの確率は $\quad r_4 \cdot p_4 = \dfrac{{}_5C_4}{3^4} \cdot \dfrac{4}{3^3} = \dfrac{20}{3^7}$

[4] 1回目のじゃんけんで5人残るとき

1回目のじゃんけんはあいこであるから，そのときの確率は

$$q_5 \cdot p_5 = \left(1 - \dfrac{2^5 - 2}{3^4}\right) \cdot \dfrac{5}{3^4} = \dfrac{85}{3^7}$$

[1]～[4]より，求める確率は $\quad \dfrac{180 + 90 + 20 + 85}{3^7} = \dfrac{125}{729}$

84 (1) 次の [1]，[2] の場合がある。

[1] 袋Aから赤玉を1つ，袋Bから白玉を2つ取り出すとき

その確率は $\quad \dfrac{{}_5C_1}{{}_8C_1} \cdot \dfrac{{}_4C_2}{{}_7C_2} = \dfrac{5}{28}$

[2] 袋Aから白玉を1つ，袋Bから赤玉と白玉を1つずつ取り出すとき

その確率は $\quad \dfrac{{}_3C_1}{{}_8C_1} \cdot \dfrac{{}_4C_1 \cdot {}_3C_1}{{}_7C_2} = \dfrac{3}{14}$

[1]，[2] は互いに排反であるから，求める確率は $\quad \dfrac{5}{28} + \dfrac{3}{14} = \dfrac{11}{28}$

(2) 袋Bから取り出した玉が2つとも赤玉であるという事象を C，袋Aから袋Bに移した玉が赤であるという事象を X とおく。

袋Aから袋Bに移した玉の色と，そのときの袋の中身の関係は次の表のようになる。

移した玉の色	赤	白
袋Bの中身	赤玉4個 白玉4個	赤玉3個 白玉5個

よって　$P(X\cap C)=\dfrac{5}{8}\cdot\dfrac{{}_4C_2}{{}_8C_2}=\dfrac{30}{224}$,　$P(\overline{X}\cap C)=\dfrac{3}{8}\cdot\dfrac{{}_3C_2}{{}_8C_2}=\dfrac{9}{224}$

求める条件付き確率は $P_C(X)$ であるから

$$P_C(X)=\dfrac{P(X\cap C)}{P(C)}=\dfrac{P(X\cap C)}{P(X\cap C)+P(\overline{X}\cap C)}=\dfrac{30}{30+9}=\dfrac{10}{13}$$

85　(1)　A 型に感染しており，陽性と判定される確率は

$$\dfrac{1}{100}\cdot\dfrac{90}{100}=\dfrac{9}{1000}$$

B 型に感染しており，陽性と判定される確率は

$$\dfrac{4}{100}\cdot\dfrac{80}{100}=\dfrac{32}{1000}$$

感染しておらず，陽性と判定される確率は

$$\dfrac{95}{100}\cdot\dfrac{10}{100}=\dfrac{95}{1000}$$

よって，検査 Y で陽性と判定される確率は

$$\dfrac{9}{1000}+\dfrac{32}{1000}+\dfrac{95}{1000}=\dfrac{136}{1000}=\dfrac{{}^{\text{ア}}17}{{}_{\text{イ}}125}$$

(2)　(1) より，検査 Y で陽性だったときに

　　A 型に感染している確率は　$\dfrac{\dfrac{9}{1000}}{\dfrac{136}{1000}}=\dfrac{{}^{\text{ウ}}9}{{}_{\text{エ}}136}$

　　B 型に感染している確率は　$\dfrac{\dfrac{32}{1000}}{\dfrac{136}{1000}}=\dfrac{{}^{\text{オ}}4}{{}_{\text{カ}}17}$

(3)　A 型に感染しており，2 回とも陽性と判定される確率は

$$\dfrac{1}{100}\cdot\dfrac{90}{100}\cdot\dfrac{90}{100}=\dfrac{81}{10000}$$

B 型に感染しており，2 回とも陽性と判定される確率は

$$\dfrac{4}{100}\cdot\dfrac{80}{100}\cdot\dfrac{80}{100}=\dfrac{256}{10000}$$

感染しておらず，2 回とも陽性と判定される確率は

$$\dfrac{95}{100}\cdot\dfrac{10}{100}\cdot\dfrac{10}{100}=\dfrac{95}{10000}$$

よって，検査 Y で 2 回とも陽性と判定される確率は

$$\dfrac{81}{10000}+\dfrac{256}{10000}+\dfrac{95}{10000}=\dfrac{432}{10000}=\dfrac{27}{625}$$

したがって，2 回とも陽性だったときに

A 型に感染している確率は
$$\frac{\dfrac{81}{10000}}{\dfrac{432}{10000}} = \frac{^{キ}3}{^{ク}16}$$

B 型に感染している確率は
$$\frac{\dfrac{256}{10000}}{\dfrac{432}{10000}} = \frac{^{ケ}16}{^{コ}27}$$

86 (1)　$p_n = \dfrac{{}_6C_1 \cdot {}_nC_1}{{}_{n+6}C_2} = \dfrac{12n}{(n+6)(n+5)}$

$\dfrac{p_{n+1}}{p_n} = \dfrac{12(n+1)}{(n+7)(n+6)} \cdot \dfrac{(n+6)(n+5)}{12n} = \dfrac{(n+1)(n+5)}{(n+7)n}$

$\dfrac{p_{n+1}}{p_n} > 1$ のとき　　$(n+1)(n+5) > n(n+7)$

$$n^2 + 6n + 5 > n^2 + 7n$$

したがって　　$n < 5$

よって，$n < 1$，2，3，4 のとき　　$p_n < p_{n+1}$

　　$n = 5$ のとき　　$p_n = p_{n+1}$

　　$n \geqq 6$ のとき　　$p_n > p_{n+1}$

したがって，p_n は $n = 5$，6 で最大値 $\dfrac{12 \cdot 5}{11 \cdot 10} = \dfrac{6}{11}$ をとる。

(2)　[1]　箱 A から赤球 1 個と白球 1 個を取り出すとき
　　箱 B から赤球 1 個と白球 1 個を取り出す確率は
$$p_n \cdot \frac{{}_1C_1 \cdot {}_5C_1}{{}_6C_2} = \frac{12n}{(n+6)(n+5)} \cdot \frac{1}{3} = \frac{4n}{(n+6)(n+5)}$$

[2]　箱 A から赤球 2 個を取り出すとき
　　箱 B から赤球 1 個と白球 1 個を取り出す確率は
$$\frac{{}_6C_2}{{}_{n+6}C_2} \cdot \frac{{}_2C_1 \cdot {}_4C_1}{{}_6C_2} = \frac{16}{(n+6)(n+5)}$$

[1]，[2] より
$$q_n = \frac{4n}{(n+6)(n+5)} + \frac{16}{(n+6)(n+5)} = \frac{4n+16}{(n+6)(n+5)}$$

$q_n < \dfrac{1}{3}$ のとき　　$\dfrac{4n+16}{(n+6)(n+5)} < \dfrac{1}{3}$

$$12n + 48 < n^2 + 11n + 30$$
$$n^2 - n > 18$$

$n^2 - n = \left(n - \dfrac{1}{2}\right)^2 - \dfrac{1}{4}$ より，$n^2 - n$ は $n > \dfrac{1}{2}$ で単調に増加する。

$4^2 - 4 = 12$，$5^2 - 5 = 20$ であるから，$q_n < \dfrac{1}{3}$ となる n の最小値は　　$n = 5$

87 (1) Y が 5 で割り切れるための条件は，X_1, X_2, ……, X_n のうち少なくとも 1 個は 5 であることである。

よって，求める確率は　　$1-\left(\dfrac{5}{6}\right)^n$

(2) Y が 15 で割り切れないための条件は，

　　Y が 3 で割り切れない　または　Y が 5 で割り切れない

である。

Y が 3 で割り切れない確率は　　　　　　　$\left(\dfrac{2}{3}\right)^n$

Y が 5 で割り切れない確率は　　　　　　　$\left(\dfrac{5}{6}\right)^n$

Y が 3 でも 5 でも割り切れない確率は　$\left(\dfrac{1}{2}\right)^n$

よって，求める確率は　　$1-\left(\dfrac{2}{3}\right)^n-\left(\dfrac{5}{6}\right)^n+\left(\dfrac{1}{2}\right)^n$

88 コイン 3 枚の表裏について，

　　3 枚とも表である事象を A，2 枚が表で 1 枚が裏である事象を B,

　　1 枚が表で 2 枚が裏である事象を C，3 枚とも裏である事象を D

とする。

　3 枚のコインを 1 回投げたとき，事象 A, B, C, D が起こる確率はそれぞれ

$$P(A)=\frac{1}{2^3}=\frac{1}{8}, \quad P(B)=\frac{{}_3C_1}{2^3}=\frac{3}{8}, \quad P(C)=\frac{{}_3C_2}{2^3}=\frac{3}{8}, \quad P(D)=\frac{1}{2^3}=\frac{1}{8}$$

(1) 求める確率は，コインを 1 回投げたときに事象 C が起こる確率と等しいから

$$\frac{3}{8}$$

(2) 求める確率は，コインを 2 回投げたときに

　　事象 A と B が 1 回ずつ起こる　または　事象 C と D が 1 回ずつ起こる

確率と等しいから　　${}_2C_1\cdot\dfrac{1}{8}\cdot\dfrac{3}{8}+{}_2C_1\cdot\dfrac{3}{8}\cdot\dfrac{1}{8}=\dfrac{12}{64}=\dfrac{3}{16}$

(3) コインを 3 回投げたときに駒が原点にあることはないから，求める確率は

　　0

(4) コインを 4 回投げて駒が $(1,\ 1)$ にあるのは，次の [1], [2] の場合である。

　[1]　A が 2 回，B が 1 回，C が 1 回起こるとき

　　その確率は　　$\dfrac{4!}{2!}\left(\dfrac{1}{8}\right)^2\dfrac{3}{8}\cdot\dfrac{3}{8}=\dfrac{108}{8^4}$

　[2]　A が 1 回，C が 2 回，D が 1 回起こるとき

　　その確率は　　$\dfrac{4!}{2!}\cdot\dfrac{1}{8}\left(\dfrac{3}{8}\right)^2\dfrac{1}{8}=\dfrac{108}{8^4}$

[1]，[2] は互いに排反であるから，求める確率は $\dfrac{108}{8^4}+\dfrac{108}{8^4}=\dfrac{27}{512}$

(5) コインを 5 回投げて駒が $(0,1)$ にあるのは，次の [1]～[3] の場合である。

  [1] A が 2 回，B が 2 回，C が 1 回起こるとき

    その確率は $\dfrac{5!}{2!2!}\left(\dfrac{1}{8}\right)^2\left(\dfrac{3}{8}\right)^2\dfrac{3}{8}=\dfrac{810}{8^5}$

  [2] A が 1 回，B が 1 回，C が 2 回，D が 1 回起こるとき

    その確率は $\dfrac{5!}{2!}\cdot\dfrac{1}{8}\cdot\dfrac{3}{8}\left(\dfrac{3}{8}\right)^2\dfrac{1}{8}=\dfrac{1620}{8^5}$

  [3] C が 3 回，D が 2 回起こるとき

    その確率は $\dfrac{5!}{3!2!}\left(\dfrac{3}{8}\right)^3\left(\dfrac{1}{8}\right)^2=\dfrac{270}{8^5}$

  [1]～[3] は互いに排反であるから，求める確率は $\dfrac{810}{8^5}+\dfrac{1620}{8^5}+\dfrac{270}{8^5}=\dfrac{675}{8192}$

89 (1) ちょうど 4 回でくじ引きが終了するのは，次の [1]，[2] の場合である。

  [1] 1 回目から 3 回目までに当たりを 2 回，はずれを 1 回引き，4 回目に当たりを引くとき

    その確率は $\left\{{}_3\mathrm{C}_2\left(\dfrac{1}{3}\right)^2\left(\dfrac{2}{3}\right)\right\}\cdot\dfrac{1}{3}=\dfrac{2}{27}$

  [2] 1 回目に当たりを引き，2 回目から 4 回目まで 3 回続けてはずれを引くとき

    その確率は $\dfrac{1}{3}\left(\dfrac{2}{3}\right)^3=\dfrac{8}{81}$

  [1]，[2] は互いに排反であるから，求める確率は $\dfrac{2}{27}+\dfrac{8}{81}=\dfrac{14}{81}$

(2) ちょうど 5 回でくじ引きが終了するのは，次の [1]，[2] の場合である。

  [1] 1 回目から 4 回目までに当たりを 2 回，はずれを 2 回引き，5 回目に当たりを引くとき

    その確率は $\left\{{}_4\mathrm{C}_2\left(\dfrac{1}{3}\right)^2\left(\dfrac{2}{3}\right)^2\right\}\cdot\dfrac{1}{3}=\dfrac{8}{81}$

  [2] 1 回目に当たりかはずれ，2 回目に当たり，3 回目から 5 回目まで 3 回続けてはずれを引くとき

    その確率は $1\cdot\dfrac{1}{3}\cdot\left(\dfrac{2}{3}\right)^3=\dfrac{8}{81}$

  [1]，[2] は互いに排反であるから，求める確率は $\dfrac{8}{81}+\dfrac{8}{81}=\dfrac{16}{81}$

(3) ちょうど 7 回でくじ引きが終了する場合は，次の [1]，[2] の場合である。

  [1] 1 回目から 6 回目までに当たりを 2 回，はずれを 4 回引き，7 回目に当たりを引くとき

    当たりを ○，はずれを ● として，1 回目から 6 回目までのくじの出方を考えるとき，左から順番に 1 回目，2 回目，……，6 回目とすると，

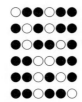

の 6 通り

よって　　$\left\{6\left(\dfrac{1}{3}\right)^2\left(\dfrac{2}{3}\right)^4\right\}\cdot\dfrac{1}{3}=\dfrac{32}{729}$

[2]　1回目から3回目までに当たりを1回，はずれを2回引き，4回目に当たり，5回
　　目から7回目まで3回続けてはずれを引くとき

　　その確率は　　$\left\{{}_3\mathrm{C}_2\left(\dfrac{1}{3}\right)^1\left(\dfrac{2}{3}\right)^2\right\}\cdot\dfrac{1}{3}\cdot\left(\dfrac{2}{3}\right)^3=\dfrac{32}{729}$

[1]，[2]は互いに排反であるから，求める確率は　　$\dfrac{32}{729}+\dfrac{32}{729}=\dfrac{64}{729}$

90　(1)　1個のさいころを2回投げて，出た目の数の積が12となるのは，出た目の組が
$(2,\ 6)$，$(3,\ 4)$ のときである。

このような目の出方の総数は　　$2!+2!=4$（通り）

よって　　$p_2=\dfrac{4}{36}=\dfrac{1}{9}$

また，1個のさいころを3回投げて，出た目の数の積が12となるのは，出た目の組が
$(1,\ 2,\ 6)$，$(1,\ 3,\ 4)$，$(2,\ 2,\ 3)$ のときである。

このような目の出方の総数は　　$3!+3!+\dfrac{3!}{2!}=15$（通り）

よって　　$p_3=\dfrac{15}{216}=\dfrac{5}{72}$

(2)　$n\geqq4$ のとき，1個のさいころを n 回投げて，出た目の積が12となるのは次の
[1]〜[3]の場合である。

[1]　2，6の目が1回ずつ，1の目が $(n-2)$ 回出る

　　その確率は　　$\dfrac{n!}{(n-2)!}\left(\dfrac{1}{6}\right)^n=\dfrac{n(n-1)}{6^n}$

[2]　3，4の目が1回ずつ，1の目が $(n-2)$ 回出る

　　その確率は，[1]と同様にして　　$\dfrac{n(n-1)}{6^n}$

[3]　2の目が2回，3の目が1回，1の目が $(n-3)$ 回出る

　　その確率は　　$\dfrac{n!}{2!(n-3)!}\left(\dfrac{1}{6}\right)^n=\dfrac{n(n-1)(n-2)}{2\cdot6^n}$

[1]，[2]，[3]は互いに排反であるから

$p_n=\dfrac{n(n-1)}{6^n}+\dfrac{n(n-1)}{6^n}+\dfrac{n(n-1)(n-2)}{2\cdot6^n}=\dfrac{n(n-1)(n+2)}{2\cdot6^n}$

(3)　$n \geqq 4$ のとき，1個のさいころを n 回投げて，出た目の積が n 回目にはじめて 12 となるのは次の場合である。

[1]　n 回目に 2 の目が出るとき

　$(n-1)$ 回目までに出た目の積が 6 であり，これは

　　「2，3 の目が 1 回ずつ出て，1 の目が $(n-3)$ 回出る」または

　　「6 の目が 1 回，1 の目が $(n-2)$ 回出る」場合である。

　よって，[1] の場合の確率は

$$\frac{(n-1)!}{(n-3)!}\left(\frac{1}{6}\right)^n + \frac{(n-1)!}{(n-2)!}\left(\frac{1}{6}\right)^n = \frac{(n-1)^2}{6^n}$$

[2]　n 回目に 3 の目が出るとき

　$(n-1)$ 回目までに出た目の積が 4 であり，これは

　　「2 の目が 2 回，1 の目が $(n-3)$ 回出る」または

　　「4 の目が 1 回，1 の目が $(n-2)$ 回出る」場合である。

　よって，[2] の場合の確率は

$$\frac{(n-1)!}{2!(n-3)!}\left(\frac{1}{6}\right)^n + \frac{(n-1)!}{(n-2)!}\left(\frac{1}{6}\right)^n = \frac{n(n-1)}{2 \cdot 6^n}$$

[3]　n 回目に 4 の目が出るとき

　$(n-1)$ 回目までに出た目の積が 3 であり，これは 3 の目が 1 回，1 の目が $(n-2)$ 回出る場合である。

　よって，[3] の場合の確率は　　$\dfrac{(n-1)!}{(n-2)!}\left(\dfrac{1}{6}\right)^n = \dfrac{n-1}{6^n}$

[4]　n 回目に 6 の目が出るとき

　$(n-1)$ 回目までに出た目の積が 2 であり，これは 2 の目が 1 回，1 の目が $(n-2)$ 回出る場合である。

　よって，[4] の場合の確率は　　$\dfrac{(n-1)!}{(n-2)!}\left(\dfrac{1}{6}\right)^n = \dfrac{n-1}{6^n}$

[1]〜[4] は互いに排反であるから，求める確率は

$$\frac{(n-1)^2}{6^n} + \frac{n(n-1)}{2 \cdot 6^n} + \frac{n-1}{6^n} + \frac{n-1}{6^n} = \frac{(n-1)(3n+2)}{2 \cdot 6^n}$$

91　(1)　すべての玉を区別すると，12 個の玉の並べ方は全部で　　12! 通り

これらは同様に確からしい。

　どの赤玉も隣り合わないような並べ方は，黒玉 3 個と白玉 5 個を横一列に並べ，その両端と間の合計 9 か所から 4 か所を選んで赤玉を入れる方法と 1 対 1 に対応し，その総数は　　$8! \cdot {}_9\mathrm{P}_4$ 通り

　よって，求める確率 p は　　$p = \dfrac{8! \cdot {}_9\mathrm{P}_4}{12!} = \dfrac{14}{55}$

(2)　どの赤玉も隣り合わないような並べ方は (1) から全部で　　$8! \cdot {}_9\mathrm{P}_4$ 通り

これらは同様に確からしい。

　そのうち，隣り合う黒玉がある並べ方を考えると，次の [1]，[2] の場合がある。

[1]　3個の黒玉が連続するとき

　　3個の黒玉の並べ方が　　　3! 通り

　　これらを1つのまとまりとみなし，これと白玉5個を横一列に並べ，両端と間の合計7か所から4か所を選んで赤玉を入れる方法を考えて，並べ方の総数は

　　　　$3! \cdot 6! \cdot {}_7P_4$ 通り

[2]　2個の黒玉が連続し，残り1個の黒玉と隣り合わないとき

　　連続する2個の黒玉を選んで並べる方法が　　　${}_3P_2$ 通り

　　これらを1つのまとまりとみなし，これと残りの黒玉1個，白玉5個を横一列に並べ，両端と間の合計8か所から4か所を選んで赤玉を入れる方法を考えて，並べ方の総数は　　　${}_3P_2 \cdot 7! \cdot {}_8P_4$ 通り

　　これらの並べ方は[1]の並べ方を2回ずつ重複して数えている。

　　連続する3個の黒玉へ順に a，b，c と名前を付けると，例えば「ab」のまとまりと c がこの順で連続するときと，a と「bc」のまとまりがこの順で連続するときで2回重複している。

　　そのため，[1]の並べ方を除外すると，並べ方の総数は

　　　　${}_3P_2 \cdot 7! \cdot {}_8P_4 - (3! \cdot 6! \cdot {}_7P_4) \cdot 2$（通り）

[1]，[2]より，隣り合う黒玉がある並べ方の総数は

　　　　${}_3P_2 \cdot 7! \cdot {}_8P_4 - 3! \cdot 6! \cdot {}_7P_4$（通り）

求める条件付き確率 q は

$$q = 1 - \frac{{}_3P_2 \cdot 7! \cdot {}_8P_4 - 3! \cdot 6! \cdot {}_7P_4}{8! \cdot {}_9P_4} = \frac{103}{168}$$

92　試行 (∗) を2回続けて行った後に白玉が袋 C の中にあるのは，次の[1]，[2]の場合である。

[1]　2回とも1の目が出る

[2]　2回とも1の目以外が出る

よって　　$c_2 = \left(\dfrac{1}{6}\right)^2 + \left(\dfrac{5}{6}\right)^2 = {}^{\text{ア}}\dfrac{13}{18}$

試行 (∗) を $(n+2)$ 回続けて行った後に白玉が袋 C の中にあるのは，次の[1]～[3]の場合である。

[1]　試行 (∗) を n 回続けて行った後に白玉が袋 A の中にあり，かつ $(n+1)$ 回目に1以外の目が出て，$(n+2)$ 回目に1の目が出る

[2]　試行 (∗) を n 回続けて行った後に白玉が袋 B の中にあり，かつ $(n+1)$ 回目に1の目が出て，$(n+2)$ 回目に1以外の目が出る

[3]　試行 (∗) を n 回続けて行った後に白玉が袋 C の中にあり，かつ $(n+1)$ 回目と $(n+2)$ 回目にともに1の目が出るか，ともに1以外の目が出る

よって，[1]，[2]，[3]より

$$c_{n+2} = a_n \cdot \frac{5}{6} \cdot \frac{1}{6} + b_n \cdot \frac{1}{6} \cdot \frac{5}{6} + c_n \left\{\left(\frac{1}{6}\right)^2 + \left(\frac{5}{6}\right)^2\right\}$$

$$= \frac{5}{36}(a_n + b_n) + \frac{13}{18}c_n \quad \cdots\cdots ①$$

ゆえに $\quad p = {}^{\text{イ}}\dfrac{5}{36}, \quad q = {}^{\text{ウ}}\dfrac{13}{18}$

$n = 1, 2, 3, \cdots\cdots$ に対して，① かつ $a_n + b_n + c_n = 1$ が成り立つから

$$c_{n+2} = \frac{5}{36}(1 - c_n) + \frac{13}{18}c_n = \frac{7}{12}c_n + \frac{5}{36}$$

この漸化式を変形すると $\quad c_{n+2} - \dfrac{1}{3} = \dfrac{7}{12}\left(c_n - \dfrac{1}{3}\right) \quad \cdots\cdots ②$

よって $\quad r = {}^{\text{エ}}\dfrac{7}{12}$

② において，$n = 2m$ とすると $\quad c_{2(m+1)} - \dfrac{1}{3} = \dfrac{7}{12}\left(c_{2m} - \dfrac{1}{3}\right)$

また $\quad c_2 - \dfrac{1}{3} = \dfrac{13}{18} - \dfrac{1}{3} = \dfrac{7}{18}$

よって，数列 $\left\{c_{2m} - \dfrac{1}{3}\right\}$ は，初項 $\dfrac{7}{18}$，公比 $\dfrac{7}{12}$ の等比数列であるから

$$c_{2m} - \frac{1}{3} = \frac{7}{18}\left(\frac{7}{12}\right)^{m-1} = \frac{2}{3}\left(\frac{7}{12}\right)^m$$

ゆえに $\quad c_{2m} = {}^{\text{オ}}\dfrac{2}{3}\left(\dfrac{7}{12}\right)^m + \dfrac{1}{3}$

93 (1)

$$a_0 = 1 \xrightarrow{\text{表, 裏}} a_1 = 2 \begin{array}{l} \nearrow^{\text{表}} \quad a_2 = 4 \\ \searrow_{\text{裏}} \quad a_2 = 3 \end{array}$$

$p_1 = 0, \quad q_1 = 1, \quad p_2 = 1 \cdot \dfrac{1}{2} = \dfrac{1}{2}, \quad q_2 = 0$

(2) $(n+1)$ 回目に表が出ると $\quad a_{n+1} = 2a_n$

$\qquad\qquad$ 裏が出ると $\quad a_{n+1} = a_n + 1$

[1] $a_n = 3k$ (k は整数) のとき

$\quad (n+1)$ 回目に表が出ると $\quad a_{n+1} = 2 \cdot 3k = 3 \cdot 2k$

$\qquad\qquad\quad$ 裏が出ると $\quad a_{n+1} = 3k + 1$

[2] $a_n = 3k + 1$ (k は整数) のとき

$\quad (n+1)$ 回目に表が出ると $\quad a_{n+1} = 2(3k+1) = 3 \cdot 2k + 2$

$\qquad\qquad\quad$ 裏が出ると $\quad a_{n+1} = (3k+1) + 1 = 3k + 2$

[3] $a_n = 3k + 2$ (k は整数) のとき

$\quad (n+1)$ 回目に表が出ると $\quad a_{n+1} = 2(3k+2) = 3(2k+1) + 1$

$\qquad\qquad\quad$ 裏が出ると $\quad a_{n+1} = (3k+2) + 1 = 3(k+1)$

[1] ～ [3] より

$$p_{n+1}=(1-p_n-q_n)\cdot\frac{1}{2}+q_n\cdot\frac{1}{2}=\frac{1}{2}(1-p_n)$$

$$q_{n+1}=p_n\cdot1=p_n$$

[別解] 2つの整数 a, b について，$a-b$ が3の倍数であるとき，$a\equiv b\,(\mathrm{mod}\,3)$ とかく。

[1] $a_n\equiv0\,(\mathrm{mod}\,3)$ のとき

$(n+1)$ 回目に表が出ると　$a_{n+1}\equiv2\cdot0\equiv0\,(\mathrm{mod}\,3)$

裏が出ると　$a_{n+1}\equiv0+1\equiv1\,(\mathrm{mod}\,3)$

[2] $a_n\equiv1\,(\mathrm{mod}\,3)$ のとき

$(n+1)$ 回目に表が出ると　$a_{n+1}\equiv2\cdot1\equiv2\,(\mathrm{mod}\,3)$

裏が出ると　$a_{n+1}\equiv1+1\equiv2\,(\mathrm{mod}\,3)$

[3] $a_n\equiv2\,(\mathrm{mod}\,3)$ のとき

$(n+1)$ 回目に表が出ると　$a_{n+1}\equiv2\cdot2\equiv1\,(\mathrm{mod}\,3)$

裏が出ると　$a_{n+1}\equiv2+1\equiv0\,(\mathrm{mod}\,3)$

(以降は本解と同様)

(3)　$p_{n+1}=\frac{1}{2}(1-p_n)$ より　　$p_{n+1}-\frac{1}{3}=-\frac{1}{2}\left(p_n-\frac{1}{3}\right)$

数列 $\left\{p_n-\frac{1}{3}\right\}$ は，初項 $p_1-\frac{1}{3}=-\frac{1}{3}$，公比 $-\frac{1}{2}$ の等比数列であるから

$$p_n-\frac{1}{3}=-\frac{1}{3}\left(-\frac{1}{2}\right)^{n-1}$$

よって　　$p_n=\frac{1}{3}\left\{1-\left(-\frac{1}{2}\right)^{n-1}\right\}$

$q_{n+1}=p_n$ より，$n\geqq2$ のとき　　$q_n=\frac{1}{3}\left\{1-\left(-\frac{1}{2}\right)^{n-2}\right\}$

$n=1$ のとき，$q_1=1$ より $n=1$ のときも成り立つ。

したがって　　$q_n=\frac{1}{3}\left\{1-\left(-\frac{1}{2}\right)^{n-2}\right\}$

94　(1)　2人の手の出し方は全部で　$3^2=9$ (通り)

これらは同様に確からしい。

このうち，Ａが勝つのは3通りであるから，Ａが勝つ確率は $\frac{1}{3}$，あいこか負ける確率

は $1-\frac{1}{3}=\frac{2}{3}$ である。

n 回のゲームを終えた結果，Ａが m 段目にいるのは，Ａがじゃんけんに m 回勝ち，$(n-m)$ 回あいこか負けるときである。

よって　　$x_{n,m}={}_nC_m\left(\frac{1}{3}\right)^m\left(\frac{2}{3}\right)^{n-m}={}_nC_m\dfrac{2^{n-m}}{3^n}$

(2)　Ｂがグーまたはチョキで勝つのは　2通り

パーで勝つのは　　1通り

パーで負けるのは　1通り

あいこかグー，チョキで負けるのは　5通り

Bが1回のゲームで1段のぼることを ①，3段のぼることを ③，同じ段にとどまることを ⑩，一番下の段まで戻ることを × と表すと，それぞれの確率は $\dfrac{2}{9}$，$\dfrac{1}{9}$，$\dfrac{5}{9}$，$\dfrac{1}{9}$ である。

2回目のゲームの後に何段目にいるかを考えると右の表のようになる。

よって，y_0 は表で0となるときの確率であるから

$$y_0 = 1 \cdot \dfrac{1}{9} + \dfrac{5}{9} \cdot \dfrac{5}{9} + \dfrac{5}{9} \cdot \dfrac{1}{9}$$

$$= \dfrac{9+25+5}{81} = \dfrac{13}{27}$$

		①	③	⑩	×
2	①	2	4	1	1
回	③	4	6	3	3
目	⑩	1	3	0	0
	×	0	0	0	0

1回目

同様にして

$$y_1 = \dfrac{2}{9} \cdot \dfrac{5}{9} + \dfrac{5}{9} \cdot \dfrac{2}{9} + \dfrac{1}{9} \cdot \dfrac{2}{9} = \dfrac{10+10+2}{81} = \dfrac{22}{81}$$

$$y_2 = \dfrac{2}{9} \cdot \dfrac{2}{9} = \dfrac{4}{81}$$

$$y_3 = \dfrac{1}{9} \cdot \dfrac{5}{9} + \dfrac{1}{9} \cdot \dfrac{5}{9} + \dfrac{1}{9} \cdot \dfrac{1}{9} = \dfrac{5+5+1}{81} = \dfrac{11}{81}$$

$$y_4 = \dfrac{2}{9} \cdot \dfrac{1}{9} + \dfrac{1}{9} \cdot \dfrac{2}{9} = \dfrac{2+2}{81} = \dfrac{4}{81}$$

$$y_6 = \dfrac{1}{9} \cdot \dfrac{1}{9} = \dfrac{1}{81}$$

$m=5$，$m \geqq 7$ のとき　$y_m = 0$

(3)　Bが n 回目のゲームの後，0段目以外にいる確率は　$1-z_n$

Bが $(n+1)$ 回目のゲームの後に0段目にいるのは，次の [1]，[2] の場合である。

[1]　n 回目のゲームの後0段目におり，次のゲームで ⑩ または × となるとき

　その確率は　$\left(\dfrac{5}{9} + \dfrac{1}{9}\right) z_n = \dfrac{2}{3} z_n$

[2]　n 回目のゲームの後0段目以外におり，次のゲームで × となるとき

　その確率は　$\dfrac{1}{9}(1 - z_n)$

[1]，[2] より　$z_{n+1} = \dfrac{2}{3} z_n + \dfrac{1}{9}(1 - z_n)$

$$z_{n+1} = \dfrac{5}{9} z_n + \dfrac{1}{9}$$

$$z_{n+1} - \dfrac{1}{4} = \dfrac{5}{9}\left(z_n - \dfrac{1}{4}\right)$$

z_1 は，1回目のゲームの後に B が0段目にいる確率であり，⑩ または × となるときであるから　$z_1 = \dfrac{5}{9} + \dfrac{1}{9} = \dfrac{2}{3}$

よって，数列 $\left\{z_n-\dfrac{1}{4}\right\}$ は，初項 $z_1-\dfrac{1}{4}=\dfrac{5}{12}$，公比 $\dfrac{5}{9}$ の等比数列であるから

$$z_n-\frac{1}{4}=\frac{5}{12}\left(\frac{5}{9}\right)^{n-1}=\frac{3}{4}\left(\frac{5}{9}\right)^n$$

よって　　$z_n=\dfrac{3}{4}\left(\dfrac{5}{9}\right)^n+\dfrac{1}{4}$

95 (1)　$b_1=a_1$ であるから，b_1 が7の倍数になることはない。

よって　　$p_1=0$

$b_2=\displaystyle\sum_{k=1}^{2}a_1{}^{2-k}a_k=a_1{}^2+a_2$ であるから，b_2 が7の倍数となるような組 $(a_1,\ a_2)$ は

$(a_1,\ a_2)=(1,\ 6),\ (2,\ 3),\ (3,\ 5),\ (4,\ 5),\ (5,\ 3),\ (6,\ 6)$

の6通り。

よって　　$p_2=\dfrac{6}{36}=\dfrac{1}{6}$

(2)　$b_{n+1}=\displaystyle\sum_{k=1}^{n+1}a_1{}^{n+1-k}a_k=\sum_{k=1}^{n}a_1{}^{n+1-k}a_k+a_{n+1}=a_1\sum_{k=1}^{n}a_1{}^{n-k}a_k+a_{n+1}$

よって　　$b_{n+1}=a_1b_n+a_{n+1}$

a_{n+1} は1から6までのいずれかであるから，b_n が7の倍数のとき，b_{n+1} は7の倍数にはならない。

b_n が7の倍数でないとき，a_1b_n は7の倍数ではない。

a_1b_n を7で割った余りを $r\,(1\leqq r\leqq6)$ とする。

このとき，b_{n+1} が7の倍数となるための条件は，$a_{n+1}=7-r$ となることである。

したがって，a_1b_n に対して，b_{n+1} が7の倍数となるような a_{n+1} がただ1つ存在する。

よって　　　$p_{n+1}=(1-p_n)\times\dfrac{1}{6}$

すなわち　$p_{n+1}=-\dfrac{1}{6}p_n+\dfrac{1}{6}$

この漸化式を変形すると　　$p_{n+1}-\dfrac{1}{7}=-\dfrac{1}{6}\left(p_n-\dfrac{1}{7}\right)$

したがって，数列 $\left\{p_n-\dfrac{1}{7}\right\}$ は初項 $p_1-\dfrac{1}{7}=-\dfrac{1}{7}$，公比 $-\dfrac{1}{6}$ の等比数列であるから

$$p_n-\frac{1}{7}=-\frac{1}{7}\left(-\frac{1}{6}\right)^{n-1}$$

ゆえに　　$p_n=\dfrac{1}{7}\left\{1-\left(-\dfrac{1}{6}\right)^{n-1}\right\}$

96　袋Aの中に入っている玉の数を a，袋Bの中に入っている玉の数を b とする。

(1)　4回硬貨を投げたとき，硬貨の出方の総数は　　$2^4=16$（通り）

これらは同様に確からしい。

4回硬貨を投げたとき，例えば1回目から順に表，裏，表，表と出る出方を

(表，裏，表，表)と表すこととする。

4回目の操作を終えたときに $a \geqq 3$ であるような硬貨の出方は(表，表，表，表)，(表，表，表，裏)，(表，表，裏，表)，(表，裏，表，表)，(裏，表，表，表)，(裏，裏，表，表)，(裏，裏，裏，表)の7通りである。

よって，求める確率は $\quad {}^{\text{ア}}\dfrac{7}{16}$

また，4回目の操作を終えたときに $a \geqq 3$ であるとき，次の[1]，[2]の場合がある。

[1] $(a,\ b)=(4,\ 0),\ (3,\ 3)$ であるとき

　　そのようになる確率は $\quad \dfrac{3}{2^4}$

　　このとき，7回目の操作を終えたときに $b \leqq 3$ であるためには，5回目から7回目までの硬貨の出方が(表，表，表)でなければならない。

　　よって，7回目の操作を終えたときに $b \leqq 3$ となる確率は

$$\frac{3}{2^4} \cdot \frac{1}{2^3} = \frac{3}{128}$$

[2] $(a,\ b)=(3,\ 2),\ (3,\ 1)$ であるとき

　　そのようになる確率は $\quad \dfrac{4}{2^4}$

　　このとき，7回目の操作を終えたときに $b \leqq 3$ であるためには，5回目から7回目までの硬貨の出方は(表，表，表)または(裏，表，表)でなければならない。

　　よって，7回目の操作を終えたときに $b \leqq 3$ となる確率は

$$\frac{4}{2^4} \cdot \frac{2}{2^3} = \frac{8}{128}$$

[1]，[2]より，4回目の操作を終えたときに $a \geqq 3$ であり，7回目の操作を終えたときに $b \leqq 3$ である確率は

$$\frac{3}{128} + \frac{8}{128} = \frac{11}{128}$$

以上より，4回目の操作を終えたときに $a \geqq 3$ である条件の下で，7回目の操作を終えたときに $b \leqq 3$ となる条件付き確率は

$$\frac{\dfrac{11}{128}}{\dfrac{7}{16}} = {}^{\text{イ}}\frac{11}{56}$$

(2)　硬貨を1回投げたときの表裏の出方それぞれの確率について，表，裏ともに $\dfrac{1}{2}$ である。

また，n 回の操作について，すべての硬貨の出方を表裏逆にしたとき，2つの袋の中に入っている玉の数の推移はAとBで逆になる。

したがって，$a < b$ となる確率も p_n である。

ゆえに，n 回目の操作を終えたときに $a = b$ となる確率は $\quad 1 - 2p_n$

n 回目の操作を終えたときの a，b について，

[1]　$a > b$ のとき

　　$(n+1)$ 回目の操作を終えて $a > b$ となるのは $(n+1)$ 回目に表が出たときである。

[2]　$a = b$ のとき

　　$(n+1)$ 回目の操作を終えて $a > b$ となるのは $(n+1)$ 回目に表が出たときである。

[3]　$a < b$ のとき

　　$(n+1)$ 回目の操作を終えて $a > b$ となることはない。

[1], [2], [3] より

$$p_{n+1} = p_n \cdot \frac{1}{2} + (1 - 2p_n) \cdot \frac{1}{2} = \overset{\text{ウ}}{-\frac{1}{2}} p_n + \frac{1}{2}$$

$$p_{n+1} - \frac{1}{3} = -\frac{1}{2}\left(p_n - \frac{1}{3}\right)$$

$p_1 = \dfrac{1}{2}$ より，数列 $\left\{p_n - \dfrac{1}{3}\right\}$ は，初項 $p_1 - \dfrac{1}{3} = \dfrac{1}{6}$，公比 $-\dfrac{1}{2}$ の等比数列であるから

$$p_n - \frac{1}{3} = \frac{1}{6}\left(-\frac{1}{2}\right)^{n-1} = -\frac{1}{3}\left(-\frac{1}{2}\right)^n$$

よって　　$p_n = \overset{\text{エ}}{\frac{1}{3}}\left\{1 - \left(-\frac{1}{2}\right)^n\right\}$

(3)　n 回目の操作を終えたときに $a = n$ となるのは，n 回すべて表が出るときであるから，その確率は　　$\dfrac{1}{2^n}$

n 回目の操作を終えたときに $a = n-1$ となるのは，途中の m 回目 $(1 \leqq m \leqq n-1)$ まで表または裏が出続け，$(m+1)$ 回目で直前と反対の出方となり，その後表が出続けるときである。

m 回目までの硬貨の出方が　　2 通り

$1 \leqq m \leqq n-1$ を満たす整数 m の値の個数が　　$n-1$

よって，n 回目の操作を終えたときに $a = n-1$ となる確率は　　$\dfrac{2(n-1)}{2^n}$

以上より，n 回目の操作を終えたときに $a \geqq n-1$ となる確率は

$$\frac{1}{2^n} + \frac{2(n-1)}{2^n} = \overset{\text{オ}}{\frac{2n-1}{2^n}}$$

n 回目の操作を終えたときに $a = n-2$ となる状況について，次の [1], [2] の場合を考える。

[1]　n 回目の操作を終えた時点で $a \geqq b$ のとき

　　このとき，途中の m 回目 $(1 \leqq m \leqq n-3)$ まで表または裏が出続け，$(m+1)$ 回目で直前と反対の出方となり，$(m+2)$ 回目から m' 回目 $(m+2 \leqq m' \leqq n-1)$ まで表または裏が出続け，$(m'+1)$ 回目で直前と反対の出方となり，その後表が出続ける。

　　m 回目までの硬貨の出方が　　2 通り

　　m' 回目までの硬貨の出方が　　2 通り

　　$1 \leqq m \leqq n-3$ かつ $m+2 \leqq m' \leqq n-1$ を満たす整数の組 (m, m') の個数は

　　　$_{n-2}\mathrm{C}_2$

よって，$a \geqq b$ である確率は　　$\dfrac{2 \cdot 2 \cdot {}_{n-2}C_2}{2^n} = \dfrac{2(n-2)(n-3)}{2^n}$

[2] n 回目の操作を終えた時点で $a < b$ のとき

このとき，$(n-2)$ 回目まで表または裏が出続け，$(n-1)$ 回目に直前と反対の出方となり，n 回目に裏が出る。

$(n-2)$ 回目までの硬貨の出方が　　2通り

よって，$a < b$ である確率は　　$\dfrac{2}{2^n}$

[1]，[2] より，n 回目の操作を終えたときに $a = n-2$ となる確率は

$$\dfrac{2(n-2)(n-3)}{2^n} + \dfrac{2}{2^n} = \dfrac{2n^2 - 10n + 14}{2^n}$$

以上より，n 回目の操作を終えたときに $a \geqq n-2$ となる確率は

$$\dfrac{2n-1}{2^n} + \dfrac{2n^2 - 10n + 14}{2^n} = {}^{\pi}\dfrac{2n^2 - 8n + 13}{2^n}$$

97 (1) $P_1(0)$ は黒玉 1 個を，$P_1(1)$ は赤玉 1 個を取り出す確率である。

初めに袋の中に赤玉 1 個，黒玉 1 個が入っていることから

$$P_1(0) = \dfrac{1}{2}, \ P_1(1) = \dfrac{1}{2}$$

ゆえに　　$P_1(k) = \dfrac{1}{2} \ (k = 0, \ 1)$

$n = 2$ のとき，$P_2(k)$ は 2 回の操作で赤玉を k 回取り出す確率である。

$k = 0$ のとき，2 回続けて黒玉を取り出す確率であるから

$$P_2(0) = P_1(0) \cdot \dfrac{2}{3} = \dfrac{1}{3}$$

$k = 2$ のとき，2 回続けて赤玉を取り出す確率であるから

$$P_2(2) = P_1(1) \cdot \dfrac{2}{3} = \dfrac{1}{3}$$

また，$P_2(0) + P_2(1) + P_2(2) = 1$ であるから

$$P_2(1) = 1 - \dfrac{1}{3} - \dfrac{1}{3} = \dfrac{1}{3}$$

よって　　$P_2(k) = \dfrac{1}{3} \ (k = 0, \ 1, \ 2)$

以上より，すべての自然数 n に対して，$P_n(k) = \dfrac{1}{n+1} \ (k = 0, \ 1, \ 2, \ \cdots\cdots, \ n)$ であると推測できる。

このことを数学的帰納法で示す。

「$P_n(k) = \dfrac{1}{n+1} \ (k = 0, \ 1, \ 2, \ \cdots\cdots, \ n)$ である」を ① とする。

[1] $P_1(k) = \dfrac{1}{1+1}$ であるから，$n = 1$ のとき ① は成り立つ。

[2]　$n=l$ $(l \geqq 1)$ のとき ① が成り立つ，すなわち $P_l(k)=\dfrac{1}{l+1}$ であると仮定する。

$n=l+1$ のとき，$P_{l+1}(k)$ は $(l+1)$ 回の操作で赤玉を k 回取り出す確率である。

$(l+1)$ 回の操作で赤玉を k 回取り出すのは，次の (i)，(ii) のときである。

(i)　l 回目までに赤玉が $(k-1)$ 回取り出され，$(l+1)$ 回目に赤玉を取り出すとき

その確率は

$$P_l(k-1) \cdot \frac{1+(k-1)}{2+l} = \frac{k}{(l+1)(2+l)}$$

(ii)　l 回目までに赤玉が k 回取り出され，$(l+1)$ 回目に黒玉を取り出すとき

その確率は

$$P_l(k) \cdot \frac{1+(l-k)}{2+l} = \frac{l-k+1}{(l+1)(2+l)}$$

(i)，(ii) より

$$P_{l+1}(k) = \frac{k}{(l+1)(2+l)} + \frac{l-k+1}{(l+1)(2+l)} = \frac{l+1}{(l+1)(2+l)} = \frac{1}{(l+1)+1}$$

したがって，$n=l+1$ のときにも ① は成り立つ。

[1]，[2] より，① はすべての自然数 n に対して成り立つ。

別解　操作を 1 回行うごとに袋の中の玉は 1 個ずつ増える。

赤玉が取り出された後，次に赤玉が取り出されるとき，袋の中の赤玉は 1 個増える。

黒玉も同様である。

赤玉が取り出される k 回の選び方は ${}_n\mathrm{C}_k$ 通りであるから

$$P_n(k) = {}_n\mathrm{C}_k \cdot \frac{(1 \cdot 2 \cdot \cdots\cdots k)\{1 \cdot 2 \cdot \cdots\cdots (n-k)\}}{2 \cdot 3 \cdot \cdots\cdots (n+1)}$$

$$= \frac{n!}{k!(n-k)!} \cdot \frac{k!(n-k)!}{(n+1)!} = \frac{1}{n+1}$$

(2)　初めに袋の中には $(r+b)$ 個の玉がある。

操作を 1 回行うごとに 1 個ずつ増え，n 回目の操作の直前には袋の中には

$(r+b+n-1)$ 個の玉がある。

[1]　$2 \leqq k \leqq n-1$ のとき

$Q_n(k)$

$$= \frac{b}{r+b} \cdot \frac{b+1}{r+b+1} \cdot \frac{b+2}{r+b+2} \cdot \cdots\cdots \cdot \frac{b+k-2}{r+b+k-2} \cdot \frac{r}{r+b+k-1}$$

$$\times \frac{b+k-1}{r+b+k} \cdot \frac{b+k}{r+b+k+1} \cdot \cdots\cdots \cdot \frac{b+n-2}{r+b+n-1}$$

$$= \frac{r \cdot \dfrac{(b+n-2)!}{(b-1)!}}{\dfrac{(r+b+n-1)!}{(r+b-1)!}} = \frac{r(b+n-2)!(r+b-1)!}{(r+b+n-1)!(b-1)!}$$

[2]　$k=1$ のとき

$Q_n(k)$

$$= \frac{r}{r+b} \cdot \frac{b}{r+b+1} \cdot \frac{b+1}{r+b+2} \cdot \cdots\cdots \cdot \frac{b+n-2}{r+b+n-1}$$

$$= \frac{r(b+n-2)!(r+b-1)!}{(r+b+n-1)!(b-1)!}$$

[3] $k=n$ のとき

$Q_n(k)$

$$= \frac{b}{r+b} \cdot \frac{b+1}{r+b+1} \cdot \cdots\cdots \cdot \frac{b+n-2}{r+b+n-2} \cdot \frac{r}{r+b+n-1}$$

$$= \frac{r(b+n-2)!(r+b-1)!}{(r+b+n-1)!(b-1)!}$$

[1] ～ [3] より，$Q_n(k)$ $(k=1,\ 2,\ \cdots\cdots,\ n)$ は k の値によらない。

98 (1) $K_3 = 5$ より

$$|1-a_1| + |a_1-a_2| + |a_2-a_3| + |a_3-6| = 5$$

$$a_1 - 1 + |a_1-a_2| + |a_2-a_3| + 6 - a_3 = 5$$

$$a_1 - a_3 + |a_1-a_2| + |a_2-a_3| = 0 \quad \cdots\cdots ①$$

[1] $a_1 \geqq a_2$，$a_2 \geqq a_3$ のとき

① より　$a_1 - a_3 + a_1 - a_2 + a_2 - a_3 = 0$

　　　　$2a_1 - 2a_3 = 0$

　　　　$a_1 = a_3$

よって，① が成り立つとき　$a_1 = a_2 = a_3$

[2] $a_1 \geqq a_2$，$a_2 < a_3$ のとき

① より　$a_1 - a_3 + a_1 - a_2 + a_3 - a_2 = 0$

　　　　$a_1 = a_2$

よって，① が成り立つとき　$a_1 = a_2 < a_3$

[3] $a_1 < a_2$，$a_2 \geqq a_3$ のとき

① より　$a_1 - a_3 + a_2 - a_1 + a_2 - a_3 = 0$

　　　　$a_2 = a_3$

よって，① が成り立つとき　$a_1 < a_2 = a_3$

[4] $a_1 < a_2$，$a_2 < a_3$ のとき

① より　$a_1 - a_3 + a_2 - a_1 + a_3 - a_2 = 0$

これは常に成り立つ。

よって，① が成り立つとき　$a_1 < a_2 < a_3$

[1] ～ [4] より，① が成り立つとき　$a_1 \leqq a_2 \leqq a_3$

$a_1 \leqq a_2 \leqq a_3$ を満たす a_1，a_2，a_3 の組の総数は，3つの ○ と5つの | の順列の総数に等しい。

よって，求める確率は　$\dfrac{{}_8\mathrm{C}_3}{6^3} = \dfrac{7}{27}$

別解 （$K_3 = 5$ となる条件）

$$K_3 = |1-a_1| + |a_1-a_2| + |a_2-a_3| + |a_3-6|$$

$$\geqq |1-a_1+a_1-a_2+a_2-a_3+a_3-6| = 5$$

等号が成り立つのは，$1-a_1$，a_1-a_2，a_2-a_3，a_3-6 に異符号のものがないときである。

$1-a_1 \leqq 0$，$a_3-6 \leqq 0$ であるから，等号が成り立つのは $a_1-a_2 \leqq 0$，$a_2-a_3 \leqq 0$

すなわち $a_1 \leqq a_2 \leqq a_3$ のときである。

(2)　① の左辺 $a_1-a_3+|a_1-a_2|+|a_2-a_3|$ について

(1) の [1] のとき　$a_1-a_3+|a_1-a_2|+|a_2-a_3| \geqq 0$

　　等号が成り立つのは　　　$a_1=a_2=a_3$

(1) の [2] のとき　$a_1-a_3+|a_1-a_2|+|a_2-a_3| \geqq 0$

　　等号が成り立つのは　　　$a_1=a_2<a_3$

(1) の [3] のとき　$a_1-a_3+|a_1-a_2|+|a_2-a_3| \geqq 0$

　　等号が成り立つのは　　　$a_1<a_2=a_3$

(1) の [4] のとき　$a_1-a_3+|a_1-a_2|+|a_2-a_3| = 0$

以上より　$a_1-a_3+|a_1-a_2|+|a_2-a_3| \geqq 0$

すなわち　　$|1-a_1|+|a_1-a_2|+|a_2-a_3|+|a_3-6| \geqq 5$

よって，$q_3=5$ であり，$K_3=q_3$ となるのは $a_1 \leqq a_2 \leqq a_3$ のときである。

このことから，$K_n \geqq 5$ であり，等号が成り立つのは $a_1 \leqq a_2 \leqq \cdots \leqq a_n$ のときであると推測できる。

数学的帰納法でこの推測が正しいことを示す。

「$K_n \geqq 5$，等号が成り立つのは $a_1 \leqq a_2 \leqq \cdots \leqq a_n$ のとき」を ② とする。

[1]　$n=2$ のとき

$$K_2=|1-a_1|+|a_1-a_2|+|a_2-6|$$
$$=a_1-1+|a_1-a_2|+6-a_2$$
$$=5+a_1-a_2+|a_1-a_2| \quad \cdots\cdots ③$$

$a_1 \leqq a_2$ のとき

$$5+a_1-a_2+|a_1-a_2|=5+a_1-a_2+a_2-a_1=5$$

$a_1 > a_2$ のとき

$$5+a_1-a_2+|a_1-a_2|=5+a_1-a_2+a_1-a_2=5+2(a_1-a_2)>5$$

以上より $K_2 \geqq 5$ であり，等号が成り立つのは $a_1 \leqq a_2$ のときである。

よって，$n=2$ のとき ② は成り立つ。

[2]　$n=k\,(k \geqq 2)$ のとき ② が成り立つ，すなわち $K_k \geqq 5$ が成り立ち，等号が成り立つのは $a_1 \leqq a_2 \leqq \cdots \leqq a_k$ のときであると仮定する。

　　このとき

$$K_{k+1}=|1-a_1|+|a_1-a_2|+\cdots\cdots+|a_{k-1}-a_k|+|a_k-a_{k+1}|+|a_{k+1}-6|$$
$$=|1-a_1|+|a_1-a_2|+\cdots\cdots+|a_{k-1}-a_k|$$
$$\qquad\qquad +|a_k-6|+|a_k-a_{k+1}|+|a_{k+1}-6|-|a_k-6|$$
$$=K_k+|a_k-a_{k+1}|+|a_{k+1}-6|-|a_k-6|$$
$$=K_k+|a_k-a_{k+1}|+6-a_{k+1}-(6-a_k)$$
$$=K_k+(a_k-a_{k+1})+|a_k-a_{k+1}|$$

ここで，③と同様に考えて $\qquad K_k+(a_k-a_{k+1})+|a_k-a_{k+1}|\geqq K_k$

であり，等号が成り立つのは $a_k\leqq a_{k+1}$ のときである。

また，仮定より $K_k\geqq 5$，等号が成り立つのは $a_1\leqq a_2\leqq\cdots\cdots\leqq a_k$ のときであるから

$\qquad K_{k+1}\geqq K_k\geqq 5$

等号が成り立つのは $a_k\leqq a_{k+1}$ かつ $a_1\leqq a_2\leqq\cdots\cdots\leqq a_k$ すなわち

$a_1\leqq a_2\leqq\cdots\cdots\leqq a_k\leqq a_{k+1}$ のときである。

したがって，$n=k+1$ のときにも ② は成り立つ。

[1]，[2] より，② は 2 以上のすべての自然数に対して成り立つ。

以上より $q_n=5$ であり，$K_n=q_n$ となるための必要十分条件は $a_1\leqq a_2\leqq\cdots\cdots\leqq a_n$ が成り立つことである。

$\boxed{\text{別解}}$ (1) の $\boxed{\text{別解}}$ と同様に考えて

$\qquad K_3\geqq|1-a_1+a_1-a_2+\cdots\cdots+a_n-6|=5$

等号が成り立つのは $a_1-a_2\leqq 0$，$a_2-a_3\leqq 0$，$\cdots\cdots$，$a_{n-1}-a_n\leqq 0$ すなわち

$a_1\leqq a_2\leqq\cdots\cdots\leqq a_n$ のときである。

(3) $n\geqq 4$ のとき，(2) より $\qquad L_n=K_n+|a_4-4|\geqq 5+|a_4-4|$

等号が成り立つのは $a_1\leqq a_2\leqq\cdots\cdots\leqq a_n$ が成り立つときである。

また，$|a_4-4|\geqq 0$ であり，等号が成り立つのは $a_4=4$ のときである。

よって，$L_n\geqq 5$ であり，等号が成り立つのは $a_1\leqq a_2\leqq\cdots\cdots\leqq a_n$ かつ $a_4=4$ が成り立つときである。

[1] $n=4$ のとき

$r_n=5$ であり，このとき $a_1\leqq a_2\leqq a_3\leqq a_4=4$ $\quad\cdots\cdots$ ④ が成り立つ。

ここで，④ を満たす a_1，a_2，a_3，a_4 の組の総数は，3 つの ○ と 3 つの | の順列の総数に等しい。

よって，$r_n=5$ となる確率は $\qquad \dfrac{{}_6C_3}{6^4}=\dfrac{20}{6^4}$

[2] $n\geqq 5$ のとき

$r_n=5$ であり，このとき $a_1\leqq a_2\leqq a_3\leqq a_4=4\leqq a_5\leqq\cdots\cdots\leqq a_n$ $\quad\cdots\cdots$ ⑤ が成り立つ。

⑤ を満たす a_1，a_2，$\cdots\cdots$，a_n の組の総数は，次の (i) と (ii) のそれぞれの総数の積である。

(i) a_1，a_2，a_3 の組の総数は，3 つの ○ と 3 つの | の順列の総数に等しいから

$\qquad {}_6C_3$ 通り

(ii) a_5，$\cdots\cdots$，a_n の組の総数は，$(n-4)$ つの ○ と 2 つの | の順列の総数に等しいから $\qquad {}_{n-2}C_2$ 通り

(i)，(ii) より，$r_n=5$ となる確率は $\qquad \dfrac{{}_6C_3\cdot{}_{n-2}C_2}{6^n}=\dfrac{10(n-2)(n-3)}{6^n}$

$n=4$ とすると $\dfrac{10\cdot 2\cdot 1}{6^4}=\dfrac{20}{6^4}$ より $n=4$ でも成り立つ。

[1]，[2] より，$L_n=r_n$ となる確率は $\qquad \dfrac{10(n-2)(n-3)}{6^n}$

99　$BD = x$ とする。

△ABD と △ACD にそれぞれ三平方の定理を
用いて

$$AD^2 = 5^2 - x^2 = 25 - x^2$$
$$AD^2 = (4\sqrt{5})^2 - (11 - x)^2 = -x^2 + 22x - 41$$

よって　　　$25 - x^2 = -x^2 + 22x - 41$

これを解いて　$x = 3$

したがって　　$BD = {}^{\mathcal{P}}3$

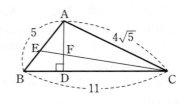

△ABD と直線 CE にメネラウスの定理を用いると

$$\frac{BC}{CD} \cdot \frac{DF}{FA} \cdot \frac{AE}{EB} = 1$$

よって　　$\dfrac{11}{11 - 3} \cdot \dfrac{DF}{FA} \cdot \dfrac{3}{2} = 1$

したがって，$\dfrac{33}{16} \cdot \dfrac{DF}{FA} = 1$ より　　$\dfrac{AF}{FD} = \dfrac{{}^{\mathcal{\prime}}33}{{}^{\mathcal{\dot{}}}16}$

ここで

$$\frac{\triangle AFC}{\triangle ADC} = \frac{AF}{AD} = \frac{33}{33 + 16} = \frac{33}{49}$$
$$\frac{\triangle ADC}{\triangle ABC} = \frac{DC}{BC} = \frac{11 - 3}{11} = \frac{8}{11}$$

であるから

$$T = \triangle AFC = \frac{33}{49}\triangle ADC = \frac{33}{49} \cdot \frac{8}{11}\triangle ABC = \frac{24}{49}S$$

よって　　$\dfrac{T}{S} = \dfrac{{}^{\mathcal{I}}24}{{}^{\mathcal{\dagger}}49}$

100　(1)　$x = r_1 + r_2$ とすると，右の図のように
なり，三平方の定理により

$$x^2 = (a - x)^2 + (b - x)^2$$

整理すると

$$x^2 - 2(a + b)x + a^2 + b^2 = 0 \quad \cdots\cdots ①$$

(2)　$x > 0$，$b - x > 0$ から　　$0 < x < b \quad \cdots\cdots ②$

2次方程式 ① を解くと

$$x = a + b \pm \sqrt{(a + b)^2 - (a^2 + b^2)}$$

すなわち　　$x = a + b \pm \sqrt{2ab}$

ここで，$0 < b \leqq a$ より $a + b + \sqrt{2ab} > b$ であるから，$x = a + b + \sqrt{2ab}$ は ② に反する。

$x = a + b - \sqrt{2ab}$ について，$0 < b \leqq a$ であるから

$$a + b - \sqrt{2ab} > a + b - 2\sqrt{ab} = (\sqrt{a} - \sqrt{b})^2 \geqq 0$$

また，$0 < a < 2b$ であるから　　$0 \leqq a^2 < 2ab$

よって　　$a<\sqrt{2ab}$

ゆえに，$0<a+b-\sqrt{2ab}<b$ となり ② を満たす。

したがって　　$r_1+r_2=x=a+b-\sqrt{2ab}$

(3)　(2)から　$r_2=a+b-\sqrt{2ab}-r_1$

よって

$$S=\pi r_1{}^2+\pi r_2{}^2=\pi(r_1{}^2+r_2{}^2)$$
$$=\pi\{r_1{}^2+(a+b-\sqrt{2ab}-r_1)^2\}$$
$$=\pi\{2r_1{}^2-2(a+b-\sqrt{2ab})r_1+(a+b-\sqrt{2ab})^2\}$$

(4)　(3)から　$S=2\pi\left(r_1-\dfrac{a+b-\sqrt{2ab}}{2}\right)^2+\dfrac{\pi}{2}(a+b-\sqrt{2ab})^2$

ここで，$0<2r_1<b$ より，r_1 のとりうる値の範囲は　　$0<r_1<\dfrac{b}{2}$

$0<a+b-\sqrt{2ab}<b$ であるから　　$0<\dfrac{a+b-\sqrt{2ab}}{2}<\dfrac{b}{2}$

よって，S は

$r_1=\dfrac{a+b-\sqrt{2ab}}{2}$ で最小値 $\dfrac{\pi}{2}(a+b-\sqrt{2ab})^2$ をとる。

101　(1)　AD は ∠A の二等分線であるから
　　BD：DC＝AB：AC＝5：13

よって　　$BD=\dfrac{5}{5+13}BC=\dfrac{5}{18}\times12=\dfrac{10}{3}$

△ABD において，三平方の定理により

$$AD^2=5^2+\left(\dfrac{10}{3}\right)^2=\dfrac{325}{9}$$

AD＞0 であるから　　$AD=\sqrt{\dfrac{325}{9}}=\dfrac{5\sqrt{13}}{3}$

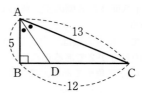

(2)　方べきの定理により
　　$DA\cdot DE=DB\cdot DC$

よって

$$\dfrac{5\sqrt{13}}{3}DE=\dfrac{10}{3}\cdot\left(12-\dfrac{10}{3}\right)$$

したがって

$$DE=\dfrac{4\sqrt{13}}{3}$$

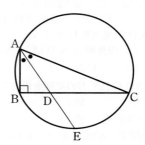

(3) △ADC と直線 BO にメネラウスの定理を

用いると　　$\dfrac{AP}{PD} \cdot \dfrac{DB}{BC} \cdot \dfrac{CO}{OA} = 1$

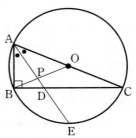

よって　　$\dfrac{AP}{PD} \cdot \dfrac{5}{5+13} \cdot \dfrac{1}{1} = 1$

すなわち　$\dfrac{AP}{PD} = \dfrac{18}{5}$

したがって　　AP : PD = 18 : 5

(4) △ABC の内接円の半径を r とすると

$$\triangle ABC = \frac{1}{2}r(5+12+13) = 15r$$

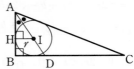

△ABC は直角三角形であるから

$$\triangle ABC = \frac{1}{2} \cdot 12 \cdot 5 = 30$$

よって　　$15r = 30$　　　すなわち　$r = 2$

ここで，△AHI∽△ABD であるから

$$AI : AD = HI : BD = 2 : \frac{10}{3} = 3 : 5$$

したがって　　AI : ID = 3 : (5−3) = 3 : 2

102　正八面体は 8 個の正三角形でできた右図のような立体
である。

よって　頂点の数は　　ᵃ6，辺の数は　　ⁱ12

1 辺の長さが 2 である正八面体の面は，すべて 1 辺の長さ
が 2 の正三角形である。この正三角形の面積は

$$\frac{1}{2} \cdot 2 \cdot \sqrt{3} = \sqrt{3}$$

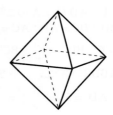

よって，正八面体の表面積は　$8 \times \sqrt{3} = $ ᵘ$8\sqrt{3}$

右図のように，正八面体の頂点を A，B，C，D，P，
Q とし，点 P から四角形 ABCD に下ろした垂線と
ABCD の交点を O とする。

ここで，四角形 ABCD は 1 辺の長さが 2 の正方形で
あるから　　$OA = \sqrt{2}$

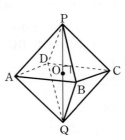

△PAO に三平方の定理を用いて　　$2^2 = PO^2 + (\sqrt{2})^2$

よって　　　　$PO^2 = 2$

PO > 0 から　　$PO = \sqrt{2}$

四角錐 P−ABCD と四角錐 Q−ABCD は合同であるから，求める正八面体の体積は

$$2 \times \frac{1}{3} \cdot 2 \cdot 2 \cdot \sqrt{2} = {}^{エ}\frac{8\sqrt{2}}{3}$$

103 (1) △ABF に三平方の定理を用いて

$$AF=\sqrt{1^2+1^2}=\sqrt{2}$$

△AFG に三平方の定理を用いて

$$AG=\sqrt{(\sqrt{2})^2+1^2}=\sqrt{3}$$

AP∥FG より △XAP∽△XGF であるから

$$AX:GX=AP:GF=p:1$$

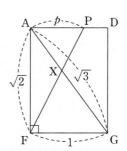

よって $\quad AX=\dfrac{p}{p+1}AG=\dfrac{\sqrt{3}\,p}{p+1}$

(2) PX:XF=$p:1$ であるから

$$\triangle APX=\frac{p}{p+1}\triangle APF=\frac{p}{p+1}\times\frac{1}{2}\cdot p\cdot\sqrt{2}=\frac{\sqrt{2}\,p^2}{2(p+1)}$$

(3) 線分 AF と線分 BE の交点を M とすると，M は BE の中点となるから

$$BM=EM=\frac{\sqrt{2}}{2}$$

また，点 X は四角形 ADGF 上の点であり，線分 BE は四角形 ADGF に垂直であるから，四面体 ABPX の底面を △APX とみたときの高さは線分 BM の長さに等しく，四面体 EFGX の底面を △GFX とみたときの高さは EM の長さに等しいから，いずれも $\dfrac{\sqrt{2}}{2}$ である。

△APX と △GFX の相似比は $p:1$ であるから，面積比は $p^2:1$ である。

したがって，求める体積の和 V は

$$V=\frac{1}{3}\cdot\frac{\sqrt{2}}{2}\triangle APX+\frac{1}{3}\cdot\frac{\sqrt{2}}{2}\cdot\frac{1}{p^2}\triangle APX$$

$$=\frac{\sqrt{2}\,(p^2+1)}{6p^2}\cdot\frac{\sqrt{2}\,p^2}{2(p+1)}=\frac{p^2+1}{6(p+1)}$$

(4) (3)から

$$V=\frac{p^2+1}{6(p+1)}=\frac{1}{6}\cdot\frac{(p+1)(p-1)+2}{p+1}$$

$$=\frac{1}{6}\Big(p-1+\frac{2}{p+1}\Big)=\frac{1}{6}\Big\{(p+1)+\frac{2}{p+1}-2\Big\}$$

$0<p\leqq1$ より，$p+1>0$ であるから，相加平均と相乗平均の大小関係により

$$(p+1)+\frac{2}{p+1}\geqq2\sqrt{(p+1)\cdot\frac{2}{p+1}}=2\sqrt{2}$$

等号が成り立つのは，$p+1=\dfrac{2}{p+1}$ のときである。

このとき $\quad(p+1)^2=2$

$p+1>0$ であるから

$$p+1=\sqrt{2}\qquad\text{すなわち}\quad p=\sqrt{2}-1$$

これは $0<p<1$ を満たす。

よって，V は $p=\sqrt{2}-1$ で最小となり，最小値は $\quad\dfrac{1}{6}(2\sqrt{2}-2)=\dfrac{\sqrt{2}-1}{3}$

104　直線 BC の方程式は　　$y-2=\dfrac{5-2}{2-6}(x-6)$

すなわち　　$3x+4y-26=0$

よって　　$AH=\dfrac{|-3-8-26|}{\sqrt{3^3+4^2}}=\dfrac{^{\text{ア}}37}{^{\text{イ}}5}$

また，$BC=5$ より，$\triangle ABC$ の面積は　　$\dfrac{1}{2}\cdot5\cdot\dfrac{37}{5}=\dfrac{^{\text{ウ}}37}{^{\text{エ}}2}$

105　(1)　点 P を直線 OA，すなわち x 軸に関して対称移動すると点 Q に移るから，
Q の座標は　　$(\alpha,\ -\beta)$
点 P を直線 OB，すなわち直線 $y=x$ に関して対称移動すると点 R に移るから，
R の座標は　　$(\beta,\ \alpha)$

(2)　P が直線 OA 上にないための条件は　　$\beta\neq0$
P が直線 OB 上にないための条件は　　$\alpha\neq\beta$
　　　$\beta\neq0$ かつ $\alpha\neq\beta$　……①
とおく。
①のもとで，直線 QR の方程式は

$$y-\alpha=\dfrac{\alpha+\beta}{\beta-\alpha}(x-\beta)\quad\cdots\cdots②$$

直線 OA と直線 QR が交点をもつための条件は

$$\dfrac{\alpha+\beta}{\beta-\alpha}\neq0$$

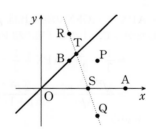

すなわち　$\alpha+\beta\neq0$　……③
このとき，②に $y=0$ を代入して

$$-\alpha=\dfrac{\alpha+\beta}{\beta-\alpha}(x-\beta)$$

$$-\alpha(\beta-\alpha)=(\alpha+\beta)(x-\beta)$$

$$(\alpha+\beta)x=\alpha^2+\beta^2$$

$$x=\dfrac{\alpha^2+\beta^2}{\alpha+\beta}$$

よって，S の座標は　　$\left(\dfrac{\alpha^2+\beta^2}{\alpha+\beta},\ 0\right)$

(3)　直線 OB と直線 QR が交点をもつための条件は

$$\dfrac{\alpha+\beta}{\beta-\alpha}\neq1$$

$$\alpha+\beta\neq\beta-\alpha$$

すなわち　　$\alpha\neq0$　……④
このとき，②に $y=x$ を代入して

$$x-\alpha=\dfrac{\alpha+\beta}{\beta-\alpha}(x-\beta)$$

$$(\beta-\alpha)(x-\alpha)=(\alpha+\beta)(x-\beta)$$

$$2\alpha x = \alpha^2 + \beta^2$$

$$x = \frac{\alpha^2 + \beta^2}{2\alpha}$$

よって，T の座標は $\left(\dfrac{\alpha^2 + \beta^2}{2\alpha}, \ \dfrac{\alpha^2 + \beta^2}{2\alpha} \right)$

(4) 直線 OA と直線 BS が垂直であるための条件は，B を通り直線 OA に垂直な直線 $x = 1$ 上に点 S があること，

すなわち $\dfrac{\alpha^2 + \beta^2}{\alpha + \beta} = 1$

$$\alpha^2 + \beta^2 = \alpha + \beta \quad \cdots\cdots ⑤$$

直線 OB と直線 AT が垂直であるための条件は，A を通り直線 OB に垂直な直線 $x + y = 3$ 上に点 T があること，

すなわち $\dfrac{\alpha^2 + \beta^2}{\alpha} = 3$

$$\alpha^2 + \beta^2 = 3\alpha \quad \cdots\cdots ⑥$$

⑤，⑥ から $3\alpha = \alpha + \beta$

すなわち $\beta = 2\alpha \quad \cdots\cdots ⑦$

⑦ を ⑥ に代入して $5\alpha^2 = 3\alpha$

④ から $\alpha = \dfrac{3}{5}$

これを ⑦ に代入して $\beta = \dfrac{6}{5}$

$\alpha = \dfrac{3}{5}$，$\beta = \dfrac{6}{5}$ は ①，③，④ をすべて満たす。

よって $\alpha = \dfrac{3}{5}$，$\beta = \dfrac{6}{5}$

106 (1) 直線 ℓ に関して，点 B と対称な点を B′ とする。

$a > 0$ より，点 A(0, a) と点 B(17, 20) は直線 ℓ に関して同じ側にある。

よって $AP + BP = AP + B'P \geqq AB'$

したがって，$AP + BP$ が最小となるのは，3 点 A，B′，P が一直線上に存在するときである。

このとき，線分 BB′ の中点を M とすると

$$\angle BPB' = 2\angle B'PM = 2\angle APO = 90° \quad \cdots\cdots ①$$

また，B′(b, c) とすると，BB′⊥ℓ より $\dfrac{c - 20}{b - 17} = -\dfrac{3}{2}$

すなわち $3b + 2c = 91 \quad \cdots\cdots ②$

M$\left(\dfrac{b + 17}{2}, \ \dfrac{c + 20}{2} \right)$ は ℓ 上にあるから $\dfrac{c + 20}{2} = \dfrac{2}{3} \cdot \dfrac{b + 17}{2}$

すなわち $2b - 3c = 26 \quad \cdots\cdots ③$

②，③ より $b = 25$，$c = 8$

よって　　　B′(25, 8)，M(21, 14)

① より　　　$BB'^2 = BP^2 + B'P^2$

$BP = B'P$ より　　　$BB'^2 = 2B'P^2$　……④

ℓ は P 上にあるから，$P\left(p, \dfrac{2}{3}p\right)$ $(p < 21)$ とおける。

④ より　　　$(25-17)^2 + (8-20)^2 = 2\left\{(25-p)^2 + \left(8 - \dfrac{2}{3}p\right)^2\right\}$

$$\dfrac{13}{9}p^2 - \dfrac{182}{3}p + 585 = 0$$

$$p^2 - 42p + 405 = 0$$

$$(p-15)(p-27) = 0$$

$p < 21$ より　　　$p = 15$

よって，P(15, 10) であるから，直線 BP の方程式は　　　$y - 10 = \dfrac{20-10}{17-15}(x-15)$

すなわち　　　$y = {}^{\mathcal{P}}5x - 65$

また，直線 B′P の方程式は　　　$y - 10 = \dfrac{8-10}{25-15}(x-15)$

すなわち　　　$y = -\dfrac{1}{5}x + 13$

これと y 軸の交点が A であるから　　　A(0, 13)

したがって

$$AP = \sqrt{(15-0)^2 + (10-13)^2} = 3\sqrt{26}$$
$$BP = \sqrt{(15-17)^2 + (10-20)^2} = 2\sqrt{26}$$
$$AB = \sqrt{(17-0)^2 + (20-13)^2} = 13\sqrt{2}$$

$AP \perp BP$ より，△ABP の内接円の半径を r とすると

$$\triangle ABP = \dfrac{1}{2}r(AP + BP + AB)$$

$$\dfrac{1}{2} \cdot 3\sqrt{26} \cdot 2\sqrt{26} = \dfrac{1}{2}r(3\sqrt{26} + 2\sqrt{26} + 13\sqrt{2})$$

よって　　　$r = \dfrac{{}^{\mathcal{A}}\,5\sqrt{26} - 13\sqrt{2}}{2}$

[別解]　直線 ℓ と x 軸の正の方向のなす角を α とすると，$\tan\alpha = \dfrac{2}{3}$ であるから

$$\tan(\alpha + 45°) = \dfrac{\tan\alpha + \tan 45°}{1 - \tan\alpha\tan 45°} = \dfrac{\dfrac{2}{3} + 1}{1 - \dfrac{2}{3}} = 5$$

よって，直線 BP の方程式は　　　$y - 20 = 5(x - 17)$

すなわち　　　$y = 5x - 65$　……①

これと，直線 ℓ の交点が P であるから　　　P(15, 10)

2直線 AP，BP は直交するから，直線 AP の傾きは $-\dfrac{1}{5}$

よって，直線 AP の方程式は $y-10=-\dfrac{1}{5}(x-15)$

すなわち $y=-\dfrac{1}{5}x+13$

ゆえに A(0，13) （以降は本解と同様）

107 求める円の半径を r とすると，2直線 $x=0$，$y=0$ に接することから，円の中心の座標は $(r，r)$ となる。点 $(r，r)$ と直線 $y=-2x+2$ すなわち $2x+y-2=0$ との距離が r であるから

$$r=\dfrac{|2r+r-2|}{\sqrt{2^2+1^2}}$$
$$\sqrt{5}\,r=|3r-2|$$
$$3r-2=\pm\sqrt{5}\,r$$
$$r=\dfrac{2}{3\pm\sqrt{5}}$$

よって $r=\dfrac{3\pm\sqrt{5}}{2}$

右の図より，求める半径は

$$r=\dfrac{3-\sqrt{5}}{2}$$

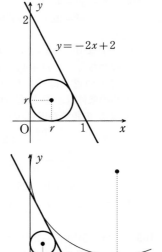

108 円 $x^2+y^2-4=0$ は，中心が $(0，0)$，半径が2である。

また，$x^2+y^2-2ax-8y+16=0$ について，$(x-a)^2+(y-4)^2=a^2$ であるから，この方程式が円を表すための条件は $a^2>0$

すなわち $a\neq0$

この条件のもとで，この円は中心が $(a，4)$，半径が $|a|$ である。

2つの円の中心間の距離は $\sqrt{a^2+16}$

[1] $a>0$ のとき

2つの円が異なる2点で交わるのは

$$|2-a|<\sqrt{a^2+16}<2+a$$
$$a^2-4a+4<a^2+16<a^2+4a+4$$
$$-4a<12<4a$$
$$a>3 \quad \text{これは } a>0 \text{ を満たす。}$$

[2]　$a<0$ のとき

2つの円が異なる2点で交わるのは

$$|2-(-a)|<\sqrt{a^2+16}<2+(-a)$$
$$a^2+4a+4<a^2+16<a^2-4a+4$$
$$4a<12<-4a$$
$$a<-3 \quad これは a<0 を満たす。$$

[1]，[2] より，a のとりうる値の範囲は　　$a<{}^{ア}-3$ または $a>{}^{イ}3$

[別解]　$x^2+y^2-4=0$　　　　……①

　　　　$x^2+y^2-2ax-8y+16=0$　……②

とおく。

②－① より　　$4-2ax-8y+16=0$

すなわち　　$ax+4y-10=0$　……③

「① かつ ②」は「① かつ ③」と同値であるから，① と ② の共有点が2個である

ための条件は，① と ③ の共有点が2個であること，すなわち円 ① の中心 $(0,\ 0)$ と

直線 ③ の距離が円 ① の半径2より小さいことである。

よって　　　$\dfrac{|-10|}{\sqrt{a^2+16}}<2$

$$\sqrt{a^2+16}>5$$
$$a^2+16>25$$

したがって　　$a<{}^{ア}-3$ または $a>{}^{イ}3$

109　円 $(x-3)^2+(y-2)^2=r^2$ は，中心が $(3,\ 2)$ で半径が r である。

よって，円 C の中心 P は　　$({}^{ア}3+k,\ {}^{イ}2+2k)$

また，点 P と P′ の距離 d は

$$d=\sqrt{(3+k-2k)^2+(2+2k-2k)^2}$$
$$=\sqrt{(3-k)^2+2^2}=\sqrt{{}^{ウ}k^2-6k+13}$$

$r=4$ のとき，円 C は中心が $(3+k,\ 2+2k)$，半径が4であり，円 C' は中心が

$(2k,\ 2k)$，半径が1である。

よって，円 C' が円 C の内部にあるとき

$$\sqrt{k^2-6k+13}<4-1$$
$$k^2-6k+4<0$$

よって，求める k の値の範囲は　　${}^{エ}3-\sqrt{5}<k<{}^{オ}3+\sqrt{5}$

110　$x^2+y^2-2x+6y-1=0$ について，$(x-1)^2+(y+3)^2=11$ より，円 C の中心 A が

$({}^{ア}1,\ {}^{イ}-3)$，半径が ${}^{ウ}\sqrt{11}$ である。

円 C が直線 ℓ と共有する 2 点のうち，1 点を B とし，直線 ℓ に A から垂線 AH を引く。

$\ell : mx - y = 0$ であるから

$$\mathrm{AH} = \frac{|m+3|}{\sqrt{m^2+1}} \quad \cdots\cdots ①$$

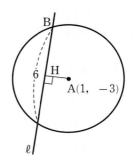

$\triangle$ABH は直角三角形であり，

$\mathrm{AB} = \sqrt{11}$，$\mathrm{BH} = \dfrac{6}{2} = 3$ であるから

$$\mathrm{AH} = \sqrt{(\sqrt{11})^2 - 3^2} = \sqrt{2} \quad \cdots\cdots ②$$

①，② より

$$\frac{|m+3|}{\sqrt{m^2+1}} = \sqrt{2}$$

$$2(m^2+1) = (m+3)^2$$

$$m^2 - 6m - 7 = 0$$

$$(m+1)(m-7) = 0$$

これを解いて $\quad m = -1,\ 7$

$m > 0$ より $\quad m = {}^{エ}7$

ℓ の傾きが 7 であることから，点 A を通り直線 ℓ に垂直な直線の方程式は

$$y - (-3) = -\frac{1}{7}(x-1) \qquad \text{すなわち} \qquad y = {}^{オ}-\frac{1}{7}x - \frac{20}{7}$$

111 直線 AB の傾きは $\quad \dfrac{-1-2}{3-1} = -\dfrac{3}{2}$

線分 AB の中点の座標は $\quad \left(\dfrac{1+3}{2},\ \dfrac{2-1}{2} \right)$

すなわち $\quad \left(2,\ \dfrac{1}{2} \right)$

よって，線分 AB の垂直二等分線の方程式は

$$y - \frac{1}{2} = \frac{2}{3}(x-2)$$

すなわち $\quad y = \dfrac{2}{3}x - \dfrac{5}{6} \quad \cdots\cdots ①$

直線 ① と y 軸との交点が C であるから

$$\mathrm{C}\left(0,\ -\frac{{}^{ア}5}{{}^{イ}6} \right)$$

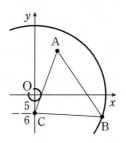

点 P が $\triangle$ABC 上を動くとき，中心が原点 O で半径が OP の円を考える。

$\mathrm{OA} = \sqrt{5}$，$\mathrm{OB} = \sqrt{10}$，$\mathrm{OC} = \dfrac{5}{6}$ より，OP が最大となるのは，点 P が点 B と一致するときである。

よって，OP の最大値は $\quad \sqrt{3^2 + (-1)^2} = \sqrt{{}^{ウ}10}$

また，図より，円と直線 AC は辺 AC 上の点で接する。

よって，OPが最小となるのは，円が直線ACと接するときである。
このとき，OPはOと直線ACの距離と等しい。

直線ACの方程式は　　$y-\left(-\dfrac{5}{6}\right)=\dfrac{-\dfrac{5}{6}-2}{0-1}(x-0)$

$$y=\dfrac{17}{6}x-\dfrac{5}{6}$$

すなわち　　$17x-6y-5=0$

よって，OPの最小値は　　$\dfrac{|-5|}{\sqrt{17^2+(-6)^2}}=\dfrac{5}{\sqrt{325}}=\dfrac{{}^{エ}1}{\sqrt{{}^{オ}13}}$

線分ACの中点の座標は　　$\left(\dfrac{1+0}{2},\ \dfrac{2-\dfrac{5}{6}}{2}\right)$

すなわち　　$\left(\dfrac{1}{2},\ \dfrac{7}{12}\right)$

よって，線分ACの垂直二等分線の方程式は　　$y-\dfrac{7}{12}=-\dfrac{6}{17}\left(x-\dfrac{1}{2}\right)$

すなわち　　$y=-\dfrac{6}{17}x+\dfrac{155}{204}$　……②

△ABCの外接円の中心は，2直線①，②の交点であるから，そのx座標は

$$\dfrac{2}{3}x-\dfrac{5}{6}=-\dfrac{6}{17}x+\dfrac{155}{204}$$

$$\dfrac{52}{51}x=\dfrac{325}{204}$$

よって　　$x=\dfrac{{}^{カ}25}{{}^{キ}16}$

---

112 (1)　$x^2+y^2-6x-8y+21=0$ より $(x-3)^2+(y-4)^2=4$ であるから，円 C_1 の中心 O_1 の座標は$({}^{ア}3,\ {}^{イ}4)$，半径は${}^{ウ}2$である。

(2)　2つの円 C_1，C_2 の中心間の距離は　　$\sqrt{3^2+4^2}=5$

よって，C_1，C_2 が共有点をもつのは　　$|2-r|\leqq 5\leqq 2+r$

すなわち　　${}^{エ}3\leqq r\leqq {}^{オ}7$

特に，$r=3$ のとき，2つの円 C_1，C_2 は外接する。

接点は，直線 $y=\dfrac{4}{3}x$ と円 C_2 の交点である。

接点の x 座標は　　$x^2+\left(\dfrac{4}{3}x\right)^2=9$

$$\left(\dfrac{5}{3}x\right)^2=9$$

$x>0$ より　　$\dfrac{5}{3}x=3$　　　　すなわち　　$x=\dfrac{9}{5}$

接点の y 座標は $\quad y=\dfrac{4}{3}\cdot\dfrac{9}{5}=\dfrac{12}{5}$

よって，接点の座標は $\quad\left(\dfrac{^{カ}9}{^{キ}5},\ \dfrac{^{ク}12}{^{ケ}5}\right)$

(3) 円 C_2 が円 C_1 の中心 $(3,\ 4)$ を通るとき $\quad 3^2+4^2=r^2$

$r>0$ より $\quad r={}^{コ}5$

このとき，$(x^2+y^2-25)-(x^2+y^2-6x-8y+21)=0$ は 2 つの円 C_1，C_2 の 2 つの交点を通る直線である。

整理すると $\quad 6x+8y-46=0$

すなわち $\quad 3x+{}^{サ}4y={}^{シ}23$

右の図より，四角形 $\mathrm{OPO_1Q}$ の面積は

$\dfrac{1}{2}\mathrm{OO_1}\cdot\mathrm{PQ}$

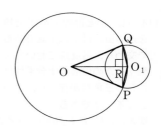

2 直線 $\mathrm{OO_1}$，PQ の交点を R とすると

$\mathrm{PQ}=2\mathrm{PR}$，$\mathrm{PR}=\sqrt{\mathrm{OP}^2-\mathrm{OR}^2}$

OR は点 O と直線 $\mathrm{PQ}:3x+4y-23=0$ の距離であるから $\quad\mathrm{OR}=\dfrac{|23|}{\sqrt{3^2+4^2}}=\dfrac{23}{5}$

$\mathrm{OP}=5$ であるから $\quad\mathrm{PR}=\sqrt{5^2-\left(\dfrac{23}{5}\right)^2}=\dfrac{4\sqrt{6}}{5}$

よって $\quad\mathrm{PQ}=\dfrac{8\sqrt{6}}{5}$

$\mathrm{OO_1}=5$ であるから，四角形 $\mathrm{OPO_1Q}$ の面積は $\quad\dfrac{1}{2}\cdot5\cdot\dfrac{8\sqrt{6}}{5}={}^{ス}4\sqrt{{}^{セ}6}$

113 円 C の方程式は $\quad x^2+(y-2)^2=4$

よって，$\mathrm{P}(s,\ t)$ とおくと $\quad s^2+(t-2)^2=4$ ……①

また，線分 AP を $1:2$ に外分する点を $\mathrm{Q}(X,\ Y)$ とおくと

$X=\dfrac{-2\cdot0+1\cdot s}{1-2}=-s$，$Y=\dfrac{-2\cdot5+1\cdot t}{1-2}=10-t$

すなわち $\quad s=-X,\ t=10-Y$

これらを ① に代入すると $\quad (-X)^2+(10-Y-2)^2=4$

すなわち $\quad X^2+(Y-8)^2=4$

よって，点 Q の軌跡は円 $x^2+(y-8)^2=4$ ……② であり，中心 $\mathrm{B}(0,\ 8)$，半径 2 の円である。

$y=2x+6$ より　　$2x-y+6=0$　……③
点 B と直線 ③ の距離を d とすると

$$d=\frac{|-8+6|}{\sqrt{2^2+(-1)^2}}=\frac{2}{\sqrt{5}}$$

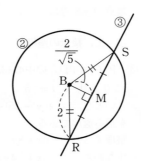

$d<2$ であるから，円 ② と直線 ③ は異なる 2 点で交わる。
これらを R，S とし，線分 RS の中点を M とすると

$$RM=\sqrt{2^2-\left(\frac{2}{\sqrt{5}}\right)^2}=\frac{4\sqrt{5}}{5}$$

よって，求める長さは　　$RS=2RM=\dfrac{8\sqrt{5}}{5}$

114　(1)　円と直線 ℓ が T で接するとき，円の中心と T
を通る直線は ℓ に垂直である。よって，C_1，C_2 が 2 点
で交わり，各交点において 2 つの円の接線が互いに直
交するための必要十分条件は，r_1，r_2，d を 3 辺の長さ
にもつ三角形が存在し，かつ r_1，r_2 をはさむ角が 90°
となることである。

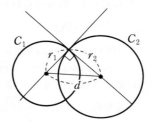

ゆえに，C_1 と C_2 が直交するための必要十分条件は

$$r_1{}^2+r_2{}^2=d^2$$

(2)　C_1 と C_2 のいずれにも直交する円の中心を $(x,\ y)$，半径を r とおき，この円の中心と
C_1 の中心，C_2 の中心の間の距離をそれぞれ d_1，d_2 とおく。

このとき，(1) の結果から

$$\begin{cases}r_1{}^2+r^2=d_1{}^2 & \cdots\cdots ① \\ r_2{}^2+r^2=d_2{}^2 & \cdots\cdots ②\end{cases}$$

①－② から

$$r_1{}^2-r_2{}^2=d_1{}^2-d_2{}^2$$

ここで，$d_1{}^2=x^2+y^2$，$d_2{}^2=(x-p)^2+y^2$ より

$$d_1{}^2-d_2{}^2=(x^2+y^2)-\{(x-p)^2+y^2\}=2px-p^2$$

よって　　$r_1{}^2-r_2{}^2=2px-p^2$

$p>r_1+r_2$，$r_1>0$，$r_2>0$ より，$p>0$ であるから　　$x=\dfrac{r_1{}^2-r_2{}^2+p^2}{2p}$

よって，C_1 と C_2 のいずれにも直交する円の中心は，直線 $x=\dfrac{r_1{}^2-r_2{}^2+p^2}{2p}$ 上にある。

逆に，直線 $x=\dfrac{r_1{}^2-r_2{}^2+p^2}{2p}$ 上の点 $(x,\ y)$ に対して

$$x-r_1=\frac{r_1{}^2-r_2{}^2+p^2}{2p}-r_1=\frac{(r_1-p)^2-r_2{}^2}{2p}$$

$$=\frac{(r_1+r_2-p)(r_1-r_2-p)}{2p}>0$$

よって $x > r_1 > 0$

ゆえに，$x^2 + y^2 - r_1{}^2 > 0$ であるから，① すなわち $r_1{}^2 + r^2 = x^2 + y^2$ を満たす $r > 0$ が存在する。

② についても同様である。

したがって，求める軌跡は，直線 $x = \dfrac{r_1{}^2 - r_2{}^2 + p^2}{2p}$ である。

(3) 互いに外部にある 3 つの円を
$$C_1 : x^2 + y^2 = r_1{}^2, \quad C_2 : (x-p)^2 + y^2 = r_2{}^2, \quad C_3 : (x-q)^2 + (y-r)^2 = r_3{}^2$$
とおいても一般性を失わない。

このとき，C_1 と C_2 のいずれにも直交する円の中心を $(x_1,\ y_1)$，半径を R_1 とすると (2) の結果より
$$\begin{cases} x_1{}^2 + y_1{}^2 = r_1{}^2 + R_1{}^2 \\ (x_1 - p)^2 + y_1{}^2 = r_2{}^2 + R_1{}^2 \end{cases} \quad \cdots\cdots (A)$$
を満たし，円の中心は
$$直線 \quad 2px = r_1{}^2 - r_2{}^2 + p^2 \quad \cdots\cdots ①$$
上にある。

同様にして，C_2 と C_3 のいずれにも直交する円の中心を $(x_2,\ y_2)$，半径を R_2 とすると
$$\begin{cases} (x_2 - p)^2 + y_2{}^2 = r_2{}^2 + R_2{}^2 \\ (x_2 - q)^2 + (y_2 - r)^2 = r_3{}^2 + R_2{}^2 \end{cases} \quad \cdots\cdots (B)$$
を満たし，C_2 と C_3 のいずれにも直交する円の中心は，
$$直線 \quad 2(q-p)x + 2ry = r_2{}^2 - r_3{}^2 - p^2 + q^2 + r^2 \quad \cdots\cdots ②$$
上にあり，C_3 と C_1 のいずれにも直交する円の中心を $(x_3,\ y_3)$，半径を R_3 とすると
$$\begin{cases} x_3{}^2 + y_3{}^2 = r_1{}^2 + R_3{}^2 \\ (x_3 - q)^2 + (y_3 - r)^2 = r_3{}^2 + R_3{}^2 \end{cases} \quad \cdots\cdots (C)$$
を満たし，C_3 と C_1 のいずれにも直交する円の中心は
$$直線 \quad 2qx + 2ry = r_1{}^2 - r_3{}^2 + q^2 + r^2 \quad \cdots\cdots ③$$
上にある。

3 つの円の中心は一直線上にないから，①，②，③ は互いに平行ではない。

よって，① と ② は交点をもつから，それを $(\alpha,\ \beta)$ とすると
$$\begin{cases} 2p\alpha = r_1{}^2 - r_2{}^2 + p^2 \quad \cdots\cdots ④ \\ 2(q-p)\alpha + 2r\beta = r_2{}^2 - r_3{}^2 - p^2 + q^2 + r^2 \quad \cdots\cdots ⑤ \end{cases}$$

④＋⑤ より $\quad 2q\alpha + 2r\beta = r_1{}^2 - r_3{}^2 + q^2 + r^2$

これは，点 $(\alpha,\ \beta)$ が直線 ③ 上にあることを示している。

したがって，3 直線 ①，②，③ は 1 点で交わる。

さらに，C_1 と C_2 のいずれにも直交する円，C_2 と C_3 のいずれにも直交する円，C_3 と C_1 のいずれにも直交する円の中心がいずれも $(\alpha,\ \beta)$ のとき，(A)，(B)，(C) から

$$\begin{cases} \alpha^2 + \beta^2 = r_1{}^2 + R_1{}^2 \\ (\alpha - p)^2 + \beta^2 = r_2{}^2 + R_1{}^2 \\ (\alpha - p)^2 + \beta^2 = r_2{}^2 + R_2{}^2 \\ (\alpha - q)^2 + (\beta - r)^2 = r_3{}^2 + R_2{}^2 \\ \alpha^2 + \beta^2 = r_1{}^2 + R_3{}^2 \\ (\alpha - q)^2 + (\beta - r)^2 = r_3{}^2 + R_3{}^2 \end{cases}$$

これより　　　$R_1 = R_2 = R_3$

ゆえに，3つの円のいずれにも直交する円がただ1つ存在する。

115　2直線 $x + 2y - 8 = 0$ と $3x + y - 9 = 0$ の交点の座標は　　　(2, 3)

よって，領域 D は右の図の斜線部分である。ただし，境界線を含む。

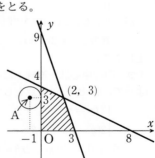

(1) $x + y = k$　……① とおくと　　$y = -x + k$

これは傾き -1，y 切片 k の直線を表す。

この直線が領域 D と共有点をもつとき，y 切片 k が最大となるのは，直線 ① が $(2, 3)$ を通るときである。

よって，$x + y$ は

　　$(x, y) = ({}^{\text{ア}}2, {}^{\text{イ}}3)$ のとき最大値 ${}^{\text{ウ}}5$ をとる。

(2) $-x + y = m$　……② とおくと　　$y = x + m$

これは傾き 1，y 切片 m の直線を表す。

この直線が領域 D と共有点をもつとき，y 切片 m が最大となるのは，直線 ② が $(0, 4)$ を通るときである。

よって，$-x + y$ は $(x, y) = ({}^{\text{エ}}0, {}^{\text{オ}}4)$ のとき最大値 ${}^{\text{カ}}4$ をとる。

(3) $x^2 + y^2 + 2x - 6y = (x + 1)^2 + (y - 3)^2 - 10$

$A(-1, 3)$，$P(x, y)$ とおき，

　　$(x + 1)^2 + (y - 3)^2 = AP^2$　……③

を考える。

これは，中心が A，半径が AP の円を表す。

AP が最小となるのは，円 ③ が y 軸と接するときで，接点の座標は $(0, 3)$ であり，$AP = 1$ である。

AP が最小のとき，$x^2 + y^2 + 2x - 6y$ も最小となる。

よって，$x^2 + y^2 + 2x - 6y$ は $(x, y) = ({}^{\text{キ}}0, {}^{\text{ク}}3)$ のとき最小値 $AP^2 - 10 = 1 - 10 = {}^{\text{ケ}}-9$ をとる。

116 連立不等式の表す領域は右の図の斜線部分である。

ただし，境界線を含む。

$x-2y=k$ ……① とおくと

$$y=\frac{1}{2}x-\frac{1}{2}k$$

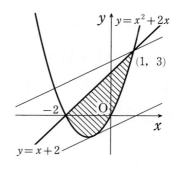

これは傾き $\frac{1}{2}$，y 切片 $-\frac{1}{2}k$ の直線を表す。

直線 ① と領域が共有点をもつとき，k が最小となるのは，y 切片 $-\frac{1}{2}k$ が最大のときで，直線 ① が点 $(1,\ 3)$ を通るときである。

このとき，$1-2\cdot3=k$ より $k={}^{ア}-5$

k が最大となるのは，y 切片 $-\frac{1}{2}k$ が最小のときで，放物線 $y=x^2+2x$ に接するときである。

このとき，2次方程式 $x^2+2x=\frac{1}{2}x-\frac{1}{2}k$ の判別式は0である。

$x^2+2x=\frac{1}{2}x-\frac{1}{2}k$ を整理すると $2x^2+3x+k=0$

判別式は $3^2-4\cdot2k=9-8k$ であるから $k={}^{イ}\dfrac{9}{8}$

次に，点 $(-2,\ 1)$ を中心とし，点 $\mathrm{P}(x,\ y)$ を通る円の半径が最小となるのは，円が直線 $y=x+2$ と接するときである。

接点は2直線 $y=x+2$，$y-1=-(x+2)$ の交点であるから

$$(x,\ y)={}^{ウ}\left(-\frac{3}{2},\ \frac{1}{2}\right)$$

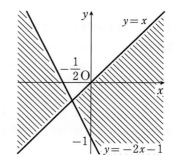

117 (1) $y^2+xy+y-2x^2-x$

$\qquad = y^2+(x+1)y-x(2x+1)$

$\qquad = (y-x)(y+2x+1)$

よって，$y^2+xy+y-2x^2-x<0$ のとき

$$\begin{cases} y-x>0 \\ y+2x+1<0 \end{cases} \text{または} \begin{cases} y-x<0 \\ y+2x+1>0 \end{cases}$$

求める領域は右の図の斜線部分である。

ただし，境界線を含まない。

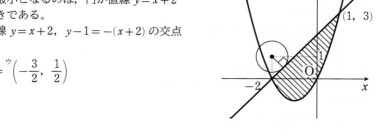

(2)　$x^2-2x+y^2+y+\dfrac{5}{4}-r^2=0$　……① について

$$(x-1)^2+\left(y+\dfrac{1}{2}\right)^2=r^2$$

よって，① は中心 $\left(1,\ -\dfrac{1}{2}\right)$，半径 r の円を表す。

点 $\left(1,\ -\dfrac{1}{2}\right)$ と直線 $-x+y=0$ の距離は

$$\dfrac{\left|-1-\dfrac{1}{2}\right|}{\sqrt{(-1)^2+1^2}}=\dfrac{3\sqrt{2}}{4}$$

点 $\left(1,\ -\dfrac{1}{2}\right)$ と直線 $2x+y+1=0$ の距離は　$\dfrac{\left|2\cdot1-\dfrac{1}{2}+1\right|}{\sqrt{2^2+1^2}}=\dfrac{\sqrt{5}}{2}$

$3\sqrt{2}=\sqrt{18}$，$2\sqrt{5}=\sqrt{20}$ より $\dfrac{3\sqrt{2}}{4}<\dfrac{\sqrt{5}}{2}$ であるから，円 ① の内部が (1) で求めた

領域に含まれるとき，r のとりうる値の範囲は　　$0<r\leqq\dfrac{3\sqrt{2}}{4}$

118　$y=x^2$ より　　$y'=2x$

放物線 C_1 上の点 $(a,\ a^2)$ における接線の方程式は

$$y-a^2=2a(x-a)\qquad すなわち\qquad y=2ax-a^2$$

これが放物線 C_2 上の点 $\mathrm{T}(t,\ t^2-k^2)$ を通るから　　$t^2-k^2=2at-a^2$

これを変形すると

$$a^2-2ta+(t+k)(t-k)=0$$
$$(a-t-k)(a-t+k)=0$$

よって　　$a=t+k,\ t-k$

$k>0$ より　　$\mathrm{A}(t-k,\ (t-k)^2)$，$\mathrm{B}(t+k,\ (t+k)^2)$

$\mathrm{M}(X,\ Y)$ とおくと

$$X=\dfrac{(t-k)+(t+k)}{2}=t,\ Y=\dfrac{(t-k)^2+(t+k)^2}{2}=t^2+k^2$$

この 2 式から t を消去すると　　$Y=X^2+k^2$

よって，M の軌跡 C_3 の方程式は　　${}^{ア}y=x^2+k^2$

$3x^2+2xy-y^2+2x+2y\leqq0$ について

$$3x^2+2(y+1)x-y(y-2)\leqq0$$
$$(x+y)(3x-y+2)\leqq0$$

よって　　$\begin{cases}y\leqq-x\\y\leqq3x+2\end{cases}$ または $\begin{cases}y\geqq-x\\y\geqq3x+2\end{cases}$

直線 $y=3x+2$ と放物線 C_3 が接するときを考える。

$$x^2 + k^2 = 3x + 2$$
$$x^2 - 3x + k^2 - 2 = 0$$

この 2 次方程式の判別式を D とすると

$$D = (-3)^2 - 4(k^2 - 2) = -4k^2 + 17$$

$D = 0$ であればよいから，$k > 0$ に注意すると

$$k = \frac{\sqrt{17}}{2}$$

よって，右の図より求める k の値の範囲は

$$k \geqq \frac{\sqrt{17}}{2}$$

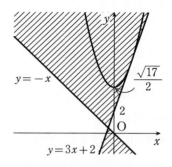

119 $y = x^2$, $x^2 + (y - s)^2 = r^2$ $(r > 0,\ s > 0)$ から x を消去して整理すると

$$y^2 + (1 - 2s)y + s^2 - r^2 = 0 \quad \cdots\cdots ①$$

放物線と円の共有点の y 座標は，① の 0 以上の解である。

$y = k$ が方程式 ① の 0 以上の解であるとする。

$k = x^2$ より，$k > 0$ のときは y 座標が k である共有点は 2 つであり，$k = 0$ のときは y 座標が 0 である共有点は 1 つである。

① の左辺を $f(y)$ とおくと　　$f(y) = \left(y + \dfrac{1 - 2s}{2}\right)^2 + s - r^2 - \dfrac{1}{4}$

(1) N が奇数となるのは，① が $y = 0$ を解にもつときである。

$y = 0$ が ① の解であるとき，$f(0) = 0$ である。

$f(0) = s^2 - r^2 = (s + r)(s - r)$ より　　$(s + r)(s - r) = 0$

$r > 0,\ s > 0$ より　　$s = r$

よって，N が奇数であるような (r, s) の範囲を rs 平面上に図示すると右の図のようになる。

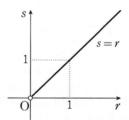

(2) $N = 2$ となるのは，① が 0 より大きい解をただ 1 つもつときで，次の [1], [2] の場合がある。

[1] ① が 0 より大きい重解をもつとき

① が重解をもつから　　$s - r^2 - \dfrac{1}{4} = 0$

すなわち　　$s = r^2 + \dfrac{1}{4}$

このとき，重解は $y = \dfrac{2s - 1}{2}$ より　　$s > \dfrac{1}{2}$

したがって，(r, s) の範囲は　　$s = r^2 + \dfrac{1}{4},\ s > \dfrac{1}{2}$

[2]　① が 0 より大きい解と 0 より小さい解を 1 つずつもつとき

$f(0) < 0$ である。

$f(0) = s^2 - r^2$ であるから　　$s^2 - r^2 < 0$

すなわち　　$(s+r)(s-r) < 0$

$r > 0$, $s > 0$ より　　$s < r$

$s < r$ は $s < r^2 + \dfrac{1}{4}$ に含まれるから，(r, s) の範囲は　　$s < r$

[1]，[2] より，$N = 2$ であるような (r, s) の範囲を rs
平面上に図示すると，放物線 $s = r^2 + \dfrac{1}{4}$ の $r > \dfrac{1}{2}$ の
部分と右の図の斜線部分の和集合になる。ただし，
斜線部分の境界線を含まない。

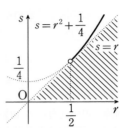

(3)　$N = 0$ となるのは，① が 0 以上の実数解をもたないときで，次の [1]，[2] の場合がある。

[1]　① が実数解をもたないとき

$$s - r^2 - \frac{1}{4} > 0 \qquad\text{すなわち}\qquad s > r^2 + \frac{1}{4}$$

[2]　① が 2 つの 0 より小さい解をもつとき

次の (i) ～ (iii) を同時に満たす。

(i)　$s - r^2 - \dfrac{1}{4} \leqq 0$　　　　　すなわち　　$s \leqq r^2 + \dfrac{1}{4}$

(ii)　$\dfrac{2s - 1}{2} < 0$　　　　　すなわち　　$s < \dfrac{1}{2}$

(iii)　$f(0) > 0$　　　　　すなわち　　$(s+r)(s-r) > 0$

$r > 0$, $s > 0$ より　　$s > r$

[1]，[2] より，$N = 0$ であるような (r, s) の範囲を rs
平面上に図示すると右の図のようになる。ただし，
境界線を含まない。

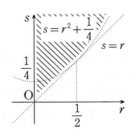

120　(1)　L 上にない格子点の座標を (a, b) とおく。

点 (a, b) と L の距離は　　$\dfrac{|15a + 28b|}{\sqrt{15^2 + 28^2}} = \dfrac{|15a + 28b|}{\sqrt{1009}}$　……①

a, b はともに整数で，$15a + 28b \neq 0$ である。

よって，$|15a + 28b|$ は 1 以上の整数である。

$15 \times (-13) + 28 \times 7 = 1$

から，$(a,\ b) = (-13,\ 7)$ のとき $|15a + 28b| = 1$ である。

よって，$|15a + 28b|$ の最小値は 1 であるから，① の最小値は $\dfrac{1}{\sqrt{1009}}$

(2) ① の値が $\dfrac{1}{\sqrt{1009}}$ となるのは，$15a + 28b = \pm 1$ のときである。

$15a + 28b = 1$ となる整数 $a,\ b$ について

$15(a + 13) + 28(b - 7) = 0$

$15(a + 13) = -28(b - 7)$

よって，$15(a + 13)$ は 28 の倍数である。

これと 15，28 が互いに素であることから，$a + 13$ は 28 の倍数となり

$a + 13 = 28k$　（k は整数）

と表される。

このとき，$b - 7 = -15k$ となり

$(a,\ b) = (28k - 13,\ -15k + 7)$　（k は整数）

である。

$f(k) = |a| + |b|$ とおく。

[1]　$k \geqq 1$ のとき

$f(k) = (28k - 13) - (-15k + 7) = 43k - 20$

よって，$f(k)$ は $k = 1$ のとき最小値 23 をとる。

[2]　$k \leqq 0$ のとき

$f(k) = -(28k - 13) + (-15k + 7) = -43k + 20$

よって，$f(k)$ は $k = 0$ のとき最小値 20 をとる。

[1]，[2] より，$|a| + |b|$ の最小値を与える $(a,\ b)$ は

$k = 0$ のときで　　$(a,\ b) = (-13,\ 7)$

$15a + 28b = -1$ となる整数 $a,\ b$ について

$a' = -a,\quad b' = -b$

とおくと，$a',\ b'$ はともに整数で $15a' + 28b' = 1$ を満たす。

$|a| + |b| = |a'| + |b'|$ で，これの最小値を与える $(a,\ b)$ は　　$(a',\ b') = (-13,\ 7)$

すなわち　　$(a,\ b) = (13,\ -7)$

よって，求める組は　　$(-13,\ 7),\ (13,\ -7)$

121 (1)　$\sin^6 \theta + \cos^6 \theta = (\sin^2 \theta + \cos^2 \theta)^3 - 3\sin^2 \theta \cos^2 \theta (\sin^2 \theta + \cos^2 \theta)$

$$= 1^3 - 3 \cdot \left(\dfrac{1}{\sqrt{7}}\right)^2 \cdot 1 = \dfrac{^{ア}4}{^{イ}7}$$

$$\tan^2 \theta + \dfrac{1}{\tan^2 \theta} = \dfrac{\sin^2 \theta}{\cos^2 \theta} + \dfrac{\cos^2 \theta}{\sin^2 \theta}$$

$$= \dfrac{\sin^4 \theta + \cos^4 \theta}{\sin^2 \theta \cos^2 \theta}$$

$$= \frac{(\sin^2\theta + \cos^2\theta)^2 - 2(\sin\theta\cos\theta)^2}{(\sin\theta\cos\theta)^2}$$

$$= \frac{1^2 - 2\cdot\left(\dfrac{1}{\sqrt{7}}\right)^2}{\left(\dfrac{1}{\sqrt{7}}\right)^2} = {}^{ウ}5$$

別解 （ウの別解）

$$\tan^2\theta + \frac{1}{\tan^2\theta} = \frac{\sin^2\theta}{\cos^2\theta} + \frac{\cos^2\theta}{\sin^2\theta} = \frac{1-\cos^2\theta}{\cos^2\theta} + \frac{1-\sin^2\theta}{\sin^2\theta}$$

$$= \frac{1}{\cos^2\theta} - 1 + \frac{1}{\sin^2\theta} - 1$$

$$= \frac{\sin^2\theta + \cos^2\theta}{\sin^2\theta\cos^2\theta} - 2$$

$$= \frac{1}{\left(\dfrac{1}{\sqrt{7}}\right)^2} - 2 = {}^{ウ}5$$

(2)　$\cos(90°-8°) = \sin 8°$ より，方程式は　　　$\sin 8° = \sin\theta$

$0° \le \theta \le 90°$ より　　　$\theta = {}^{ア}8°$

また　　　$\sin 82° = \sin(90°-8°) = \cos 8°$

$\sin 172° = \sin(180°-8°) = \sin 8°$

であるから

$$\cos 8° - \sin 82° + \sin 172° \sin 8° + \cos^2 8°$$

$$= \cos 8° - \cos 8° + \sin 8° \sin 8° + \cos^2 8°$$

$$= \sin^2 8° + \cos^2 8° = {}^{イ}1$$

122　(1)　△ABC において，余弦定理により

$$\cos B = \frac{(2\sqrt{5})^2 + (\sqrt{5})^2 - 3^2}{2\cdot 2\sqrt{5}\cdot\sqrt{5}} = \frac{4}{5}$$

点 P は辺 BC を 2:3 に内分する点であるから

$$BP = \frac{2}{2+3}BC = \frac{2\sqrt{5}}{5}$$

よって，△ABP において，余弦定理により

$$d^2 = (2\sqrt{5})^2 + \left(\frac{2\sqrt{5}}{5}\right)^2 - 2\cdot 2\sqrt{5}\cdot\frac{2\sqrt{5}}{5}\cdot\frac{4}{5} = \frac{72}{5}$$

$d > 0$ より　　　$d = \dfrac{6\sqrt{10}}{5}$

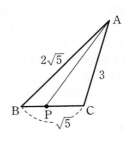

$\cos B = \dfrac{4}{5}$，$\sin B > 0$ より

$$\sin B = \sqrt{1-\cos^2 B} = \sqrt{1-\left(\frac{4}{5}\right)^2} = \frac{3}{5}$$

よって

$$S=\frac{1}{2}AB\cdot BP\sin B=\frac{1}{2}\cdot 2\sqrt{5}\cdot\frac{2\sqrt{5}}{5}\cdot\frac{3}{5}=\frac{6}{5}$$

(2) 長方形 ABCD の面積は 4 であるから,

△OAB の面積 S は $\quad S=4\times\frac{1}{4}=1$

対角線の長さが 4 であるから $\quad$ OA$=$OB$=2$

△OAB において, $S=\frac{1}{2}$OA$\cdot$OB$\sin\angle$AOB より

$$1=\frac{1}{2}\cdot 2\cdot 2\cdot\sin\angle AOB$$

これを解いて $\quad \sin\angle AOB=\frac{1}{2}$

AB$<$BC より $\quad \angle$AOB$<\angle$BOC
よって $\quad 0°<\angle$AOB$<90°$
したがって $\quad \angle$AOB$=30°$

123 (1) △ABC において, 正弦定理により

$$\frac{2\sqrt{5}}{\sin\angle ABC}=\frac{5}{\sin\angle ACB}$$

よって $\quad \sin\angle ACB=5\times\dfrac{\frac{4}{5}}{2\sqrt{5}}=\dfrac{2}{\sqrt{5}}$

$0°<\angle$ACB$<90°$ より $\cos\angle$ACB>0 であるから

$$\cos\angle ACB=\sqrt{1-\sin^2\angle ACB}=\sqrt{1-\left(\frac{2}{\sqrt{5}}\right)^2}=\frac{1}{\sqrt{5}}$$

(2) △ABC において, 余弦定理により

$$AB^2=AC^2+BC^2-2AC\cdot BC\cos\angle ACB$$

ゆえに $\quad BC^2-4BC-5=0$
すなわち $\quad (BC+1)(BC-5)=0$
BC>0 より $\quad$ BC$=5$

(3) △ACD において, 余弦定理により

$$AD^2=AC^2+CD^2-2AC\cdot CD\cos(180°-\angle ACB)$$

ゆえに $\quad (4\sqrt{5})^2=(2\sqrt{5})^2+CD^2-2\cdot 2\sqrt{5}\cdot CD\cdot\left(-\frac{1}{\sqrt{5}}\right)$

整理して $\quad CD^2+4CD-60=0$
すなわち $\quad (CD-6)(CD+10)=0$
CD>0 より $\quad$ CD$=6$
方べきの定理より $\quad$ DC$\cdot$DB$=$DE$\cdot$DA
ゆえに $\quad 6\cdot(6+5)=$DE$\cdot 4\sqrt{5}$

よって　　DE$= \dfrac{66}{4\sqrt{5}}=\dfrac{33\sqrt{5}}{10}$

したがって　　AE$=$AD$-$DE$=\dfrac{7\sqrt{5}}{10}$

124　四角形 ABCD は円に内接するから
$$\angle\text{ADC}=180°-\angle\text{ABC}$$
△ABC において，余弦定理により
$$\text{AC}^2=5^2+3^2-2\cdot5\cdot3\cdot\cos\angle\text{ABC}$$
ゆえに　　AC$^2=34-30\cos\angle\text{ABC}$　……①
△ACD において，余弦定理により
$$\text{AC}^2=7^2+7^2-2\cdot7\cdot7\cdot\cos(180°-\angle\text{ABC})$$
ゆえに　　AC$^2=98+98\cos\angle\text{ABC}$　……②

①，② より　　$\cos\angle\text{ABC}=-\dfrac{1}{2}$，AC$^2=49$

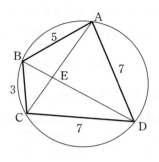

$0°<\angle\text{ABC}<180°$ であるから　　$\angle\text{ABC}=$ ⁷$120°$
AC>0 であるから　　AC$=$ ⁱ7
△ACD は AC$=$AD$=$CD$=7$ となるから正三角形である。
よって　　$\angle\text{CAD}=\angle\text{ACD}=60°$
円周角の定理より　　$\angle\text{CBD}=60°$，$\angle\text{ABD}=60°$
よって，対角線 BD は $\angle\text{ABC}$ の二等分線である。
したがって　　AE$:$EC$=$AB$:$BC$=5:3$

ゆえに　　EC$=\dfrac{3}{5+3}$AC$=\dfrac{21}{8}$

△BCE において，正弦定理により　　$\dfrac{3}{\sin\angle\text{BEC}}=\dfrac{\text{EC}}{\sin60°}$

よって　　$\sin\angle\text{BEC}=3\times\dfrac{\dfrac{\sqrt{3}}{2}}{\dfrac{21}{8}}=$ ⁹$\dfrac{4\sqrt{3}}{7}$

125　$\angle\text{ADP}+\angle\text{AEP}=180°$，$\angle\text{ADP}=\angle\text{AEP}=90°$
より，四角形 ADPE は AP を直径とする円に内接する。
よって，△ADE の外接円の半径を R とすると
$$\text{AP}=2R$$
△ADE において，正弦定理により
$$\dfrac{9}{\sin60°}=2R$$
ゆえに　　$2R=6\sqrt{3}$
よって　　AP$=$ ⁷$6\sqrt{}$ ⁱ3

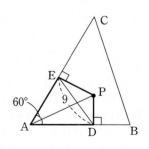

直線 AB に関して点 P と対称な点を P′，直線AC に関して点 P と対称な点を P″ とすると

$$PF = P′F, \quad GP = GP″$$

であるから

$$PF + FG + GP = P′F + FG + GP″$$

P′F + FG + GP″ が最小になるのは，4 点 P′，F，G，P″ が一直線上にあるときである。

よって，求める最小値は上の図の線分 P′P″ の長さに等しい。

中点連結定理により

$$P′P″ = 2DE = 2 \cdot 9 = {}^{ウ}18$$

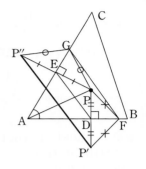

126 (1) △ABC において，余弦定理により

$$\cos\angle BAC = \frac{3^2 + 1^2 - (\sqrt{13})^2}{2 \cdot 3 \cdot 1} = \frac{{}^{ア}-1}{{}^{イ}2}$$

$0° < \angle BAC < 180°$ であるから

$$\angle BAC = 120°$$

よって，△ABC の面積 S_1 は

$$S_1 = \frac{1}{2} \cdot 3 \cdot 1 \cdot \sin 120° = \frac{{}^{ウ}3\sqrt{{}^{エ}3}}{{}^{オ}4}$$

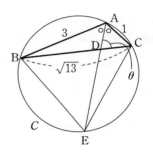

$\angle BAC = 120°$ より　　$\angle BAD = \angle CAD = 60°$

△ABC = △ABD + △ACD より

$$\frac{3\sqrt{3}}{4} = \frac{1}{2} \cdot 3 \cdot AD\sin 60° + \frac{1}{2} \cdot 1 \cdot AD\sin 60°$$

ゆえに　　$\dfrac{3\sqrt{3}}{4} = \sqrt{3}\,AD$

よって　　$AD = \dfrac{{}^{カ}3}{{}^{キ}4}$

(2) 円周角の定理より

$$\angle EBC = 60°, \quad \angle BCE = 60°$$

よって，△EBC は正三角形であるから　　$BE = \sqrt{{}^{ク}13}$

△EBC の面積 S_2 は　　$S_2 = \frac{1}{2} \cdot \sqrt{13} \cdot \sqrt{13} \cdot \sin 60° = \frac{{}^{ケ}13\sqrt{{}^{コ}3}}{{}^{サ}4}$

(3) △ABE において，余弦定理により

$$(\sqrt{13})^2 = 3^2 + AE^2 - 2 \cdot 3 \cdot AE\cos 60°$$

ゆえに　　$AE^2 - 3AE - 4 = 0$

すなわち　　$(AE + 1)(AE - 4) = 0$

$AE > 0$ より　　$AE = {}^{シ}4$

辺 AD は $\angle BAC$ の二等分線であるから

$$BD : DC = AB : AC = 3 : 1$$

よって　　$DC = \dfrac{BC}{3+1} = \dfrac{\sqrt{13}}{4}$

△ACD において，正弦定理により　　$\dfrac{1}{\sin\theta} = \dfrac{DC}{\sin 60°}$

よって　　$\sin\theta = \dfrac{\dfrac{\sqrt{3}}{2}}{\dfrac{\sqrt{13}}{4}} = \dfrac{^{ス}2\sqrt{^{セ}39}}{^{ソ}13}$

参考　　一般の四角形 ABCD について，$AC = p$，$BD = q$，
$\angle AOB = \theta$（O は AC と BD の交点）とすると，
四角形 ABCD の面積 S は

$$S = \dfrac{1}{2}pq\sin\theta$$

と表される。これを利用して求めてもよい。

四角形 ABEC の面積を S とすると　　$S = S_1 + S_2$

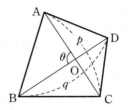

よって　　$S = \dfrac{3\sqrt{3}}{4} + \dfrac{13\sqrt{3}}{4} = 4\sqrt{3}$

したがって　　$4\sqrt{3} = \dfrac{1}{2}\cdot 4\cdot\sqrt{13}\cdot\sin\theta$

これを解いて　　$\sin\theta = \dfrac{^{ス}2\sqrt{^{セ}39}}{^{ソ}13}$

127 (1)　△ABC において，余弦定理により　　$\cos\theta = \dfrac{3^2 + 3^2 - 5^2}{2\cdot 3\cdot 3} = -\dfrac{7}{18}$

(2)　$\cos\theta < 0$ より $90° < \theta < 180°$ であるから，$\angle ACB$ の対辺 AB が最大の辺である。
　　よって　　$c > b$ ……①，$c > 3$ ……②
　　三角形の成立条件より　　$c < b + 3$ ……③
　　b，c は整数なので，①，③を満たす c は　　$c = b+1$，$b+2$
　　また，②より，c は 5 以上の奇数であるから，$c = b+1$ のとき b は 4 以上の偶数となり，b が素数であることに反する。
　　よって　　$c = b + 2$

(3)　△ABC において，余弦定理により　　$\cos\theta = \dfrac{3^2 + b^2 - c^2}{2\cdot 3\cdot b} = \dfrac{9 + b^2 - c^2}{6b}$

$\cos\theta < 0$ であるから，(2) より　　$\cos\theta = \dfrac{9 + b^2 - (b+2)^2}{6b} = \dfrac{-4b+5}{6b}$

よって，$-\dfrac{5}{8} < \cos\theta < -\dfrac{7}{12}$ のとき　　$-\dfrac{5}{8} < \dfrac{-4b+5}{6b} < -\dfrac{7}{12}$

すなわち　　$10 < b < 20$

b，$c = b+2$ がともに素数になる b，c の組は
　　$(b,\ c) = (11,\ 13),\ (17,\ 19)$

128 △ABC において，正弦定理により

$$\frac{a}{\sin\angle A}=\frac{b}{\sin\angle B}=\frac{c}{\sin\angle C}=2\cdot 1$$

よって $\quad \sin\angle A=\dfrac{a}{2},\ \sin\angle B=\dfrac{b}{2},\ \sin\angle C=\dfrac{c}{2}$

$\sin^2\angle C=\sin^2\angle A+\sin^2\angle B\ \ \cdots\cdots① $ より $\quad \left(\dfrac{c}{2}\right)^2=\left(\dfrac{a}{2}\right)^2+\left(\dfrac{b}{2}\right)^2$

ゆえに $\quad c^2=a^2+b^2$

よって，△ABC は ∠C＝90° の直角三角形である。

ゆえに，$\sin\angle C=1$ であるから $\quad c=2$

また，$\sin\angle A=\dfrac{m}{17},\ \sin\angle B=\dfrac{n}{17}$ であるから

① より $\quad 1^2=\left(\dfrac{m}{17}\right)^2+\left(\dfrac{n}{17}\right)^2$

ゆえに $\quad m^2+n^2=17^2$

$m\geqq n$ としても一般性を失わないから，$m\geqq n$ とすると，

$m^2<m^2+n^2\leqq 2m^2$ であり，m は整数であるから，$13\leqq m\leqq 16$ となる。

$m^2+n^2=17^2$ より $\quad n^2=(17-m)(17+m)$

$m=13$ のとき $\quad n^2=4\cdot 30$

これを満たす整数 n は存在しない。

$m=14$ のとき $\quad n^2=3\cdot 31$

これを満たす整数 n は存在しない。

$m=15$ のとき $\quad n^2=2\cdot 32=8^2$

$n\geqq 1$ より $\quad n=8$

$m=16$ のとき $\quad n^2=1\cdot 33$

これを満たす整数 n は存在しない。

以上より，$m\geqq n$ のとき $\quad (m,\ n)=(15,\ 8)$

したがって

$$a=2\sin\angle A=2\cdot\frac{15}{17}=\frac{30}{17}$$

$$b=2\sin\angle B=2\cdot\frac{8}{17}=\frac{16}{17}$$

よって，△ABC の 3 辺の長さは $\quad 2,\ \dfrac{16}{17},\ \dfrac{30}{17}$

このとき △ABC の面積 S は $\quad S=\dfrac{1}{2}\cdot\dfrac{16}{17}\cdot\dfrac{30}{17}=\dfrac{240}{17^2}$

したがって，△ABC の内接円の半径 r は

$$\frac{240}{17^2}=\frac{1}{2}r\left(2+\frac{16}{17}+\frac{30}{17}\right)$$

より $\quad r=\dfrac{6}{17}$

129 (1) 頂点 O から底面 ABCD に垂線 OH を下ろす。

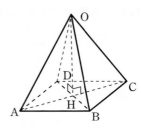

△OAH，△OBH，△OCH，△ODH はいずれも
∠H＝90° の直角三角形であり

OA＝OB＝OC＝OD，OH は共通

であるから

△OAH≡△OBH≡△OCH≡△ODH

よって　　AH＝BH＝CH＝DH

四角形 ABCD は正方形であるから，H は正方形 ABCD
の対角線の交点である。

ゆえに　　$AH = \dfrac{1}{2} \cdot \sqrt{2^2 + 2^2} = \sqrt{2}$

△OAH は直角三角形であるから，三平方の定理により

$OH = \sqrt{OA^2 - AH^2} = \sqrt{(\sqrt{6})^2 - (\sqrt{2})^2} = 2$

したがって，四角錐 OABCD の体積 V は　　$V = \dfrac{1}{3} \cdot 2^2 \cdot 2 = {}^{\text{ア}}\dfrac{8}{3}$

内接する球の中心を I とする。4 つの四面体 IOAB，IOBC，IOCD，IODA は合同
であるから

$V = 4 \times$（四面体 IOAB の体積）＋（四角錐 IABCD の体積）

△OAB は OA＝OB の二等辺三角形であるから，底辺を AB とすると，高さは

$\sqrt{(\sqrt{6})^2 - 1^2} = \sqrt{5}$

よって　　$\triangle OAB = \dfrac{1}{2} \cdot 2 \cdot \sqrt{5} = \sqrt{5}$

したがって，内接球の半径を r とすると

$\dfrac{8}{3} = 4 \times \left(\dfrac{1}{3} \cdot \sqrt{5} \cdot r \right) + \dfrac{1}{3} \cdot 2^2 \cdot r$

ゆえに　　$\dfrac{8}{3} = \dfrac{4}{3}(\sqrt{5} + 1)r$

これを解いて　　$r = {}^{\text{イ}}\dfrac{\sqrt{5} - 1}{2}$

(2) E は線分 OH 上の点である。

外接球の半径を R とおくと △AEH において，三平方の
定理より

$R^2 = (2 - R)^2 + (\sqrt{2})^2$

よって　　$R = \dfrac{3}{2}$

△ABE において，余弦定理により

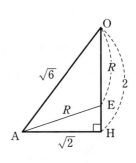

$\cos \angle AEB = \dfrac{\left(\dfrac{3}{2} \right)^2 + \left(\dfrac{3}{2} \right)^2 - 2^2}{2 \cdot \left(\dfrac{3}{2} \right) \cdot \left(\dfrac{3}{2} \right)} = {}^{\text{ウ}}\dfrac{1}{9}$

130 (1)　△ABC において，余弦定理により
$$AB^2 = AC^2 + BC^2 - 2AC \cdot BC\cos\angle ACB$$

AC = BC より　　$1^2 = AC^2 + AC^2 - 2AC^2 \cdot \dfrac{4}{5}$

よって　　$AC^2 = \dfrac{5}{2}$

AC > 0 から　　$AC = \dfrac{\sqrt{10}}{2}$

$\sin\angle ACB > 0$ より

$$\sin\angle ACB = \sqrt{1 - \cos^2\angle ACB} = \sqrt{1 - \left(\dfrac{4}{5}\right)^2} = \dfrac{3}{5}$$

よって，△ABC の面積は

$$\dfrac{1}{2}AC \cdot BC\sin\angle ACB = \dfrac{1}{2} \cdot \dfrac{\sqrt{10}}{2} \cdot \dfrac{\sqrt{10}}{2} \cdot \dfrac{3}{5} = \dfrac{3}{4}$$

(2)　(1)と同様にして　　$AD = BD = \dfrac{\sqrt{10}}{2}$

よって　　　$AC = BC = AD = BD = \dfrac{\sqrt{10}}{2}$

半径 1 の球面の中心を O とおき，辺 AB，
辺 CD の中点をそれぞれ M，N とおく。
△ABC は AC = BC の二等辺三角形である
から　　　CM⊥AB
同様に DM⊥AB であるから，平面 CDM は
直線 AB と垂直である。O は 2 点 A，B から
の距離が等しい点であるから，O は平面 CDM
上にある。
同様に AN⊥CD，BN⊥CD であるから，平面
ABN は直線 CD と垂直である。O は 2 点 C，
D からの距離が等しい点であるから，O は平面
ABN 上にある。
よって，O は平面 CDM と平面 ABN の交線上
にある。M，N はどちらも，平面 CDM と平面
ABN 上にあるから，平面 CDM と平面 ABN の
交線は直線 MN である。したがって，O は直線
MN 上にある。
△ACM において，三平方の定理により

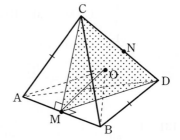

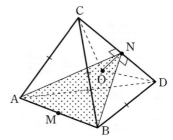

$$CM = \sqrt{AC^2 - AM^2} = \sqrt{\left(\dfrac{\sqrt{10}}{2}\right)^2 - \left(\dfrac{1}{2}\right)^2} = \dfrac{3}{2}$$

平面 CDM は直線 AB と垂直であるから　　AB⊥MN

よって　　　$OM = \sqrt{OA^2 - AM^2} = \sqrt{1^2 - \left(\dfrac{1}{2}\right)^2} = \dfrac{\sqrt{3}}{2}$

△OCM において，余弦定理により

cos ∠CMO

$$= \frac{\left(\frac{3}{2}\right)^2 + \left(\frac{\sqrt{3}}{2}\right)^2 - 1^2}{2 \cdot \frac{3}{2} \cdot \frac{\sqrt{3}}{2}} = \frac{4\sqrt{3}}{9}$$

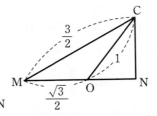

平面 ABN は直線 CD と垂直であるから　CD⊥MN

よって

$$MN = CM\cos \angle CMO = \frac{2\sqrt{3}}{3}$$

$$CD = 2CN = 2\sqrt{CM^2 - MN^2} = \frac{\sqrt{33}}{3}$$

よって △CDM の面積は

$$\frac{1}{2} \cdot CD \cdot MN = \frac{1}{2} \cdot \frac{\sqrt{33}}{3} \cdot \frac{2\sqrt{3}}{3} = \frac{\sqrt{11}}{3}$$

平面 CDM は直線 AB と垂直であるから，四面体 ABCD の体積 V は

$$V = \frac{1}{3} \cdot \triangle CDM \cdot AM + \frac{1}{3} \cdot \triangle CDM \cdot BM$$

$$= \frac{1}{3} \cdot \triangle CDM \cdot (AM + BM)$$

$$= \frac{1}{3} \cdot \triangle CDM \cdot AB$$

$$= \frac{1}{3} \cdot \frac{\sqrt{11}}{3} \cdot 1 = \frac{\sqrt{11}}{9}$$

131 (1)　$\dfrac{1}{\sin^2 x} + \dfrac{1}{\cos^2 x} = \dfrac{\sin^2 x + \cos^2 x}{\sin^2 x \cos^2 x} = \dfrac{1}{\left(\dfrac{1}{2}\sin 2x\right)^2} = \dfrac{{}^\mathcal{ア}4}{\sin^2 2x}$

$$\frac{3\sin\theta}{\cos\theta} + 1 = 3\tan\theta + 1$$

$$\frac{2}{\sin\theta\cos\theta} = 2 \cdot \frac{\cos\theta}{\sin\theta} \cdot \frac{1}{\cos^2\theta} = \frac{2}{\tan\theta}(1 + \tan^2\theta)$$

より，方程式は　$3\tan\theta + 1 = \dfrac{2}{\tan\theta}(1 + \tan^2\theta)$

$\dfrac{\pi}{2} < \theta < \pi$ より $\tan\theta < 0$ であるから，両辺に $\tan\theta$ を掛けて整理すると

$$\tan^2\theta + \tan\theta - 2 = 0$$

すなわち　$(\tan\theta - 1)(\tan\theta + 2) = 0$

$\tan\theta < 0$ より　$\tan\theta = {}^\mathcal{イ}-2$

(2) $0<\alpha<\dfrac{\pi}{2}$ より $\cos\alpha>0$ であるから

$$\cos\alpha=\sqrt{1-\sin^2\alpha}=\sqrt{1-\left(\dfrac{\sqrt{15}}{5}\right)^2}=\dfrac{\sqrt{^{\text{ア}}10}}{^{\text{イ}}5}$$

$$\cos2\alpha=1-2\sin^2\alpha=1-2\cdot\left(\dfrac{\sqrt{15}}{5}\right)^2=-\dfrac{^{\text{ウ}}1}{^{\text{エ}}5}$$

$\cos\alpha=\sin\beta$ かつ $0<\alpha<\dfrac{\pi}{2}$, $\dfrac{\pi}{2}<\beta<\pi$ より

$$\beta-\alpha=\dfrac{\pi}{2}$$

よって $\cos(\beta-\alpha)=^{\text{オ}}0$

$12\alpha-8\beta=4\alpha+8(\alpha-\beta)=4\alpha-4\pi$

であるから

$$\cos(12\alpha-8\beta)=\cos(4\alpha-4\pi)=\cos4\alpha$$
$$=2\cos^22\alpha-1$$
$$=2\left(-\dfrac{1}{5}\right)^2-1=-\dfrac{^{\text{カ}}23}{^{\text{キ}}25}$$

132 $\sqrt{3}\sin x+\cos x=2\sin\left(x+\dfrac{\pi}{6}\right)$

であるから，不等式は $2\sin\left(x+\dfrac{\pi}{6}\right)>1$

すなわち $\sin\left(x+\dfrac{\pi}{6}\right)>\dfrac{1}{2}$

$0\leqq x<2\pi$ のとき $\dfrac{\pi}{6}\leqq x+\dfrac{\pi}{6}<\dfrac{13}{12}\pi$

この範囲で不等式を解くと $\dfrac{\pi}{6}<x+\dfrac{\pi}{6}<\dfrac{5}{6}\pi$

よって $^{\text{ア}}0<x<\dfrac{2}{3}\pi$

$$\cos^2\theta-\sin^2\theta+2\sqrt{3}\sin\theta\cos\theta$$
$$=\dfrac{1+\cos2\theta}{2}-\dfrac{1-\cos2\theta}{2}+2\sqrt{3}\cdot\dfrac{\sin2\theta}{2}$$
$$=\sqrt{3}\sin2\theta+\cos2\theta$$

であるから，不等式は $\sqrt{3}\sin2\theta+\cos2\theta>1$

$0\leqq\theta<\pi$ のとき $0\leqq2\theta<2\pi$

よって $0<2\theta<\dfrac{2}{3}\pi$

したがって $^{\text{イ}}0<\theta<\dfrac{\pi}{3}$

133　$\pi = 3.14$ より

$$\frac{\pi}{4} < 1 < \frac{\pi}{3}, \quad \frac{\pi}{2} < 2 < \frac{2}{3}\pi, \quad \frac{5}{6}\pi < 3 < \pi$$

$$\frac{5}{4}\pi < 4 < \frac{4}{3}\pi, \quad \frac{3}{2}\pi < 5 < \frac{5}{3}\pi, \quad \frac{11}{6}\pi < 6 < 2\pi$$

$$\frac{13}{6}\pi < 7 < \frac{9}{4}\pi, \quad \frac{5}{2}\pi < 8 < \frac{8}{3}\pi, \quad \frac{17}{6}\pi < 9 < 3\pi$$

よって，それぞれの位置は図のようになる。

図より，最大の要素の候補は

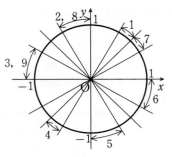

　　$\sin 2, \ \sin 8$

ここで　　$2 - \dfrac{\pi}{2} = 0.43$

　　　　　$8 - \dfrac{5}{2}\pi = 0.15$

であるから　　$\sin 2 < \sin 8$

よって最大の要素は　　$\sin {}^{\mathcal{F}}8$

最小の要素は　　$\sin {}^{\mathcal{A}}5$

絶対値が最小の要素の候補は　　$\sin 3, \ \sin 6, \ \sin 9$

ここで　　$\pi - 3 = 0.14, \ 2\pi - 6 = 0.28, \ 3\pi - 9 = 0.42$

であるから　　$|\sin 3| < |\sin 6| < |\sin 9|$

よって絶対値が最小の要素は　　$\sin {}^{\mathcal{D}}3$

134　　　　$\cos 3\theta = 4\cos^3 \theta - 3\cos \theta$

であるから，方程式は

　　　　　　　$2\sin \theta \cos \theta = 4\cos^3 \theta - 3\cos \theta$

ゆえに　　　$\cos \theta (4\cos^2 \theta - 2\sin \theta - 3) = 0$

よって　　　$\cos \theta = 0$　……①

または　　　$4\cos^2 \theta - 2\sin \theta - 3 = 0$　……②

$0 < \theta < \pi$ より ① を満たす θ は　　$\theta = \dfrac{\pi}{2}$

よって　　$\sin \theta = 1$

方程式 ② から　　$4(1 - \sin^2 \theta) - 2\sin \theta - 3 = 0$

ゆえに　　$4\sin^2 \theta + 2\sin \theta - 1 = 0$

よって　　$\sin \theta = \dfrac{-1 \pm \sqrt{5}}{4}$

$0 < \theta < \pi$ より $0 < \sin \theta \leqq 1$ であるから　　$\sin \theta = \dfrac{-1 + \sqrt{5}}{4}$

したがって　　$\sin \theta = \dfrac{-1 + \sqrt{5}}{4}, \ 1$

135 不等式から
$$\sqrt{2}\sin x + 2\cos x + 2\sqrt{2}\sin x\cos x + 1 \leq 0$$
ゆえに　$(\sqrt{2}\sin x + 1)(2\cos x + 1) \leq 0$
したがって

$$\begin{cases} \sin x \geq -\dfrac{1}{\sqrt{2}} \\ \cos x \leq -\dfrac{1}{2} \end{cases} \cdots\cdots ① \quad \text{または} \quad \begin{cases} \sin x \leq -\dfrac{1}{\sqrt{2}} \\ \cos x \geq -\dfrac{1}{2} \end{cases} \cdots\cdots ②$$

$0 \leq \theta < 2\pi$ であるから

$\sin x \geq -\dfrac{1}{\sqrt{2}}$ から　$0 \leq x \leq \dfrac{5}{4}\pi,\ \dfrac{7}{4}\pi \leq \theta < 2\pi$

$\cos x \leq -\dfrac{1}{2}$ から　$\dfrac{2}{3}\pi \leq x \leq \dfrac{4}{3}\pi$

① の解は，共通範囲をとって　$\dfrac{2}{3}\pi \leq x \leq \dfrac{5}{4}\pi$　$\cdots\cdots ③$

$\sin x \leq -\dfrac{1}{\sqrt{2}}$ から　$\dfrac{5}{4}\pi \leq x \leq \dfrac{7}{4}\pi$

$\cos x \geq -\dfrac{1}{2}$ から　$0 \leq x \leq \dfrac{2}{3}\pi,\ \dfrac{4}{3}\pi \leq x < 2\pi$

② の解は，共通範囲をとって　$\dfrac{4}{3}\pi \leq x \leq \dfrac{7}{4}\pi$　$\cdots\cdots ④$

求める解は，③，④ の範囲を合わせて　$\dfrac{2}{3}\pi \leq x \leq \dfrac{5}{4}\pi,\ \dfrac{4}{3}\pi \leq x \leq \dfrac{7}{4}\pi$

136　$t = \sin\theta - \cos\theta$ とおくと　$t = \sqrt{2}\sin\left(\theta - \dfrac{\pi}{4}\right)$　$\cdots\cdots ①$

$0 \leq \theta < \pi$ のとき，$-\dfrac{\pi}{4} \leq \theta - \dfrac{\pi}{4} < \dfrac{3}{4}\pi$ であるから　$-\dfrac{1}{\sqrt{2}} \leq \sin\left(\theta - \dfrac{\pi}{4}\right) \leq 1$

よって　$-1 \leq t \leq \sqrt{2}$
ここで
$$\begin{aligned} t^2 &= (\sin\theta - \cos\theta)^2 \\ &= \sin^2\theta - 2\sin\theta\cos\theta + \cos^2\theta \\ &= 1 - \sin 2\theta \end{aligned}$$
であるから　$\sin 2\theta = 1 - t^2$
よって
$$\begin{aligned} 2\sin 2\theta &+ 4(\sin\theta - \cos\theta) - 1 \\ &= 2(1 - t^2) + 4t - 1 = -2t^2 + 4t + 1 \end{aligned}$$
ゆえに　$y = -2t^2 + 4t + 1 = -2(t-1)^2 + 3$
$-1 \leq t \leq \sqrt{2}$ の範囲において，
　y は $t = 1$ で最大値 3，$t = -1$ で最小値 -5 をとる。
① と $0 \leq \theta < \pi$ から

$t=1$ のとき $\theta=\dfrac{\pi}{2}$，　$t=-1$ のとき $\theta=0$

すなわち $\theta=\dfrac{\pi}{2}$ で最大値 $^{ア}3$，$\theta=0$ で最小値 $-^{イ}5$

137 　$\dfrac{2\sin 2\theta+8\sin\theta}{2\cos 2\theta+3\cos\theta-8}$

$\qquad=\dfrac{4\sin\theta\cos\theta+8\sin\theta}{2(2\cos^2\theta-1)+3\cos\theta-8}$

$\qquad=\dfrac{4\sin\theta(\cos\theta+2)}{(\cos\theta+2)(4\cos\theta-5)}$

$\cos\theta+2\neq0$ より

$\dfrac{4\sin\theta(\cos\theta+2)}{(\cos\theta+2)(4\cos\theta-5)}=\dfrac{4\sin\theta}{4\cos\theta-5}=\dfrac{\sin\theta}{\cos\theta-\dfrac{5}{4}}$

よって　　$F=\dfrac{^{ア}4\sin\theta}{^{イ}4\cos\theta-^{ウ}5}$

また，F はどのような θ の値に対しても 2 点 $(\cos\theta,\ \sin\theta)$，$\left(\dfrac{^{エ}5}{^{オ}4},\ 0\right)$ を通る直線の

傾きに等しい。

点 $(\cos\theta,\ \sin\theta)$ は原点を中心する半径 1 の円 C 上にある。点 $\left(\dfrac{5}{4},\ 0\right)$ を通る傾き m

の直線 ℓ の方程式は　　$y-0=m\left(x-\dfrac{5}{4}\right)$

すなわち　　$mx-y-\dfrac{5}{4}m=0$

F のとりうる値の範囲と，円 $C:x^2+y^2=1$ と
直線 ℓ が共有点をもつときの m の値の範囲は
一致する。円 C の半径は 1 である。円 C の中心
$(0,\ 0)$ と直線 ℓ の距離を d とすると，共有点
をもつための条件は　　$d\leqq1$

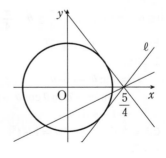

$d=\dfrac{\left|-\dfrac{5}{4}m\right|}{\sqrt{m^2+(-1)^2}}$　であるから

$\dfrac{\left|-\dfrac{5}{4}m\right|}{\sqrt{m^2+1}}\leqq1$

両辺に正の数 $\sqrt{m^2+1}$ を掛けて

$\left|-\dfrac{5}{4}m\right|\leqq\sqrt{m^2+1}$

両辺は負でないから 2 乗して　　$\left(-\dfrac{5}{4}m\right)^2\leqq m^2+1$

整理して $\qquad m^2 \leqq \dfrac{16}{9}$ $\qquad$ よって $\qquad -\dfrac{4}{3} \leqq m \leqq \dfrac{4}{3}$

したがって，F の最大値は $\qquad {}^{\text{カ}}\dfrac{4}{{}^{\text{キ}}3}$

別解 （F の最大値）

点 P を $(\cos\theta, \sin\theta)$，点 A を $\left(\dfrac{5}{4}, 0\right)$ とすると，

点 P は原点を中心する半径 1 の円 C 上にある。
また，F の最大値と直線 AP の傾き m の最大値は
一致する。
右図より m が最大になるのは，直線 AP と円 C
が第 4 象限で接するときである。そのときの直線

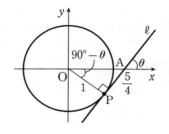

AP と x 軸の正の向きとのなす角を $\theta\left(0 < \theta < \dfrac{\pi}{2}\right)$

とすると $\qquad \tan\theta = m$，$\angle\text{AOP} = 90° - \theta$

図より $\qquad \cos(90° - \theta) = \dfrac{1}{\dfrac{5}{4}} = \dfrac{4}{5}$

すなわち $\qquad \sin\theta = \dfrac{4}{5}$

$0 < \theta < \dfrac{\pi}{2}$ より $\cos\theta > 0$ であるから $\qquad \cos\theta = \sqrt{1 - \left(\dfrac{4}{5}\right)^2} = \dfrac{3}{5}$

よって $\qquad \tan\theta = \dfrac{\dfrac{4}{5}}{\dfrac{3}{5}} = \dfrac{4}{3}$

したがって，F の最大値は $\qquad {}^{\text{カ}}\dfrac{4}{{}^{\text{キ}}3}$

138 (1) $\quad D = \{-2(\sin\theta + \cos\theta)\}^2 - 4 \cdot 1 \cdot (-\sqrt{3}\cos 2\theta)$
$\qquad = 4(\sin^2\theta + 2\sin\theta\cos\theta + \cos^2\theta) + 4\sqrt{3}\cos 2\theta$
$\qquad = 4(1 + \sin 2\theta) + 4\sqrt{3}\cos 2\theta$
$\qquad = 4\sin 2\theta + 4\sqrt{3}\cos 2\theta + 4$

(2) $\quad D = 4\sin 2\theta + 4\sqrt{3}\cos 2\theta + 4 = 8\sin\left(2\theta + \dfrac{\pi}{3}\right) + 4$

2 次方程式が実数解をもつのは $D \geqq 0$ のときであるから

$$8\sin\left(2\theta + \dfrac{\pi}{3}\right) + 4 \geqq 0$$

ゆえに $\qquad \sin\left(2\theta + \dfrac{\pi}{3}\right) \geqq -\dfrac{1}{2}$

$0 \leqq \theta \leqq \pi$ のとき $\qquad \dfrac{\pi}{3} \leqq 2\theta + \dfrac{\pi}{3} \leqq \dfrac{7}{3}\pi$

この範囲で不等式を解くと

$$\frac{\pi}{3} \leqq 2\theta + \frac{\pi}{3} \leqq \frac{7}{6}\pi, \quad \frac{11}{6}\pi \leqq 2\theta + \frac{\pi}{3} \leqq \frac{7}{3}\pi$$

よって　　$0 \leqq \theta \leqq \frac{5}{12}\pi, \quad \frac{3}{4}\pi \leqq \theta \leqq \pi$

(3)　$f(x) = x^2 - 2(\sin\theta + \cos\theta)x - \sqrt{3}\cos2\theta$ とおく。

$f(x) = \{x - (\sin\theta + \cos\theta)\}^2 - \sin2\theta - \sqrt{3}\cos2\theta - 1$

より，$y = f(x)$ のグラフは下に凸の放物線で，軸は直線 $x = \sin\theta + \cos\theta$ である。

$f(x) = 0$ の解がすべて正の実数であるための条件は，次の (i)〜(iii) が同時に成り立つことである。

　　(i)　$D \geqq 0$　　　(ii)　軸が $x > 0$ の範囲にある　　　(iii)　$f(0) > 0$

(i)　$D \geqq 0$ となる θ は (2) より　　　$0 \leqq \theta \leqq \frac{5}{12}\pi, \quad \frac{3}{4}\pi \leqq \theta \leqq \pi$

(ii)　軸 $x = \sin\theta + \cos\theta = \sqrt{2}\sin\left(\theta + \frac{\pi}{4}\right)$ より　　　$\sqrt{2}\sin\left(\theta + \frac{\pi}{4}\right) > 0$

ゆえに　　$\sin\left(\theta + \frac{\pi}{4}\right) > 0$

$0 \leqq \theta \leqq \pi$ のとき　　$\frac{\pi}{4} \leqq \theta + \frac{\pi}{4} \leqq \frac{5}{4}\pi$

この範囲で不等式を解くと　　　$\frac{\pi}{4} \leqq \theta + \frac{\pi}{4} < \pi$

よって　　$0 \leqq \theta < \frac{3}{4}\pi$

(iii)　$f(0) > 0$ から　　$-\sqrt{3}\cos2\theta > 0$

ゆえに　　$\cos2\theta < 0$

$0 \leqq \theta \leqq \pi$ のとき　　$0 \leqq 2\theta \leqq 2\pi$

この範囲で不等式を解くと　　　$\frac{\pi}{2} < 2\theta < \frac{3}{2}\pi$

よって　　$\frac{\pi}{4} < \theta < \frac{3}{4}\pi$

(i), (ii), (iii) より　　　$\frac{\pi}{4} < \theta \leqq \frac{5}{12}\pi$

139　(1)　　$s = \overset{ア}{}2\sin\left(\theta - \frac{\pi}{3}\right)$

$0 \leqq \theta \leqq \frac{3}{4}\pi$ のとき　　$-\frac{\pi}{3} \leqq \theta - \frac{\pi}{3} \leqq \frac{5}{12}\pi$

よって，

s は $\theta - \frac{\pi}{3} = -\frac{\pi}{3}$ すなわち $\theta = 0$ で最小値 $\sin0 - \sqrt{3}\cos0 = -\sqrt{3}$

$\theta - \frac{\pi}{3} = \frac{5}{12}\pi$ すなわち $\theta = \frac{3}{4}\pi$ で最大値 $\sin\frac{3}{4}\pi - \sqrt{3}\cos\frac{3}{4}\pi = \frac{\sqrt{2} + \sqrt{6}}{2}$

をとる。

したがって $\overset{\text{イ}}{-}\sqrt{3} \leqq s \leqq \dfrac{\sqrt{2}+\sqrt{6}}{2}$

(2) $\sqrt{3} \leqq \dfrac{\sqrt{2}+\sqrt{6}}{2}$ であるから s^2 は $s=0$ のとき最小値 0 をとり，

$s=\dfrac{\sqrt{2}+\sqrt{6}}{2}$ のとき最大値 $2+\sqrt{3}$ をとる。

$s=0$ のとき $\sin\left(\theta-\dfrac{\pi}{3}\right)=0$

$-\dfrac{\pi}{3} \leqq \theta-\dfrac{\pi}{3} \leqq \dfrac{5}{12}\pi$ の範囲でこの方程式を解くと $\theta-\dfrac{\pi}{3}=0$

すなわち $\theta=\dfrac{\pi}{3}$

$s=\dfrac{\sqrt{2}+\sqrt{6}}{2}$ のとき $\theta=\dfrac{3}{4}\pi$

よって，s^2 は $\theta=\overset{\text{ウ}}{\dfrac{\pi}{3}}$ のとき最小値 0 をとり，$\theta=\overset{\text{エ}}{\dfrac{3}{4}}\pi$ のとき最大値 $\overset{\text{オ}}{2}+\sqrt{3}$ をとる。

$s>0$ とすると，$\dfrac{s^2}{2}>0,\ \dfrac{2}{s^2}>0$ であるから，相加平均と相乗平均の大小関係により

$\dfrac{s^2}{2}+\dfrac{2}{s^2} \geqq 2\sqrt{\dfrac{s^2}{2}\cdot\dfrac{2}{s^2}}$ よって $f(s) \geqq 2$

等号が成り立つのは，$s>0$ かつ $\dfrac{s^2}{2}=\dfrac{2}{s^2}$，すなわち $s=\sqrt{2}$ のときである。

$s=\sqrt{2}$ のとき $\sin\left(\theta-\dfrac{\pi}{3}\right)=\dfrac{\sqrt{2}}{2}$

$-\dfrac{\pi}{3} \leqq \theta-\dfrac{\pi}{3} \leqq \dfrac{5}{12}\pi$ の範囲でこの方程式を解くと $\theta-\dfrac{\pi}{3}=\dfrac{\pi}{4}$

すなわち $\theta=\dfrac{7}{12}\pi$

よって，$f(s)$ は $\theta=\overset{\text{カ}}{\dfrac{7}{12}}\pi$ のとき最小値をとる。

(3) $s^2=\sin^2\theta-2\sqrt{3}\sin\theta\cos\theta+3\cos^2\theta$

より $\sqrt{3}\sin 2\theta=\sin^2\theta+3\cos^2\theta-s^2$

よって

$t=-\sqrt{3}\sin 2\theta+\cos 2\theta$

$=-(\sin^2\theta+3\cos^2\theta-s^2)+(\cos^2\theta-\sin^2\theta)$

$=s^2-2(\sin^2\theta+\cos^2\theta)=\overset{\text{キ}}{s^2}-2$

ゆえに $t+2\sqrt{3(t+2)}=s^2-2+2\sqrt{3s^2}=s^2+2\sqrt{3}|s|-2$

$h(s)=s^2+2\sqrt{3}|s|-2$ とする。

[1]　$-\sqrt{3} \leqq s < 0$ のとき

$$h(s) = s^2 - 2\sqrt{3}\,s - 2 = (s - \sqrt{3})^2 - 5$$

[2]　$0 \leqq s \leqq \dfrac{\sqrt{2} + \sqrt{6}}{2}$ のとき

$$h(s) = s^2 + 2\sqrt{3}\,s - 2 = (s + \sqrt{3})^2 - 5$$

[1]，[2] より $y = h(s)$ のグラフは図のようになる。

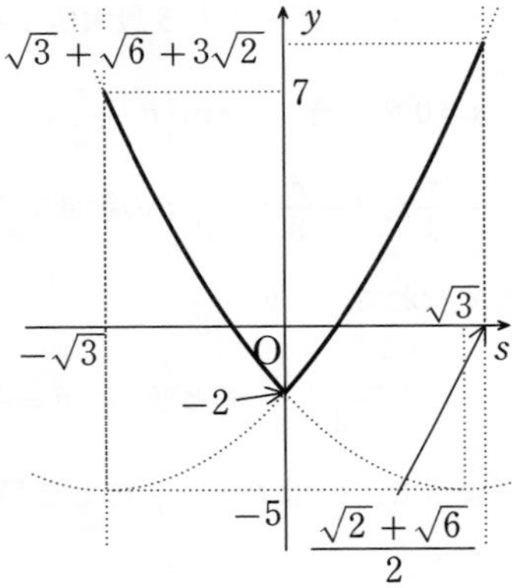

図より，$h(s)$ は $s = 0$ すなわち $\theta = {}^{ク}\dfrac{\pi}{3}$ のとき

最小値 ${}^{ケ}-2$ をとる。

$g(t) = a$ を満たす θ の個数と $h(s) = a$ を満たす θ の個数は一致する。

$y = h(s)$ $\left(-\sqrt{3} \leqq s \leqq \dfrac{\sqrt{2} + \sqrt{6}}{2} \right)$

のグラフと直線 $y = a$ の共有点の個数を調べると

$a < -2$，$a > \sqrt{3} + \sqrt{6} + 3\sqrt{2}$ のとき　　　0 個

$a = -2$，$7 < a < \sqrt{3} + \sqrt{6} + 3\sqrt{2}$ のとき　　　1 個

$-2 < a \leqq 7$ のとき　　2 個

$2\sin\left(\theta - \dfrac{\pi}{3} \right) = s$ $\left(0 \leqq \theta \leqq \dfrac{3}{4}\pi \right)$ の解の個数は

$-\sqrt{3} \leqq s \leqq \dfrac{\sqrt{2} + \sqrt{6}}{2}$ のとき 1 個である。

よって，求める a の範囲は　　　${}^{コ}-2 < a \leqq 7$

140　(1)　$\cos 3\theta - \cos 2\theta = 0$ から　　$-2\sin\dfrac{3\theta + 2\theta}{2} \sin\dfrac{3\theta - 2\theta}{2} = 0$

すなわち　　$\sin\dfrac{5}{2}\theta \sin\dfrac{\theta}{2} = 0$

よって　　$\sin\dfrac{5}{2}\theta = 0$　または　$\sin\dfrac{\theta}{2} = 0$

$0 < \theta < \pi$ から　　$0 < \dfrac{5}{2}\theta < \dfrac{5}{2}\pi$

この範囲で $\sin\dfrac{5}{2}\theta = 0$ を解くと　　$\dfrac{5}{2}\theta = \pi,\ 2\pi$

よって　　$\theta = \dfrac{2}{5}\pi,\ \dfrac{4}{5}\pi$

また，$0 < \theta < \pi$ から　　$0 < \dfrac{\theta}{2} < \dfrac{\pi}{2}$

ゆえに，$\sin\dfrac{\theta}{2} = 0$ を満たす θ は存在しない。

したがって，解は　　$\theta = {}^{ア}\dfrac{2}{5}\pi,\ {}^{イ}\dfrac{4}{5}\pi$

$$\cos 3\theta - \cos 2\theta$$
$$= 4\cos^3\theta - 3\cos\theta - (2\cos^2\theta - 1)$$
$$= 4\cos^3\theta - 2\cos^2\theta - 3\cos\theta + 1$$
$$= (\cos\theta - 1)(4\cos^2\theta + 2\cos\theta - 1)$$

$0 < \theta < \pi$ より，$\cos\theta - 1 \neq 0$ であるから，

$\theta = \dfrac{2}{5}\pi$，$\dfrac{4}{5}\pi$ は $4\cos^2\theta + 2\cos\theta - 1 = 0$ の解である。

よって，$x = \cos\dfrac{2}{5}\pi$，$\cos\dfrac{4}{5}\pi$ を解にもつ x に関する 2 次方程式は

$$4x^2 + 2x - 1 = 0$$

すなわち $\overset{ウ}{}x^2 + \dfrac{1}{2}x - \dfrac{1}{4} = 0$

(2) $\cos(n+1)\theta - \cos n\theta = 0$ から

$$-2\sin\frac{(n+1)\theta + n\theta}{2}\sin\frac{(n+1)\theta - n\theta}{2} = 0$$

すなわち $\sin\dfrac{2n+1}{2}\theta\sin\dfrac{\theta}{2} = 0$

よって $\sin\dfrac{2n+1}{2}\theta = 0$ または $\sin\dfrac{\theta}{2} = 0$

$0 < \theta < \pi$ から $0 < \dfrac{2n+1}{2}\theta < \dfrac{2n+1}{2}\pi$

この範囲で $\sin\dfrac{2n+1}{2}\theta = 0$ を解くと $\dfrac{2n+1}{2}\theta = \pi,\ 2\pi,\ \cdots\cdots,\ n\pi$

よって $\theta = \dfrac{2}{2n+1}\pi,\ \dfrac{4}{2n+1}\pi,\ \cdots\cdots,\ \dfrac{2n}{2n+1}\pi$

また，$0 < \theta < \pi$ から $0 < \dfrac{\theta}{2} < \dfrac{\pi}{2}$

ゆえに，$\sin\dfrac{\theta}{2} = 0$ を満たす θ は存在しない。

したがって，解は全部で $\overset{エ}{}n$ 個あり，その中で最も小さいものは $\overset{オ}{}\dfrac{2}{2n+1}\pi$，

最も大きいものは $\overset{カ}{}\dfrac{2n}{2n+1}\pi$ である。

(3) $\cos(\pi - \alpha) = -\cos\alpha$ であるから

$$\cos\alpha + \cos(\pi - \alpha) = \cos\alpha - \cos\alpha = \overset{キ}{}0$$

(2) の方程式に $n = 3$ を代入すると $\cos 4\theta - \cos 3\theta = 0$ ……①

(2) より，① の解は $\theta = \dfrac{2}{7}\pi,\ \dfrac{4}{7}\pi,\ \dfrac{6}{7}\pi$

また，

$$\cos 4\theta - \cos 3\theta$$
$$= 2\cos^2 2\theta - 1 - (4\cos^3\theta - 3\cos\theta)$$
$$= 2(2\cos^2\theta - 1)^2 - 1 - 4\cos^3\theta + 3\cos\theta$$

$$= 8\cos^4\theta - 4\cos^3\theta - 8\cos^2\theta + 3\cos\theta + 1$$
$$= (\cos\theta - 1)(8\cos^3\theta + 4\cos^2\theta - 4\cos\theta - 1)$$

$0 < \theta < \pi$ より，$\cos\theta - 1 \neq 0$ であるから，

$\theta = \dfrac{2}{7}\pi$，$\dfrac{4}{7}\pi$，$\dfrac{6}{7}\pi$ は $8\cos^3\theta + 4\cos^2\theta - 4\cos\theta - 1 = 0$ の解である。

よって，$x = \cos\dfrac{2}{7}\pi$，$\cos\dfrac{4}{7}\pi$，$\cos\dfrac{6}{7}\pi$ を解にもつ x に関する 3 次方程式は

$$8x^3 + 4x^2 - 4x - 1 = 0 \quad \cdots\cdots ②$$

ここで，$\cos(\pi - \alpha) = -\cos\alpha$ より

$$\cos\dfrac{5}{7}\pi = -\cos\dfrac{2}{7}\pi, \quad \cos\dfrac{3}{7}\pi = -\cos\dfrac{4}{7}\pi, \quad \cos\dfrac{\pi}{7} = -\cos\dfrac{6}{7}\pi$$

よって，$x = \cos\dfrac{\pi}{7}$，$\cos\dfrac{3}{7}\pi$，$\cos\dfrac{5}{7}\pi$ を解にもつ x に関する 3 次方程式は，

② の x を $-x$ に置き換えて

$$-8x^3 + 4x^2 + 4x - 1 = 0$$

すなわち　　　　$\overset{ク}{x^3} - \dfrac{1}{2}x^2 - \dfrac{1}{2}x + \dfrac{1}{8} = 0 \quad \cdots\cdots ③$

3 次方程式 ③ の解は $x = \cos\dfrac{\pi}{7}$，$\cos\dfrac{3}{7}\pi$，$\cos\dfrac{5}{7}\pi$

であるから，3 次方程式の解と係数の関係より

$$\cos\dfrac{\pi}{7} + \cos\dfrac{3}{7}\pi + \cos\dfrac{5}{7}\pi = -\left(-\dfrac{1}{2}\right) = \overset{ケ}{\dfrac{1}{2}}$$

141 (1)　$\alpha = A + B$，$\beta = A - B$ とおくと，

　　$\alpha + \beta = 2A$，$\alpha - \beta = 2B$

　　（左辺）$= \cos(\alpha + \beta) + \cos(\alpha - \beta)$

　　　　　　$= \cos\alpha\cos\beta - \sin\alpha\sin\beta + \cos\alpha\cos\beta + \sin\alpha\sin\beta$

　　　　　　$= 2\cos\alpha\cos\beta$

　　　　　　$= 2\cos(A + B)\cos(A - B)$

よって，等式は証明された。

(2)　(1) の式を用いると

　　（左辺）$= 1 - 2\cos(A + B)\cos(A - B) + \cos 2C$

　　　　　　$= 1 - 2\cos(\pi - C)\cos(A - B) + \cos 2C$

　　　　　　$= 1 + 2\cos C \cdot \cos(A - B) + (2\cos^2 C - 1)$

　　　　　　$= 2\cos C\{\cos(A - B) + \cos C\}$

　　　　　　$= 2\cos C\{\cos(A - B) + \cos(\pi - A - B)\}$

　　　　　　$= 2\cos C\{\cos(A - B) - \cos(A + B)\}$

　　　　　　$= 2\cos C(\cos A\cos B + \sin A\sin B - \cos A\cos B + \sin A\sin B)$

　　　　　　$= 4\sin A\sin B\cos C$

よって，等式は証明された。

(3)　$A = B$ のとき

$C=\pi-2A>0$ であるから　　$0<A<\dfrac{\pi}{2}$

よって　　$0<\sin A<1$

$y=1-\cos 2A-\cos 2B+\cos 2C$ とおく。

$\begin{aligned}
1-\cos 2A&-\cos 2B+\cos 2C\\
&=4\sin^2 A\cos(\pi-2A)=4\sin^2 A(-\cos 2A)\\
&=-4\sin^2 A(1-2\sin^2 A)=8\sin^4 A-4\sin^2 A
\end{aligned}$

よって　　$y=8\sin^4 A-4\sin^2 A$　……(*)

$t=\sin^2 A$ とおくと　　$0<t<1$

y を t の式で表すと　　$y=8t^2-4t=8\left(t-\dfrac{1}{4}\right)^2-\dfrac{1}{2}$

$0<t<1$ において，y は $t=\dfrac{1}{4}$ のとき最小値 $-\dfrac{1}{2}$ をとる。

$t=\dfrac{1}{4}$ のとき $0<\sin A<1$ より　　$\sin A=\dfrac{1}{2}$

$0<A<\dfrac{\pi}{2}$ の範囲でこの方程式を解くと　$A=\dfrac{\pi}{6}$

よって，y は $A=\dfrac{\pi}{6}$，$B=\dfrac{\pi}{6}$，$C=\dfrac{2}{3}\pi$ のとき最小値 $-\dfrac{1}{2}$ をとる。

[別解]　(*) までは同じ。

$x=\sin A\ (0<x<1)$ とおく。

y を x の式で表すと　　$y=8x^4-4x^2$

　　　$y'=32x^3-8x=8x(4x^2-1)$

$0<x<1$ において，$y'=0$ となるのは $x=\dfrac{1}{2}$ のときである。

よって，$0<x<1$ における y の増減表は次のようになる。

x	0		$\dfrac{1}{2}$		1
y'		$-$	0	$+$	
y		↘	$-\dfrac{1}{2}$	↗	

したがって，y は $x=\dfrac{1}{2}$ で最小値 $-\dfrac{1}{2}$ をとる。

以上より，$1-\cos 2A-\cos 2B+\cos 2C$ は

$\sin A=\dfrac{1}{2}$ すなわち $A=B=\dfrac{\pi}{6}$，$C=\dfrac{2}{3}\pi$ で最小値 $-\dfrac{1}{2}$ をとる。

142 (1)　　　$t=\sqrt{2}\sin\left(\theta+\dfrac{\pi}{4}\right)$

θ はすべての実数値をとるから　　$-1\leqq\sin\left(\theta+\dfrac{\pi}{4}\right)\leqq 1$

よって　　$-\sqrt{2} \leqq t \leqq \sqrt{2}$

また　　　$y = x^2 - (\sin\theta + \cos\theta)x + \sin\theta\cos\theta$

ここで，$t^2 = 1 + 2\sin\theta\cos\theta$ より　　$\sin\theta\cos\theta = \dfrac{t^2 - 1}{2}$

よって　　$y = x^2 - tx + \dfrac{1}{2}t^2 - \dfrac{1}{2}$　……①

(2)　$-\sqrt{2} \leqq t \leqq \sqrt{2}$ より　　$M = \sqrt{2}$

　①において，$x = p$ のとき

$$y = \frac{1}{2}t^2 - pt + p^2 - \frac{1}{2} = \frac{1}{2}(t - p)^2 + \frac{1}{2}p^2 - \frac{1}{2}　\cdots\cdots〔ア〕$$

$0 \leqq p \leqq \sqrt{2}$ のとき，$-\sqrt{2} \leqq t \leqq \sqrt{2}$ の範囲において，y は

$t = -\sqrt{2}$ で最大値 $p^2 + \sqrt{2}\,p + \dfrac{1}{2}$，$t = p$ で最小値 $\dfrac{1}{2}p^2 - \dfrac{1}{2}$

をとるから，q のとりうる値の範囲は　　$\dfrac{1}{2}p^2 - \dfrac{1}{2} \leqq q \leqq p^2 + \sqrt{2}\,p + \dfrac{1}{2}$

(3)　$-\sqrt{2} \leqq t \leqq \sqrt{2}$ における t の関数〔ア〕のとりうる値の範囲を調べる。

　[1]　$p < -\sqrt{2}$ のとき

$t = \sqrt{2}$ で最大値 $p^2 - \sqrt{2}\,p + \dfrac{1}{2}$，$t = -\sqrt{2}$ で最小値 $p^2 + \sqrt{2}\,p + \dfrac{1}{2}$

をとるから　　$p^2 + \sqrt{2}\,p + \dfrac{1}{2} \leqq y \leqq p^2 - \sqrt{2}\,p + \dfrac{1}{2}$

　[2]　$-\sqrt{2} \leqq p < 0$ のとき

$t = \sqrt{2}$ で最大値 $p^2 - \sqrt{2}\,p + \dfrac{1}{2}$，$t = p$ で最小値 $\dfrac{1}{2}p^2 - \dfrac{1}{2}$

をとるから　　$\dfrac{1}{2}p^2 - \dfrac{1}{2} \leqq y \leqq p^2 - \sqrt{2}\,p + \dfrac{1}{2}$

　[3]　$0 \leqq p \leqq \sqrt{2}$ のとき

　(2)より　　$\dfrac{1}{2}p^2 - \dfrac{1}{2} \leqq y \leqq p^2 + \sqrt{2}\,p + \dfrac{1}{2}$

　[4]　$\sqrt{2} < p$ のとき

$t = -\sqrt{2}$ で最大値 $p^2 + \sqrt{2}\,p + \dfrac{1}{2}$，$t = \sqrt{2}$ で最小値 $p^2 - \sqrt{2}\,p + \dfrac{1}{2}$

をとるから　　$p^2 - \sqrt{2}\,p + \dfrac{1}{2} \leqq y \leqq p^2 + \sqrt{2}\,p + \dfrac{1}{2}$

p はすべての実数値をとりうるから，求める
領域は，[1]～[4] で p を x におき換えた不等
式の表す領域を考えて，図の斜線部分。
ただし，境界線を含む。

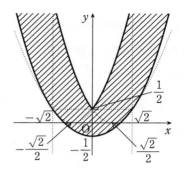

143 (1) 点 B が原点にあるとき，A，B，C の
位置は図のようになる。

図より，直線 BC と x 軸の正の向きとのなす角
は $\dfrac{\pi}{3}$ であるから $\quad m = \tan\dfrac{\pi}{3} = \sqrt{^{\mathcal{P}}3}$

よって，直線 BC の方程式は $\quad y = \sqrt{3}\,x$

放物線 $y = x^2$ と直線 $y = \sqrt{3}\,x$ の交点の x 座標
を求めると，$x^2 = \sqrt{3}\,x$ から $\quad x(x - \sqrt{3}) = 0$

これを解くと $\quad x = 0,\ \sqrt{3}$

$c > 0$ より $\quad c = \sqrt{^{\mathcal{A}}3}$

よって C の座標は $\quad (\sqrt{3},\ 3)$

したがって $\quad l = \sqrt{(\sqrt{3})^2 + 3^2} = {}^{\mathcal{P}}2\sqrt{^{\mathcal{I}}3}$

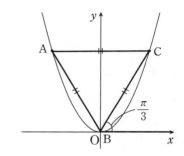

(2) 直線 BC の傾きが $\sqrt{5}$ であるから
$$\tan\theta = \sqrt{^{\mathcal{A}}5}$$

直線 AC と x 軸の正の向きとのなす角を α と
すると図より $\quad \alpha = \theta - \dfrac{\pi}{3}$

よって，直線 AC の傾きは $\quad \tan\!\left(\theta - \dfrac{\pi}{3}\right)$

ここで

$$\tan\!\left(\theta - \dfrac{\pi}{3}\right) = \frac{\tan\theta - \tan\dfrac{\pi}{3}}{1 + \tan\theta \tan\dfrac{\pi}{3}}$$

$$= \frac{\sqrt{5} - \sqrt{3}}{1 + \sqrt{5} \cdot \sqrt{3}}$$

$$= \frac{\sqrt{5} - \sqrt{3}}{\sqrt{15} + 1}$$

$$= \frac{3\sqrt{3} - 2\sqrt{5}}{7}$$

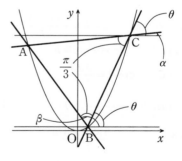

したがって，直線 AC の傾きは　　$\dfrac{^{カ}3\sqrt{^{キ}3}-^{ク}2\sqrt{^{ケ}5}}{^{コ}7}$

また，直線 AB と x 軸の正の向きとのなす角を β とすると，

図より　　$\beta=\theta+\dfrac{\pi}{3}$

よって，直線 AB の傾きは　　$\tan\left(\theta+\dfrac{\pi}{3}\right)$

ここで

$$\tan\left(\theta+\dfrac{\pi}{3}\right)=\dfrac{\tan\theta+\tan\dfrac{\pi}{3}}{1-\tan\theta\tan\dfrac{\pi}{3}}$$

$$=\dfrac{\sqrt{5}+\sqrt{3}}{1-\sqrt{5}\cdot\sqrt{3}}=-\dfrac{3\sqrt{3}+2\sqrt{5}}{7}$$

したがって，直線 AB の傾きは　　$-\dfrac{3\sqrt{3}+2\sqrt{5}}{7}$

ここで，直線 AC の傾きは　　$\dfrac{a^2-c^2}{a-c}=\dfrac{(a+c)(a-c)}{a-c}=a+c$

直線 AB の傾きは　　$\dfrac{a^2-b^2}{a-b}=\dfrac{(a+b)(a-b)}{a-b}=a+b$

よって　　$a+c=\dfrac{3\sqrt{3}-2\sqrt{5}}{7}$　　……①

$\qquad\quad a+b=-\dfrac{3\sqrt{3}+2\sqrt{5}}{7}$　　……②

①－② より　　$c-b=\dfrac{^{サ}6\sqrt{^{シ}3}}{^{ス}7}$

右図より　　$l\cos\theta=c-b$

よって　　$\cos\theta=\dfrac{6\sqrt{3}}{7l}$

$1+\tan^2\theta=\dfrac{1}{\cos^2\theta}$ より　　$1+(\sqrt{5})^2=\left(\dfrac{7l}{6\sqrt{3}}\right)^2$

ゆえに　　$l^2=\dfrac{6\times6^2\times3}{7^2}$

$l>0$ より　　$l=\dfrac{^{セ}18\sqrt{^{ソ}2}}{^{タ}7}$

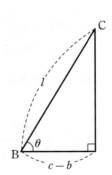

144　(1)　△ABC において，正弦定理により

$$\dfrac{BC}{\sin\alpha}=\dfrac{AC}{\sin\beta}=\dfrac{AB}{\sin\gamma}=2\cdot1$$

よって　　$AB=2\sin\gamma$,　$BC=2\sin\alpha$,　$AC=2\sin\beta$

したがって，△ABC の面積 S は

$$S = \frac{1}{2} \cdot BC \cdot AC \sin \gamma$$

$$= \frac{1}{2} \cdot 2\sin\alpha \cdot 2\sin\beta \cdot \sin\gamma$$

$$= 2\sin\alpha\sin\beta\sin\gamma$$

(2) $\alpha = \dfrac{\pi}{6}$ のとき $\alpha + \beta + \gamma = \pi$ より $\gamma = \dfrac{5}{6}\pi - \beta$

$0 < \gamma < \dfrac{5}{6}\pi$ より $0 < \beta < \dfrac{5}{6}\pi$

ここで

$$S = 2\sin\frac{\pi}{6}\sin\beta\sin\left(\frac{5}{6}\pi - \beta\right)$$

$$= \sin\beta\left(\frac{1}{2}\cos\beta + \frac{\sqrt{3}}{2}\sin\beta\right)$$

$$= \frac{1}{2}\sin\beta\cos\beta + \frac{\sqrt{3}}{2}\sin^2\beta$$

$$= \frac{1}{4}\sin 2\beta + \frac{\sqrt{3}}{2} \cdot \frac{1 - \cos 2\beta}{2}$$

$$= \frac{1}{2}\sin\left(2\beta - \frac{\pi}{3}\right) + \frac{\sqrt{3}}{4}$$

$0 < \beta < \dfrac{5}{6}\pi$ のとき, $-\dfrac{\pi}{3} < 2\beta - \dfrac{\pi}{3} < \dfrac{4}{3}\pi$ であるから

$$-\frac{\sqrt{3}}{2} < \sin\left(2\beta - \frac{\pi}{3}\right) \leqq 1$$

よって $0 < S \leqq \dfrac{2 + \sqrt{3}}{4}$

したがって, S は $\sin\left(2\beta - \dfrac{\pi}{3}\right) = 1$ すなわち $\beta = \dfrac{5}{12}\pi$ のとき最大値 $\dfrac{2 + \sqrt{3}}{4}$ をとる。

このとき, $\gamma = \dfrac{5}{12}\pi$ である。

(3) $\alpha = \beta$ のとき $\alpha + \beta + \gamma = \pi$ より $\gamma = \pi - 2\alpha$

$0 < \gamma < \pi$ より $0 < \alpha < \dfrac{\pi}{2}$

よって

$$S = 2\sin\alpha\sin\alpha\sin(\pi - 2\alpha)$$

$$= 2\sin^2\alpha \cdot 2\sin\alpha\cos\alpha = 4\sin^3\alpha\cos\alpha$$

内接円の半径を r とおくと, $S = \dfrac{1}{2}(AB + BC + AC)r$

が成り立つから

$$r = \cfrac{S}{\cfrac{1}{2}(\text{AB}+\text{BC}+\text{AC})} = \cfrac{S}{\sin(\pi-2\alpha)+\sin\alpha+\sin\alpha}$$

$$= \cfrac{4\sin^3\alpha\cos\alpha}{2\sin\alpha+\sin 2\alpha} = \cfrac{4\sin^3\alpha\cos\alpha}{2\sin\alpha(1+\cos\alpha)}$$

$0<\alpha<\dfrac{\pi}{2}$ より，$\sin\alpha \neq 0$，$1+\cos\alpha \neq 0$ であるから

$$\cfrac{4\sin^3\alpha\cos\alpha}{2\sin\alpha(1+\cos\alpha)} = \cfrac{2\sin^2\alpha\cos\alpha}{1+\cos\alpha} = \cfrac{2(1-\cos^2\alpha)\cos\alpha}{1+\cos\alpha}$$

$$= 2(1-\cos\alpha)\cos\alpha$$

$t=\cos\alpha$ とおくと　　$0<t<1$

r を t の式で表すと　　$r = -2t^2+2t = -2\left(t-\dfrac{1}{2}\right)^2 + \dfrac{1}{2}$

したがって，r は $t=\dfrac{1}{2}$ すなわち $\alpha=\dfrac{\pi}{3}$ のとき最大値 $\dfrac{1}{2}$ をとる。

このとき，$\beta=\dfrac{\pi}{3}$，$\gamma=\dfrac{\pi}{3}$ である。

145 (1)　点 B の座標は $\angle\text{AOB}=\dfrac{\pi}{3}$，$\text{OB}=1$ より

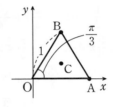

$$\left(\cos\dfrac{\pi}{3},\ \sin\dfrac{\pi}{3}\right)$$

すなわち　　$\left(\dfrac{1}{2},\ \dfrac{\sqrt{3}}{2}\right)$

また，C の座標は　　$\left(\dfrac{0+1+\dfrac{1}{2}}{3},\ \dfrac{0+0+\dfrac{\sqrt{3}}{2}}{3}\right)$

すなわち　　$\left(\dfrac{1}{2},\ \dfrac{\sqrt{3}}{6}\right)$

(2)　点 B′ の座標は $\angle\text{AOB}'=\dfrac{\pi}{3}+\alpha$，$\text{OB}'=1$ より

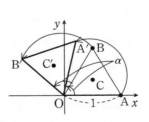

$$\left(\cos\left(\dfrac{\pi}{3}+\alpha\right),\ \sin\left(\dfrac{\pi}{3}+\alpha\right)\right)$$

すなわち

$$\left(\dfrac{1}{2}\cos\alpha - \dfrac{\sqrt{3}}{2}\sin\alpha,\ \dfrac{\sqrt{3}}{2}\cos\alpha + \dfrac{1}{2}\sin\alpha\right)$$

点 A′ の座標は，$\angle\text{AOA}'=\alpha$，$\text{OA}'=1$ より

$$(\cos\alpha,\ \sin\alpha)$$

よって，点 C′ の座標を $(x,\ y)$ とおくと

$$x = \cfrac{0+\cos\alpha+\dfrac{1}{2}\cos\alpha-\dfrac{\sqrt{3}}{2}\sin\alpha}{3} = \dfrac{1}{2}\cos\alpha - \dfrac{\sqrt{3}}{6}\sin\alpha$$

$$y = \frac{0 + \sin\alpha + \dfrac{\sqrt{3}}{2}\cos\alpha + \dfrac{1}{2}\sin\alpha}{3} = \frac{\sqrt{3}}{6}\cos\alpha + \frac{1}{2}\sin\alpha$$

よって，点 C′ の座標は　　$\left(\dfrac{1}{2}\cos\alpha - \dfrac{\sqrt{3}}{6}\sin\alpha,\ \dfrac{\sqrt{3}}{6}\cos\alpha + \dfrac{1}{2}\sin\alpha \right)$

(3)　P の y 座標 $f(\alpha)$ は

$$f(\alpha) = \frac{1}{2}\left(\frac{\sqrt{3}}{2}\cos\alpha + \frac{1}{2}\sin\alpha + \frac{\sqrt{3}}{6}\cos\alpha + \frac{1}{2}\sin\alpha \right)$$

$$= \frac{1}{2}\sin\alpha + \frac{\sqrt{3}}{3}\cos\alpha = \frac{\sqrt{21}}{6}\sin(\alpha + t)$$

ただし　　$\sin t = \dfrac{2\sqrt{7}}{7},\ \cos t = \dfrac{\sqrt{21}}{7}$

$0 \le \alpha \le \dfrac{2}{3}\pi$ のとき　　$t \le \alpha + t \le \dfrac{2}{3}\pi + t$

$\sin t,\ \cos t$ の条件より $0 < t < \dfrac{\pi}{2}$ としてよいから，

$f(\alpha)$ は $\alpha + t = \dfrac{\pi}{2}$ のとき最大値 $\dfrac{\sqrt{21}}{6}$ をとる。

(4)　線分 B′C′ が x 軸と平行になるための必要十分条件は，点 A′ が y 軸上にあることである。

$0 < \alpha < \dfrac{2}{3}\pi$ より　　$\alpha_0 = \dfrac{\pi}{2}$

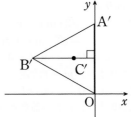

(5)　求める面積 S は図の斜線部。
この面積は，扇形 OBB′ と △OBC の面積の和から扇形 OCC′ と △OB′C′ の面積を引いたものである。
ここで，△OBC と △OB′C′ は合同であるから，求める面積 S は扇形 OBB′ から扇形 OCC′ を引いた面積に等しい。

ここで　　$OC = \sqrt{\left(\dfrac{1}{2}\right)^2 + \left(\dfrac{\sqrt{3}}{6}\right)^2} = \dfrac{\sqrt{3}}{3}$

よって　　$S = \pi \cdot 1^2 \cdot \dfrac{1}{4} - \pi \cdot \left(\dfrac{\sqrt{3}}{3}\right)^2 \cdot \dfrac{1}{4} = \dfrac{\pi}{6}$

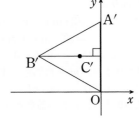

146　(1)　$a = 1$ のとき

$$f(x) = \sqrt{3}\sin x + \cos x = 2\sin\left(x + \frac{\pi}{6}\right)$$

よって，$y=f(x)$ のグラフは，$y=2\sin x$ のグラフを x 軸方向に $-\dfrac{\pi}{6}$ だけ平行移動したものであるから，$0 \leqq x \leqq 2\pi$ における $f(x)$ のグラフは図のようになる。

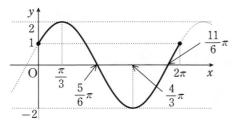

また，x はすべての実数値をとるから　　$-1 \leqq \sin\left(x+\dfrac{\pi}{6}\right) \leqq 1$

よって　　$-2 \leqq f(x) \leqq 2$

したがって，$f(x)$ は最大値 2，最小値 -2 をとる。

(2)　$a=\pi$ のとき $f(x)=\sqrt{3}\sin x+\cos\pi x$ が周期関数であると仮定し，その周期を L（$L>0$）とすると

$$f(L)=f(0),\quad f(-L)=f(0)$$

が成り立つ。

ゆえに　　$\sqrt{3}\sin L+\cos\pi L=1$　……①

　　　　　　$-\sqrt{3}\sin L+\cos\pi L=1$　……②

①$-$② より　　$\sin L=0$

$L>0$ より，m を自然数とすると　　$L=\pi m$　……③

①$+$② より　　$\cos\pi L=1$

$L>0$ より，n を自然数とすると　　$\pi L=2\pi n$　……④

③，④ より　　$\pi=\dfrac{\pi L}{L}=\dfrac{2\pi n}{\pi m}=\dfrac{2n}{m}$

これは π が無理数であることに矛盾する。

したがって，$f(x)$ は周期関数でない。

147　　$\log_2 16=\log_2 2^4=4\log_2 2={}^{\text{ア}}4$

　　　　　$\log_2 32=\log_2 2^5=5\log_2 2={}^{\text{イ}}5$

n は 2 以上の整数であるから，$\log_2 n$ が整数となるのは $n=2^k$（k は 1 以上の整数）と表されるときのみであり，このとき，$\log_2 n=k$ は 1 以上の整数である。

$\log_n 16=\dfrac{\log_2 16}{\log_2 n}=\dfrac{4}{\log_2 n}$ であるから，$\log_n 16$ が整数となるのは $\log_2 n$ が 4 の正の約数となるときである。4 の正の約数は 1，2，4 の 3 個あるから，$\log_n 16$ が整数となる $\log_2 n$ は 3 個である。

よって，$\log_n 16$ が整数となる n の値は ${}^{\text{ウ}}3$ 個である。

同様に，$\log_n 32 = \dfrac{\log_2 32}{\log_2 n} = \dfrac{5}{\log_2 n}$ より，5 の正の約数は 2 個あるから，$\log_n 32$ が

整数となる n の値は ^{エ}2 個である。

また　　$72\log_n 2 = 72 \cdot \dfrac{1}{\log_2 n} = \dfrac{72}{\log_2 n}$

$72 = 2^3 \cdot 3^2$ であるから，72 の正の約数は $(3+1) \times (2+1) = 12$ より，12 個ある。

よって，$72\log_n 2$ が整数となる n の値は ^{オ}12 個ある。

次に，$144 = 12^2$ であるから　　$300\log_n 144 = 300 \cdot \dfrac{2}{\log_{12} n} = \dfrac{600}{\log_{12} n}$

$\log_2 n$ と同様に，$\log_{12} n$ が整数となるのは $n = 12^k$（k は 1 以上の整数）と表されると
きのみであり，$\log_{12} n = k$ は 1 以上の整数である。

$600 = 2^3 \cdot 3^1 \cdot 5^2$ であるから，600 の正の約数は $(3+1) \times (1+1) \times (2+1) = 24$ より，24 個
ある。

よって，$300\log_n 144$ が整数となる n の値は ^{カ}24 個ある。

148　(1)　$\begin{aligned}\log_{10} 18^{49} &= 49\log_{10}(2 \cdot 3^2) \\ &= 49(\log_{10} 2 + 2\log_{10} 3) \\ &= 49(0.3010 + 2 \times 0.4771) \\ &= 61.5048 \end{aligned}$

よって　　$61 < \log_{10} 18^{49} < 62$

ゆえに　　$10^{61} < 18^{49} < 10^{62}$

したがって，18^{49} は ^{ア}62 桁の自然数である。

$\log_{10} 18^{49} = 61 + 0.5048$ であるから　　$18^{49} = 10^{61} \times 10^{0.5048}$

$\log_{10} 3 = 0.4771$，$\log_{10} 4 = 2\log_{10} 2 = 0.6020$ であるから

　　　　　　$\log_{10} 3 < 0.5048 < \log_{10} 4$

よって　　$3 < 10^{0.5048} < 4$

ゆえに　　$3 \times 10^{61} < 18^{49} < 4 \times 10^{61}$

したがって，最高位の数字は ^{イ}3 である。

(2)　$\begin{aligned}\log_{10}\left(\dfrac{15}{32}\right)^{15} &= 15\log_{10}\dfrac{15}{32} = 15\log_{10}\dfrac{30}{64} \\ &= 15(\log_{10} 30 - \log_{10} 64) \\ &= 15(\log_{10} 3 + 1 - \log_{10} 2^6) \\ &= 15(\log_{10} 3 + 1 - 6\log_{10} 2) \\ &= 15(0.4771 + 1 - 6 \times 0.3010) \\ &= 15 \times (-0.3289) = -4.9335 \end{aligned}$

よって　　$-5 < \log_{10}\left(\dfrac{15}{32}\right)^{15} < -4$

ゆえに　　$10^{-5} < \left(\dfrac{15}{32}\right)^{15} < 10^{-4}$

また，$\log_{10}\left(\dfrac{15}{32}\right)^{15}=-5+0.0665$ から　　$\left(\dfrac{15}{32}\right)^{15}=10^{-5}\times10^{0.0665}$

$0<0.0665<0.3010$ であるから　　$\log_{10}1<0.0665<\log_{10}2$

よって　　$1<10^{0.0665}<2$

ゆえに　　$1\times10^{-5}<\left(\dfrac{15}{32}\right)^{15}<2\times10^{-5}$

したがって，小数第 ${}^{ウ}5$ 位にはじめて 0 でない数字が現れ，その数字は ${}^{エ}1$ である。

149　$\log_{10}80=\log_{10}(2^3\cdot10)=3\log_{10}2+1=3\times0.30+1=1.90$

$\qquad\log_{10}82=\log_{10}(2\cdot41)=\log_{10}2+\log_{10}41=0.30+1.61=1.91$

$80<81<82$ であるから　　$\log_{10}80<\log_{10}81<\log_{10}82$

よって　　$1.90<2\log_{10}9<1.91$

ゆえに　　$0.95<\log_{10}9<0.955$

したがって，$0.95<\log_{10}9<0.96$ であるから，$10^{0.95}<9<10^{0.96}$ が成り立つ。

150　$p=5\sqrt{2}+7$，$q=5\sqrt{2}-7$ とおくと

$\qquad p+q=(5\sqrt{2}+7)+(5\sqrt{2}-7)=10\sqrt{2}$，

$\qquad p-q=(5\sqrt{2}+7)-(5\sqrt{2}-7)=14$，

$\qquad pq=(5\sqrt{2}+7)(5\sqrt{2}-7)=1$

(1)　$a=\sqrt[3]{p}-\sqrt[3]{q}$ より

$\qquad a^3=(\sqrt[3]{p}-\sqrt[3]{q})^3$

$\qquad\quad=p-3\sqrt[3]{p^2q}+3\sqrt[3]{pq^2}-q$

$\qquad\quad=(p-q)-3\sqrt[3]{pq}(\sqrt[3]{p}-\sqrt[3]{q})$

$\qquad\quad=14-3a$

(2)　(1)から　　$a^3+3a-14=0$

よって　　$(a-2)(a^2+2a+7)=0$

これを解くと　　$a=2,\ -1\pm\sqrt{6}\,i$

a は実数であるから　　$a=2$

したがって，a は整数である。

[別解]　$(\sqrt{2}+1)^3=(\sqrt{2})^3+3(\sqrt{2})^2+3\sqrt{2}+1=5\sqrt{2}+7$

$\qquad(\sqrt{2}-1)^3=(\sqrt{2})^3-3(\sqrt{2})^2+3\sqrt{2}-1=5\sqrt{2}-7$

よって　　$a=\sqrt[3]{5\sqrt{2}+7}-\sqrt[3]{5\sqrt{2}-7}$

$\qquad\qquad=\sqrt[3]{(\sqrt{2}+1)^3}-\sqrt[3]{(\sqrt{2}-1)^3}$

$\qquad\qquad=(\sqrt{2}+1)-(\sqrt{2}-1)=2$

したがって，a は整数である。

(3)　$b=\sqrt[3]{p}+\sqrt[3]{q}$ から

$\qquad b^3=(\sqrt[3]{p}+\sqrt[3]{q})^3$

$\qquad\quad=p+3\sqrt[3]{p^2q}+3\sqrt[3]{pq^2}+q$

$$= (p+q) + 3\sqrt[3]{pq}(\sqrt[3]{p} + \sqrt[3]{q})$$
$$= 10\sqrt{2} + 3b$$

よって　　　$b^3 - 3b - 10\sqrt{2} = 0$

ゆえに　　$(b - 2\sqrt{2})(b^2 + 2\sqrt{2}\,b + 5) = 0$

これを解くと　　　$b = 2\sqrt{2}, \ -\sqrt{2} \pm \sqrt{3}\,i$

b は実数であるから　　　$b = 2\sqrt{2}$

$2^2 < (2\sqrt{2})^2 < 3^2$ より，$2 < 2\sqrt{2} < 3$ であるから，b を越えない最大の整数は　　2

別解 1　(2) より，$\sqrt[3]{p} = 2 + \sqrt[3]{q}$ であるから

$$b = \sqrt[3]{5\sqrt{2} + 7} + \sqrt[3]{5\sqrt{2} - 7} = \sqrt[3]{p} + \sqrt[3]{q}$$
$$= 2 + 2\sqrt[3]{q} = 2 + \sqrt[3]{8q} \quad \cdots\cdots ①$$

ここで　　　$8q = 8(5\sqrt{2} - 7) = 8(\sqrt{50} - 7)$

$49 < 50 < 50 + \dfrac{49}{64} = \left(7 + \dfrac{1}{8}\right)^2$ であるから　　　$7 < \sqrt{50} < 7 + \dfrac{1}{8}$

よって　　　$0 < \sqrt{50} - 7 < \dfrac{1}{8}$

すなわち　　　$0 < 8q < 1$

ゆえに　　　$0 < \sqrt[3]{8q} < 1$

① から　　　$2 < b < 3$

したがって，b を越えない最大の整数は　　　2

別解 2　$(\sqrt{2} + 1)^3 = (\sqrt{2})^3 + 3(\sqrt{2})^2 + 3\sqrt{2} + 1 = 5\sqrt{2} + 7$

$(\sqrt{2} - 1)^3 = (\sqrt{2})^3 - 3(\sqrt{2})^2 + 3\sqrt{2} - 1 = 5\sqrt{2} - 7$

よって　　　$b = \sqrt[3]{5\sqrt{2} + 7} + \sqrt[3]{5\sqrt{2} - 7}$
$$= \sqrt[3]{(\sqrt{2} + 1)^3} + \sqrt[3]{(\sqrt{2} - 1)^3}$$
$$= (\sqrt{2} + 1) + (\sqrt{2} - 1) = 2\sqrt{2}$$

$2^2 < (2\sqrt{2})^2 < 3^2$ より，$2 < 2\sqrt{2} < 3$ であるから，b を越えない最大の整数は　　2

151　常用対数をとると

$$\log_{10}(2 \cdot 7 \cdot 11 \cdot 13)^{20} = 20\log_{10}(2 \cdot 1001)$$
$$= 20(\log_{10} 2 + \log_{10} 1001)$$
$$= \log_{10} 2^{20} + 20\log_{10} 1001$$
$$> \log_{10} 1048576 + 20\log_{10} 10^3$$
$$> \log_{10} 10^6 + 20 \cdot 3$$
$$= 6 + 60 = 66$$

すなわち　　　$\log_{10}(2 \cdot 7 \cdot 11 \cdot 13)^{20} > 66 \quad \cdots\cdots ①$

次に，$\log_{10}(2 \cdot 7 \cdot 11 \cdot 13)^{20}$ と 67 を比較する。

$$\log_{10}(2 \cdot 7 \cdot 11 \cdot 13)^{20} = 20\log_{10}(2.002 \cdot 10^3)$$
$$= 20\log_{10} 2.002 + 60$$

ここで　　　$7 = \log_{10}10^7 = 20\log_{10}10^{\frac{7}{20}} > 20\log_{10}10^{\frac{1}{3}}$

また，$(2.1)^3 = 9.261$ より，$2.1 = (9.261)^{\frac{1}{3}} < 10^{\frac{1}{3}}$ であるから

　　　$20\log_{10}2.002 < 20\log_{10}2.1 < 20\log_{10}10^{\frac{1}{3}} < 7$

よって　　　$\log_{10}(2 \cdot 7 \cdot 11 \cdot 13)^{20} < 67$　……②

①，②から　　　$66 < \log_{10}(2 \cdot 7 \cdot 11 \cdot 13)^{20} < 67$

ゆえに　　　　$10^{66} < (2 \cdot 7 \cdot 11 \cdot 13)^{20} < 10^{67}$

したがって，$(2 \cdot 7 \cdot 11 \cdot 13)^{20}$ の桁数は 67 である。

152 (1)　方程式を変形すると
$$4 \cdot 2^x - 2 \cdot (2^x)^2 + 16 = 0$$
よって　　　$(2^x)^2 - 2 \cdot 2^x - 8 = 0$

ゆえに　　　$(2^x + 2)(2^x - 4) = 0$

$2^x + 2 > 0$ であるから　　　$2^x = 4$

よって　　$2^x = 2^2$　　　　　ゆえに　　　$x = 2$

(2)　$\dfrac{1}{16} = 2^{-4}$ であるから　　　$2^{-x} = 2^{-4}$

したがって　　　$-x = -4$

よって　　　$x = {}^{\mathcal{T}}4$

また，不等式を変形すると　　　$\left\{\left(\dfrac{1}{2}\right)^x\right\}^2 - \left(\dfrac{1}{2}\right)^x - 2 < 0$

$\left(\dfrac{1}{2}\right)^x = t$ とおくと　　　$t > 0$

不等式は　　　$t^2 - t - 2 < 0$

よって　　　　$(t+1)(t-2) < 0$

$t + 1 > 0$ であるから　　　$t < 2$

すなわち　　　$\left(\dfrac{1}{2}\right)^x < 2$　　　　よって　　　$\left(\dfrac{1}{2}\right)^x < \left(\dfrac{1}{2}\right)^{-1}$

底 $\dfrac{1}{2}$ は 1 より小さいから　　　$x > {}^{\mathcal{A}}-1$

153 (1)　真数は正であるから　　　$x > 0$

$(\log_2 9)(\log_3 x) - \log_2 5 = 2$ から　　　$(2\log_2 3)\left(\dfrac{\log_2 x}{\log_2 3}\right) - \log_2 5 = 2$

よって　　　$2\log_2 x - \log_2 5 = 2$

ゆえに　　　$\log_2 \dfrac{x^2}{5} = \log_2 4$

よって　　$\dfrac{x^2}{5} = 4$　　　　　ゆえに　　　$x^2 = 20$

$x>0$ であるから　　$x=2\sqrt{5}$

(2)　真数は正であるから　　$a>0,\ a+1>0$

よって　　$a>0$

$\log_6 a+\log_6(a+1)=1$ から　　$\log_6 a(a+1)=\log_6 6$

よって　　$a(a+1)=6$

ゆえに　　$(a-2)(a+3)=0$

$a+3>0$ であるから　　$a={}^{\text{ア}}2$

また，真数は正であるから　　$|b|>0,\ b+1>0$

よって　　$b\ne0,\ b>-1$

$\log_2|b|+\log_{\frac{1}{2}}(b+1)=1$ から　　$\log_2|b|+\dfrac{\log_2(b+1)}{\log_2\frac{1}{2}}=\log_2 2$

よって　　$\log_2|b|=\log_2 2+\log_2(b+1)$

$\log_2 2+\log_2(b+1)=\log_2(2b+2)$ であるから　　$|b|=2b+2$

[1]　$-1<b<0$ のとき

$\qquad\qquad -b=2b+2$

　よって　　$b=-\dfrac{2}{3}$　　これは $-1<b<0$ を満たす。

[2]　$0<b$ のとき

$\qquad\qquad b=2b+2$

　よって　　$b=-2$　　これは $0<b$ を満たさない。

[1], [2] から　　$b={}^{\text{イ}}-\dfrac{2}{3}$

(3)　真数は正であるから　　$\sqrt{x}>0,\ x^9>0$

よって　　$x>0$　……①

不等式から　　$8\left(\log_2 x^{\frac{1}{2}}\right)^2-3\cdot9\cdot\dfrac{\log_2 x}{\log_2 8}<5$

$\qquad\qquad 8\left(\dfrac{1}{2}\log_2 x\right)^2-3\cdot9\cdot\dfrac{\log_2 x}{3}<5$

$\qquad\qquad 2(\log_2 x)^2-9\log_2 x-5<0$

$\qquad\qquad (\log_2 x-5)(2\log_2 x+1)<0$

よって　　$-\dfrac{1}{2}<\log_2 x<5$

すなわち　　$\log_2 2^{-\frac{1}{2}}<\log_2 x<\log_2 2^5$

底 2 は 1 より大きいから　　$2^{-\frac{1}{2}}<x<2^5$

したがって　　$\dfrac{\sqrt{2}}{2}<x<32$　これは ① を満たす。

154 (1)　細胞は 15 分ごとに分裂して，個数が 2 倍となるから，1 時間ごとに個数は

2^4 倍に増える。

n 時間後に細胞の個数が 50 万個以上になるとすると

$$1 \times (2^4)^n \geqq 5 \times 10^5$$

よって　　$2^{4n} \geqq \dfrac{1}{2} \times 10^6$

ゆえに　　$2^{4n+1} \geqq 10^6$

両辺の常用対数をとると

$$\log_{10} 2^{4n+1} \geqq \log_{10} 10^6$$

よって　　$(4n+1)\log_{10} 2 \geqq 6$

$\log_{10} 2 > 0$ であるから　　$4n+1 \geqq \dfrac{6}{\log_{10} 2} = \dfrac{6}{0.3010} = 19.93\cdots\cdots$

よって　　$n \geqq 4.73\cdots\cdots$

これを満たす最小の整数 n は　　$n=5$

したがって，初めて 50 万個以上になるのは 5 時間後である。

(2)　$0.09\,\mathrm{mm} = 0.09 \times 10^{-3}\,\mathrm{m} = 9 \times 10^{-5}\,\mathrm{m}$ であるから，紙を三つ折りで n 回折りたたん
だとき初めて紙の厚さが 10000 m を超えるとすると

$$9 \times 10^{-5} \times 3^n > 10000$$

よって　　$3^{n+2} > 10^9$

両辺の常用対数をとると

$$\log_{10} 3^{n+2} > \log_{10} 10^9$$

よって　　$(n+2)\log_{10} 3 > 9$

$\log_{10} 3 > 0$ であるから　　$n > \dfrac{9}{\log_{10} 3} - 2 = \dfrac{9}{0.4771} - 2 = 16.86\cdots\cdots$

これを満たす最小の整数 n は　　$n=17$

したがって，三つ折りで 17 回折りたたんだときである。

155　(1)　$t = 10^{\frac{x}{100}}$ とおくと　　$10^{\frac{x}{50}} = \left(10^{\frac{x}{100}}\right)^2 = t^2$

よって　　$10^{\frac{x}{50}} f(x) = t^2(t^2 - 4t - 3t^{-1} + 12t^{-2})$

$$= t^4 - 4t^3 - 3t + 12$$

(2)　(1) より，方程式は　　$t^2 - 4t - 3t^{-1} + 12t^{-2} = 0$

$t^2 = 10^{\frac{x}{50}} > 0$ より，両辺に t^2 を掛けて

$$t^4 - 4t^3 - 3t + 12 = 0$$

すなわち　　$(t-4)(t^3-3) = 0$

t は実数であるから　　$t = 4,\ \sqrt[3]{3}$

$t = 10^{\frac{x}{100}}$ より　　$\dfrac{x}{100} = \log_{10} t$

ゆえに　　$x = 100\log_{10} t$

したがって　　$x=200\log_{10}2,\ \dfrac{100}{3}\log_{10}3$

(3)　(1) より，不等式は　　$t^2-4t-3t^{-1}+12t^{-2}<0$

$t^2=10^{\frac{x}{50}}>0$ より，両辺に t^2 を掛けて
$$t^4-4t^3-3t+12<0$$
すなわち　　$(t-4)(t^3-3)<0$
よって　　　　$\sqrt[3]{3}<t<4$

$10>1$ より　　$\dfrac{100}{3}\log_{10}3<x<200\log_{10}2$

$\log_{10}2=0.3010,\ \log_{10}3=0.4771$ より　　$\dfrac{47.71}{3}<x<60.2$

よって，$f(x)<0$ を満たす整数 x は 16 から 60 までで
$$60-16+1=45\,(個)$$

156　(1)　k は 2 以上の整数であるから　　$\log_2 k\geqq 1$
　　$\log_2 k-6\log_k 2=-1$ から
$$\log_2 k-\frac{6}{\log_2 k}=-1$$
よって　　$(\log_2 k)^2+\log_2 k-6=0$
ゆえに　　$(\log_2 k-2)(\log_2 k+3)=0$
$\log_2 k+3>0$ であるから　　$\log_2 k=2$
したがって，求める整数 k は　　$k=4$

(2)　$n=2$ のとき，(*) から　　$-1\leqq\log_2 x-6\log_x 2\leqq 1$
　　よって　　$-1\leqq\log_2 x-6\log_x 2$　……①　かつ　$\log_2 x-6\log_x 2\leqq 1$　……②

①から　　$\log_2 x-\dfrac{6}{\log_2 x}\geqq -1$　……③

ここで，x は 2 以上の整数であるから　　$\log_2 x\geqq 1$
③の両辺に $\log_2 x\,(>0)$ を掛けて整理すると
$$(\log_2 x)^2+\log_2 x-6\geqq 0$$
ゆえに　　$(\log_2 x-2)(\log_2 x+3)\geqq 0$
$\log_2 x+3>0$ であるから
$$\log_2 x-2\geqq 0$$
よって　$\log_2 x\geqq 2$　……④
同様にして，②から
$$(\log_2 x)^2-\log_2 x-6\leqq 0$$
よって　　$(\log_2 x+2)(\log_2 x-3)\leqq 0$
$\log_2 x+2>0$ であるから
$$\log_2 x-3\leqq 0$$

よって　　$\log_2 x \leqq 3$　……⑤

④，⑤から　　$2 \leqq \log_2 x \leqq 3$

これを満たす整数 $\log_2 x$ は　　$\log_2 x = 2,\ 3$

したがって，求める整数 x は　　$x = 4,\ 8$

(3)　(*)から　　$-1 \leqq \log_n x - 6\log_x n$　　かつ　　$\log_n x - 6\log_x n \leqq 1$

(2)と同様にして　　$\log_n x \geqq 2$　　かつ　　$\log_n x \leqq 3$

ゆえに　　　$2 \leqq \log_n x \leqq 3$

すなわち　　$\log_n n^2 \leqq \log_n x \leqq \log_n n^3$

底 n は2以上の整数で1より大きいから　　$n^2 \leqq x \leqq n^3$

したがって，これを満たす x の個数 S_n は　　$S_n = n^3 - n^2 + 1$

(4)　$S_n = n^2(n-1) + 1$ であるから，n が2以上の整数のとき，S_n は単調に増加する。

$S_2 = 5,\ S_3 = 19,\ S_4 = 49,\ S_5 = 101$ であるから

$10 \leqq S_n \leqq 100$ となる n は　　$n = 3,\ 4$

参考　関数 $y = x^3 - x^2 + 1\ (x \geqq 2)$ のグラフは右の
図の実線部分のようになり，単調に増加する。

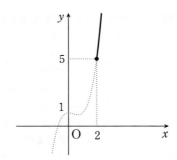

157　　$4^x - (a-6)2^{x+1} + 17 - a = 0$　……①

(1)　$a = 9$ のとき，①から

　　　　　　　$4^x - 6 \cdot 2^x + 8 = 0$

すなわち　　$(2^x)^2 - 6 \cdot 2^x + 8 = 0$

よって　　　$(2^x - 2)(2^x - 4) = 0$

ゆえに　　　$2^x = 2,\ 4$

したがって　　$x = 1,\ 2$

(2)　(i)　①に $x = 0$ を代入すると　　$1 - (a-6) \cdot 2 + 17 - a = 0$

　　これを解くと　　$a = 10$

(ii)　$a = 10$ のとき，①から

　　　　　　　$4^x - 8 \cdot 2^x + 7 = 0$

すなわち　　$(2^x)^2 - 8 \cdot 2^x + 7 = 0$

よって　　　$(2^x - 1)(2^x - 7) = 0$

ゆえに　　　$2^x = 1,\ 7$

よって　　　$x = 0,\ \log_2 7$

したがって，他の解は $x=\log_2 7$

(3) $2^x=t$ とおくと $t>0$

また，① から $t^2-2(a-6)t+17-a=0$ ……②

$2^x=t$ において，t の値が 1 つ決まると x が 1 つ決まるから，方程式 ① が実数解をもたない条件は，方程式 ② が $t>0$ の範囲に実数解をもたないことである。

よって，$f(t)=t^2-2(a-6)t+17-a$ とすると，$y=f(t)$ のグラフが $t>0$ の範囲で t 軸と共有点をもたないことである。

ゆえに，方程式 ② の判別式を D とすると，次の [1] または [2] が成り立つ。

　　　[1] $D<0$　[2] 軸<0，$f(0)>0$

[1] $\dfrac{D}{4}=(a-6)^2-(17-a)=a^2-11a+19$

　　$D<0$ から $a^2-11a+19<0$

　　これを解くと $\dfrac{11-3\sqrt{5}}{2}<a<\dfrac{11+3\sqrt{5}}{2}$

[2] 軸<0 から $a-6<0$

　　$f(0)>0$ から $17-a>0$

　　よって $a<6$

$\dfrac{11-3\sqrt{5}}{2}<6<\dfrac{11+3\sqrt{5}}{2}$ であるから，[1] または [2] より，求める a の値の範囲は

　　$a<\dfrac{11+3\sqrt{5}}{2}$

(4) 方程式 ① の異なる 2 つの解を α，β とすると $\alpha+\beta=0$

また，このとき方程式 ② の 2 つの解は 2^α，2^β であるから，$2^\alpha\cdot 2^\beta=2^{\alpha+\beta}=1$ である。

よって，方程式 ② について，解と係数の関係により

　　　　$17-a=1$

ゆえに $a=16$

$a=16$ のとき，② から $t^2-20t+1=0$

これを解くと $t=10\pm3\sqrt{11}$ (>0)

すなわち $2^x=10\pm3\sqrt{11}$

したがって，求める 2 つの解は

　　$x=\log_2(10-3\sqrt{11})$，$\log_2(10+3\sqrt{11})$

158 真数は正であるから $|x+3|>0$，$|x-5|>0$

よって $x\neq-3$，5

方程式から $\log_2|(x-5)(x+3)|=\log_2 2^a$

よって $|(x-5)(x+3)|=2^a$（ただし $x\neq-3$，5）

$f(x)=|(x-5)(x+3)|$（$x\neq-3$，5）とおくと，

　　$f(x)=|(x-1)^2-16|$

であるから，$y=f(x)$ のグラフは右の図のように
なる。
方程式の異なる実数解の個数は $y=f(x)$ のグラ
フと直線 $y=2^a$ の異なる共有点の個数と一致す
るから，図より

$2^a>16$ すなわち $a>4$ のとき　2個
$2^a=16$ すなわち $a=4$ のとき　3個
$(0<)\,2^a<16$ すなわち $a<4$ のとき　4個

したがって，$a>{}^{\mathcal{7}}4$ のとき ${}^{\mathcal{1}}2$ 個，
$\qquad\qquad\quad a=4$ のとき ${}^{\mathcal{ウ}}3$ 個，
$\qquad\qquad\quad a<4$ のとき ${}^{\mathcal{エ}}4$ 個である。

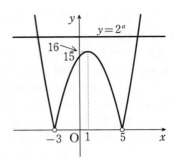

159 (1)　$t=2^x+2^{-x}$ について，$2^x>0$，$2^{-x}>0$ であるから，相加平均と相乗平均の
大小関係により　　$t=2^x+2^{-x}\geqq 2\sqrt{2^x\cdot 2^{-x}}=2$
等号が成り立つのは $2^x=2^{-x}$ すなわち $x=0$ のときである。
したがって，t の最小値は ${}^{\mathcal{7}}2$ である。
$$4^x+4^{-x}=(2^x+2^{-x})^2-2=t^2-2$$
であるから
$$f(x)=(t^2-2)+at+\frac{1}{3}a^2-1={}^{\mathcal{1}}t^2+at+\frac{1}{3}a^2-3$$

(2)　$a=-3$ のとき，方程式は (1) から　　$t^2-3t=0$
これを解くと，$t\geqq 2$ から　　$t=3$
よって　　$3=2^x+2^{-x}$
両辺に 2^x を掛けて整理すると　　$(2^x)^2-3\cdot 2^x+1=0$
よって　　$2^x=\dfrac{3\pm\sqrt{5}}{2}$　(>0)

したがって，求めるすべての解は　　$x={}^{\mathcal{ウ}}\log_2\dfrac{3\pm\sqrt{5}}{2}$

(3)　$g(t)=t^2+at+\dfrac{1}{3}a^2-3$ とする。

(1) から，$t\geqq 2$ のとき $t=2^x+2^{-x}$ を満たす x の値が常に存在するから，
方程式 $f(x)=0$ が実数解をもたない条件は
[1]　方程式 $g(t)=0$ が実数解をもたない
[2]　方程式 $g(t)=0$ の実数解がすべて $t<2$ の範囲に存在する
のいずれかである。
[1]　方程式 $g(t)=0$ の判別式を D とすると　$D<0$
$$D=a^2-4\left(\frac{1}{3}a^2-3\right)=-\frac{1}{3}(a^2-36)$$
であるから　　$a^2-36>0$
よって　　$a<-6,\ 6<a$

[2] を満たす条件は,

  (i) $D \geqq 0$, (ii) 軸< 2, (iii) $g(2) > 0$

が同時に成り立つことである。

(i) $D \geqq 0$ から $-6 \leqq a \leqq 6$

(ii) 軸< 2 から $-\dfrac{a}{2} < 2$

  よって $a > -4$

(iii) $g(2) > 0$ から $\dfrac{1}{3}a^2 + 2a + 1 > 0$

  これを解くと $a < -3 - \sqrt{6},\ \ -3 + \sqrt{6} < a$

(i) ～ (iii) から $-3 + \sqrt{6} < a \leqq 6$

[1] または [2] から $^{\text{エ}}a < -6,\ \ -3 + \sqrt{6} < a$

160 (1) $x + y = k$ のとき $y = k - x$

$x > 0,\ y > 0$ であるから $0 < x < k$

このとき $z = 2\log_2 x + \log_2 y = \log_2 x^2(k - x)$

$f(x) = x^2(k - x)\ (0 < x < k)$ とすると，底 2 は 1 より大きいから，$f(x)$ が最大となるとき z も最大となる。

  $f'(x) = -3x^2 + 2kx = -x(3x - 2k)$

$f'(x) = 0$ とすると $0 < x < k$ から $x = \dfrac{2}{3}k$

$f(x)$ の増減表は次のようになる。

x	0	$\cdots$	$\dfrac{2}{3}k$	$\cdots$	k
$f'(x)$		$+$	0	$-$	
$f(x)$		$\nearrow$	$\dfrac{4}{27}k^3$	$\searrow$	

よって，$f(x)$ の最大値は $f\left(\dfrac{2}{3}k\right) = \dfrac{4}{27}k^3$ であるから，

z のとりうる値の最大値 z_1 は $z_1 = \log_2 \dfrac{4}{27}k^3$

そのときの x の値は $x = \dfrac{2}{3}k$

(2) $kx + y = 2k$ のときの z の最大値を考える。

$kx + y = 2k$ のとき $y = k(2 - x)$

$x > 0,\ y > 0,\ k > 0$ から $0 < x < 2$

このとき $z = 2\log_2 x + \log_2 y = \log_2 kx^2(2 - x)$

$g(x) = kx^2(2 - x)\ (0 < x < 2)$ とすると，底 2 は 1 より大きいから，$g(x)$ が最大となるとき z も最大となる。

$$g'(x) = -k(3x^2 - 4x) = -kx(3x - 4)$$

$g'(x) = 0$ とすると $k > 0$, $0 < x < 2$ から　　　$x = \dfrac{4}{3}$

$f(x)$ の増減表は次のようになる。

x	0	$\cdots$	$\dfrac{4}{3}$	$\cdots$	2
$g'(x)$		$+$	0	$-$	
$g(x)$		$\nearrow$	$\dfrac{32}{27}k$	$\searrow$	

よって，$g(x)$ の最大値は $g\left(\dfrac{4}{3}\right) = \dfrac{32}{27}k$ であるから，z のとりうる値の最大値は

$\log_2 \dfrac{32}{27}k$ である。

ゆえに，(1) から，z のとりうる値の最大値 z_2 は $\log_2 \dfrac{4}{27}k^3$ または $\log_2 \dfrac{32}{27}k$ である。

したがって，z_2 が z_1 と一致するための必要十分条件は $\log_2 \dfrac{32}{27}k \leqq \log_2 \dfrac{4}{27}k^3$ が成り

立つことである。

よって，底 2 は 1 より大きいから　　　$\dfrac{32}{27}k \leqq \dfrac{4}{27}k^3$

$k > 0$ であるから，$k^2 \geqq 8$ より　　　$k \geqq 2\sqrt{2}$

(3)　(2) から　　　$z_2 = \begin{cases} \log_2 \dfrac{32}{27}k & (0 < k < 2\sqrt{2}) \\ \log_2 \dfrac{4}{27}k^3 & (2\sqrt{2} \leqq k) \end{cases}$

[1]　$0 < k < 2\sqrt{2}$ すなわち $0 < 2^{\frac{n}{5}} < 2\sqrt{2}$ のとき

$0 < 2^{\frac{n}{5}}$ はすべての自然数について成り立つ。

$2^{\frac{n}{5}} < 2\sqrt{2}$ から　　　$2^{\frac{n}{5}} < 2^{\frac{3}{2}}$

底 2 は 1 より大きいから

　　　$\dfrac{n}{5} < \dfrac{3}{2}$ 　　　ゆえに　　　$n < \dfrac{15}{2}$

n は自然数であるから　　　$n = 1, 2, 3, 4, 5, 6, 7$ ……①

また　$z_2 = \log_2 \dfrac{32}{27}k = \log_2 \dfrac{32}{27} \cdot 2^{\frac{n}{5}}$

　　　　　$= \log_2 \dfrac{2^5}{3^3} + \dfrac{n}{5}\log_2 2$

　　　　　$= \dfrac{n}{5} + 5 - 3\log_2 3$

$\dfrac{3}{2} < z_2 < \dfrac{7}{2}$ から $\qquad \dfrac{3}{2} < \dfrac{n}{5} + 5 - 3\log_2 3 < \dfrac{7}{2}$

よって $\qquad 15\log_2 3 - \dfrac{35}{2} < n < 15\log_2 3 - \dfrac{15}{2}$

$1.58 < \log_2 3 < 1.59$ であるから $\qquad 6.2 < n < 16.35$

これを満たす自然数 n は，① から $\qquad n = 7$

[2] $2\sqrt{2} \le k$ すなわち $2\sqrt{2} \le 2^{\frac{n}{5}}$ のとき $\qquad 2^{\frac{3}{2}} \le 2^{\frac{n}{5}}$

底 2 は 1 より大きいから

$\qquad \dfrac{3}{2} \le \dfrac{n}{5} \qquad$ ゆえに $\qquad n \ge \dfrac{15}{2}$

n は自然数であるから $\qquad n \ge 8 \ \cdots\cdots$ ②

また $\quad z_2 = \log_2 \dfrac{4}{27} k^3 = \log_2 \dfrac{4}{27} \cdot 2^{\frac{3n}{5}}$

$\qquad\qquad = \log_2 \dfrac{2^2}{3^3} + \dfrac{3n}{5} \log_2 2$

$\qquad\qquad = \dfrac{3n}{5} + 2 - 3\log_2 3$

$\dfrac{3}{2} < z_2 < \dfrac{7}{2}$ から $\qquad \dfrac{3}{2} < \dfrac{3n}{5} + 2 - 3\log_2 3 < \dfrac{7}{2}$

よって $\qquad 15\log_2 3 - \dfrac{5}{2} < 3n < 15\log_2 3 + \dfrac{15}{2}$

$1.58 < \log_2 3 < 1.59$ であるから $\qquad 21.2 < 3n < 31.35$

② の範囲でこれを満たす自然数 n は $\qquad n = 8, \ 9, \ 10$

[1]，[2] から，n の最大値は 10，最小値は 7

161 (1) $\log_x y > 0$ から $\qquad \log_x y > \log_x 1$

よって，$0 < x < 1$ のとき $\qquad y < 1$

$y > 0$ であるから $\qquad 0 < y < 1$

$x > 1$ のとき $\qquad y > 1$

よって，求める範囲は，図の斜線部分である。

ただし，境界線を含まない。

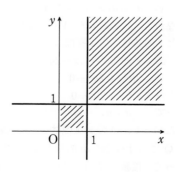

(2)　$\log_x y = t$ とおくと，t はすべての実数をとる。

また，不等式から　　$t + \dfrac{3}{t} - 4 < 0$　……①

[1]　$t > 0$ のとき，① から　　$t^2 - 4t + 3 < 0$

これを解くと，$t > 0$ から　　$1 < t < 3$

すなわち　　$1 < \log_x y < 3$

よって　　　　$\log_x x < \log_x y < \log_x x^3$

ゆえに　　$0 < x < 1$ のとき　$x > y > x^3$

$x > 1$ のとき　　　$x < y < x^3$

[2]　$t < 0$ のとき，① から　　$t^2 - 4t + 3 > 0$

これを解くと，$t < 0$ から　　$t < 0$

すなわち　　$\log_x y < 0$

よって　　　　$\log_x y < \log_x 1$

ゆえに　　$0 < x < 1$ のとき　$y > 1$

$x > 1$ のとき　　　$y < 1$

$y > 0$ であるから　　　　　　$0 < y < 1$

[1], [2] から，右の図の斜線部分である。
ただし，境界線を含まない。

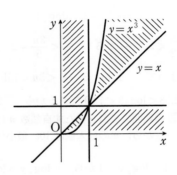

162　$C : y = x^3 - x$ について　　$y' = 3x^2 - 1$

点 $\mathrm{P}(a,\ a^3 - a)$ $(a \neq 0)$ における接線 ℓ の傾きは $3a^2 - 1$ であるから，ℓ の方程式は

$$y - (a^3 - a) = (3a^2 - 1)(x - a)$$

すなわち　　$y = (3a^2 - 1)x - 2a^3$

C と ℓ の共有点の x 座標は

$$x^3 - x = (3a^2 - 1)x - 2a^3$$

$$x^3 - 3a^2 x + 2a^3 = 0$$

$$(x - a)^2(x + 2a) = 0$$

よって　　$x = a,\ -2a$

したがって，Q の x 座標は　　$^{ア}-2a$

点 Q における接線 m の傾きは　　$3(-2a)^2 - 1 = {}^{\mathcal{A}}12a^2 - 1$

よって，接線 m と x 軸が平行になるのは　　$12a^2 - 1 = 0$

すなわち　　$a^2 = {}^{\mathit{ウ}}\dfrac{1}{12}$

また，Q の y 座標は $(-2a)^3-(-2a)=-8a^3+2a$ であるから，m の方程式は
$$y-(-8a^3+2a)=(12a^2-1)(x+2a)$$
すなわち $\qquad y=(12a^2-1)x+16a^3$
C と m の共有点の x 座標は
$$x^3-x=(12a^2-1)x+16a^3$$
$$x^3-12a^2x-16a^3=0$$
$$(x+2a)^2(x-4a)=0$$
よって $\qquad x=-2a,\ 4a$
したがって，R の x 座標は $\qquad {}^{エ}4a$
点 R における接線 n の傾きは $\qquad 3(4a)^2-1={}^{オ}48a^2-1$
ℓ と n が垂直になるのは
$$(3a^2-1)(48a^2-1)=-1$$
$$144a^4-51a^2+2=0$$
したがって
$$a^2=\frac{-(-51)\pm\sqrt{(-51)^2-4\cdot144\cdot2}}{2\cdot144}$$
$$=\frac{51\pm3\sqrt{161}}{2\cdot144}=\frac{1}{96}({}^{カ}17\pm\sqrt{161}\,)$$
$17\geqq\sqrt{161}$ より，これらはともに $a\geqq0$ となる。

163 曲線 C_1 上の点 $(t,\ t^3+2at^2)$ における接線を ℓ とすると，$y'=3x^2+4ax$ であるから，ℓ の方程式は $\qquad y-(t^3+2at^2)=(3t^2+4at)(x-t)$
すなわち $\qquad y=(3t^2+4at)x-2t^3-2at^2$
ℓ が C_2 に接するための必要十分条件は，x についての 2 次方程式
$3ax^2-\dfrac{3}{a}=(3t^2+4at)x-2t^3-2at^2$ が重解をもつことである。

整理すると $\qquad 3ax^2-(3t^2+4at)x+\left(2t^3+2at^2-\dfrac{3}{a}\right)=0$
この 2 次方程式の判別式を D とすると
$$D=(3t^2+4at)^2-4\cdot3a\cdot\left(2t^3+2at^2-\frac{3}{a}\right)=9t^4-8a^2t^2+36$$
$t^2=u$ とおくと $\qquad u\geqq0$
$f(u)=9u^2-8a^2u+36$ とおく。

このとき，放物線 $y=f(u)$ の軸は $u=\dfrac{4}{9}a^2>0$ である。

よって，2 次方程式 $f(u)=0$ の判別式を E とおくと，$D=0$ を満たす実数 t が存在するための必要十分条件は $E\geqq0$ である。

$\dfrac{E}{4}=(-4a^2)^2-9\cdot36$ より $\qquad a^4\geqq\dfrac{9\cdot36}{4^2}$

$a^2 \geqq 0$ より　　　$a^2 \geqq \dfrac{3 \cdot 6}{4}$

$a > 0$ より　　　$a \geqq \dfrac{3\sqrt{2}}{2}$

別解 判別式 D について

$$D = 9t^4 - 8a^2t^2 + 36 = (3t^2 - 6)^2 - (8a^2 - 36)t^2$$
$$= (3t^2 + 2\sqrt{2a^2 - 9}\,t - 6)(3t^2 - 2\sqrt{2a^2 - 9}\,t - 6)$$

$g(t) = 3t^2 + 2\sqrt{2a^2 - 9}\,t - 6$, $h(t) = 3t^2 - 2\sqrt{2a^2 - 9}\,t - 6$ とおく。

t についての 2 次方程式 $g(t) = 0$ の判別式を F とすると，2 次方程式 $g(t) = 0$ が実数解をもつための必要十分条件は　　　$2a^2 - 9 \geqq 0$ かつ $F \geqq 0$

$2a^2 - 9 \geqq 0$ について，$a > 0$ より　　　$a \geqq \dfrac{3\sqrt{2}}{2}$　……①

$\dfrac{F}{4} = (\sqrt{2a^2 - 9})^2 - 3 \cdot (-6) = 2a^2 + 9 \geqq 0$ であるから，① の範囲で $F \geqq 0$ は常に成り立つ。

よって，2 次方程式 $g(t) = 0$ が実数解をもつ a の値の範囲は　　　$a \geqq \dfrac{3\sqrt{2}}{2}$

同様に考えて，2 次方程式 $h(t) = 0$ が実数解をもつ a の値の範囲は　　　$a \geqq \dfrac{3\sqrt{2}}{2}$

よって，$a \geqq \dfrac{3\sqrt{2}}{2}$ のとき $D = 0$ を満たす実数 t が存在する。

以上より，求める a の値の範囲は　　　$a \geqq \dfrac{3\sqrt{2}}{2}$

164 (1)　$y = x^2$ において　　　$y' = 2x$

よって，C 上の点 $\mathrm{A}(\alpha,\ \alpha^2)$ における接線 ℓ_1 の方程式は　　　$y - \alpha^2 = 2\alpha(x - \alpha)$

すなわち　　　$y = 2\alpha x - \alpha^2$　……①

同様にして，C 上の点 $\mathrm{B}(\beta,\ \beta^2)$ における接線 ℓ_2 の方程式は　　　$y = 2\beta x - \beta^2$　……②

ℓ_1 と ℓ_2 の交点の x 座標は，①，② から

$$2\alpha x - \alpha^2 = 2\beta x - \beta^2$$
$$2(\beta - \alpha)x = (\beta - \alpha)(\beta + \alpha)$$

$\beta - \alpha \neq 0$ であるから　　　$x = \dfrac{\alpha + \beta}{2}$

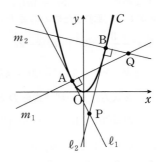

これを ① に代入すると　　　$y = 2\alpha \cdot \dfrac{\alpha + \beta}{2} - \alpha^2 = \alpha\beta$

したがって　　　$\mathrm{P}\left(\dfrac{\alpha + \beta}{2},\ \alpha\beta\right)$

また，点 A を通り，ℓ_1 と直交する直線 m_1 の方程式は

$$(x-\alpha)-(-2\alpha)(y-\alpha^2)=0$$

すなわち $\quad x+2\alpha y-2\alpha^3-\alpha=0 \quad \cdots\cdots ③$

同様にして，点 B を通り，ℓ_2 と直交する直線 m_2 の方程式は

$$x+2\beta y-2\beta^3-\beta=0 \quad \cdots\cdots ④$$

m_1 と m_2 の交点の y 座標は，④$-$③ から

$$2\beta y-2\alpha y-2\beta^3+2\alpha^3-\beta+\alpha=0$$

$$2(\beta-\alpha)y=2(\beta-\alpha)\left(\alpha^2+\alpha\beta+\beta^2+\frac{1}{2}\right)$$

$\beta-\alpha \neq 0$ であるから $\quad y=\alpha^2+\alpha\beta+\beta^2+\dfrac{1}{2}$

これを ③ に代入し，整理すると $\quad x=-2\alpha\beta(\alpha+\beta)$

よって $\quad \mathrm{Q}\left(-2\alpha\beta(\alpha+\beta),\ \alpha^2+\alpha\beta+\beta^2+\dfrac{1}{2}\right)$

(2) $\angle\mathrm{PAQ}=\angle\mathrm{PBQ}=90°$ であるから，4 点 A，B，P，Q は同一円周上にあり，この円の直径は線分 PQ である。

よって，3 点 A，B，Q を通る円は，線分 PQ を直径とする円である。

したがって，3 点 A，B，Q を通る円の中心 $(s,\ t)$ は 2 点 P，Q の中点であるから

$$s=\frac{1}{2}\left\{\frac{\alpha+\beta}{2}-2\alpha\beta(\alpha+\beta)\right\}=\frac{1}{4}(\alpha+\beta)(1-4\alpha\beta)$$

$$t=\frac{1}{2}\left\{\alpha\beta+\left(\alpha^2+\alpha\beta+\beta^2+\frac{1}{2}\right)\right\}=\frac{1}{2}\left\{(\alpha+\beta)^2+\frac{1}{2}\right\}$$

(3) $s=0$ のとき，(2) より $\quad \dfrac{1}{4}(\alpha+\beta)(1-4\alpha\beta)=0$

よって $\quad \alpha+\beta=0$ または $\alpha\beta=\dfrac{1}{4}$

[1] $\alpha+\beta=0$ のとき

$$t=\frac{1}{2}\left(0^2+\frac{1}{2}\right)=\frac{1}{4}$$

[2] $\alpha\beta=\dfrac{1}{4}$ のとき

$\beta=\dfrac{1}{4\alpha}$ であるから

$$t=\frac{1}{2}\left\{\left(\alpha+\frac{1}{4\alpha}\right)^2+\frac{1}{2}\right\}=\frac{1}{2}\left(\alpha^2+\frac{1}{16\alpha^2}\right)+\frac{1}{2}$$

$\alpha^2>0$ から，相加平均と相乗平均の大小関係により

$$t\geq\frac{1}{2}\cdot2\sqrt{\alpha^2\cdot\frac{1}{16\alpha^2}}+\frac{1}{2}=\frac{1}{2}\cdot2\cdot\frac{1}{4}+\frac{1}{2}=\frac{3}{4}$$

等号成り立つのは $\alpha^2=\dfrac{1}{16\alpha^2}$ すなわち $\alpha=\pm\dfrac{1}{2}$ のときである。

$\alpha\beta=\dfrac{1}{4}$ であるから

$$\alpha = \frac{1}{2} \text{ のとき } \qquad \beta = \frac{1}{2}$$

$$\alpha = -\frac{1}{2} \text{ のとき } \quad \beta = -\frac{1}{2}$$

これらはともに $\alpha < \beta$ を満たさない。

よって，等号は成立しないから $\qquad t > \frac{3}{4}$

[1]，[2] から，t のとりうる値の範囲は $\qquad t = \frac{1}{4}$，$t > \frac{3}{4}$

別解 （[2] について）

$t = \frac{1}{2}\left\{(\alpha+\beta)^2 + \frac{1}{2}\right\}$ より，$\alpha + \beta$ のとりうる値の範囲について考える。

$\alpha + \beta$ が u という値をとる条件は

$$\begin{cases} \alpha + \beta = u & \cdots\cdots ⑤ \\ \alpha\beta = \dfrac{1}{4} & \cdots\cdots ⑥ \\ \alpha < \beta & \cdots\cdots ⑦ \end{cases}$$

を満たす実数 α，β が存在することである。

⑤，⑥ から，α，β は 2 次方程式

$$z^2 - uz + \frac{1}{4} = 0 \quad \cdots\cdots ⑧$$

の解である。

よって，⑤，⑥，⑦ を満たす実数 α，β が存在するための条件は，⑧ が相異なる 2 つの実数解をもつことである。

⑧ の判別式を D とすると $\qquad D = (-u)^2 - 4 \cdot 1 \cdot \frac{1}{4} = u^2 - 1$

⑧ が相異なる 2 つの実数解をもつ条件は $D > 0$ であるから $\qquad u^2 - 1 > 0$

したがって $\qquad u^2 > 1$

よって $\qquad t = \frac{1}{2}\left(u^2 + \frac{1}{2}\right) > \frac{1}{2}\left(1 + \frac{1}{2}\right) = \frac{3}{4}$

したがって $\qquad t > \frac{3}{4}$

165 (1) $g(x)$ を $f(x)$ で割った余りが $r(x)$ であるから，そのときの商を $Q(x)$ とおくと，$g(x) = f(x)Q(x) + r(x)$ は x についての恒等式である。

二項定理から $\qquad g(x)^7 = \sum_{k=0}^{6} {}_7\mathrm{C}_k \{f(x)Q(x)\}^{7-k} r(x)^k + r(x)^7$

よって

$$g(x)^7 - r(x)^7 = f(x) \sum_{k=0}^{6} {}_7\mathrm{C}_k f(x)^{6-k} Q(x)^{7-k} r(x)^k$$

$\displaystyle\sum_{k=0}^{6} {}_7C_k f(x)^{6-k} Q(x)^{7-k} r(x)^k$ は x の多項式であるから，$g(x)^7 - r(x)^7$ は $f(x)$ で割り切れる。

よって，$g(x)^7$ を $f(x)$ で割った余りと $r(x)^7$ を $f(x)$ で割った余りは等しい。

(2) (1) から，$\{h(x)^7\}^7$ すなわち $h(x)^{49}$ を $f(x)$ で割った余りは，$h_1(x)^7$ を $f(x)$ で割った余り，すなわち $h_2(x)$ に等しい。

これが $h(x)$ に等しいための条件は　　$F(x) = h(x)^{49} - h(x)$

とおいて，$F(x)$ が $f(x)$ で割り切れること，すなわち，次の [1]，[2] がともに成り立つことである。

[1]　$F(x)$ が $x-2$ で割り切れること

　因数定理から　　$F(2) = 0$

　すなわち　　　$h(2)^{49} - h(2) = 0$

　　　　　　　　　$h(2)\{h(2)^{48} - 1\} = 0$

　$h(2)$ は実数であるから　　$h(2) = 0,\ \pm 1$

　よって　　$2a + b = -5,\ -4,\ -3$　……①

[2]　$F(x)$ が $(x-1)^2$ で割り切れること

　$F(x)$ を $(x-1)^2$ で割った余りは高々 1 次で，$\alpha x + \beta$ とおく。商を $q(x)$ とおくと，

　　　$F(x) = (x-1)^2 q(x) + \alpha x + \beta$　……②

　は x についての恒等式である。

　$x = 1$ を代入して　　$\alpha + \beta = F(1)$　……③

　②の両辺を x で微分して　　$F'(x) = 2(x-1)q(x) + (x-1)^2 q'(x) + \alpha$

　これに $x = 1$ を代入して　　$\alpha = F'(1)$　……④

　$F(x)$ が $(x-1)^2$ で割り切れるための条件は　　$\alpha = \beta = 0$

　③，④より　　$F(1) = 0$ かつ $F'(1) = 0$

　$F(1) = 0$ から，[1] と同様にして　　$h(1) = 0,\ \pm 1$

　③より　　$a + b = -2,\ -1,\ 0$　……⑤

　$F'(x) = 49h(x)^{48}h'(x) - h'(x)$ であるから，

　$F'(1) = 0$ より

　　　　$49h(1)^{48}h'(1) - h'(1) = 0$

　　　　$\{49h(1)^{48} - 1\}h'(1) = 0$

　⑤のもとでは $49h(1)^{48} - 1 \neq 0$ であるから　　$h'(1) = 0$

　$h'(x) = 2x + a$ であるから，$h'(1) = 2 + a$ より　　$2 + a = 0$

　よって　　$a = -2$

　$a = -2$ を⑤に代入して

　　　$(a,\ b) = (-2,\ 0),\ (-2,\ 1),\ (-2,\ 2)$　……⑥

[1]，[2] から，①かつ⑥を満たす a，b の組を求めて

　　　$(a,\ b) = (-2,\ 0),\ (-2,\ 1)$

166 (1)　$f(x)=(x+1)(2x-3)(x-3)=2x^3-7x^2+9$

$f'(x)=6x^2-14x=2x(3x-7)$

$f'(x)=0$ のとき　　$x=0, \dfrac{7}{3}$

(2)　(1) より，$f(x)$ の増減表は次のようになる。

x	$\cdots$	0	$\cdots$	$\dfrac{7}{3}$	$\cdots$
$f'(x)$	$+$	0	$-$	0	$+$
$f(x)$	↗	極大	↘	極小	↗

$f(0)=9, \quad f\left(\dfrac{7}{3}\right)=2\left(\dfrac{7}{3}\right)^3-7\left(\dfrac{7}{3}\right)^2+9=-\dfrac{100}{27}$

よって，$f(x)$ は $x=0$ で極大値 9，$x=\dfrac{7}{3}$ で極小値 $-\dfrac{100}{27}$ をとる。

(3)　[1]　$2x-3\geqq0$　すなわち　$x\geqq\dfrac{3}{2}$ のとき

$g(x)=(x+1)(2x-3)(x-3)=f(x)$

[2]　$2x-3<0$　すなわち　$x<\dfrac{3}{2}$ のとき

$g(x)=(x+1)\{-(2x-3)\}(x-3)=-f(x)$

[1]，[2] と (2) より，$y=g(x)$ のグラフは
右の図のようになる。

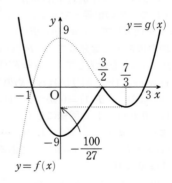

167 (1)　$f(-2)=-8-4(a^2+2)-2(a^2-5)+6(a^2+1)=0$

$f(3)=27-9(a^2+2)+3(a^2-5)+6(a^2+1)=0$

(2)　(1) より，$f(x)$ は $(x+2)(x-3)$ で割り切れる。

よって

$f(x)=x^3-(a^2+2)x^2+(a^2-5)x+6(a^2+1)$

$\quad\ \ =(x+2)\{x^2-(a^2+4)x+3(a^2+1)\}$

$\quad\ \ =(x+2)(x-3)(x-a^2-1)$

(3)　$f(x)=0$ のとき　　$x=-2, \ 3, \ a^2+1$

したがって，x 軸との共有点の座標は　　$(-2, \ 0), \ (3, \ 0), \ (a^2+1, \ 0)$

また　　$f(0)=6(a^2+1)=6a^2+6$

よって，y 軸との共通点の座標は　　$(0,\ 6a^2+6)$

(4)　$f'(x)=3x^2-2(a^2+2)x+a^2-5$

$f'(x)=0$ のとき

$$x=\frac{-\{-(a^2+2)\}\pm\sqrt{\{-(a^2+2)\}^2-3\cdot(a^2-5)}}{3}$$

$$=\frac{a^2+2\pm\sqrt{a^4+a^2+19}}{3}$$

ここで，$\alpha=\dfrac{a^2+2-\sqrt{a^4+a^2+19}}{3}$，$\beta=\dfrac{a^2+2+\sqrt{a^4+a^2+19}}{3}$ とおくと，

$f(x)$ の増減表は次のようになる。

x	$\cdots$	α	$\cdots$	β	$\cdots$
$f'(x)$	$+$	0	$-$	0	$+$
$f(x)$	↗	極大	↘	極小	↗

ここで，$-1<a<1$ より　　$1<a^2+1<2$

また　　$(a^2+2)^2-(\sqrt{a^4+a^2+19})^2=3a^2-15=3(a^2-5)<0$

$a^2+2\geqq 0,\ \sqrt{a^4+a^2+19}\geqq 0$ より　　$a^2+2-\sqrt{a^4+a^2+19}<0$

また，$a^2\geqq 0$ より　　$a^2+2+\sqrt{a^4+a^2+19}>0$

したがって　　$\alpha<0<\beta$

ゆえに，$y=f(x)$ のグラフは右の図のようになる。

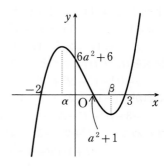

168　(1)　$f'(x)=2(a+1)x^3-3a^2x^2-2a^2(a+1)x+3a^4$

であるから

$$f'(a)=2(a+1)a^3-3a^4-2a^3(a+1)+3a^4={}^{\mathcal{T}}0$$

$$f'(-a)=-2(a+1)a^3-3a^4+2a^3(a+1)+3a^4={}^{\mathcal{I}}0$$

(2)　(1) より，$f'(x)$ は $(x+a)(x-a)$ で割り切れる。

よって　　$f'(x)=(x+a)(x-a)\{2(a+1)x-3a^2\}$

ここで，$a=-1$ のとき $f'(x)=-3(x+1)(x-1)$ となり，$x=\pm 1$ の前後で $f'(x)$ の符号が変化する。

よって，$f(x)$ は $a={}^{\mathcal{p}}-1$ のとき極値をちょうど 2 つもつ。

また，$a\neq -1$ のとき，$f'(x)=0$ となる x の値は　　$x=\pm a,\ \dfrac{3a^2}{2(a+1)}$

ここで，$a=-a$ のとき　　　　　$a=0$

$a=\dfrac{3a^2}{2(a+1)}$ のとき　　$a=0,\ 2$

$-a=\dfrac{3a^2}{2(a+1)}$ のとき　$a=0,\ -\dfrac{2}{5}$

$a=0$ のとき，$f'(x)=2x^3$ であるから，$f(x)$ は極値をただ 1 つもつ。

$a=2$ のとき，$f'(x)=6(x-2)^2(x+2)$ であるから，$f(x)$ は極値をただ 1 つもつ。

$a=-\dfrac{2}{5}$ のとき，$f'(x)=\dfrac{6}{5}\left(x-\dfrac{2}{5}\right)^2\left(x+\dfrac{2}{5}\right)$ であるから，$f(x)$ は極値をただ 1 つもつ。

以上より，$f(x)$ は $a=\dfrac{{}^{\text{エ}}-2}{{}^{\text{オ}}5}$，${}^{\text{カ}}0$，${}^{\text{キ}}2$ のとき，極値をただ 1 つもつ。

(3)　$a=-1$ のとき　　　$f(x)=-x^3+3x$

$f'(x)=-3(x+1)(x-1)$

$f(x)$ の増減表は次のようになる。

x	$\cdots$	-1	$\cdots$	1	$\cdots$
$f'(x)$	$-$	0	$+$	0	$-$
$f(x)$	$\searrow$	-2	$\nearrow$	2	$\searrow$

よって，$f(x)$ は $x={}^{\text{ク}}1$ で極大値 ${}^{\text{ケ}}2$，$x={}^{\text{コ}}-1$ で極小値 ${}^{\text{サ}}-2$ をとる。

(4)　$a=1$ のとき，$f(x)=x^4-x^3-2x^2+3x$ であるから，

$f'(x)=4x^3-3x^2-4x+3$

接点を $(t,\ f(t))$ とおくと，接線の方程式は

$y-(t^4-t^3-2t^2+3t)=(4t^3-3t^2-4t+3)(x-t)$

これが点 $(-1,\ -3)$ を通るから

$-3-(t^4-t^3-2t^2+3t)=(4t^3-3t^2-4t+3)(-1-t)$

すなわち　　　$3t^4+2t^3-5t^2-4t=0$

$t(t+1)^2(3t-4)=0$

よって　　　$t=-1,\ 0,\ \dfrac{4}{3}$

したがって，求める接点の x 座標は　　　$x={}^{\text{シ}}-1$，${}^{\text{ス}}0$，$\dfrac{{}^{\text{セ}}4}{{}^{\text{ソ}}3}$

169　$t=\cos x-\sin x=\sqrt{2}\sin\left(x+\dfrac{3}{4}\pi\right)$

$0\leqq x<2\pi$ より，t のとりうる値の範囲は　　　$-\sqrt{{}^{\text{ア}}2}\leqq t\leqq\sqrt{{}^{\text{イ}}2}$

$t=\cos x-\sin x$ より　　　$t^2=1-2\cos x\sin x$

よって　　　$\cos x\sin x=\dfrac{-t^2+{}^{\text{ウ}}1}{{}^{\text{エ}}2}$

また　　$\cos^3 x-\sin^3 x$

$$= (\cos x - \sin x)(\cos^2 x + \cos x \sin x + \sin^2 x)$$

$$= t\left(1 + \frac{-t^2 + 1}{2}\right)$$

$$= \frac{-t^3 + {}^{\dagger}3t}{{}^{\dagger}2}$$

$$\cos^5 x - \sin^5 x$$

$$= (\cos^3 x - \sin^3 x)(\cos^2 x + \sin^2 x) - \cos^2 x \sin^2 x(\cos x - \sin x)$$

$$= \frac{-t^3 + 3t}{2} \cdot 1 - \left(\frac{-t^2 + 1}{2}\right)^2 t$$

$$= \frac{-2t^3 + 6t - t^5 + 2t^3 - t}{4}$$

$$= \frac{-t^5 + 5t}{4}$$

よって

$$y = 2\cos^5 x - 3\cos^3 x + \cos x - 2\sin^5 x + 3\sin^3 x - \sin x$$

$$= 2(\cos^5 x - \sin^5 x) - 3(\cos^3 x - \sin^3 x) + (\cos x - \sin x)$$

$$= 2 \cdot \frac{-t^5 + 5t}{4} - 3 \cdot \frac{-t^3 + 3t}{2} + t$$

$$= \frac{-t^5 + 5t + 3t^3 - 9t + 2t}{2}$$

$$= \frac{-t^5 + {}^{\dagger}3t^3 - {}^{\gamma}2t}{{}^{\gamma}2}$$

$y = 0$ のとき $\quad t^5 - 3t^3 + 2t = 0$

$$t(t^2 - 1)(t^2 - 2) = 0$$

よって $\quad t = 0, \ \pm 1, \ \pm\sqrt{2}$

$t = 0$ のとき $\qquad \sqrt{2}\sin\left(x + \dfrac{3}{4}\pi\right) = 0 \qquad \cdots\cdots$ ①

$t = 1$ のとき $\qquad \sqrt{2}\sin\left(x + \dfrac{3}{4}\pi\right) = 1 \qquad \cdots\cdots$ ②

$t = -1$ のとき $\qquad \sqrt{2}\sin\left(x + \dfrac{3}{4}\pi\right) = -1 \qquad \cdots\cdots$ ③

$t = \sqrt{2}$ のとき $\qquad \sqrt{2}\sin\left(x + \dfrac{3}{4}\pi\right) = \sqrt{2} \qquad \cdots\cdots$ ④

$t = -\sqrt{2}$ のとき $\quad \sqrt{2}\sin\left(x + \dfrac{3}{4}\pi\right) = -\sqrt{2} \quad \cdots\cdots$ ⑤

$0 \leqq x < 2\pi$ より $\qquad \dfrac{3}{4}\pi \leqq x + \dfrac{3}{4}\pi < \dfrac{11}{4}\pi$

① について $\qquad x + \dfrac{3}{4}\pi = \pi, \ 2\pi$

よって $\qquad x = \dfrac{\pi}{4}, \ \dfrac{5}{4}\pi$

同様に考えて

　　② の解は　$x=0,\ \dfrac{3}{2}\pi$

　　③ の解は　$x=\dfrac{\pi}{2},\ \pi$

　　④ の解は　$x=\dfrac{7}{4}\pi$

　　⑤ の解は　$x=\dfrac{3}{4}\pi$

よって，$y=0$ となる x の値は全部で $^{\mathrm{コ}}8$ 個あり，そのうち最も大きい値は $\dfrac{^{\mathrm{サ}}7}{^{\mathrm{シ}}4}\pi$

$f(t)=\dfrac{-t^5+3t^3-2t}{2}$ より　　$f'(t)=\dfrac{-5t^4+9t^2-2}{2}$

$f'(t)=0$ のとき　　$5t^4-9t^2+2=0$

よって　　$t^2=\dfrac{9\pm\sqrt{9^2-4\cdot5\cdot2}}{10}=\dfrac{9\pm\sqrt{41}}{10}$

$\dfrac{9+\sqrt{41}}{10}>0,\ \dfrac{9-\sqrt{41}}{10}>0$ より　　$t=\pm\sqrt{\dfrac{9+\sqrt{41}}{10}},\ \pm\sqrt{\dfrac{9-\sqrt{41}}{10}}$

以上より

　　$a=-\sqrt{\dfrac{9+\sqrt{41}}{10}},\ b=-\sqrt{\dfrac{9-\sqrt{41}}{10}},$

　　$c=\sqrt{\dfrac{9-\sqrt{41}}{10}},\ d=\sqrt{\dfrac{9+\sqrt{41}}{10}}$

したがって　　$ac=-\sqrt{\dfrac{9+\sqrt{41}}{10}}\sqrt{\dfrac{9-\sqrt{41}}{10}}$

　　　　　　　　$=-\dfrac{\sqrt{40}}{10}=\dfrac{^{\mathrm{ス}}-\sqrt{^{\mathrm{セ}}10}}{^{\mathrm{ソ}}5}$

また，$f(t)=f'(t)\cdot\dfrac{1}{5}t+\dfrac{3}{5}t^3-\dfrac{4}{5}t$ であり，$f'(b)=f'(d)=0$ であるから

　　$f(b)=\dfrac{3}{5}b^3-\dfrac{4}{5}b=\dfrac{1}{5}b(3b^2-4),\ f(d)=\dfrac{1}{5}d(3d^2-4)$

よって　　$f(b)f(d)=\dfrac{bd}{25}(3b^2-4)(3d^2-4)$

　　　　　　　　　　　$=\dfrac{bd}{25}\{9(bd)^2-12(b^2+d^2)+16\}$

$bd=-\dfrac{\sqrt{10}}{5},\ b^2+d^2=\dfrac{9-\sqrt{41}}{10}+\dfrac{9+\sqrt{41}}{10}=\dfrac{9}{5}$ であるから

　　$f(b)f(d)=\dfrac{1}{25}\left(-\dfrac{\sqrt{10}}{5}\right)\left(9\cdot\dfrac{2}{5}-12\cdot\dfrac{9}{5}+16\right)=\dfrac{^{\mathrm{タ}}2\sqrt{^{\mathrm{チ}}10}}{^{\mathrm{ツ}}125}$

170 (1)　$y'=1-3x^2$ より，C 上の点 A$(1,\ 0)$ における接線 ℓ の方程式は
$$y=-2(x-1)$$
すなわち　　$y-0=-2x+2$
よって，C と ℓ の共有点の x 座標は
$$x-x^3=-2x+2$$
$$x^3-3x+2=0$$
$$(x-1)^2(x+2)=0$$
したがって　　$x=1,\ -2$
ゆえに　　　　B$(-2,\ 6)$

(2)　P と ℓ の距離を d とすると

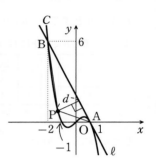

$$d=\frac{|2t+(t-t^3)-2|}{\sqrt{2^2+1^2}}=\frac{|-t^3+3t-2|}{\sqrt{5}}$$
ここで，$-2<t<1$ のとき
$$-t^3+3t-2=-(t^3-3t+2)=-(t-1)^2(t+2)<0$$
よって　　$d=\dfrac{t^3-3t+2}{\sqrt{5}}$
また　　AB$=\sqrt{(-2-1)^2+(6-0)^2}=3\sqrt{5}$
したがって
$$S(t)=\frac{1}{2}\cdot3\sqrt{5}\cdot\frac{t^3-3t+2}{\sqrt{5}}=\frac{3}{2}(t^3-3t+2)$$

(3)　$S'(t)=\dfrac{3}{2}(3t^2-3)=\dfrac{9}{2}(t+1)(t-1)$

よって，$-2<t<1$ における $S(t)$ の増減表は次のようになる。

t	-2	$\cdots$	-1	$\cdots$	1
$S'(t)$		$+$	0	$-$	
$S(t)$		$\nearrow$	6	$\searrow$	

したがって，$S(t)$ は $t=-1$ のとき，最大値 6 をとる。

171　$y=x^2$ から　　$y'=2x$
放物線 C 上の点 $(t,\ t^2)$ における接線の方程式は
$$y-t^2=2t(x-t)$$
すなわち　　$y=2tx-t^2$
接線が点 $(10,\ b)$ を通るとき　　$b=20t-t^2$
整理すると　　$t^2-20t+b=0$　……①
t に関する 2 次方程式①の判別式を D とすると，$0<b<100$ であるから
$$\frac{D}{4}=10^2-b=100-b>0$$
よって，①は異なる 2 つの実数解をもつから，その解を $t=\alpha,\ \beta$ とすると，解と係数の関係により　　$\alpha+\beta=20,\ \alpha\beta=b$

$P_1(\alpha,\ \alpha^2)$, $P_2(\beta,\ \beta^2)$ とおけるから，三角形 OP_1P_2 の面積を S とすると

$$S=\frac{1}{2}|\alpha\beta^2-\alpha^2\beta|=\frac{1}{2}|\alpha\beta(\beta-\alpha)|=\frac{b}{2}|\beta-\alpha|$$

ここで

$$|\beta-\alpha|^2=(\alpha+\beta)^2-4\alpha\beta=20^2-4b=4(100-b)$$

であるから

$$S^2=\frac{b^2}{4}|\beta-\alpha|^2=b^2(100-b)=-b^3+100b^2$$

$f(b)=-b^3+100b^2$ とすると　　$f'(b)=-3b^2+200b=-b(3b-200)$

$f'(b)=0$ とすると　$b=0,\ \dfrac{200}{3}$

よって，$0<b<100$ における $f(b)$ の増減表は次のようになる。

b	0	$\cdots$	$\dfrac{200}{3}$	$\cdots$	100
$f'(b)$		$+$	0	$-$	
$f(b)$		$\nearrow$	極大	$\searrow$	

したがって，$f(b)$ は $b=\dfrac{200}{3}$ で最大となる。

$S>0$ より，S が最大となるのは，$f(b)$ が最大となるときである。

$S=\sqrt{b^2(100-b)}$ であるから，求める最大値は

$$S=\sqrt{\left(\frac{200}{3}\right)^2\left(100-\frac{200}{3}\right)}=\frac{2000\sqrt{3}}{9}$$

172 (1)　$t=x+y$ から　　$t^2=x^2+2xy+y^2$

よって　　$x^2+y^2=t^2-2xy$

$x^2-xy+y^2-1=0$ に代入して　　$(t^2-2xy)-xy-1=0$

したがって　　$xy=\dfrac{t^2-1}{3}$

(2)　$x+y=t$, $xy=\dfrac{t^2-1}{3}$ から，実数 x, y は X の2次方程式

$$X^2-tX+\frac{t^2-1}{3}=0\quad\cdots\cdots①$$

の解である。

①の判別式を D とすると　　$D=t^2-4\cdot\dfrac{t^2-1}{3}=\dfrac{4-t^2}{3}$

①を満たす実数解 x, y が存在するとき，$D\geqq0$ であるから

$$\frac{4-t^2}{3}\geqq0$$

すなわち　　$t^2\leqq4$

したがって，t のとる値の範囲は　　$-2\leqq t\leqq2$

(3) 与えられた式を z とすると

$$z = 3x^2y + 3xy^2 + x^2 + y^2 + 5xy - 6x - 6y + 1$$
$$= 3xy(x+y) + (x+y)^2 + 3xy - 6(x+y) + 1$$
$$= 3 \cdot \frac{t^2-1}{3} \cdot t + t^2 + 3 \cdot \frac{t^2-1}{3} - 6t + 1$$
$$= t^3 + 2t^2 - 7t$$

$f(t) = t^3 + 2t^2 - 7t$ とすると　　$f'(t) = 3t^2 + 4t - 7 = (3t+7)(t-1)$

$f'(t) = 0$ とすると　$t = -\dfrac{7}{3}$, 1

$-2 \leqq t \leqq 2$ における $f(t)$ の増減表は次のようになる。

t	-2	$\cdots$	1	$\cdots$	2
$f'(t)$		$-$	0	$+$	
$f(t)$		$\searrow$	極小	$\nearrow$	

ここで，$f(-2) = 14$，$f(1) = -4$，$f(2) = 2$ であるから，$f(t)$ のとる値の範囲は

$$-4 \leqq f(t) \leqq 14$$

したがって　　$-4 \leqq z \leqq 14$

173　$t = 10^x$ とすると，$t > 0$ であり，$10^x + 10^{\frac{y}{2}} = 1$ から　　$10^{\frac{y}{2}} = 1 - t$　……①

$10^{\frac{y}{2}} > 0$ であるから　　$1 - t > 0$

よって　　$0 < t < 1$

① の両辺を 2 乗して　　$10^y = (1-t)^2$

ここで，10^{x+y} は底 10 が 1 より大きいから，10^{x+y} が最大となるとき，$x+y$ は最大となる。

$$10^{x+y} = 10^x \cdot 10^y = t(1-t)^2 = t^3 - 2t^2 + t$$

$f(t) = t^3 - 2t^2 + t$ とすると　　$f'(t) = 3t^2 - 4t + 1 = (3t-1)(t-1)$

$f'(t) = 0$ とすると　$t = \dfrac{1}{3}$, 1

$0 < t < 1$ における $f(t)$ の増減表は次のようになる。

t	0	$\cdots$	$\dfrac{1}{3}$	$\cdots$	1
$f'(t)$		$+$	0	$-$	
$f(t)$		$\nearrow$	極大	$\searrow$	

よって，$f(t)$ は $t = \dfrac{1}{3}$ で最大となる。

したがって　　$10^x = \dfrac{1}{3}$, $10^{\frac{y}{2}} = \dfrac{2}{3}$

それぞれ両辺の常用対数をとると　　$x = \log_{10} \dfrac{1}{3}$, $\dfrac{y}{2} = \log_{10} \dfrac{2}{3}$

よって，$x+y$ が最大となる x，y の値は
$$x=-\log_{10}3,\ \ y=2(\log_{10}2-\log_{10}3)$$

174 (1) $f'(x)=3x^2+6x-6a$

$f(x)$ が極値をもたないための必要十分条件は，すべての x において $f'(x)\geqq 0$ が成り立つことである。
$$f'(x)=3x^2+6x-6a=3(x+1)^2-6a-3$$
であるから，すべての x において，$f'(x)\geqq 0$ のとき　　$-6a-3\geqq 0$

したがって　　$a\leqq -\dfrac{1}{2}$

(2) $x=\dfrac{1}{2}$ において $f(x)$ が極小となるとき　　$f'\left(\dfrac{1}{2}\right)=0$

$f'\left(\dfrac{1}{2}\right)=\dfrac{15}{4}-6a$ であるから　　$\dfrac{15}{4}-6a=0$

よって　　$a=\dfrac{5}{8}$

このとき　　$f'(x)=3x^2+6x-\dfrac{15}{4}=3\left(x-\dfrac{1}{2}\right)\left(x+\dfrac{5}{2}\right)$

$f'(x)=0$ とすると　　$x=-\dfrac{5}{2},\ \dfrac{1}{2}$

よって，$f(x)$ の増減表は次のようになる。

x	$\cdots$	$-\dfrac{5}{2}$	$\cdots$	$\dfrac{1}{2}$	$\cdots$
$f'(x)$	$+$	0	$-$	0	$+$
$f(x)$	↗	極大	↘	極小	↗

したがって，$f(x)$ は $x=\dfrac{1}{2}$ で極小となる。

以上より，求める a の値は　　$a=\dfrac{5}{8}$

(3) [1] $a\leqq -\dfrac{1}{2}$ のとき

(1)から，$f(x)$ は極値をもたない。

このとき，$f(x)$ は単調に増加するため，$-1\leqq x\leqq 1$ における最小値は
$$f(-1)=2+6a$$

[2] $a>-\dfrac{1}{2}$ のとき

$f'(x)=0$ は異なる 2 つの実数解をもつ。
$$f'(x)=3x^2+6x-6a=3(x^2+2x-2a)$$
であるから，$f'(x)=0$ のとき　　$x^2+2x-2a=0$

これを解いて　　$x=-1\pm\sqrt{1+2a}$

$\alpha=-1-\sqrt{1+2a}$，$\beta=-1+\sqrt{1+2a}$ とすると，$\sqrt{1+2a}>0$ より

$\alpha < -1 < \beta$

[i]　$\beta \leq 1$ のとき

$0 < \sqrt{1+2a} \leq 2$ から　　$0 < 1+2a \leq 4$

すなわち　　$-\dfrac{1}{2} < a \leq \dfrac{3}{2}$

このとき，$-1 \leq x \leq 1$ における $f(x)$ の増減表は次のようになる。

x	-1	$\cdots$	β	$\cdots$	1
$f'(x)$		$-$	0	$+$	
$f(x)$		$\searrow$	極小	$\nearrow$	

よって，$f(x)$ は $x = \beta$ で最小値 $f(\beta)$ をとる。

ここで，$f(x) = x^3 + 3x^2 - 6ax$ を $f'(x) = x^2 + 2x - 2a$ で割ると

$\qquad f(x) = (x+1)f'(x) - (4a+2)x + 2a$

$f'(\beta) = 0$ であるから

$\qquad f(\beta) = -(4a+2)\beta + 2a$

$\qquad\qquad = -(4a+2)(-1 + \sqrt{1+2a}) + 2a$

$\qquad\qquad = 2 + 6a - 2(1+2a)^{\frac{3}{2}}$

[ii]　$\beta > 1$ のとき

$\sqrt{1+2a} > 2$ から　　$1+2a > 4$

すなわち　　$a > \dfrac{3}{2}$

このとき，$-1 \leq x \leq 1$ における $f(x)$ の増減表は次のようになる。

x	-1	$\cdots$	1
$f'(x)$		$-$	
$f(x)$		$\searrow$	

よって，$f(x)$ は $x = 1$ で最小値 $f(1) = 1 + 3 - 6a = 4 - 6a$ をとる。

以上から，$f(x)$ の最小値は

$a \leq -\dfrac{1}{2}$ のとき　　　　$2 + 6a$

$-\dfrac{1}{2} < a \leq \dfrac{3}{2}$ のとき　　$2 + 6a - 2(1+2a)^{\frac{3}{2}}$

$a > \dfrac{3}{2}$ のとき　　　　　$4 - 6a$

175　(1)　$f(x) = -x^3 + 5x + 1,\ f'(x) = -3x^2 + 5$ であるから

$\qquad f(1) = -1 + 5 + 1 = 5,\ f'(1) = -3 + 5 = 2$

よって，接線 ℓ の方程式は

$\qquad\qquad y - 5 = 2(x-1)$

すなわち　　$y = 2x + 3$

したがって　　$g(x) = 2x + 3$

(2)　$h(x) = f(x) - g(x) = (-x^3 + 5x + 1) - (2x + 3) = -x^3 + 3x - 2$

よって　　$h'(x) = -3x^2 + 3 = -3(x+1)(x-1)$

$h'(x) = 0$ とすると　$x = -1,\ 1$

よって，$h(x)$ の増減表は次のようになる。

x	$\cdots$	-1	$\cdots$	1	$\cdots$
$h'(x)$	$-$	0	$+$	0	$-$
$h(x)$	$\searrow$	極小	$\nearrow$	極大	$\searrow$

$h(-1) = -4$，$h(1) = 0$ であるから，$h(x)$ は

　　$x = -1$ で極小値 -4，$x = 1$ で極大値 0 をとる。

(3)　ℓ_k は点 $(0,\ k)$ を通り，傾き 2 の直線であるから，ℓ_k の方程式は　　$y = 2x + k$

直線 ℓ_k と曲線 $y = f(x)$ の共有点の個数は，方程式　　$-x^3 + 5x + 1 = 2x + k$　……①

の異なる実数解の個数と一致する。

① を変形すると

　　　　　　$-x^3 + 3x - 2 = k - 3$

すなわち　　$h(x) = k - 3$

(2)から，$y = h(x)$ のグラフは右の図のようになる。
$y = h(x)$ のグラフと直線 $y = k - 3$ が異なる 3 点で
交わるとき　　$-4 < k - 3 < 0$

したがって，求める k の値の範囲は

　　　$-1 < k < 3$

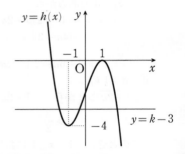

176　(1)　$y = f(x)$ のグラフと x 軸の共有点の個数は，方程式 $f(x) = 0$ の異なる実数解
の個数と一致する。

　　$f(x) = 0$ から　　$x^3 - \dfrac{9}{2}x^2 + 6x - k = 0$

よって　　$x^3 - \dfrac{9}{2}x^2 + 6x = k$　……①

$f_1(x) = x^3 - \dfrac{9}{2}x^2 + 6x$ とすると，方程式 ① の異なる実数解の個数は，$y = f_1(x)$ のグ
ラフと直線 $y = k$ の共有点の個数に一致する。

　　　$f_1'(x) = 3x^2 - 9x + 6 = 3(x-1)(x-2)$

$f_1'(x) = 0$ とすると　　$x = 1,\ 2$

$f_1(x)$ の増減表は次のようになる。

x	$\cdots$	1	$\cdots$	2	$\cdots$
$f_1'(x)$	$+$	0	$-$	0	$+$
$f_1(x)$	$\nearrow$	$\dfrac{5}{2}$	$\searrow$	2	$\nearrow$

よって，$y=f_1(x)$ のグラフは右の図のようになる。
したがって，$y=f_1(x)$ のグラフと直線 $y=k$ が異なる 3 点で交わるような k の値の範囲を求めて

$$2<k<\frac{5}{2}$$

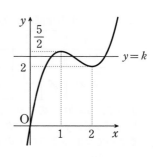

別解　$f(x)=x^3-\dfrac{9}{2}x^2+6x-k$ より

$$f'(x)=3x^2-9x+6=3(x-1)(x-2)$$

$f'(x)=0$ とすると　$x=1$，2

$f(x)$ の増減表は次のようになる。

x	$\cdots$	1	$\cdots$	2	$\cdots$
$f'(x)$	$+$	0	$-$	0	$+$
$f(x)$	$\nearrow$	$\dfrac{5}{2}-k$	$\searrow$	$2-k$	$\nearrow$

$y=f(x)$ のグラフと x 軸が相異なる 3 つの共有点をもつための必要十分条件は

$$(2-k)\left(\frac{5}{2}-k\right)<0$$

よって　　$2<k<\dfrac{5}{2}$

(2)　$y=f(x)$ のグラフと $y=g(x)$ のグラフの共有点の個数は，方程式 $f(x)=g(x)$ の異なる実数解の個数と一致する。

$f(x)=g(x)$ から　　$x^3-\dfrac{9}{2}x^2+6x-k=\dfrac{2}{3}x^3-2x^2+2x+4|x-1|$

式を変形すると　　$\dfrac{1}{3}x^3-\dfrac{5}{2}x^2+4x-4|x-1|=k$　　……②

$h(x)=\dfrac{1}{3}x^3-\dfrac{5}{2}x^2+4x-4|x-1|$ とすると，方程式 ② の異なる実数解の個数は，

$y=h(x)$ のグラフと直線 $y=k$ の共有点の個数に一致する。

$x\geqq1$ のとき　$h(x)=\dfrac{1}{3}x^3-\dfrac{5}{2}x^2+4$

$$h'(x)=x^2-5x=x(x-5)$$

$x<1$ のとき　$h(x)=\dfrac{1}{3}x^3-\dfrac{5}{2}x^2+8x-4$

$$h'(x)=x^2-5x+8=\left(x-\frac{5}{2}\right)^2+\frac{7}{4}>0$$

よって，$h(x)$ の増減表は次のようになる。

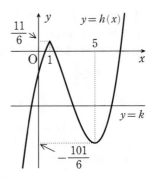

x	$\cdots$	1	$\cdots$	5	$\cdots$
$h'(x)$		+	$-$	0	+
$h(x)$		↗	$\dfrac{11}{6}$ ↘	$-\dfrac{101}{6}$	↗

よって，$y=h(x)$ のグラフは右の図のようになる。
したがって，$y=h(x)$ のグラフと直線 $y=k$ が異なる 3 点で交わるような k の値の範囲を求めて
$$-\frac{101}{6}<k<\frac{11}{6}$$

177 (1)　$f(x)=0$ は $x=-1$ を解にもつから　　$f(-1)=-1+a-b-6=0$
よって　　$a-b=7$　……①
また，$f'(x)=3x^2+2ax+b$ であるから，
$f'(-1)=-7$ より　　$f'(-1)=3-2a+b=-7$
よって　　$2a-b=10$　……②
①，②から　　$a={}^{\text{ア}}3$，$b={}^{\text{イ}}-4$

(2)　(1)から　　$f(x)=x^3+3x^2-4x-6$
$f(x)\geqq 3x^2+4(3c-1)x-16$ を変形すると
$$(x^3+3x^2-4x-6)-\{3x^2+4(3c-1)x-16\}\geqq 0$$
すなわち　　$x^3-12cx+10\geqq 0$
$g(x)=x^3-12cx+10$ とすると，$g(x)\geqq 0$ が $x\geqq 0$ において常に成立するような c の値の範囲を求めればよい。
$c>0$ より　　$g'(x)=3x^2-12c=3(x+2\sqrt{c})(x-2\sqrt{c})$
であるから，$g'(x)=0$ とすると　　$x=-2\sqrt{c}$，$2\sqrt{c}$
$c>0$ であるから，$x\geqq 0$ における $g(x)$ の増減表は次のようになる。

x	0	$\cdots$	$2\sqrt{c}$	$\cdots$
$g'(x)$		$-$	0	+
$g(x)$		↘	極小	↗

よって，$x\geqq 0$ において $g(x)$ は $x=2\sqrt{c}$ で最小値
$$g(2\sqrt{c})=8c\sqrt{c}-24c\sqrt{c}+10=10-16c\sqrt{c}$$
をとる。
したがって，$x\geqq 0$ において常に $g(x)\geqq 0$ が成り立つとき
$$10-16c\sqrt{c}\geqq 0$$
すなわち　　$c^{\frac{3}{2}}\leqq\dfrac{5}{8}$

$c>0$ であるから　　${}^{\text{ウ}}0<c\leqq\dfrac{\sqrt[3]{25}}{4}$

178 (1) C 上の任意の点 $(x,\ y)$ に対して $x=\cos\theta$, $y=a+\sin\theta$, $0\leqq\theta<2\pi$ を満たす θ がただ 1 つ存在する。

この点が $y>x^2$ の表す領域に存在するための条件は

$$a+\sin\theta>\cos^2\theta$$

よって $a+\sin\theta>1-\sin^2\theta$

すなわち $a>-\sin^2\theta-\sin\theta+1$ ……①

$\sin\theta=t$ とおくと，$0\leqq\theta<2\pi$ における t のとりうる値の範囲は $-1\leqq t\leqq1$ であり，①から $a>-t^2-t+1$ ……②

②が $-1\leqq t\leqq1$ で常に成り立つための条件は，関数 $f(t)=-t^2-t+1$ の最大値を M とおいて $a>M$ となることである。

$f(t)=-\left(t+\dfrac{1}{2}\right)^2+\dfrac{5}{4}$ であるから，$f(t)$ は $t=-\dfrac{1}{2}$ で最大値 $\dfrac{5}{4}$ をとる。

よって，求める a の範囲は $a>\dfrac{5}{4}$

(2) P の座標を $(x_0,\ y_0)$ とおく。

P は $x\geqq0$ かつ $y<a$ の範囲に存在するから

$$x_0=\cos\theta,\ y_0=a+\sin\theta,\ \frac{3}{2}\pi\leqq\theta<2\pi$$

を満たす θ がただ 1 つ存在する。

P における C の接線の方程式は $x\cos\theta+(y-a)\sin\theta=1$

$\sin\theta\neq0$ から

$$y-a=\frac{1}{\sin\theta}(-x\cos\theta+1)$$

よって $y=-\dfrac{\cos\theta}{\sin\theta}x+a+\dfrac{1}{\sin\theta}$

これと $y=x^2$ から y を消去して $x^2+\dfrac{\cos\theta}{\sin\theta}x-a-\dfrac{1}{\sin\theta}=0$ ……③

③の 2 解を α, $\beta\,(\alpha<\beta)$ とおくと，解と係数の関係から

$$\alpha+\beta=-\frac{\cos\theta}{\sin\theta},\ \alpha\beta=-a-\frac{1}{\sin\theta}$$

よって

$$(\beta-\alpha)^2=(\alpha+\beta)^2-4\alpha\beta$$

$$=\frac{\cos^2\theta}{\sin^2\theta}+4a+\frac{4}{\sin\theta}$$

$$=\frac{(4a-1)\sin^2\theta+4\sin\theta+1}{\sin^2\theta}$$

L_P は 2 点 $(\alpha,\ \alpha^2)$, $(\beta,\ \beta^2)$ 間の距離に等しいから

$$L_\mathrm{P}^2=(\beta-\alpha)^2+(\beta^2-\alpha^2)^2$$

$$=(\beta-\alpha)^2\{1+(\alpha+\beta)^2\}$$

$$= \frac{(4a-1)\sin^2\theta + 4\sin\theta + 1}{\sin^2\theta} \cdot \frac{\sin^2\theta + \cos^2\theta}{\sin^2\theta}$$

$$= \frac{(4a-1)\sin^2\theta + 4\sin\theta + 1}{\sin^4\theta}$$

$$= \frac{4a-1}{\sin^2\theta} + \frac{4}{\sin^3\theta} + \frac{1}{\sin^4\theta}$$

$u = -\dfrac{1}{\sin\theta}$ とおくと，$\dfrac{3}{2}\pi \leqq \theta < 2\pi$ において θ と u は 1 対 1 に対応し，u のとりうる値の範囲は $u \geqq 1$ である。

$g(u) = u^4 - 4u^3 + (4a-1)u^2$ とおくと，$L_P{}^2 = g(u)$ である。

L_Q，L_R はともに正であるから，$L_Q = L_R$ は $L_Q{}^2 = L_R{}^2$ と同値である。

$L_Q = L_R$ となる S 上の相異なる 2 点 Q，R が存在するための条件は

　「$g(u_1) = g(u_2)$，$1 \leqq u_1 < u_2$ となる u_1，u_2 が存在すること」　……(*)

である。

$$g'(u) = 4u^3 - 12u^2 + 2(4a-1)u = 2u(2u^2 - 6u + 4a - 1)$$

$h(u) = 2u^2 - 6u + 4a - 1$ とおくと，$u \geqq 1$ において　$g'(u)$ と $h(u)$ の符号は一致する。

$a > \dfrac{5}{4}$ から，$h(1) = 4a - 5 > 0$ である。

また $h(u) = 2\left(u - \dfrac{3}{2}\right)^2 + 4a - \dfrac{11}{2}$ から，$h(u)$ は $u = \dfrac{3}{2}$ で最小値 $m = 4a - \dfrac{11}{2}$ をとる。

[1]　$a > \dfrac{5}{4}$ かつ $m < 0$，すなわち $\dfrac{5}{4} < a < \dfrac{11}{8}$ のとき

　右の図から，$h(u) = 0$ は

$$1 < u < \frac{3}{2}, \quad \frac{3}{2} < u < 2$$

に 1 つずつ解をもち，その解をそれぞれ u_3，$u_4 (u_3 < u_4)$ とおくと，$g(u)$ の増減表は次のようになる。

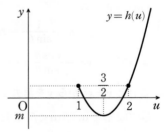

u	1	$\cdots$	u_3	$\cdots$	u_4	$\cdots$
$g'(u)$		$+$	0	$-$	0	$+$
$g(u)$	$4a-4$	↗	極大	↘	極小	↗

よって，$y = g(u)$ のグラフは図のようになるから，条件 (*) が成り立つ。

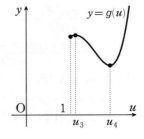

[2]　$m \geqq 0$ すなわち $a \geqq \dfrac{11}{8}$ のとき

　常に $h(u) \geqq 0$ であるから，$u \geqq 1$ で $g'(u) \geqq 0$ が常に成り立つ。

　よって $u \geqq 1$ で $g(u)$ は単調に増加するから，条件 $(*)$ は成り立たない。

[1]，[2] から，求める a の範囲は　　$\dfrac{5}{4} < a < \dfrac{11}{8}$

179 (1)　　$f(1-8a^2)$
$$= (1-8a^2)^2 + (8a^2-2a-1)(1-8a^2) + 2a(1-8a^2)$$
$$= (1-8a^2)\{(1-8a^2) + (8a^2-2a-1) + 2a\}$$
$$= 0$$

(2)　　$I_1 = \displaystyle\int_0^1 \{x^2 + (8a^2-2a-1)x + 2a(1-8a^2)\}dx$

$$= \left[\dfrac{1}{3}x^3 + \dfrac{8a^2-2a-1}{2}x^2 + 2a(1-8a^2)x \right]_0^1$$

$$= -16a^3 + 4a^2 + a - \dfrac{1}{6}$$

(3)　$f(x) = (x-2a)\{x-(1-8a^2)\}$

$a = \dfrac{1}{2\sqrt{2}}$ を代入して　　$f(x) = x\left(x - \dfrac{1}{\sqrt{2}} \right)$

よって

　　$0 \leqq x < \dfrac{1}{\sqrt{2}}$ のとき　　$|f(x)| = -x^2 + \dfrac{1}{\sqrt{2}}x$

　　$\dfrac{1}{\sqrt{2}} \leqq x \leqq 1$ のとき　　$|f(x)| = x^2 - \dfrac{1}{\sqrt{2}}x$

したがって

$$I_2 = \int_0^{\frac{1}{\sqrt{2}}} \left(-x^2 + \dfrac{1}{\sqrt{2}}x \right)dx + \int_{\frac{1}{\sqrt{2}}}^1 \left(x^2 - \dfrac{1}{\sqrt{2}}x \right)dx$$

$$= \left[-\dfrac{1}{3}x^3 + \dfrac{1}{2\sqrt{2}}x^2 \right]_0^{\frac{1}{\sqrt{2}}} + \left[\dfrac{1}{3}x^3 - \dfrac{1}{2\sqrt{2}}x^2 \right]_{\frac{1}{\sqrt{2}}}^1$$

$$= \dfrac{2-\sqrt{2}}{6}$$

(4)　$a>0$ のとき，0，$2a$，$1-8a^2$，1 の大小を比べると，図より

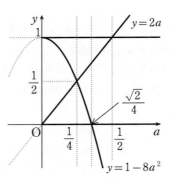

[1]　$0<a<\dfrac{1}{4}$ のとき

　　$0<2a<1-8a^2<1$

[2]　$\dfrac{1}{4}\leqq a<\dfrac{\sqrt{2}}{4}$ のとき

　　$0<1-8a^2\leqq 2a<1$

[3]　$\dfrac{\sqrt{2}}{4}\leqq a<\dfrac{1}{2}$ のとき

　　$1-8a^2\leqq 0<2a<1$

[4]　$\dfrac{1}{2}\leqq a$ のとき

　　$1-8a^2<0<1\leqq 2a$

それぞれについて，I_2-I_1 を求める。

[1]　$0<a<\dfrac{1}{4}$ のとき

　　$0\leqq x\leqq 2a$，$1-8a^2\leqq x\leqq 1$ のとき　　$f(x)\geqq 0$

　　$2a\leqq x\leqq 1-8a^2$ のとき　　$f(x)\leqq 0$

　　したがって

$$I_2-I_1=\int_0^{2a}f(x)\,dx+\int_{2a}^{1-8a^2}\{-f(x)\}\,dx+\int_{1-8a^2}^{1}f(x)\,dx-\int_0^1 f(x)\,dx$$

$$=-2\int_{2a}^{1-8a^2}f(x)\,dx$$

$$=-2\int_{2a}^{1-8a^2}(x-2a)\{x-(1-8a^2)\}\,dx$$

$$=-2\cdot\left(-\dfrac{1}{6}\right)\cdot(1-8a^2-2a)^3$$

$$=\dfrac{1}{3}(-8a^2-2a+1)^3$$

$$=-\dfrac{1}{3}(8a^2+2a-1)^3$$

[2]　$\dfrac{1}{4}\leqq a<\dfrac{\sqrt{2}}{4}$ のとき

　　$0\leqq x\leqq 1-8a^2$，$2a\leqq x\leqq 1$ のとき　　$f(x)\geqq 0$

　　$1-8a^2\leqq x\leqq 2a$ のとき　　$f(x)\leqq 0$

　　したがって

$$I_2-I_1=\int_0^{1-8a^2}f(x)\,dx+\int_{1-8a^2}^{2a}\{-f(x)\}\,dx+\int_{2a}^{1}f(x)\,dx-\int_0^1 f(x)\,dx$$

$$= -2\int_{1-8a^2}^{2a} f(x)\,dx$$

$$= -2\int_{1-8a^2}^{2a} (x-2a)\{x-(1-8a^2)\}\,dx$$

$$= -2\cdot\left(-\frac{1}{6}\right)\cdot\{2a-(1-8a^2)\}^3$$

$$= \frac{1}{3}(8a^2+2a-1)^3$$

[3] $\dfrac{\sqrt{2}}{4}\leqq a<\dfrac{1}{2}$ のとき

$0\leqq x\leqq 2a$ のとき $f(x)\leqq 0$

$2a\leqq x\leqq 1$ のとき $f(x)\geqq 0$

したがって

$$I_2-I_1=\int_0^{2a}\{-f(x)\}dx+\int_{2a}^1 f(x)\,dx-\int_0^1 f(x)\,dx$$

$$= -2\int_0^{2a} f(x)\,dx$$

$$= -2\int_0^{2a}\{x^2+(8a^2-2a-1)x+2a(1-8a^2)\}\,dx$$

$$= -2\left[\frac{1}{3}x^3+\frac{8a^2-2a-1}{2}x^2+2a(1-8a^2)x\right]_0^{2a}$$

$$= 32a^4+\frac{8}{3}a^3-4a^2$$

[4] $\dfrac{1}{2}\leqq a$ のとき

$0\leqq x\leqq 1$ のとき $f(x)\leqq 0$

したがって

$$I_2-I_1=\int_0^1\{-f(x)\}dx-\int_0^1 f(x)\,dx$$

$$= -2I_1=32a^3-8a^2-2a+\frac{1}{3}$$

[1] ～ [4] より

$0<a<\dfrac{1}{4}$ のとき $-\dfrac{1}{3}(8a^2+2a-1)^3$

$\dfrac{1}{4}\leqq a<\dfrac{\sqrt{2}}{4}$ のとき $\dfrac{1}{3}(8a^2+2a-1)^3$

$\dfrac{\sqrt{2}}{4}\leqq a<\dfrac{1}{2}$ のとき $32a^4+\dfrac{8}{3}a^3-4a^2$

$\dfrac{1}{2}\leqq a$ のとき $32a^3-8a^2-2a+\dfrac{1}{3}$

180　$f(x)$ は 3 次以下と仮定する。

$f(x) = ax^3 + bx^2 + cx + d$ とおくと

(i) より　　$a + b + c + d = 2$　……①

$$\int_{-1}^{1} (x+1)(ax^3 + bx^2 + cx + d)dx$$

$$= 2\int_{0}^{1} \{ax^4 + (b+c)x^2 + d\}dx$$

$$= 2\left[\frac{a}{5}x^5 + \frac{b+c}{3}x^3 + dx\right]_{0}^{1}$$

$$= 2\left(\frac{a}{5} + \frac{b+c}{3} + d\right)$$

(ii) より　　$2\left(\dfrac{a}{5} + \dfrac{b+c}{3} + d\right) = 0$

すなわち　　$3a + 5b + 5c + 15d = 0$　……②

$$\int_{-1}^{1} |x|^m (ax^3 + bx^2 + cx + d)dx$$

$$= 2\int_{0}^{1} (bx^2|x|^m + d|x|^m)dx$$

$$= 2\int_{0}^{1} (bx^{m+2} + dx^m)dx$$

$$= 2\left[\frac{b}{m+3}x^{m+3} + \frac{d}{m+1}x^{m+1}\right]_{0}^{1}$$

$$= 2\left(\frac{b}{m+3} + \frac{d}{m+1}\right)$$

$\displaystyle\int_{-1}^{1} |x|^m f(x)dx = 0$ より　　$2\left(\dfrac{b}{m+3} + \dfrac{d}{m+1}\right) = 0$

ゆえに　　　$(b+d)m + b + 3d = 0$

これがすべての正の整数 m に対して成り立つから　　$b + d = 0,\ b + 3d = 0$

これを解いて　　$b = 0,\ d = 0$

①，② に代入して　　$a + c = 2,\ 3a + 5c = 0$

これを解いて　　$a = 5,\ c = -3$

よって，求める関数は　　$f(x) = 5x^3 - 3x$

参考　$f(x)$ は 1 次関数と仮定する。

$f(x) = ax + b\ (a \neq 0)$ とおくと，(i), (ii) より　　$a = 3,\ b = -1$

よって　　$f(x) = 3x - 1$

この $f(x)$ は条件 (iii) を満たさないから不適。

したがって，$f(x)$ は 1 次関数ではない。

$f(x)$ は 2 次関数と仮定する。

$f(x) = ax^2 + bx + c\ (a \neq 0)$ とおくと，(iii) より　　$a = 0,\ c = 0$

これは $a \neq 0$ を満たさない。

よって，$f(x)$ は 2 次関数ではない。

以上より，解答では $f(x)$ は 3 次以下と仮定している。

181 (1)　自然数 n に対して

$$2-\frac{n+5}{n+2}=\frac{n-1}{n+2}\geqq 0 \text{ (等号が成り立つのは } n=1 \text{ のとき)}$$

よって，$\dfrac{n+5}{n+2}\leqq 2$ が成り立つ。

(2)　　$\displaystyle\int_0^1 f(x)\,dx=\int_0^1 (1-ax^n)\,dx=\left[x-\frac{a}{n+1}x^{n+1}\right]_0^1=1-\frac{a}{n+1}$

$\displaystyle\int_0^1 xf(x)\,dx=\int_0^1 (x-ax^{n+1})\,dx=\left[\frac{1}{2}x^2-\frac{a}{n+2}x^{n+2}\right]_0^1=\frac{1}{2}-\frac{a}{n+2}$

より

$$\frac{2}{3}\left(\int_0^1 f(x)\,dx\right)^2-\int_0^1 xf(x)\,dx$$

$$=\frac{2}{3}\left(1-\frac{a}{n+1}\right)^2-\left(\frac{1}{2}-\frac{a}{n+2}\right)$$

$$=\frac{2}{3(n+1)^2}a^2+\left\{\frac{1}{n+2}-\frac{4}{3(n+1)}\right\}a+\frac{2}{3}-\frac{1}{2}$$

$$=\frac{2}{3(n+1)^2}\left\{a-\frac{(n+1)(n+5)}{4(n+2)}\right\}^2+\frac{1}{6}-\frac{(n+5)^2}{24(n+2)^2}$$

$$=\frac{2}{3(n+1)^2}\left\{a-\frac{(n+1)(n+5)}{4(n+2)}\right\}^2+\frac{1}{24}\left\{4-\frac{(n+5)^2}{(n+2)^2}\right\}$$

(1) より　　$4-\dfrac{(n+5)^2}{(n+2)^2}=2^2-\left(\dfrac{n+5}{n+2}\right)^2\geqq 0$

よって　　$\dfrac{2}{3}\left(\displaystyle\int_0^1 f(x)\,dx\right)^2-\displaystyle\int_0^1 xf(x)\,dx\geqq 0$

したがって，$\dfrac{2}{3}\left(\displaystyle\int_0^1 f(x)\,dx\right)^2\geqq\displaystyle\int_0^1 xf(x)\,dx$ が成り立つ。

(3)　等号が成立するのは

$$a-\frac{(n+1)(n+5)}{4(n+2)}=0 \quad\cdots\cdots① \quad\text{かつ}\quad \frac{1}{24}\left\{4-\frac{(n+5)^2}{(n+2)^2}\right\}=0 \quad\cdots\cdots②$$

のときである。

(1) より，② を満たす n は　　　$n=1$

これを ① に代入して　　　$a=1$

よって，等号が成立するときの a と n は　　　$a=1$，$n=1$

182　　$\displaystyle f(x)=\int_{-1}^{\beta}(x^2-\alpha t)f(t)\,dt+1$

$$=x^2\int_{-1}^{\beta}f(t)\,dt-\alpha\int_{-1}^{\beta}tf(t)\,dt+1$$

$$=Ax^2-\alpha B+1$$

したがって　　　$^{ア}\quad-\alpha B+1$

よって，$f(x)$ が α に無関係ならば　　　$B={}^{イ}0$

このとき, $f(x) = Ax^2 + 1$ となる。

ここで $\displaystyle\int_{-1}^{\beta} f(t)\,dt = \int_{-1}^{\beta}(At^2 + 1)\,dt = \left[\frac{A}{3}t^3 + t\right]_{-1}^{\beta}$

$$= \frac{A}{3}(\beta^3 + 1) + \beta + 1$$

$A = \displaystyle\int_{-1}^{\beta} f(t)\,dt$ より $\quad A = \dfrac{A}{3}(\beta^3 + 1) + \beta + 1$

これを解いて $\quad A = {}^{ウ}\dfrac{3(\beta + 1)}{2 - \beta^3}$

また $\displaystyle\int_{-1}^{\beta} tf(t)\,dt = \int_{-1}^{\beta}(At^3 + t)\,dt = \left[\frac{A}{4}t^4 + \frac{1}{2}t^2\right]_{-1}^{\beta}$

$$= \frac{A}{4}(\beta^4 - 1) + \frac{1}{2}(\beta^2 - 1)$$

$$= \frac{1}{4}(\beta^2 - 1)\{A(\beta^2 + 1) + 2\}$$

$A = \dfrac{3(\beta + 1)}{2 - \beta^3}$ より

$$\int_{-1}^{\beta} tf(t)\,dt = \frac{1}{4}(\beta^2 - 1)\left\{\frac{3(\beta + 1)}{2 - \beta^3}(\beta^2 + 1) + 2\right\}$$

$$= \frac{1}{4}(\beta^2 - 1)\cdot\frac{\beta^3 + 3\beta^2 + 3\beta + 7}{2 - \beta^3}$$

$0 = \displaystyle\int_{-1}^{\beta} tf(t)\,dt$ より $\quad 0 = \dfrac{1}{4}(\beta^2 - 1)\cdot\dfrac{\beta^3 + 3\beta^2 + 3\beta + 7}{2 - \beta^3}$

$\beta \geqq 0$ より $\quad \beta = {}^{エ}1$

このとき $\quad A = \dfrac{3(1 + 1)}{2 - 1^3} = 6$

よって $\quad f(x) = {}^{オ}6x^2 + 1$

183 (1) $\displaystyle\int_0^x (3t^2 - 2t - 2)\,dt = \left[t^3 - t^2 - 2t\right]_0^x = x^3 - x^2 - 2x$

(2) $I = \displaystyle\int_0^1 f(t)\,dt$ とおくと $\quad f(x) = 3x^2 - 2x - 2 + 2I$

$$\int_0^1 f(t)\,dt = \int_0^1 (3t^2 - 2t - 2 + 2I)\,dt$$

$$= \left[t^3 - t^2 - 2(1 - I)t\right]_0^1$$

$$= -2(1 - I)$$

ゆえに $\quad I = -2(1 - I)$

よって $\quad I = 2$

したがって $\quad f(x) = 3x^2 - 2x + 2$

(3) $A = \displaystyle\int_0^1 |g(t)|\,dt$ とおくと $\quad g(x) = x - A, \ A \geqq 0$

[1] $0 \leqq A < 1$ のとき

$$\int_0^1 |g(t)|dt = \int_0^A \{-(t-A)\}dt + \int_A^1 (t-A)dt$$

$$= \left[-\frac{1}{2}t^2 + At \right]_0^A + \left[\frac{1}{2}t^2 - At \right]_A^1$$

$$= A^2 - A + \frac{1}{2}$$

ゆえに $\quad A = A^2 - A + \frac{1}{2}$

すなわち $\quad 2A^2 - 4A + 1 = 0$

よって $\quad A = \dfrac{2 \pm \sqrt{2}}{2}$

$0 \leqq A < 1$ より $\quad A = \dfrac{2 - \sqrt{2}}{2}$

[2] $A \geqq 1$ のとき

$$\int_0^1 |g(t)|dt = \int_0^1 \{-(t-A)\}dt = \left[-\frac{1}{2}t^2 + At \right]_0^1 = -\frac{1}{2} + A$$

ゆえに $\quad A = -\dfrac{1}{2} + A$

これを満たす A は存在しない。

[1], [2] より $\quad g(x) = x - \dfrac{2 - \sqrt{2}}{2}$

(4) $\quad h(x) = \displaystyle\int_0^x (3t^2 - 2t + 2)dt - 2\left(x - \dfrac{2 - \sqrt{2}}{2} \right)$

$$= \left[t^3 - t^2 + 2t \right]_0^x - 2x + 2 - \sqrt{2}$$

$$= x^3 - x^2 + 2 - \sqrt{2}$$

より $\quad h'(x) = 3x^2 - 2x = x(3x - 2)$

$h'(x) = 0$ を解くと $\quad x = 0, \ \dfrac{2}{3}$

よって，区間 $0 \leqq x \leqq 1$ における $f(x)$ の増減表は次のようになる。

x	0	$\cdots$	$\dfrac{2}{3}$	$\cdots$	1
$h'(x)$		$-$	0	$+$	
$h(x)$	$2-\sqrt{2}$	$\searrow$	$\dfrac{50-27\sqrt{2}}{27}$	$\nearrow$	$2-\sqrt{2}$

よって，$h(x)$ は $0 \leqq x \leqq 1$ において，$x = 0,\ 1$ で最大値 $2 - \sqrt{2}$，$x = \dfrac{2}{3}$ で最小値

$\dfrac{50 - 27\sqrt{2}}{27}$ をとる。

184 (1)　　$x^2 - 2x = x(x-2)$

であるから

　　$x^2 - 2x \geqq 0$ の解は　　$x \leqq 0,\ 2 \leqq x$

　　$x^2 - 2x < 0$ の解は　　$0 < x < 2$

ゆえに，$x \leqq 0,\ 2 \leqq x$ のとき

　　$y = x^2 - 2x = (x-1)^2 - 1$

$0 < x < 2$ のとき

　　$y = -(x^2 - 2x) = -(x-1)^2 + 1$

よって，グラフは図の実線部分のようになる。

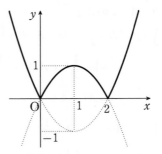

(2)　$0 \leqq k \leqq 1$ のとき $0 \leqq k \leqq k+1 \leqq 2$ であるから

$$S(k) = \int_k^{k+1} \{-(x^2 - 2x)\} dx = \left[-\frac{1}{3}x^3 + x^2 \right]_k^{k+1}$$

$$= -k^2 + k + \frac{2}{3}$$

(3)　$0 \leqq k \leqq 1$ のとき　　$S(k) = -k^2 + k + \frac{2}{3} = -\left(k - \frac{1}{2}\right)^2 + \frac{11}{12}$

　　よって，$S(k)$ は $0 \leqq k \leqq 1$ において，$k = \frac{1}{2}$ で最大値 $\frac{11}{12}$ をとる。

(4)　$1 \leqq k \leqq 2$ のとき $1 \leqq k \leqq 2 \leqq k+1$ であるから

$$S(k) = \int_k^2 \{-(x^2 - 2x)\} dx + \int_2^{k+1} (x^2 - 2x) dx$$

$$= \left[-\frac{1}{3}x^3 + x^2 \right]_k^2 + \left[\frac{1}{3}x^3 - x^2 \right]_2^{k+1}$$

$$= \frac{2}{3}k^3 - k^2 - k + 2$$

(5)　$1 \leqq k \leqq 2$ のとき　　$S(k) = \frac{2}{3}k^3 - k^2 - k + 2$

$$S'(k) = 2k^2 - 2k - 1$$

　$S'(k) = 0$ とすると　　$k = \frac{1 \pm \sqrt{3}}{2}$

よって，区間 $1 \leqq k \leqq 2$ における $S(k)$ の増減表は次のようになる。

k	1	$\cdots$	$\dfrac{1+\sqrt{3}}{2}$	$\cdots$	2
$S'(k)$		$-$	0	$+$	
$S(k)$		$\searrow$	最小	$\nearrow$	

よって，$S(k)$ は $1 \leqq k \leqq 2$ の範囲において，$k = \dfrac{1+\sqrt{3}}{2}$ で最小値をとる。

185 $\displaystyle\int_0^1 f(t)\,dt = A$, $\displaystyle\int_{-1}^0 f(t)\,dt = B$ とおくと

$$f(x) = -Ax^2 - 12x + \frac{2}{9}B$$

$$\int_0^1 f(t)\,dt = \int_0^1 \left(-At^2 - 12t + \frac{2}{9}B\right)dt = \left[-\frac{A}{3}t^3 - 6t^2 + \frac{2}{9}Bt\right]_0^1$$

$$= -\frac{A}{3} - 6 + \frac{2}{9}B$$

ゆえに　　$A = -\dfrac{A}{3} - 6 + \dfrac{2}{9}B$

すなわち　　$6A - B + 27 = 0$　……①

$$\int_{-1}^0 f(t)\,dt = \int_{-1}^0 \left(-At^2 - 12t + \frac{2}{9}B\right)dt = \left[-\frac{A}{3}t^3 - 6t^2 + \frac{2}{9}Bt\right]_{-1}^0$$

$$= -\frac{A}{3} + 6 + \frac{2}{9}B$$

ゆえに　　$B = -\dfrac{A}{3} + 6 + \dfrac{2}{9}B$

すなわち　　$3A + 7B - 54 = 0$　……②

①, ② より　　$A = -3$, $B = 9$

よって　　$f(x) = {}^{\text{ア}}3x^2 - 12x + {}^{\text{イ}}2$

$$\int_0^1 (3x^2 + t)g(t)\,dt - \frac{3}{4} = 3x^2 \int_0^1 g(t)\,dt + \int_0^1 tg(t)\,dt - \frac{3}{4}$$

$\displaystyle\int_0^1 g(t)\,dt = C$, $\displaystyle\int_0^1 tg(t)\,dt = D$ とおくと

$$g(x) = 3Cx^2 + D - \frac{3}{4}$$

$$\int_0^1 g(t)\,dt = \int_0^1 \left(3Ct^2 + D - \frac{3}{4}\right)dt = \left[Ct^3 + \left(D - \frac{3}{4}\right)t\right]_0^1 = C + D - \frac{3}{4}$$

ゆえに　　$C = C + D - \dfrac{3}{4}$

すなわち　　$D = \dfrac{3}{4}$

$$\int_0^1 tg(t)\,dt = \int_0^1 \left\{3Ct^3 + \left(\frac{3}{4} - \frac{3}{4}\right)t\right\}dt = \left[\frac{3C}{4}t^4\right]_0^1 = \frac{3}{4}C$$

ゆえに　　$\dfrac{3}{4} = \dfrac{3}{4}C$

これを解いて　　$C = 1$

よって　　$g(x) = {}^{\text{ウ}}3x^2 + {}^{\text{エ}}0$

$f(x) = 3x^2 - 12x + 2$ に対して　　$f'(x) = 6x - 12$

よって，$y = f(x)$ のグラフ上の点 $(a,\ 3a^2 - 12a + 2)$ における接線の方程式は

$$y - (3a^2 - 12a + 2) = (6a - 12)(x - a)$$

すなわち　　$y = (6a - 12)x - 3a^2 + 2$　……③

この直線が $y=g(x)$ のグラフに接するための条件は，2次方程式

$3x^2=(6a-12)x-3a^2+2$ すなわち $3x^2-6(a-2)x+3a^2-2=0$ ……④ が重解をもつことである。

ゆえに，④ の判別式を D とすると　　$D=0$

$$\frac{D}{4}=\{-3(a-2)\}^2-3\cdot(3a^2-2)=-36a+42$$

ゆえに　　$-36a+42=0$

よって　　$a=\dfrac{7}{6}$

この値を ③ に代入して，求める共通接線の方程式は　　$y={}^{\text{オ}}-5x+\dfrac{{}^{\text{カ}}-25}{{}^{\text{キ}}12}$

186　　$f(x)=3x^2-8x-3$ とする。

$f(x)=0$ の解は　　$x=-\dfrac{1}{3},\ 3$

(1)　$0\leqq t\leqq t+1<3$ すなわち $0\leqq t<{}^{\text{ア}}2$ のとき

$$G(t)=\int_t^{t+1}\{-(3x^2-8x-3)\}dx=\left[-x^3+4x^2+3x\right]_t^{t+1}=-3t^2+5t+6$$

したがって　　(イ)　-3　(ウ)　5　(エ)　6

(2)　$0\leqq t<3\leqq t+1$ すなわち $2\leqq t<{}^{\text{オ}}3$ のとき

$$G(t)=\int_t^{3}\{-(3x^2-8x-3)\}dx+\int_3^{t+1}(3x^2-8x-3)dx$$

$$=\left[-x^3+4x^2+3x\right]_t^{3}+\left[x^3-4x^2-3x\right]_3^{t+1}$$

$$=2t^3-5t^2-11t+30$$

したがって　　(カ)　2　(キ)　-5　(ク)　-11　(ケ)　30

(3)　$3\leqq t$ のとき

$$G(t)=\int_t^{t+1}(3x^2-8x-3)dx=\left[x^3-4x^2-3x\right]_t^{t+1}=3t^2-5t-6$$

したがって　　(コ)　3　(サ)　-5　(シ)　-6

(1)　$0\leqq t<2$ のとき　　$G'(x)=-6t+5$

$0\leqq t<2$ の範囲で $G'(x)=0$ を解くと　　$t=\dfrac{5}{6}$

(2)　$2\leqq t<3$ のとき　　$G'(x)=6t^2-10t-11$

$2\leqq t<3$ の範囲で $G'(x)=0$ を解くと　　$t=\dfrac{5+\sqrt{91}}{6}$

(3)　$3\leqq t$ のとき　　$G'(x)=6t-5$

$3\leqq t$ の範囲で　　$G'(x)>0$

よって，$t\geqq0$ における $G(t)$ の増減表は次のようになる。

t	0	$\cdots$	$\dfrac{5}{6}$	$\cdots$	2	$\cdots$	$\dfrac{5+\sqrt{91}}{6}$	$\cdots$	3	$\cdots$
$G'(t)$		$+$	0	$-$		$-$	0	$+$		$+$
$G(t)$	6	$\nearrow$	$\dfrac{97}{12}$	$\searrow$	4	$\searrow$	最小	$\nearrow$	6	$\nearrow$

よって，$G(t)$ が最小になる t は　　$t=\dfrac{{}^{ス}5+\sqrt{{}^{セ}91}}{{}^{ソ}6}$

187　(1)　　　$f'(x)=3\left(a+\dfrac{2}{3}\right)x^2+2x-3a=(3a+2)x^2+2x-3a$

(2)　$(3a+2)x^2+2x-3a=0$　$\cdots\cdots$ ① とする。

　[1]　$3a+2=0$ すなわち $a=-\dfrac{2}{3}$ のとき

　　　① は　　$2x+2=0$
　　　これを解くと　　$x=-1$
　　　よって，実数解は　　1 個

　[2]　$a \neq -\dfrac{2}{3}$ のとき

　　　① は 2 次方程式で，判別式を D とすると

　　　　　$\dfrac{D}{4}=1^2-(3a+2)\cdot(-3a)=9a^2+6a+1=(3a+1)^2$

　　　$D>0$ となるのは，$(3a+1)^2>0$ のときである。

　　　これを解いて　　$a \neq -\dfrac{1}{3}$

　　　$a \neq -\dfrac{2}{3}$ であるから　　$a<-\dfrac{2}{3}$,　$-\dfrac{2}{3}<a<-\dfrac{1}{3}$,　$-\dfrac{1}{3}<a$

　　　このとき，実数解は　　2 個

　　　$D=0$ となるのは，$(3a+1)^2=0$ のときである。

　　　これを解いて　　$a=-\dfrac{1}{3}$

　　　このとき，実数解は　　1 個

　　　$D<0$ となるのは，$(3a+1)^2<0$ のときである。これを満たす a は存在しない。

　[1], [2] より

　　　$a<-\dfrac{2}{3}$,　$-\dfrac{2}{3}<a<-\dfrac{1}{3}$,　$-\dfrac{1}{3}<a$ のとき　2 個

　　　$a=-\dfrac{2}{3}$,　$-\dfrac{1}{3}$ のとき　1 個

(3)　　　$f'(x)=\{(3a+2)x-3a\}(x+1)$

　　$a \neq -\dfrac{2}{3}$ より，$f'(x)=0$ とすると　　$x=\dfrac{3a}{3a+2}$,　-1

ここで　$-1-\dfrac{3a}{3a+2}=\dfrac{-2(3a+1)}{3a+2}$

$-\dfrac{2}{3}<a<-\dfrac{1}{3}$ のとき　$3a+2>0$, $3a+1<0$

であるから　$\dfrac{-2(3a+1)}{3a+2}>0$

ゆえに，$-\dfrac{2}{3}<a<-\dfrac{1}{3}$ のとき　$\dfrac{3a}{3a+2}<-1$

よって，$f(x)$ の増減表は次のようになる。

x	$\cdots$	$\dfrac{3a}{3a+2}$	$\cdots$	-1	$\cdots$
$f'(x)$	$+$	0	$-$	0	$+$
$f(x)$	↗	極大	↘	極小	↗

したがって，$f(x)$ は $x=\dfrac{3a}{3a+2}$ で極大値をとる。

(4)　$a=-\dfrac{2}{3}$ のとき　　$f(x)=x^2+2x$

曲線 $y=f(x)$ と直線 $y=2x+3$ の交点の x 座標は，
$x^2+2x=2x+3$ すなわち $x^2-3=0$ を解いて
$$x=-\sqrt{3},\ \sqrt{3}$$
よって，求める面積は

$$S=\int_0^{\sqrt{3}}\{(2x+3)-(x^2+2x)\}dx$$
$$=\int_0^{\sqrt{3}}(-x^2+3)dx$$
$$=\left[-\dfrac{1}{3}x^3+3x\right]_0^{\sqrt{3}}=2\sqrt{3}$$

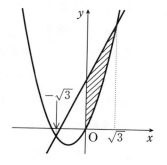

188　直線 $y=2ax+\dfrac{1}{4}$ は定点 $\left(0,\ \dfrac{1}{4}\right)$ を通る

傾き $2a$ の直線であるから，$0\leqq a\leqq 1$ のとき，
線分 P_1P_2 の通過する領域は図のようになる。

また，直線 $y=\dfrac{1}{4}$ と放物線 $y=x^2$ の交点の

x 座標は，$x^2=\dfrac{1}{4}$ を解いて　　$x=\pm\dfrac{1}{2}$

直線 $y=2x+\dfrac{1}{4}$ と放物線 $y=x^2$ の交点の x

座標は，$x^2=2x+\dfrac{1}{4}$ すなわち $4x^2-8x-1=0$

を解いて　　$x=\dfrac{2\pm\sqrt{5}}{2}$

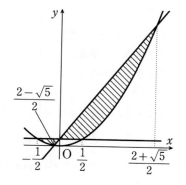

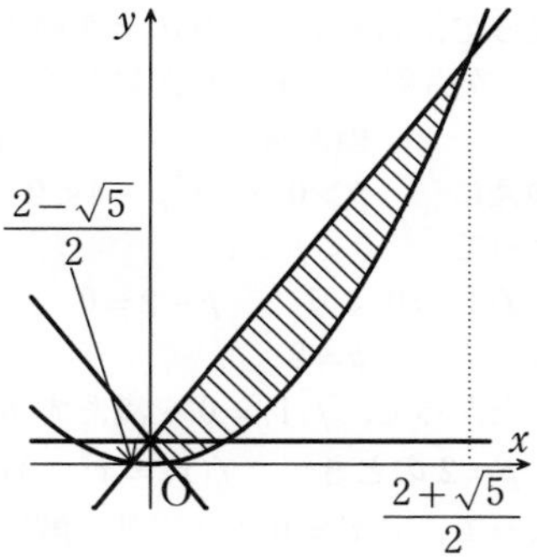

放物線 $y=x^2$ は y 軸に関して対称であるから，求める面積は右図の斜線部の面積と等しい。

直線 $y=2x+\dfrac{1}{4}$ と放物線 $y=x^2$ で囲まれた部分の面積を S_1，直線 $y=2x+\dfrac{1}{4}$ と放物線 $y=x^2$，および y 軸で囲まれた部分の面積を S_2 とすると $S=S_1-2S_2$

$\alpha=\dfrac{2+\sqrt{5}}{2}$，$\beta=\dfrac{2-\sqrt{5}}{2}$ とおくと

$$S_1=\int_{\beta}^{\alpha}\left\{\left(2x+\frac{1}{4}\right)-x^2\right\}dx=-\int_{\beta}^{\alpha}(x-\beta)(x-\alpha)dx$$

$$=(-1)\cdot\left(-\frac{1}{6}\right)\cdot(\alpha-\beta)^3=\frac{1}{6}\left(\frac{2+\sqrt{5}}{2}-\frac{2-\sqrt{5}}{2}\right)^3=\frac{5\sqrt{5}}{6}$$

$$S_2=\int_{\beta}^{0}\left\{\left(2x+\frac{1}{4}\right)-x^2\right\}dx=\int_{\beta}^{0}\left(-x^2+2x+\frac{1}{4}\right)dx$$

$$=\left[-\frac{1}{3}x^3+x^2+\frac{1}{4}x\right]_{\beta}^{0}=\frac{1}{3}\beta^3-\beta^2-\frac{1}{4}\beta$$

ここで $\dfrac{1}{3}\beta^3-\beta^2-\dfrac{1}{4}\beta=\left(\beta^2-2\beta-\dfrac{1}{4}\right)\left(\dfrac{1}{3}\beta-\dfrac{1}{3}\right)-\dfrac{5}{6}\beta-\dfrac{1}{12}$

β は $x^2=2x+\dfrac{1}{4}$ の解であるから $\beta^2-2\beta-\dfrac{1}{4}=0$

よって

$$\left(\beta^2-2\beta-\frac{1}{4}\right)\left(\frac{1}{3}\beta-\frac{1}{3}\right)-\frac{5}{6}\beta-\frac{1}{12}$$

$$=-\frac{5}{6}\beta-\frac{1}{12}$$

$$=-\frac{5}{6}\cdot\frac{2-\sqrt{5}}{2}-\frac{1}{12}$$

$$=\frac{5\sqrt{5}-11}{12}$$

したがって $S=S_1-2S_2=\dfrac{5\sqrt{5}}{6}-2\cdot\dfrac{5\sqrt{5}-11}{12}=\dfrac{{}^{\mathcal{P}}11}{{}_{\mathcal{I}}6}$

189 (1) $f'(x)=3x^2-6x=3x(x-2)$

$f'(x)=0$ とすると $x=0,\ 2$

よって，$f(x)$ の増減表は次のようになる。

x	$\cdots$	0	$\cdots$	2	$\cdots$
$f'(x)$	$+$	0	$-$	0	$+$
$f(x)$	$\nearrow$	p	$\searrow$	$p-4$	$\nearrow$

よって，$f(x)$ は $x=0$ のとき極大値 p，$x=2$ のとき極小値 $p-4$ をとる。

(2)　3次方程式 $f(x)=0$ が異なる3つの実数解をもつための必要十分条件は

$$極大値 > 0 \ かつ \ 極小値 < 0$$

ゆえに　　$p>0$ かつ $p-4<0$

よって　　$0<p<4$

(3)　$f(1)=0$ より　　$p-2=0$

よって　　$p=2$

したがって，$f(1)=0$ を満たす p は $0<p<4$ にある。

(4)　$p=2$ のとき　　$f(x)=x^3-3x^2+2=(x-1)(x^2-2x-2)$

よって，$f(x)=0$ の1以外の解は $x^2-2x-2=0$ の解である。

したがって，解と係数の関係より　　$\alpha+\beta=2,\ \alpha\beta=-2$

(5)　図より

$$S_1-S_2=\int_\alpha^1 f(x)\,dx-\int_1^\beta \{-f(x)\}\,dx$$

$$=\int_\alpha^1 f(x)\,dx+\int_1^\beta f(x)\,dx$$

$$=\int_\alpha^\beta f(x)\,dx=\int_\alpha^\beta (x^3-3x^2+2)\,dx$$

$$=\left[\frac{1}{4}x^4-x^3+2x\right]_\alpha^\beta$$

$$=\frac{1}{4}(\beta^4-\alpha^4)-(\beta^3-\alpha^3)+2(\beta-\alpha)$$

$$=\frac{1}{4}(\beta-\alpha)\{(\beta+\alpha)(\beta^2+\alpha^2)-4(\beta^2+\beta\alpha+\alpha^2)+8\}$$

(4)より　　$\alpha^2+\beta^2=(\alpha+\beta)^2-2\alpha\beta=8$

よって　　$S_1-S_2=\dfrac{1}{4}(\beta-\alpha)\{2\cdot 8-4(8-2)+8\}=0$

よって，$S_1=S_2$ が成り立つ。

190　(1)　$f(x)=x(x-3a)=x^2-3ax$ とおく。

放物線 C と直線 ℓ_1 の交点の x 座標は，$x^2-3ax=-ax$ すなわち $x^2-2ax=0$ を解いて　　$x=0,\ 2a$

$p\neq 0$ より　　$p=2a,\ q=-2a^2$

(2)　$f'(x)=2x-3a$ より，点 $P(2a,\ -2a^2)$ における接線 ℓ_2 の方程式は

$$y-(-2a^2)=(2\cdot 2a-3a)(x-2a)$$

ゆえに　　$y=ax-4a^2$

(3) 求める面積 S は図より，

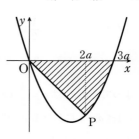

$$S = \int_0^{3a} \{-(x^2 - 3ax)\}dx - \int_0^{2a}\{-ax - (x^2 - 3ax)\}dx$$
$$= -\int_0^{3a} x(x - 3a)dx + \int_0^{2a} x(x - 2a)dx$$
$$= (-1) \cdot \left(-\frac{1}{6}\right) \cdot (3a - 0)^3 - \frac{1}{6} \cdot (2a - 0)^3$$
$$= \frac{19}{6}a^3$$

(4) 直線 ℓ_2 と x 軸の正の向きとのなす角を α，
直線 ℓ_1 と x 軸の正の向きとのなす角を β とすると

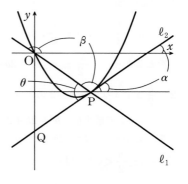

$$\tan \alpha = a$$
$$\tan \beta = -a$$
$$\theta = \pi - \beta + \alpha$$

よって

$$\tan \theta = \tan(\pi - \beta + \alpha)$$
$$= \tan(\alpha - \beta)$$
$$= \frac{\tan\alpha - \tan\beta}{1 + \tan\alpha\tan\beta} = \frac{2a}{1 - a^2}$$

$\tan\theta = 2\sqrt{2}$ より　　$\dfrac{2a}{1 - a^2} = 2\sqrt{2}$

ゆえに　　$\sqrt{2}\,a^2 + a - \sqrt{2} = 0$

すなわち　　$(\sqrt{2}\,a - 1)(a + \sqrt{2}) = 0$

$a > 0$ より　　$a = \dfrac{\sqrt{2}}{2}$

191　　$f(x) = (x - a)^2 + a^2$

より，$f(x)$ は $x = {}^{\mathcal{P}}a$ において最小値 ${}^{\mathcal{A}}a^2$ をとる。

放物線 C が点 $(2, 4)$ を通るとき　　$f(2) = 4$

ゆえに　　$2a^2 - 4a + 4 = 4$

すなわち　　$2a(a - 2) = 0$

よって　　$a = {}^{\mathcal{P}}0,\ 2$

放物線 $y = x^2 - 2ax + 2a^2$ が点 $(x,\ y)$ を通るための条件は，a の 2 次方程式

$$2a^2 - 2xa + x^2 - y = 0 \quad \cdots\cdots ①$$

が実数解をもつことである。

よって，2 次方程式 ① の判別式を D とすると　　$D \geqq 0$

ここで　　$\dfrac{D}{4} = (-x)^2 - 2 \cdot (x^2 - y) = -x^2 + 2y$

ゆえに　　$-x^2 + 2y \geqq 0$

すなわち　　$y \geqq {}^{\text{エ}}\dfrac{1}{2}x^2$

$$g(a) = f(b) = 2a^2 - 2ba + b^2 = 2\left(a - \dfrac{b}{2}\right)^2 + \dfrac{b^2}{2}$$

よって，$g(a)$ は $a = \dfrac{b}{2}$ のとき最小値 ${}^{\text{オ}}\dfrac{b^2}{2}$ をとる。

$-1 \leqq a \leqq 1$ における a の関数 $g(a)$ のとりうる値の範囲を調べる。

[1]　$0 \leqq \dfrac{b}{2} \leqq 1$ すなわち $0 \leqq b \leqq {}^{\text{カ}}2$ のとき

　　　$a = \dfrac{b}{2}$ で最小値 $\dfrac{b^2}{2}$，$a = -1$ で最大値 ${}^{\text{キ}}b^2 + 2b + 2$

　　をとるから　　$\dfrac{b^2}{2} \leqq y \leqq b^2 + 2b + 2$

[2]　$\dfrac{b}{2} > 1$ すなわち $b > 2$ のとき

　　　$a = 1$ で最小値 ${}^{\text{ク}}b^2 - 2b + 2$，$a = -1$ で最大値 ${}^{\text{ケ}}b^2 + 2b + 2$

　　をとるから　　$b^2 - 2b + 2 \leqq y \leqq b^2 + 2b + 2$

[3]　$-1 \leqq \dfrac{b}{2} < 0$ すなわち $-2 \leqq b < 0$ のとき

　　　$a = \dfrac{b}{2}$ で最小値 $\dfrac{b^2}{2}$，$a = 1$ で最大値 $b^2 - 2b + 2$

　　をとるから　　$\dfrac{b^2}{2} \leqq y \leqq b^2 - 2b + 2$

[4]　$\dfrac{b}{2} < -1$ すなわち $b < -2$ のとき

　　　$a = -1$ で最小値 $b^2 + 2b + 2$，$a = 1$ で最大値 $b^2 - 2b + 2$

　　をとるから　　$b^2 + 2b + 2 \leqq y \leqq b^2 - 2b + 2$

[1] ～ [4] より，求める面積は図の斜線部分の面積である。

領域は y 軸に関して対称であるから，$x \geqq 0$ の部分の面積 S_1 を考える。

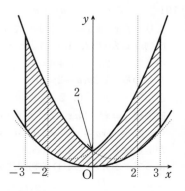

$$S_1 = \int_0^2 \left\{ x^2 + 2x + 2 - \left(\dfrac{x^2}{2}\right) \right\} dx$$

$$+ \int_2^3 \{ x^2 + 2x + 2 - (x^2 - 2x + 2) \} dx$$

$$= \int_0^2 \left(\dfrac{1}{2}x^2 + 2x + 2 \right) dx + \int_2^3 4x\,dx$$

$$= \left[\dfrac{1}{6}x^3 + x^2 + 2x \right]_0^2 + \left[2x^2 \right]_2^3 = \dfrac{58}{3}$$

よって，求める面積 S は　　$S = 2S_1 = {}^{\text{コ}}\dfrac{116}{3}$

192 (1) $\displaystyle\int_0^2 f(t)dt = A$ とおくと $\qquad g(x) = 2x + A$

$f(x) = 2x^2 + \displaystyle\int_1^x g(t)dt$ より

$\qquad f(x) = 2x^2 + \displaystyle\int_1^x (2t + A)dt = 2x^2 + \Big[t^2 + At\Big]_1^x = 3x^2 + Ax - A - 1$

よって

$\qquad \displaystyle\int_0^2 f(t)dt = \int_0^2 (3t^2 + At - A - 1)dt = \Big[t^3 + \frac{A}{2}t^2 - (A+1)t\Big]_0^2 = 6$

ゆえに $\qquad A = 6$

よって $\qquad \displaystyle\int_0^2 f(t)dt = 6$

(2) (1) より $\qquad f(x) = 3x^2 + 6x - 7, \;\; g(x) = 2x + 6$

(i) $\qquad h(x) = \displaystyle\int_1^x f(t)dt - g(x) + 2$

$\qquad\qquad = \displaystyle\int_1^x (3t^2 + 6t - 7)dt - (2x + 6) + 2$

$\qquad\qquad = \Big[t^3 + 3t^2 - 7t\Big]_1^x - 2x - 4$

$\qquad\qquad = x^3 + 3x^2 - 9x - 1$

(ii) $\qquad h'(x) = 3x^2 + 6x - 9 = 3(x-1)(x+3)$

$h'(x) = 0$ とすると $\qquad x = -3, \; 1$

よって，$h(x)$ の増減表は次のようになる。

x	$\cdots$	-3	$\cdots$	1	$\cdots$
$h'(x)$	$+$	0	$-$	0	$+$
$h(x)$	$\nearrow$	26	$\searrow$	-6	$\nearrow$

したがって，$h(x)$ は $x = -3$ で極大値 26，$x = 1$ で極小値 -6 をとる。

(3) 曲線 $y = h(x)$ と曲線 $y = f(x) + g(x)$ の交点の x
座標は $\qquad x^3 + 3x^2 - 9x - 1 = 3x^2 + 8x - 1$
すなわち $x^3 - 17x = 0$ を解いて $\qquad x = 0, \; \pm\sqrt{17}$
よって，求める面積 S は

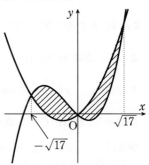

$S = \displaystyle\int_{-\sqrt{17}}^0 \{(x^3 + 3x^2 - 9x - 1) - (3x^2 + 8x - 1)\}dx$

$\qquad + \displaystyle\int_0^{\sqrt{17}} \{(3x^2 + 8x - 1) - (x^3 + 3x^2 - 9x - 1)\}dx$

$= \displaystyle\int_{-\sqrt{17}}^0 (x^3 - 17x)dx + \int_0^{\sqrt{17}} (-x^3 + 17x)dx$

$= \Big[\frac{1}{4}x^4 - \frac{17}{2}x^2\Big]_{-\sqrt{17}}^0 + \Big[-\frac{1}{4}x^4 + \frac{17}{2}x^2\Big]_0^{\sqrt{17}}$

$= \dfrac{289}{2}$

193　(1)　$f(x) = \dfrac{1}{4}x^2$ とおくと　　$f'(x) = \dfrac{1}{2}x$

よって，点 P における接線 ℓ の方程式は

$$y - \left(\dfrac{1}{4}p^2\right) = \dfrac{p}{2} \cdot (x - p)$$

すなわち　　$y = \dfrac{p}{2}x - \dfrac{1}{4}p^2$

(2)　直線 n の傾きを a とすると，直線 ℓ の傾きが

$\dfrac{p}{2}$ であるから　　$a \times \dfrac{p}{2} = -1$

$p > 0$ であるから　　$a = -\dfrac{2}{p}$

よって，直線 n の方程式は　　$y - (-1) = -\dfrac{2}{p}(x - p)$

すなわち　　$y = -\dfrac{2}{p}x + 1$

直線 ℓ と直線 n の交点の x 座標は　　$\dfrac{p}{2}x - \dfrac{1}{4}p^2 = -\dfrac{2}{p}x + 1$

を解いて　　$x = \dfrac{p}{2}$

よって，点 R の座標は　　$\left(\dfrac{p}{2}, \; 0\right)$

(3)　点 S の座標を $(x, \; y)$ とおくと，点 R は線分 SQ の中点であるから

$$\dfrac{p}{2} = \dfrac{x + p}{2}, \; 0 = \dfrac{y + (-1)}{2}$$

ゆえに　　$x = 0, \; y = 1$

よって，点 S の座標は　　$(0, \; 1)$

(4)　直線 m' は，2 点 P，S を通る。

2 点 P，S を通る直線の傾きは　　$\dfrac{\dfrac{p^2}{4} - 1}{p - 0} = \dfrac{p^2 - 4}{4p}$

よって，直線 m' の方程式は　　$y - 1 = \dfrac{p^2 - 4}{4p}(x - 0)$

すなわち　　$y = \dfrac{p^2 - 4}{4p}x + 1$

直線 m' と放物線 C の交点の x 座標は，2 次方程式 $\dfrac{p^2 - 4}{4p}x + 1 = \dfrac{1}{4}x^2$ の解である。

ゆえに　　$px^2 - (p^2 - 4)x - 4p = 0$

すなわち　　$(px + 4)(x - p) = 0$

よって　　$x = -\dfrac{4}{p}, \; p$

したがって，点 T の x 座標は　　$-\dfrac{4}{p}$

(5) 求める面積 S は

$$S = \int_{-\frac{4}{p}}^{0} \left\{ \frac{p^2-4}{4p}x+1 - \left(\frac{1}{4}x^2\right) \right\} dx$$

$$= \left[-\frac{1}{12}x^3 + \frac{p^2-4}{8p}x^2 + x \right]_{-\frac{4}{p}}^{0}$$

$$= \frac{6p^2+8}{3p^3}$$

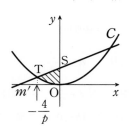

194 (1) [1] $x+1 \geqq 0$ すなわち $x \geqq -1$ のとき

$$f(x) = |-2x^2+x+1| = \left| -2\left(x-\frac{1}{4}\right)^2 + \frac{9}{8} \right|$$

$-2x^2+x+1=0$ とすると $(2x+1)(x-1)=0$

よって $x = -\frac{1}{2},\ 1$

[2] $x < -1$ のとき

$$f(x) = |-2x^2-(x+1)| = |2x^2+x+1|$$

$2x^2+x+1 = 2\left(x+\frac{1}{4}\right)^2 + \frac{7}{8} \geqq 0$ より $f(x) = 2x^2+x+1$

[1], [2] より，$y=f(x)$ のグラフは，図のようになる。

図より，$f(x)$ は $x = \dfrac{^{\text{ア}}-1}{^{\text{イ}}2}$，$^{\text{ウ}}1$ で最小値をとる。

また，$-2 \leqq x \leqq 2$ において $f(x)$ は $x = -2$ で
最大値 $^{\text{エ}}7$ をとる。

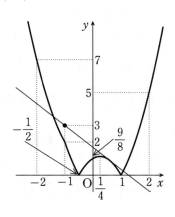

(2) 図より，$y=f(x)$ のグラフの接線のうち点

$(-1,\ 3)$ を通るものは，接点が $-\dfrac{1}{2} \leqq x \leqq 1$ の範囲

にある。接点を A とし，x 座標を a $\left(-\dfrac{1}{2} \leqq a \leqq 1\right)$

とおく。

$-\dfrac{1}{2} \leqq x \leqq 1$ のとき $f(x) = -2x^2+x+1$

$f'(x) = -4x+1$ より，点 A における接線の方程式は

$$y-(-2a^2+a+1) = (-4a+1)(x-a)$$

すなわち $y = (-4a+1)x + 2a^2+1$

この接線が点 $(-1,\ 3)$ を通るから $3 = (-4a+1) \cdot (-1) + 2a^2+1$

すなわち $2a^2+4a-3 = 0$

これを解いて $a = \dfrac{-2 \pm \sqrt{10}}{2}$

$-\dfrac{1}{2} \leqq a \leqq 1$ より $a = \dfrac{-2+\sqrt{10}}{2}$

よって，接線の傾きは　　$(-4)\cdot\dfrac{-2+\sqrt{10}}{2}+1={}^{オ}5-{}^{カ}2\sqrt{{}^{キ}10}$

(3)　図より　　$a>\dfrac{{}^{ク}9}{{}^{ケ}8}$

(4)　直線 $y=b\left(x+\dfrac{1}{2}\right)$ ……① は，定点 $\left(-\dfrac{1}{2},\ 0\right)$

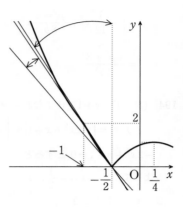

を通る傾き $b\,(b<0)$ の直線である。

直線 ① が放物線 $y=2x^2+x+1\,(x\leqq-1)$ に接す

るとき，2次方程式 $2x^2+x+1=b\left(x+\dfrac{1}{2}\right)$

すなわち　　$4x^2-2(b-1)x-b+2=0$ ……②

の判別式を D とすると　　$D=0$

$$\dfrac{D}{4}=\{-(b-1)\}^2-4\cdot(-b+2)=b^2+2b-7$$

ゆえに　　$b^2+2b-7=0$

これを解いて　　$b=-1\pm2\sqrt{2}$

$b<0$ より　　$b=-1-2\sqrt{2}$

接点の x 座標は ② より　　$x=\dfrac{b-1}{4}=-\dfrac{1+\sqrt{2}}{2}$

これは $x\leqq-1$ を満たす。

また，放物線 $y=2x^2-x-1$ の $x=-\dfrac{1}{2}$ における接線の傾きは，

$y'=4x-1$ より　　$4\cdot\left(-\dfrac{1}{2}\right)-1=-3$

2点 $\left(-\dfrac{1}{2},\ 0\right)$, $(-1,\ 2)$ を通る直線の傾きは　　$\dfrac{2-0}{-1-\left(-\dfrac{1}{2}\right)}=-4$

　　図より，求める b の範囲は　　$b<{}^{コ}-4,\ {}^{サ}-1-{}^{シ}2\sqrt{{}^{ス}2}<b<{}^{セ}-3$

(5)　求める面積 S は

$$S=\int_{-2}^{-1}(2x^2+x+1)dx+\int_{-1}^{-\frac{1}{2}}(2x^2-x-1)dx$$
$$+\int_{-\frac{1}{2}}^{0}(-2x^2+x+1)dx$$

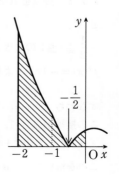

$$=\left[\dfrac{2}{3}x^3+\dfrac{1}{2}x^2+x\right]_{-2}^{-1}+\left[\dfrac{2}{3}x^3-\dfrac{1}{2}x^2-x\right]_{-1}^{-\frac{1}{2}}$$
$$+\left[-\dfrac{2}{3}x^3+\dfrac{1}{2}x^2+x\right]_{-\frac{1}{2}}^{0}$$

$$=\dfrac{{}^{ソ}59}{{}^{タ}12}$$

195 (1) $y'=3x$ より，接線 ℓ の方程式は $y-\left(\dfrac{3}{2}a^2\right)=3a(x-a)$

すなわち $y=3ax-\dfrac{3}{2}a^2$

同様に，接線 m の方程式は $y=3bx-\dfrac{3}{2}b^2$

接線 ℓ と接線 m の交点 P の x 座標は $3ax-\dfrac{3}{2}a^2=3bx-\dfrac{3}{2}b^2$

すなわち $3(a-b)x=\dfrac{3}{2}(a^2-b^2)$

$a-b\neq0$ より $x=\dfrac{a+b}{2}$

よって，点 P の y 座標は $3a\cdot\dfrac{a+b}{2}-\dfrac{3}{2}a^2=\dfrac{3}{2}ab$

接線 ℓ と接線 m が直交するとき $3a\cdot3b=-1$

ゆえに $ab=-\dfrac{1}{9}$

よって，点 P の y 座標は $\dfrac{3}{2}\cdot\left(-\dfrac{1}{9}\right)=-\dfrac{^{\mathcal{P}}1}{^{\mathcal{A}}6}$

(2) 接線 ℓ, m と x 軸の正の向きとのなす角をそれぞれ α, β とすると $\tan\alpha=3a$, $\tan\beta=3b$

$a=2$ のとき $\tan\alpha=6$

図より，$\angle APB=\dfrac{\pi}{4}$ のとき $\beta=\alpha+\dfrac{\pi}{4}$

よって

$$\tan\beta=\tan\left(\alpha+\dfrac{\pi}{4}\right)$$

$$=\dfrac{\tan\alpha+\tan\dfrac{\pi}{4}}{1-\tan\alpha\tan\dfrac{\pi}{4}}$$

$$=\dfrac{6+1}{1-6\cdot1}=-\dfrac{7}{5}$$

ゆえに $3b=-\dfrac{7}{5}$

したがって $b=-\dfrac{^{\mathcal{D}}7}{^{\mathcal{I}}15}$

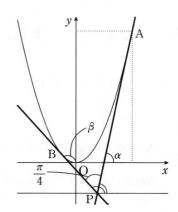

(3)　$b=-a$ のとき

$\mathrm{A}\left(a,\ \dfrac{3}{2}a^2\right)$, $\mathrm{B}\left(-a,\ \dfrac{3}{2}a^2\right)$, $\mathrm{P}\left(0,\ -\dfrac{3}{2}a^2\right)$

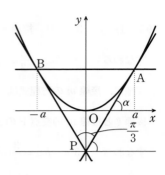

$\angle\mathrm{APB}=\dfrac{\pi}{3}$ のとき，図より　　$\alpha=\dfrac{\pi}{3}$

よって　　$3a=\sqrt{3}$

したがって　　$a=\dfrac{\sqrt{^{\text{オ}}3}}{^{\text{カ}}3}$

△PAB は正三角形であるから

$\mathrm{PA}=\mathrm{AB}=2a=\dfrac{2\sqrt{3}}{3}$

扇形 PAB の面積を S とすると

$$S=\dfrac{1}{2}\cdot\left(\dfrac{2\sqrt{3}}{3}\right)^2\cdot\dfrac{\pi}{3}=\dfrac{2}{9}\pi$$

C, ℓ, m で囲まれた図形は y 軸に関して対称であるから，この面積を T とおくと

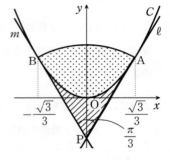

$$T=2\int_0^{\frac{\sqrt{3}}{3}}\left\{\dfrac{3}{2}x^2-\left(\sqrt{3}\,x-\dfrac{1}{2}\right)\right\}dx$$

$$=2\int_0^{\frac{\sqrt{3}}{3}}\dfrac{3}{2}\left(x-\dfrac{\sqrt{3}}{3}\right)^2dx$$

$$=3\left[\dfrac{1}{3}\left(x-\dfrac{\sqrt{3}}{3}\right)^3\right]_0^{\frac{\sqrt{3}}{3}}$$

$$=\dfrac{\sqrt{3}}{9}$$

大きい図形の面積は $S-T=\dfrac{2}{9}\pi-\dfrac{\sqrt{3}}{9}$，小さい図形の面積は $T=\dfrac{\sqrt{3}}{9}$ であるから，

求める面積の差は　　$\dfrac{2}{9}\pi-\dfrac{\sqrt{3}}{9}-\dfrac{\sqrt{3}}{9}=\dfrac{^{\text{キ}}2}{^{\text{ク}}9}\pi-\dfrac{^{\text{ケ}}2\sqrt{^{\text{コ}}3}}{^{\text{サ}}9}$

196 (1)　関数 $f(x)$ は

$x<7$ のとき　　$f(x)=-x(x-7)=-x^2+7x$

$x\geqq7$ のとき　　$f(x)=x(x-7)=x^2-7x$

よって　　$f(3)=-3^2+7\cdot3=12$

$x<7$ のとき，$f'(x)=-2x+7$ であるから，点 P$(3,\ 12)$ における接線 ℓ の方程式は

$$y-12=(-2\cdot3+7)(x-3)$$

すなわち　　$y=x+9$

(2) 曲線 $y=f(x)$ と直線 ℓ の共有点のうち，点 P と異なる点は，図より，$x\geqq7$ の範囲にあるから，共有点の x 座標は

$$x^2-7x=x+9$$

すなわち　$(x-9)(x+1)=0$

$x\geqq7$ より　$x=9$

したがって，求める共有点の座標は　　(9, 18)

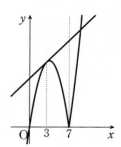

(3) 曲線 $y=f(x)$ と直線 ℓ で囲まれた図形の面積を S とすると

$$S=\int_3^7\{x+9-(-x^2+7x)\}\,dx+\int_7^9\{x+9-(x^2-7x)\}dx$$

$$=\int_3^7(x-3)^2\,dx+\int_7^9(-x^2+8x+9)dx$$

$$=\left[\frac{1}{3}(x-3)^3\right]_3^7+\left[-\frac{1}{3}x^3+4x^2+9x\right]_7^9=\frac{116}{3}$$

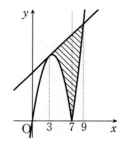

197 (1) $x<0$ のとき

$$f(x)=\frac{1}{2}(x^2+2x)=\frac{1}{2}(x+1)^2-\frac{1}{2}$$

$x\geqq0$ のとき

$$f(x)=\frac{1}{2}(x^2-4x)=\frac{1}{2}(x-2)^2-2$$

よって，$y=f(x)$ のグラフは図のようになる。

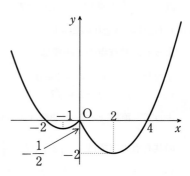

(2) $f(-3)=\frac{1}{2}\{(-3)^2+2\cdot(-3)\}=\frac{3}{2}$

$x<0$ のとき $f'(x)=x+1$ であるから，点 A における接線の傾きは　　$f'(-3)=-2$

ゆえに，直線 ℓ の傾きは　　$\dfrac{1}{2}$

よって，直線 ℓ の方程式は　　$y-\dfrac{3}{2}=\dfrac{1}{2}(x+3)$

すなわち　　$y=\overset{\text{ア}}{\dfrac{1}{2}}x+3$

また，曲線 $y=f(x)$ と直線 ℓ の点 A とは異なる共有点は $x\geqq0$ の範囲にあるから，共有点の x 座標は $\dfrac{1}{2}(x^2-4x)=\dfrac{1}{2}x+3$ すなわち $x^2-5x-6=0$ の解である。

$x\geqq0$ より　　$x=6$

したがって，求める共有点の座標は　　 $^{イ}(6, 6)$

さらに，曲線 $y=f(x)$ と直線 ℓ で囲まれた図形
の面積を S とすると

$$S=\int_{-3}^{0}\left\{\frac{1}{2}x+3-\frac{1}{2}(x^2+2x)\right\}dx$$

$$+\int_{0}^{6}\left\{\frac{1}{2}x+3-\frac{1}{2}(x^2-4x)\right\}dx$$

$$=-\frac{1}{2}\int_{-3}^{0}(x^2+x-6)dx$$

$$-\frac{1}{2}\int_{0}^{6}(x^2-5x-6)dx$$

$$=-\frac{1}{2}\left[\frac{1}{3}x^3+\frac{1}{2}x^2-6x\right]_{-3}^{0}-\frac{1}{2}\left[\frac{1}{3}x^3-\frac{5}{2}x^2-6x\right]_{0}^{6}$$

$$=^{ウ}\frac{135}{4}$$

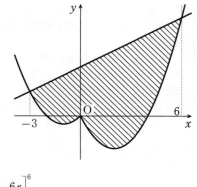

(3)　$f(-3)=\dfrac{3}{2}$ より，領域 D は図の斜線部分。

　ただし，境界線を含む。

　直線 $y=\dfrac{3}{2}$ と曲線 $y=f(x)$ との点 A 以外の

　共有点は，$x\geqq 0$ の範囲にある。

　よって，共有点の x 座標は　　$\dfrac{1}{2}(x^2-4x)=\dfrac{3}{2}$

　すなわち　　$x^2-4x-3=0$

　$x\geqq 0$ より　　$x=2+\sqrt{7}$

　よって，直線 $y=\dfrac{3}{2}$ と曲線 $y=f(x)$ の点 A 以外

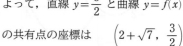

の共有点の座標は　　$\left(2+\sqrt{7},\ \dfrac{3}{2}\right)$

$x+y=k$　……① とおくと，これは傾き -1，y 切片 k の直線を表す。

この直線 ① が領域 D と共有点をもつような k の値の最大値と最小値を求めればよい。

図から，k の値は，直線 ① が点 $\left(2+\sqrt{7},\ \dfrac{3}{2}\right)$ を通るとき最大になり，直線 ① が放物

線 $y=\dfrac{1}{2}(x^2+2x)$ に接するとき最小になる。

$(x,\ y)=\left(2+\sqrt{7},\ \dfrac{3}{2}\right)$ のとき　　$x+y=\dfrac{7}{2}+\sqrt{7}$

直線 ① が放物線 $y=\dfrac{1}{2}(x^2+2x)$ に接するときの接点の x 座標を a とおくと

　　$f'(a)=-1$

$f'(x)=x+1$ であるから　　$a+1=-1$

これを解いて　　$a=-2$

よって，接点の座標は　　$(-2,\ 0)$

このとき $x+y=-2$

したがって，$x+y$ は $(x,\ y)=$ ^エ$\left(2+\sqrt{7},\ \dfrac{3}{2}\right)$ のとき最大値 ^オ$\dfrac{7}{2}+\sqrt{7}$，

$(x,\ y)=$ ^カ$(-2,\ 0)$ のとき最小値 ^キ-2 をとる。

198 (1) $y=(x-a)^2+a^2$ を a について整理すると $2a^2-2xa+x^2-y=0$ ……①
放物線 C_1 が点 $(x,\ y)$ を通るための条件は，a の 2 次方程式 ① が実数解をもつことである。

よって，2 次方程式 ① の判別式を E_1 とすると $E_1\geqq0$

ここで $\dfrac{E_1}{4}=(-x)^2-2\cdot(x^2-y)=-x^2+2y$

ゆえに $-x^2+2y\geqq0$

すなわち $y\geqq\dfrac{1}{2}x^2$

(2) $y=-(x-b)^2+b$ を b について整理すると $b^2-(2x+1)b+x^2+y=0$ ……②
放物線 C_2 が点 $(x,\ y)$ を通るための条件は，b の 2 次方程式 ② が実数解をもつことである。

よって，2 次方程式 ② の判別式を E_2 とすると $E_2\geqq0$

ここで $E_2=\{-(2x+1)\}^2-4\cdot1\cdot(x^2+y)=4x-4y+1$

ゆえに $4x-4y+1\geqq0$

すなわち $y\leqq x+\dfrac{1}{4}$

(3) D_1 と D_2 の共通部分は，曲線 $y=\dfrac{1}{2}x^2$ の上側と

直線 $y=x+\dfrac{1}{4}$ の下側の共通部分であるから，右の
図のようになる。

曲線 $y=\dfrac{1}{2}x^2$ と直線 $y=x+\dfrac{1}{4}$ の交点の x 座標は，

$\dfrac{1}{2}x^2=x+\dfrac{1}{4}$ すなわち $2x^2-4x-1=0$ を解いて

$\qquad x=\dfrac{2\pm\sqrt{6}}{2}$

$\alpha=\dfrac{2+\sqrt{6}}{2}$，$\beta=\dfrac{2-\sqrt{6}}{2}$ とすると，求める面積は

$S=\displaystyle\int_{\beta}^{\alpha}\left\{x+\dfrac{1}{4}-\left(\dfrac{1}{2}x^2\right)\right\}dx$

$\quad=-\dfrac{1}{2}\displaystyle\int_{\beta}^{\alpha}(x-\beta)(x-\alpha)dx$

$\quad=-\dfrac{1}{2}\cdot\left(-\dfrac{1}{6}\right)\cdot(\alpha-\beta)^3=\dfrac{\sqrt{6}}{2}$

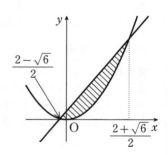

199 (1) $h(x)=f(x)-g(x)$ とおくと

$h(x)=\dfrac{2}{3}x^3-8x-\dfrac{5}{3}-k$ より　　$h'(x)=2x^2-8=2(x+2)(x-2)$

よって，$h(x)$ の増減表は次のようになる。

x	$\cdots$	-2	$\cdots$	2	$\cdots$
$h'(x)$	$+$	0	$-$	0	$+$
$h(x)$	↗	$-k+9$	↘	$-k-\dfrac{37}{3}$	↗

したがって，$h(x)$ は $x=-2$ で極大値 $-k+9$，$x=2$ で極小値 $-k-\dfrac{37}{3}$ をとる。

(2) C_1 と C_2 がちょうど2個の共有点をもつ条件は，方程式 $f(x)=g(x)$ すなわち
$f(x)-g(x)=0$ の解が異なる2つの実数解をもつことである。
$f(x)-g(x)=0$ の解が異なる2つの実数解となる条件は，$h(x)=f(x)-g(x)$ の極値の
一方が0になることである。

よって，(1) の結果から　　$-k+9=0$ または $-k-\dfrac{37}{3}=0$

$k>0$ より　　$k=9$

(3) $k=9$ のとき，C_1 と C_2 の共有点の x 座標は
$$f(x)-g(x)=0$$
ゆえに　　　$x^3-12x-16=0$
すなわち　　$(x+2)^2(x-4)=0$
を解いて　　$x=-2,\ 4$
したがって，C_1 と C_2 の共有点は2点 $(-2,\ 9)$，$(4,\ 45)$ であるから，

直線 ℓ の方程式は　　$y-9=\dfrac{45-9}{4-(-2)}\{x-(-2)\}$

すなわち　　$y=6x+21$
よって，C_2 と ℓ で囲まれた図形と $x\geqq0$ の表す領域の
共通部分は図の斜線部分である。
したがって，求める面積を S とすると

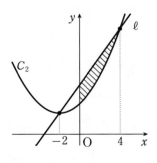

$$S=\int_0^4\{(6x+21)-(x^2+4x+13)\}dx$$

$$=\int_0^4(-x^2+2x+8)dx$$

$$=\left[-\dfrac{1}{3}x^3+x^2+8x\right]_0^4$$

$$=\dfrac{80}{3}$$

200 (1) $\displaystyle\int_{-1}^1 f(x)dx=2\int_0^1(3x^2+b)dx=2\Big[x^3+bx\Big]_0^1={}^{\mathcal{P}}2b+{}^{\prime}2$

(2) $g(x)=px+q\ (p\neq0)$ とおく。

$$\int_{-1}^{1} f(x)g(x)dx = p\int_{-1}^{1} xf(x)dx + q\int_{-1}^{1} f(x)dx$$

$$\int_{-1}^{1} xf(x)dx = 2\int_{0}^{1} ax^2 dx = 2\left[\frac{a}{3}x^3\right]_{0}^{1} = \frac{2}{3}a$$

よって $\qquad 0 = \frac{2}{3}ap + (2b+2)q$

これが，すべての実数 p，q に対して成り立つ。

ゆえに $\qquad \frac{2}{3}a = 0$，$2b+2 = 0$

これを解いて $\qquad a = {}^{ウ}0$，$b = {}^{エ}-1$

よって $\qquad f(x) = 3x^2 - 1$

$y = f(x)$ と $y = cx+5$ のグラフの交点の x 座標は，$3x^2 - 1 = cx + 5$ すなわち

$3x^2 - cx - 6 = 0$ を解いて $\qquad x = \dfrac{c \pm \sqrt{c^2+72}}{6}$

$\alpha = \dfrac{c - \sqrt{c^2+72}}{6}$，$\beta = \dfrac{c + \sqrt{c^2+72}}{6}$ とおくと，

$y = f(x)$ と $y = h(x)$ のグラフで囲まれた部分の面
積 S は

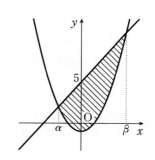

$$S = \int_{\alpha}^{\beta}\{cx+5-(3x^2-1)\}dx$$

$$= -3\int_{\alpha}^{\beta}(x-\alpha)(x-\beta)dx$$

$$= -3\cdot\left(-\frac{1}{6}\right)\cdot(\beta-\alpha)^3$$

$$= \frac{1}{2}\left(\frac{\sqrt{c^2+72}}{3}\right)^3$$

ゆえに $\qquad \dfrac{27}{2} = \dfrac{1}{2}\left(\dfrac{\sqrt{c^2+72}}{3}\right)^3$

すなわち $\qquad \sqrt{c^2+72} = 9$

$c > 0$ より $\qquad c = {}^{オ}3$

このとき，$y = f(x)$ と $y = h(x)$ のグラフの交点の座標は $\qquad ({}^{カ}-1,\ {}^{キ}2)$，$({}^{ク}2,\ {}^{ケ}11)$

方程式 $f(x)h(x) = 0$ すなわち $(3x^2-1)(3x+5) = 0$ を解くと $\qquad x = -\dfrac{5}{3}$，$\pm\dfrac{1}{\sqrt{3}}$

よって最小の値 m は $\qquad m = \dfrac{{}^{コ}-5}{{}^{サ}3}$

このとき

$$\int_{-\frac{5}{3}}^{1} f(x)h(x)dx = \int_{-\frac{5}{3}}^{1}(9x^3+15x^2-3x-5)dx$$

$$= \left[\frac{9}{4}x^4 + 5x^3 - \frac{3}{2}x^2 - 5x\right]_{-\frac{5}{3}}^{1} = \frac{{}^{シ}64}{{}^{ス}27}$$

201 (1)　放物線 $y=4x^2-5x+2$ と直線 $y=3x-1$ の交点の x 座標は，

$4x^2-5x+2=3x-1$ すなわち $4x^2-8x+3=0$ を解いて　　$x=\dfrac{1}{2},\ \dfrac{3}{2}$

$p<q$ より　　$p=\dfrac{1}{2},\ q=\dfrac{3}{2}$

(2)　2点 P，Q は直線 $y=3x-1$ 上にあるから　　$P\left(\dfrac{1}{2},\ \dfrac{1}{2}\right),\ Q\left(\dfrac{3}{2},\ \dfrac{7}{2}\right)$

これらがともに放物線 $y=ax^2+bx+c$ 上にあるから

$$\dfrac{1}{2}=\dfrac{1}{4}a+\dfrac{1}{2}b+c \quad \cdots\cdots ①$$

$$\dfrac{7}{2}=\dfrac{9}{4}a+\dfrac{3}{2}b+c \quad \cdots\cdots ②$$

②－① から　　$3=2a+b$

ゆえに　　$b=-2a+3 \quad \cdots\cdots ③$

③ を ① に代入して　　$\dfrac{1}{2}=\dfrac{1}{4}a+\dfrac{1}{2}(-2a+3)+c$

ゆえに　　$c=\dfrac{3}{4}a-1$

(3)　$a<0$ より，C は上に凸な放物線であるから，C は $\dfrac{1}{2}\leqq x\leqq\dfrac{3}{2}$ の範囲で線分 PQ より上にある。

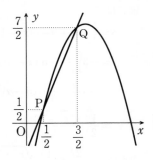

また，線分 PQ は x 軸の上側にあるから，$\dfrac{1}{2}\leqq x\leqq\dfrac{3}{2}$ の範囲で C は x 軸の上側にある。

よって，求める面積 S は

$$S=\int_{\frac{1}{2}}^{\frac{3}{2}}(ax^2+bx+c)\,dx=\left[\dfrac{1}{3}ax^3+\dfrac{1}{2}bx^2+cx\right]_{\frac{1}{2}}^{\frac{3}{2}}$$

$$=\dfrac{13}{12}a+b+c$$

これに ③ と $c=\dfrac{3}{4}a-1$ を代入して

$$S=\dfrac{13}{12}a+(-2a+3)+\dfrac{3}{4}a-1=-\dfrac{a}{6}+2$$

ゆえに　　$\dfrac{a^2}{18}=-\dfrac{a}{6}+2$

すなわち　　$a^2+3a-36=0$

よって　　$a=\dfrac{-3\pm3\sqrt{17}}{2}$

$a<0$ より　　$a=-\dfrac{3+3\sqrt{17}}{2}$

202 (1) $(x^2+2x)'=2x+2$ より，放物線 C_1 上の点 $(s,\ s^2+2s)$ における接線の方程式

は $\qquad y-(s^2+2s)=(2s+2)(x-s)$

すなわち $\qquad y=(2s+2)x-s^2$ ……①

$(-2x^2+2x)'=-4x+2$ より，放物線 C_2 上の点 $(t,\ -2t^2+2t)$ における接線の方程式

は $\qquad y-(-2t^2+2t)=(-4t+2)(x-t)$

すなわち $\qquad y=(-4t+2)x+2t^2$ ……②

①，②が一致するとき $\qquad 2s+2=-4t+2,\ -s^2=2t^2$

これを解いて $\qquad s=0,\ t=0$

よって，C_1 と C_2 のどちらにも接する直線はただ1つ存在し，その接線の方程式は

$\qquad y=2x$

(2)　直線 m は直線 ℓ と垂直に交わるから $\qquad 2\times a=-1$

ゆえに $\qquad a=-\dfrac{1}{2}$

よって，直線 m の方程式は $y=-\dfrac{1}{2}x+b$ となる。

曲線 C_1 と曲線 C_2 の共有点の x 座標は，

$x^2+2x=-2x^2+2x$ すなわち $4x^2=0$ を解いて

$\qquad x=0$

よって，曲線 C_1 と曲線 C_2 の共有点の座標は

$\qquad (0,\ 0)$

したがって，C_1 と m，C_2 と m の共有点の総数が4と

なるための条件は，C_1 と m，C_2 と m が点 $(0,\ 0)$ 以外

の共有点をそれぞれ2個もつことである。

曲線 C_1 と直線 m の共有点の x 座標は

$\qquad x^2+2x=-\dfrac{1}{2}x+b$

すなわち $\qquad 2x^2+5x-2b=0$ ……③

の解である。

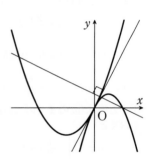

したがって，曲線 C_1 と直線 m が点 $(0,\ 0)$ 以外の共有点を2個もつための条件は，2次

方程式③の判別式を D_1 とすると，$D_1>0$ かつ2次方程式③が $x=0$ を解にもたない

ことである。

$\qquad D_1=5^2-4\cdot2\cdot(-2b)=16b+25$

ゆえに $\qquad 16b+25>0$

よって $\qquad b>-\dfrac{25}{16}$

2次方程式③が $x=0$ を解にもつとき $\qquad 2\cdot0^2+5\cdot0-2b=0$

ゆえに $\qquad b=0$

よって，曲線 C_1 と直線 m が点 $(0,\ 0)$ 以外の共有点を2個もつための条件は

$\qquad b>-\dfrac{25}{16}$ かつ $b\neq0$

すなわち　　$-\dfrac{25}{16}<b<0,\ 0<b$　……④

また，曲線 C_2 と直線 m の共有点の x 座標は $-2x^2+2x=-\dfrac{1}{2}x+b$ すなわち

$4x^2-5x+2b=0$　……⑤ の解である。

したがって，曲線 C_2 と直線 m が点 $(0,\ 0)$ 以外の共有点を 2 個もつための条件は，2 次方程式⑤の判別式を D_2 とすると，$D_2>0$ かつ 2 次方程式⑤が $x=0$ を解にもたないことである。

$$D_2=(-5)^2-4\cdot 4\cdot 2b=-32b+25$$

ゆえに　　$-32b+25>0$

よって　　$b<\dfrac{25}{32}$

2 次方程式⑤が $x=0$ を解にもつとき　　$4\cdot 0^2-5\cdot 0+2b=0$

ゆえに　　$b=0$

よって，曲線 C_2 と直線 m が点 $(0,\ 0)$ 以外の共有点を 2 個もつための条件は

$$b<\dfrac{25}{32}\ \text{かつ}\ b\neq 0$$

すなわち　　$b<0,\ 0<b<\dfrac{25}{32}$　……⑥

④，⑥より　　$-\dfrac{25}{16}<b<0,\ 0<b<\dfrac{25}{32}$

(3)　方程式③の 2 つの実数解を $x=\alpha,\ \beta\ (\alpha<\beta)$ とおくと

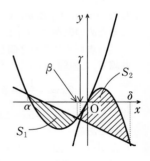

$$S_1=\int_{\alpha}^{\beta}\left\{-\dfrac{1}{2}x+b-(x^2+2x)\right\}dx$$
$$=-\int_{\alpha}^{\beta}(x-\alpha)(x-\beta)dx$$
$$=-1\cdot\left(-\dfrac{1}{6}\right)\cdot(\beta-\alpha)^3$$
$$=\dfrac{1}{6}(\beta-\alpha)^3$$

方程式⑤の 2 つの実数解を $x=\gamma,\ \delta\ (\gamma<\delta)$ とおくと

$$S_2=\int_{\gamma}^{\delta}\left\{-2x^2+2x-\left(-\dfrac{1}{2}x+b\right)\right\}dx$$
$$=-2\int_{\gamma}^{\delta}(x-\gamma)(x-\delta)dx$$
$$=-2\cdot\left(-\dfrac{1}{6}\right)\cdot(\delta-\gamma)^3=\dfrac{1}{3}(\delta-\gamma)^3$$

$S_1:S_2=1:2$ のとき　　$2S_1=S_2$

ゆえに　　$(\beta-\alpha)^3=(\delta-\gamma)^3$

$\alpha,\ \beta,\ \gamma,\ \delta$ は実数であるから　　$\beta-\alpha=\delta-\gamma$

すなわち

$$\frac{-5+\sqrt{25+16b}}{4}-\frac{-5-\sqrt{25+16b}}{4}=\frac{5+\sqrt{25-32b}}{8}-\frac{5-\sqrt{25-32b}}{8}$$

整理して $\quad 2\sqrt{25+16b}=\sqrt{25-32b}$

両辺とも負でないから2乗して $\quad 4(25+16b)=25-32b$

これを解いて $\quad b=-\dfrac{25}{32}$

これは $-\dfrac{25}{16}<b<0$ を満たす。

203 (1) $\quad f'(x)=3x^2+2x=x(3x+2)$

$f'(x)=0$ とすると $\quad x=-\dfrac{2}{3}$, 0

よって，$f(x)$ の増減表は次のようになる。

x	$\cdots$	$-\dfrac{2}{3}$	$\cdots$	0	$\cdots$
$f'(x)$	$+$	0	$-$	0	$+$
$f(x)$	$\nearrow$	$\dfrac{4}{27}$	$\searrow$	0	$\nearrow$

よって，$f(x)$ は $x=-\dfrac{2}{3}$ で極大値 $\dfrac{4}{27}$，$x=0$ で極小値 0 をとる。また，グラフは次のようになる。

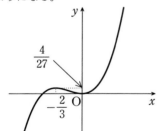

(2) 曲線 $y=f(x)$ と直線 $y=a^2(x+1)$ の交点の x 座標は，$x^3+x^2=a^2(x+1)$ すなわち $(x+1)(x^2-a^2)=0$ を解いて $\quad x=-1$, $\pm a$

$0<a<1$ より $\quad -1<-a<a$

よって，求める面積の和 $S(a)$ は

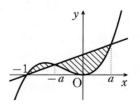

$$S(a)=\int_{-1}^{-a}\{x^3+x^2-a^2(x+1)\}dx$$

$$+\int_{-a}^{a}\{a^2(x+1)-(x^3+x^2)\}dx$$

$$=\int_{-1}^{-a}\{x^3+x^2-a^2(x+1)\}dx+2\int_{0}^{a}(-x^2+a^2)dx$$

$$=\left[\frac{1}{4}x^4+\frac{1}{3}x^3-\frac{a^2}{2}x^2-a^2x\right]_{-1}^{-a}+2\left[-\frac{1}{3}x^3+a^2x\right]_0^a$$

$$=-\frac{1}{4}a^4+2a^3-\frac{1}{2}a^2+\frac{1}{12}$$

(3) 　　$S'(a)=-a^3+6a^2-a=-a(a^2-6a+1)$

$0<a<1$ において $S'(a)=0$ を解くと　　$a=3-2\sqrt{2}$

よって，$0<a<1$ における $S(a)$ の増減表は次のようになる。

a	0	$\cdots$	$3-2\sqrt{2}$	$\cdots$	1
$S'(a)$		$-$	0	$+$	
$S(a)$		$\searrow$	最小	$\nearrow$	

よって，$0<a<1$ において $S(a)$ は $a=3-2\sqrt{2}$ で最小値をとる。

204 (1) 　$f(x)=ax^3+bx^2+cx+d\ (a\neq0)$ とおくと　　$f'(x)=3ax^2+2bx+c$

$x=1$ のとき極大値 2 をとるから　　$f(1)=2,\ f'(1)=0$

ゆえに　　$a+b+c+d=2$ 　……①

　　　　　$3a+2b+c=0$ 　……②

$f(-x)=-f(x)$ より　　$-ax^3+bx^2-cx+d=-ax^3-bx^2-cx-d$

ゆえに　　$2bx^2+2d=0$ 　……③

③ がすべての x に対して成り立つから　　$b=0,\ d=0$

①，② に代入して　　$a+c=2,\ 3a+c=0$

これを解いて　　$a=-1,\ c=3$

逆に，このとき　　$f(x)=-x^3+3x$

　　　　$f'(x)=-3x^2+3=-3(x-1)(x+1)$

$f'(x)=0$ とすると　　$x=\pm1$

よって，$f(x)$ の増減表は次のようになり，条件を満たす。

x	$\cdots$	-1	$\cdots$	1	$\cdots$
$f'(x)$	$-$	0	$+$	0	$-$
$f(x)$	$\searrow$	-2	$\nearrow$	2	$\searrow$

したがって　　$f(x)=-x^3+3x$

(2) 　曲線 $y=f(x)$ と x 軸の交点の x 座標は，

$-x^3+3x=0$ すなわち $-x(x^2-3)=0$ を解いて

　　　$x=\pm\sqrt{3}\ ,\ 0$

よって，D の面積 S は

$$S=\int_0^{\sqrt{3}}(-x^3+3x)dx=\left[-\frac{1}{4}x^4+\frac{3}{2}x^2\right]_0^{\sqrt{3}}=\frac{9}{4}$$

曲線 $y=f(x)$ と直線 $y=ax$ の交点の x 座標は，

$-x^3+3x=ax$ すなわち $x^3+(a-3)x=0$

を解いて　　$x=0,\ \pm\sqrt{3-a}$

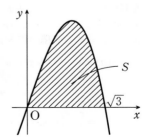

曲線 $y=f(x)$ と直線 $y=ax$ が原点以外の共有点を

もつとき　　$3-a>0$

ゆえに　　　$a<3$

曲線 $y=f(x)$ と直線 $y=ax$ で囲まれた部分の面積を S_1 とすると

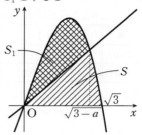

$$S_1=\int_0^{\sqrt{3-a}}(-x^3+3x-ax)dx$$

$$=\left[-\frac{1}{4}x^4+\frac{3-a}{2}x^2\right]_0^{\sqrt{3-a}}$$

$$=\frac{1}{4}(3-a)^2$$

直線 $y=ax$ が D の面積を 2 等分するとき

$$0<\sqrt{3-a}<\sqrt{3}\ \text{かつ}\ 2S_1=S$$

すなわち　　$0<a<3$ かつ $\dfrac{1}{2}(3-a)^2=\dfrac{9}{4}$

$\dfrac{1}{2}(3-a)^2=\dfrac{9}{4}$ から　　$3-a=\pm\dfrac{3\sqrt{2}}{2}$

$0<a<3$ より　　$a=3-\dfrac{3\sqrt{2}}{2}$

205 (1)　直線 BC の方程式は

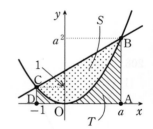

$$y-1=\frac{a^2-1}{a-(-1)}\{x-(-1)\}$$

$a+1\ne0$ より　　$y=(a-1)x+a$

よって，求める面積 S, T は

$$S=\int_{-1}^{a}\{(a-1)x+a-x^2\}dx$$

$$=-\int_{-1}^{a}(x+1)(x-a)dx$$

$$=-1\cdot\left(-\frac{1}{6}\right)\cdot\{a-(-1)\}^3=\frac{1}{6}(a+1)^3$$

$$T=\int_{-1}^{a}x^2dx=\left[\frac{1}{3}x^3\right]_{-1}^{a}=\frac{1}{3}a^3+\frac{1}{3}$$

よって，$S=T$ のとき　　$\dfrac{1}{6}(a+1)^3=\dfrac{1}{3}a^3+\dfrac{1}{3}$

ゆえに　　　$a^3-3a^2-3a+1=0$

すなわち　　$(a+1)(a^2-4a+1)=0$

これを解くと　　$a=-1,\ 2\pm\sqrt{3}$

$1\le a\le4$ より　　$a=2+\sqrt{3}$

(2)　　$|S-T|=\left|\dfrac{1}{6}(a+1)^3-\dfrac{1}{3}a^3-\dfrac{1}{3}\right|$

$$=\left|-\frac{1}{6}a^3+\frac{1}{2}a^2+\frac{1}{2}a-\frac{1}{6}\right|$$

$$=\frac{1}{6}|a^3-3a^2-3a+1|$$

$f(a)=a^3-3a^2-3a+1$ とおくと　　$f'(a)=3a^2-6a-3=3(a^2-2a-1)$

$f'(a)=0$ とすると　　$a=1\pm\sqrt{2}$

よって，$1\leqq a\leqq 4$ における $f(a)$ の増減表は次のようになる。

a	1	$\cdots$	$1+\sqrt{2}$	$\cdots$	4
$f'(a)$		$-$	0	$+$	
$f(a)$	-4	$\searrow$	極小	$\nearrow$	5

ここで，$f(a)=a^3-3a^2-3a+1$ を a^2-2a-1 で割ると，商は $a-1$，余りは $-4a$

よって　　$f(a)=(a^2-2a-1)(a-1)-4a$

$a=1+\sqrt{2}$ のとき $f'(a)=0$ であるから

$$f(1+\sqrt{2})=-4(1+\sqrt{2})=-4-4\sqrt{2}$$

よって，$y=\frac{1}{6}|f(a)|$ のグラフは図のようになる。

図より，$1\leqq a\leqq 4$ において $|S-T|$ は

$a=1+\sqrt{2}$ で最大値 $\frac{2+2\sqrt{2}}{3}$ をとる。

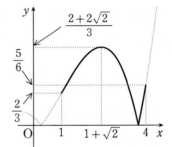

206 (1)

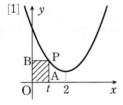
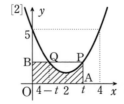
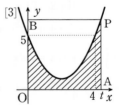

[1]　$0<t<2$ のとき

$$S(t)=t(t^2-4t+5)=t^3-4t^2+5t$$

[2]　$2\leqq t<4$ のとき

x 軸と平行な直線 $y=t^2-4t+5$ と放物線 C の P 以外の交点を Q とすると，点 Q は直線 $x=2$ に関して点 P と対称であるから，点 Q の x 座標は $4-t$ である。

よって

$$S(t)=(4-t)(t^2-4t+5)+\int_{4-t}^{t}(x^2-4x+5)\,dx$$

$$=-t^3+8t^2-21t+20+2\int_{2}^{t}(x^2-4x+5)\,dx$$

$$= -t^3 + 8t^2 - 21t + 20 + 2\left[\frac{1}{3}x^3 - 2x^2 + 5x\right]_2^t$$

$$= -\frac{1}{3}t^3 + 4t^2 - 11t + \frac{32}{3}$$

[3] $t \geqq 4$ のとき

$$S(t) = \int_0^t (x^2 - 4x + 5)\,dx = \left[\frac{1}{3}x^3 - 2x^2 + 5x\right]_0^t = \frac{1}{3}t^3 - 2t^2 + 5t$$

[1]～[3] より

$0 < t < 2$ のとき　　$S(t) = t^3 - 4t^2 + 5t$

$2 \leqq t < 4$ のとき　　$S(t) = -\frac{1}{3}t^3 + 4t^2 - 11t + \frac{32}{3}$

$4 \leqq t$ のとき　　　$S(t) = \frac{1}{3}t^3 - 2t^2 + 5t$

(2) [1] $0 < t < 2$ のとき

$$S'(t) = 3t^2 - 8t + 5 = (t-1)(3t-5)$$

よって，$0 < t < 2$ において $S(t) = 0$ とすると　　$t = 1,\ \frac{5}{3}$

[2] $2 \leqq t < 4$ のとき

$$S'(t) = -t^2 + 8t - 11 = -(t-4)^2 + 5$$

であるから，$2 \leqq t < 4$ のとき　　$S'(t) > 0$

[3] $t \geqq 4$ のとき

$$S'(t) = t^2 - 4t + 5 = (t-2)^2 + 1 > 0$$

よって，$t > 0$ における $S(t)$ の増減表は次のようになる。

t	0	$\cdots$	1	$\cdots$	$\frac{5}{3}$	$\cdots$	2	$\cdots$	4	$\cdots$
$f'(x)$		$+$	0	$-$	0	$+$		$+$		$+$
$f(x)$		$\nearrow$	2	$\searrow$	$\frac{50}{27}$	$\nearrow$	2	$\nearrow$	$\frac{28}{3}$	$\nearrow$

よって，区間 $0 < t \leqq 1$，$\frac{5}{3} \leqq t$ で増加し，区間 $1 \leqq t \leqq \frac{5}{3}$ で減少する。

207 (1) 曲線 C_1 と曲線 C_2 は 2 点 $(\alpha,\ \beta)$，$(p,\ q)$ で
交わるから

$$\begin{cases} q = |p^2 - 1| & \cdots\cdots \text{①} \\ \beta = |\alpha^2 - 1| & \cdots\cdots \text{②} \\ q = -(p-\alpha)^2 + \beta & \cdots\cdots \text{③} \end{cases}$$

①，② を ③ に代入すると

$$|p^2 - 1| = -(p-\alpha)^2 + |\alpha^2 - 1|$$

$\alpha > 1$ であるから　　$|\alpha^2 - 1| = \alpha^2 - 1$

よって　　$|p^2 - 1| = -(p-\alpha)^2 + \alpha^2 - 1$

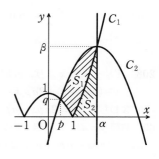

すなわち　　$|p^2-1|=-p^2+2\alpha p-1$　……④

$|p|\geqq1$ とすると ④ は　　$p^2-1=-p^2+2\alpha p-1$

すなわち　　$2p(p-\alpha)=0$

$|p|\geqq1$ より　　$p-\alpha=0$

ゆえに　　$p=\alpha$

このとき，①，② から $q=\beta$ となり，2 点 $(\alpha,\ \beta)$, $(p,\ q)$ が一致するから不適。

$|p|<1$ のとき ④ は　　$-(p^2-1)=-p^2+2\alpha p-1$

これを解いて　　$p=\dfrac{1}{\alpha}$

$\alpha>1$ より，$0<p<1$ となるから $|p|<1$ を満たす。

よって，$p=\dfrac{1}{\alpha}$ であり，これは $0<p<1$ を満たす。

(2)　$S_1=\displaystyle\int_p^1\{-(x-\alpha)^2+\beta-(-x^2+1)\}dx+\int_1^\alpha\{-(x-\alpha)^2+\beta-(x^2-1)\}dx$

　　　$=\displaystyle\int_p^1(2\alpha x-\alpha^2+\beta-1)dx-\int_1^\alpha(2x^2-2\alpha x+\alpha^2-\beta-1)dx$

ここで，(1) より $p=\dfrac{1}{\alpha}$，$\beta=\alpha^2-1$ であるから

　　$S_1=\displaystyle\int_{\frac{1}{\alpha}}^1(2\alpha x-2)dx-\int_1^\alpha(2x^2-2\alpha x)dx$

　　　　$=\Big[\alpha x^2-2x\Big]_{\frac{1}{\alpha}}^1-\Big[\dfrac{2}{3}x^3-\alpha x^2\Big]_1^\alpha$

　　　　$=\dfrac{1}{3}\alpha^3+\dfrac{1}{\alpha}-\dfrac{4}{3}$

(3)　$S_2=\displaystyle\int_1^\alpha(x^2-1)dx=\Big[\dfrac{1}{3}x^3-x\Big]_1^\alpha=\dfrac{1}{3}\alpha^3-\alpha+\dfrac{2}{3}$

よって

　　$S_1-S_2=\Big(\dfrac{1}{3}\alpha^3+\dfrac{1}{\alpha}-\dfrac{4}{3}\Big)-\Big(\dfrac{1}{3}\alpha^3-\alpha+\dfrac{2}{3}\Big)$

　　　　　　$=\alpha+\dfrac{1}{\alpha}-2=\dfrac{\alpha^2+1-2\alpha}{\alpha}=\dfrac{(\alpha-1)^2}{\alpha}$

$\alpha>1$ より　　$\dfrac{(\alpha-1)^2}{\alpha}>0$

したがって　　$S_1>S_2$

208　(1)　$y'=2ax$ より，曲線上の点 P における接線 ℓ の方程式は

　　　　$y-(ap^2+b)=2ap(x-p)$

すなわち　　$y=2apx-ap^2+b$

(2)　曲線 $y=ax^2$ と直線 ℓ の交点の x 座標は

　　$ax^2=2apx-ap^2+b$ すなわち $ax^2-2apx+ap^2-b=0$　……① を解いて

$$x = \frac{ap \pm \sqrt{ab}}{a}$$

$a > 0$，$b > 0$ より，2次方程式 ① は異なる2つの実数解をもつから，曲線 $y = ax^2$ と
直線 ℓ は異なる2点で交わる。

よって，$\alpha_1 = \dfrac{ap - \sqrt{ab}}{a}$，$\beta_1 = \dfrac{ap + \sqrt{ab}}{a}$ とおくと，

求める面積 S は

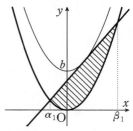

$$S = \int_{\alpha_1}^{\beta_1} \{(2apx - ap^2 + b) - ax^2\} dx$$

$$= -a \int_{\alpha_1}^{\beta_1} (x - \alpha_1)(x - \beta_1) dx$$

$$= -a \cdot \left(-\frac{1}{6}\right) \cdot (\beta_1 - \alpha_1)^3$$

$$= \frac{a}{6} \left(\frac{2\sqrt{ab}}{a}\right)^3 = \frac{4b\sqrt{ab}}{3a}$$

(3)　曲線 $y = ax^2 + \dfrac{b}{2}$ と直線 ℓ の交点の x 座標は $ax^2 + \dfrac{b}{2} = 2apx - ap^2 + b$ すなわち

$$2ax^2 - 4apx + 2ap^2 - b = 0 \quad \cdots\cdots ②$$ を解いて　$x = \dfrac{2ap \pm \sqrt{2ab}}{2a}$

$a > 0$，$b > 0$ より，2次方程式 ② は異なる2つの実数解をもつから，曲線 $y = ax^2 + \dfrac{b}{2}$

と直線 ℓ は異なる2点で交わる。

よって，$\alpha_2 = \dfrac{2ap - \sqrt{2ab}}{2a}$，$\beta_2 = \dfrac{2ap + \sqrt{2ab}}{2a}$

とおくと，求める面積 S' は

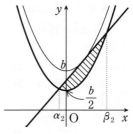

$$S' = \int_{\alpha_2}^{\beta_2} \left\{(2apx - ap^2 + b) - \left(ax^2 + \frac{b}{2}\right)\right\} dx$$

$$= -a \int_{\alpha_2}^{\beta_2} (x - \alpha_2)(x - \beta_2) dx$$

$$= -a \cdot \left(-\frac{1}{6}\right) \cdot (\beta_2 - \alpha_2)^3$$

$$= \frac{a}{6} \left(\frac{\sqrt{2ab}}{a}\right)^3 = \frac{b\sqrt{2ab}}{3a} = \frac{\sqrt{2}}{4} S$$

(4)　曲線 $y = ax^2 + c$ と直線 ℓ の交点の x 座標は $ax^2 + c = 2apx - ap^2 + b$ すなわち

$$ax^2 - 2apx + ap^2 - b + c = 0 \quad \cdots\cdots ③$$ を解いて　$x = \dfrac{ap \pm \sqrt{a(b - c)}}{a}$

$a > 0$，$b > c$ より，2次方程式 ③ は異なる2つの実数解をもつから，曲線 $y = ax^2 + c$
と直線 ℓ は異なる2点で交わる。

よって，$\alpha_3 = \dfrac{ap - \sqrt{a(b-c)}}{a}$，$\beta_3 = \dfrac{ap + \sqrt{a(b-c)}}{a}$

とおくと，求める面積 S'' は

$$S'' = \int_{\alpha_3}^{\beta_3} \{(2apx - ap^2 + b) - (ax^2 + c)\}dx$$

$$= -a \int_{\alpha_3}^{\beta_3} (x - \alpha_3)(x - \beta_3)dx$$

$$= -a \cdot \left(-\frac{1}{6}\right) \cdot (\beta_3 - \alpha_3)^3$$

$$= \frac{a}{6}\left(\frac{2\sqrt{a(b-c)}}{a}\right)^3 = \frac{4(b-c)\sqrt{a(b-c)}}{3a}$$

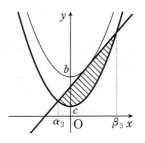

$S'' = \dfrac{S}{2}$ より　　$\dfrac{4(b-c)\sqrt{a(b-c)}}{3a} = \dfrac{2b\sqrt{ab}}{3a}$

$a > 0$ より　　$2(\sqrt{b-c})^3 = (\sqrt{b})^3$

$b - c > 0$，$b > 0$ より　　$b - c = \dfrac{1}{\sqrt[3]{4}}b$

これを解いて　　$c = \left(1 - \dfrac{1}{\sqrt[3]{4}}\right)b$

209 (1) $\vec{a} = (-2, 1)$，$\vec{b} = (t, 2)$ より

$\vec{a} + \vec{b} = (t-2, 3)$，$\vec{a} - 2\vec{b} = (-2t-2, -3)$

$\vec{a} + \vec{b}$ と $\vec{a} - 2\vec{b}$ が平行となるとき，実数 k を用いて

$$\vec{a} - 2\vec{b} = k(\vec{a} + \vec{b})$$

と表せる。

$k(\vec{a} + \vec{b}) = (tk - 2k, 3k)$ であるから

$$\begin{cases} -2t - 2 = tk - 2k & \cdots\cdots ① \\ -3 = 3k & \cdots\cdots ② \end{cases}$$

②から　　$k = -1$

①に代入して　　$-2t - 2 = -t + 2$

したがって　　$t = -4$

(2) $\vec{a} + t\vec{b} = (3 + 2t, -1 + 2t, 2 + t)$ であるから

$$|\vec{a} + t\vec{b}|^2 = (3 + 2t)^2 + (-1 + 2t)^2 + (2 + t)^2$$

$$= 9t^2 + 12t + 14$$

$$= 9\left(t + \frac{2}{3}\right)^2 + 10$$

$|\vec{a} + t\vec{b}|$ が最小となるのは $|\vec{a} + t\vec{b}|^2$ が最小となるときであるから，$|\vec{a} + t\vec{b}|$ は

$t = -\dfrac{2}{3}$ で最小値 $\sqrt{10}$ をとる。

210 $2\overrightarrow{\text{AP}}-3\overrightarrow{\text{BP}}-4\overrightarrow{\text{CP}}=\vec{0}$ を変形すると

$$2\overrightarrow{\text{AP}}-3(\overrightarrow{\text{AP}}-\overrightarrow{\text{AB}})-4(\overrightarrow{\text{AP}}-\overrightarrow{\text{AC}})=\vec{0}$$

よって $5\overrightarrow{\text{AP}}=3\overrightarrow{\text{AB}}+4\overrightarrow{\text{AC}}$

したがって $\overrightarrow{\text{AP}}=\dfrac{{}^{\text{ア}}3}{{}^{\text{イ}}5}\overrightarrow{\text{AB}}+\dfrac{{}^{\text{ウ}}4}{{}^{\text{エ}}5}\overrightarrow{\text{AC}}$

また，$\overrightarrow{\text{AP}}=\dfrac{7}{5}\times\dfrac{3\overrightarrow{\text{AB}}+4\overrightarrow{\text{AC}}}{4+3}$ と表せるから，点 Q は線分 BC を $4:3$ に内分し，線分

AP を ${}^{\text{オ}}5:{}^{\text{カ}}2$ に内分する点である。

よって，三角形 PQC の面積は

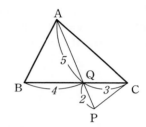

$$\triangle\text{PQC}=\dfrac{2}{5}\triangle\text{AQC}=\dfrac{2}{5}\times\dfrac{3}{7}\triangle\text{ABC}$$

$$=\dfrac{6}{35}\triangle\text{ABC}$$

したがって，三角形 PQC の面積は三角形 ABC の

面積の $\dfrac{{}^{\text{キ}}6}{{}^{\text{ク}}35}$ 倍である。

211 (1) 直線 AB の方程式は $y-3=\dfrac{2-3}{6-4}(x-4)$

すなわち $y=-\dfrac{1}{2}x+5$

よって，直線 ℓ の傾きは 2 であるから，直線 ℓ の方程式は $y=2x$

直線 AB と ℓ の交点の x 座標を求めると

$$-\dfrac{1}{2}x+5=2x$$

すなわち $x=2$

このとき $y=4$

したがって，点 C の座標は ${}^{\text{ア}}(2,\ 4)$

このとき

$$\overrightarrow{\text{CP}}=\overrightarrow{\text{OP}}-\overrightarrow{\text{OC}}=s\overrightarrow{\text{OA}}+t\overrightarrow{\text{OB}}-\overrightarrow{\text{OC}}=({}^{\text{イ}}4s+6t-2,\ {}^{\text{ウ}}3s+2t-4)$$

(2) (1) から

$$|\overrightarrow{\text{CP}}|^2=(4s+6t-2)^2+(3s+2t-4)^2$$

$$=16s^2+36t^2+4+48st-16s-24t+9s^2+4t^2+16+12st-24s-16t$$

$$=25s^2+40t^2+20+60st-40s-40t$$

$$=40t^2+20(3s-2)t+25s^2-40s+20$$

$$=40\Big(t-\dfrac{2-3s}{4}\Big)^2+\dfrac{5}{2}s^2-10s+10$$

(i) $\dfrac{2-3s}{4}>0$ すなわち $s<\dfrac{{}^{\text{エ}}2}{3}$ のとき

$|\overrightarrow{\mathrm{CP}}|^2$ は $t=\overset{\text{オ}}{\dfrac{2-3s}{4}}$ で最小値 $\overset{\text{カ}}{\dfrac{5}{2}}s^2-10s+10$ をとる。

(ii) $\dfrac{2-3s}{4}\leqq 0$ すなわち $s\geqq\dfrac{2}{3}$ のとき

$|\overrightarrow{\mathrm{CP}}|^2$ は $t=\overset{\text{キ}}{0}$ で最小値 $\overset{\text{ク}}{25s^2-40s+20}$ をとる。

(3) 点 $(4s,\ 3s)$ を通り，$\overrightarrow{\mathrm{OB}}$ に平行な直線 m の方程式は $\qquad y-3s=\dfrac{2}{6}(x-4s)$

すなわち $\quad y=\dfrac{x}{3}+\dfrac{5}{3}s$ ……①

点 C を通り m に垂直な直線の方程式は $\qquad y-4=-3(x-2)$

すなわち $\quad y=-3x+10$ ……②

①，② から，H の x 座標を求めると

$$\dfrac{x}{3}+\dfrac{5}{3}s=-3x+10$$

すなわち $\quad x=3-\dfrac{s}{2}$

② から $\quad y=-3\left(3-\dfrac{s}{2}\right)+10=1+\dfrac{3}{2}s$

よって，H の座標は $\overset{\text{ケ}}{\left(3-\dfrac{s}{2},\ 1+\dfrac{3}{2}s\right)}$

したがって，$\overrightarrow{\mathrm{OC}}=(2,\ 4)$, $\overrightarrow{\mathrm{OH}}=\left(3-\dfrac{s}{2},\ 1+\dfrac{3}{2}s\right)$ であるから

$$\triangle\mathrm{OCH}=\dfrac{1}{2}\left|2\left(1+\dfrac{3}{2}s\right)-4\left(3-\dfrac{s}{2}\right)\right|=\dfrac{1}{2}|5s-10|$$

$s<\dfrac{2}{3}$ より $5s-10<0$ であるから，三角形 OCH の面積は $\overset{\text{コ}}{\dfrac{1}{2}(10-5s)}$

212 (1) $\vec{c}=\vec{a}+t\vec{b}=(2+t,\ -1+3t,\ 3-4t)$

よって $\quad \vec{a}\cdot\vec{c}=2\times(2+t)+(-1)\times(-1+3t)+3\times(3-4t)=14-13t$

$\vec{a}\perp\vec{c}$ のとき $\vec{a}\cdot\vec{c}=0$ であるから

$$14-13t=0$$

すなわち $\quad t=\dfrac{\overset{\text{ア}}{14}}{\overset{\text{イ}}{13}}$

また

$$\begin{aligned}
|\vec{c}|^2&=(2+t)^2+(-1+3t)^2+(3-4t)^2\\
&=26t^2-26t+14\\
&=26\left(t-\dfrac{1}{2}\right)^2+\dfrac{15}{2}
\end{aligned}$$

$|\vec{c}|$ が最小となるのは $|\vec{c}|^2$ が最小となるときであるから，$|\vec{c}|$ は $t=\dfrac{\overset{\text{ウ}}{1}}{\overset{\text{エ}}{2}}$ で

最小値 $\sqrt{\dfrac{15}{2}}$ すなわち $\dfrac{\sqrt{^{オ}30}}{^{カ}2}$ をとる。

(2) $|\vec{a}| = \sqrt{1^2+(-2)^2+1^2} = \sqrt{6}$, $|\vec{b}| = \sqrt{2^2+1^2+1^2} = \sqrt{6}$

$\vec{a}\cdot\vec{b} = 1\times2+(-2)\times1+1\times1 = 1$

よって $\cos\theta = \dfrac{\vec{a}\cdot\vec{b}}{|\vec{a}||\vec{b}|} = {}^{ア}\dfrac{1}{6}$

$\vec{p}$ は $\vec{a}$ および $\vec{b}$ の両方に垂直であるから $\vec{a}\cdot\vec{p} = \vec{b}\cdot\vec{p} = 0$

$\vec{p} = (x,\ y,\ z)$ とすると $\vec{a}\cdot\vec{p} = x-2y+z$, $\vec{b}\cdot\vec{p} = 2x+y+z$

よって $x-2y+z = 0$, $2x+y+z = 0$

これを解いて $x = -3y$, $z = 5y$

したがって $\vec{p} = (-3y,\ y,\ 5y)$

このとき $|\vec{p}|^2 = (-3y)^2+y^2+(5y)^2 = 35y^2$

$|\vec{p}| = 2\sqrt{35}$ より $|\vec{p}|^2 = 140$ であるから

$\qquad 35y^2 = 140$

すなわち $y = \pm2$

したがって $\vec{p} = {}^{イ}(-6,\ 2,\ 10),\ (6,\ -2,\ -10)$

213 (1) $t\overrightarrow{\mathrm{PA}}+4\overrightarrow{\mathrm{PB}}+5\overrightarrow{\mathrm{PC}} = \vec{0}$ より

$\qquad -t\overrightarrow{\mathrm{AP}}+4(\overrightarrow{\mathrm{AB}}-\overrightarrow{\mathrm{AP}})+5(\overrightarrow{\mathrm{AC}}-\overrightarrow{\mathrm{AP}}) = \vec{0}$

すなわち $(t+9)\overrightarrow{\mathrm{AP}} = 4\overrightarrow{\mathrm{AB}}+5\overrightarrow{\mathrm{AC}}$

$t+9>0$ であるから $\overrightarrow{\mathrm{AP}} = \dfrac{4}{t+9}\overrightarrow{\mathrm{AB}}+\dfrac{5}{t+9}\overrightarrow{\mathrm{AC}}$

(2) 点 D は辺 BC を $5:4$ に内分するから

$$\overrightarrow{\mathrm{AD}} = \dfrac{4\overrightarrow{\mathrm{AB}}+5\overrightarrow{\mathrm{AC}}}{5+4} = \dfrac{4}{9}\overrightarrow{\mathrm{AB}}+\dfrac{5}{9}\overrightarrow{\mathrm{AC}}$$

(1)から $\overrightarrow{\mathrm{AP}} = \dfrac{4}{t+9}\overrightarrow{\mathrm{AB}}+\dfrac{5}{t+9}\overrightarrow{\mathrm{AC}}$

$\qquad = \dfrac{9}{t+9}\left(\dfrac{4}{9}\overrightarrow{\mathrm{AB}}+\dfrac{5}{9}\overrightarrow{\mathrm{AC}}\right) = \dfrac{9}{t+9}\overrightarrow{\mathrm{AD}}$

よって，P は直線 AD 上にある。

(3) (2) より $\overrightarrow{\mathrm{AP}} = \dfrac{9}{t+9}\overrightarrow{\mathrm{AD}}$ であり，$t>0$ であるから，

点 P は線分 AD を $9:t$ に内分する点である。
よって

$\triangle\mathrm{BPC} = \dfrac{\mathrm{PD}}{\mathrm{AD}}\triangle\mathrm{ABC} = \dfrac{t}{t+9}\triangle\mathrm{ABC}$

$\triangle\mathrm{APB} = \dfrac{\mathrm{AP}}{\mathrm{AD}}\triangle\mathrm{ABD} = \dfrac{\mathrm{AP}}{\mathrm{AD}}\cdot\dfrac{\mathrm{BD}}{\mathrm{BC}}\triangle\mathrm{ABC}$

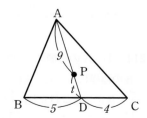

$$= \frac{9}{t+9} \cdot \frac{5}{9} \triangle \mathrm{ABC} = \frac{5}{t+9} \triangle \mathrm{ABC}$$

したがって　　$\dfrac{\triangle \mathrm{BPC}}{\triangle \mathrm{APB}} = \dfrac{\dfrac{t}{t+9}}{\dfrac{5}{t+9}} = \dfrac{t}{5}$

(4)　$\overrightarrow{\mathrm{AB}} \cdot \overrightarrow{\mathrm{BC}} = -17$ から　　$\overrightarrow{\mathrm{AB}} \cdot (\overrightarrow{\mathrm{AC}} - \overrightarrow{\mathrm{AB}}) = -17$

すなわち　　$\overrightarrow{\mathrm{AB}} \cdot \overrightarrow{\mathrm{AC}} - |\overrightarrow{\mathrm{AB}}|^2 = -17$　……①

$\overrightarrow{\mathrm{BC}} \cdot \overrightarrow{\mathrm{CA}} = -8$ から　　$(\overrightarrow{\mathrm{AC}} - \overrightarrow{\mathrm{AB}}) \cdot (-\overrightarrow{\mathrm{AC}}) = -8$

すなわち　　$\overrightarrow{\mathrm{AB}} \cdot \overrightarrow{\mathrm{AC}} - |\overrightarrow{\mathrm{AC}}|^2 = -8$　……②

$\overrightarrow{\mathrm{CA}} \cdot \overrightarrow{\mathrm{AB}} = -8$ から　　$\overrightarrow{\mathrm{AB}} \cdot \overrightarrow{\mathrm{AC}} = 8$　……③

①，②，③ から　　$|\overrightarrow{\mathrm{AB}}|^2 = 25$，$|\overrightarrow{\mathrm{AC}}|^2 = 16$

よって　　$|\overrightarrow{\mathrm{AB}}| = 5$，$|\overrightarrow{\mathrm{AC}}| = 4$

また　　$|\overrightarrow{\mathrm{BC}}|^2 = |\overrightarrow{\mathrm{AC}} - \overrightarrow{\mathrm{AB}}|^2 = |\overrightarrow{\mathrm{AC}}|^2 - 2\overrightarrow{\mathrm{AB}} \cdot \overrightarrow{\mathrm{AC}} + |\overrightarrow{\mathrm{AB}}|^2 = 16 - 2 \cdot 8 + 25 = 25$

よって　　$|\overrightarrow{\mathrm{BC}}| = 5$

したがって，辺 AB，BC，CA の長さはそれぞれ

AB $= 5$，BC $= 5$，CA $= 4$

(5)　円 S は AB と BC の両方に接するから

$$\triangle \mathrm{APB} = \frac{1}{2} \cdot r \cdot \mathrm{AB} = \frac{5}{2}r, \quad \triangle \mathrm{BPC} = \frac{1}{2} \cdot r \cdot \mathrm{BC} = \frac{5}{2}r$$

(3) より $\dfrac{\triangle \mathrm{BPC}}{\triangle \mathrm{APB}} = \dfrac{t}{5}$ であるから　　$1 = \dfrac{t}{5}$

よって　　$t = 5$

$|\overrightarrow{\mathrm{AB}}| = 5$，$|\overrightarrow{\mathrm{AC}}| = 4$，$\overrightarrow{\mathrm{AB}} \cdot \overrightarrow{\mathrm{AC}} = 8$ であるから

$$\triangle \mathrm{ABC} = \frac{1}{2} \sqrt{5^2 \times 4^2 - 8^2} = \frac{1}{2}\sqrt{336} = 2\sqrt{21}$$

したがって，(3) から

$$\triangle \mathrm{BPC} = \frac{t}{t+9} \triangle \mathrm{ABC} = \frac{5}{14} \times 2\sqrt{21} = \frac{5\sqrt{21}}{7}$$

$\triangle \mathrm{BPC} = \dfrac{5}{2}r$ であるから　　$\dfrac{5}{2}r = \dfrac{5\sqrt{21}}{7}$

したがって　　$r = \dfrac{2\sqrt{21}}{7}$

214　(1)　A の座標について，$\overrightarrow{\mathrm{OA}} = \vec{u} = -\vec{e_1} = (-1,\ 0)$ であるから　　A$(-1,\ 0)$

B の座標について，$\overrightarrow{\mathrm{AB}} = \vec{v}$ から　　$\overrightarrow{\mathrm{OB}} = \overrightarrow{\mathrm{OA}} + \vec{v}$

$\vec{v} = (v_1,\ v_2)$ とおくと，$\vec{v} \cdot \vec{e_1} = 4$ から　　$v_1 = 4$

$|\vec{v}| = 2\sqrt{5}$ から　　$\sqrt{v_1{}^2 + v_2{}^2} = 2\sqrt{5}$

よって $\qquad 4^2+v_2{}^2=20$

したがって $\qquad v_2=\pm2$

$\vec{v}\cdot\vec{e_2}<0$ より，$v_2<0$ であるから $\qquad v_2=-2$

よって，$\vec{v}=(4,\ -2)$ であり，$\overrightarrow{\mathrm{OB}}=\overrightarrow{\mathrm{OA}}+\vec{v}$ から

$\qquad \overrightarrow{\mathrm{OB}}=(-1,\ 0)+(4,\ -2)=(3,\ -2)$

したがって $\qquad \mathrm{B}(3,\ -2)$

C の座標について，$\overrightarrow{\mathrm{BC}}=\vec{w}$ から $\qquad \overrightarrow{\mathrm{OC}}=\overrightarrow{\mathrm{OB}}+\vec{w}$

$\vec{w}=(w_1,\ w_2)$ とおくと，$\vec{w}\cdot\vec{e_1}=8$ から $\qquad w_1=8$

$|\vec{w}|=8\sqrt{2}$ から $\qquad \sqrt{w_1{}^2+w_2{}^2}=8\sqrt{2}$

よって $\qquad 8^2+w_2{}^2=128$

したがって $\qquad w_2=\pm8$

$\vec{w}\cdot\vec{e_2}>0$ より，$w_2>0$ であるから $\qquad w_2=8$

よって，$\vec{w}=(8,\ 8)$ であり，$\overrightarrow{\mathrm{OC}}=\overrightarrow{\mathrm{OB}}+\vec{w}$ から $\qquad \overrightarrow{\mathrm{OC}}=(3,\ -2)+(8,\ 8)=(11,\ 6)$

したがって $\qquad \mathrm{C}(11,\ 6)$

(2)　求める円の方程式を $x^2+y^2+mx+ly+n=0$ とする。

この円は 3 点 A，B，C を通るから

$$\begin{cases} 1-m+n=0 \\ 13+3m-2l+n=0 \\ 157+11m+6l+n=0 \end{cases}$$

これを解くと $\quad m=-8,\ l=-10,\ n=-9$

よって，求める円の方程式は $\qquad x^2+y^2-8x-10y-9=0$ ……①

(3)　$\overrightarrow{\mathrm{AB}}=(4,\ -2)$，$\overrightarrow{\mathrm{AC}}=(12,\ 6)$ であるから，$\triangle\mathrm{ABC}$ の面積は

$\qquad \dfrac{1}{2}|4\cdot6-(-2)\cdot12|=24$

また，① を変形すると $\qquad (x-4)^2+(y-5)^2=50$

よって $\qquad \mathrm{P}(4,\ 5)$

したがって $\qquad \overrightarrow{\mathrm{AP}}=(5,\ 5)$

よって，$\triangle\mathrm{ABP}$ の面積は $\qquad \dfrac{1}{2}|4\cdot5-(-2)\cdot5|=15$

したがって $\qquad \triangle\mathrm{ABC}:\triangle\mathrm{ABP}=24:15=8:5$

[別解]　C から直線 AB に下した垂線の長さを d_1，P から直線 AB に下した垂線の長さを d_2 とする。

このとき $\qquad \triangle\mathrm{ABC}:\triangle\mathrm{ABP}=d_1:d_2$

直線 AB の方程式は $\qquad y=\dfrac{-2-0}{3-(-1)}\{x-(-1)\}$

すなわち $\qquad x+2y+1=0$

よって　　　$d_1=\dfrac{|11+2\cdot6+1|}{\sqrt{1^2+2^2}}=\dfrac{24}{\sqrt5}$,　$d_2=\dfrac{|4+2\cdot5+1|}{\sqrt{1^2+2^2}}=\dfrac{15}{\sqrt5}$

したがって　　$\triangle{\rm ABC}:\triangle{\rm ABP}=\dfrac{24}{\sqrt5}:\dfrac{15}{\sqrt5}=8:5$

215 (1)　$4\vec a+5\vec b+3\vec c=\vec 0$ から　　$4\vec a+5\vec b=-3\vec c$

よって　　$|4\vec a+5\vec b|=3|\vec c|$

両辺を2乗すると　　$16|\vec a|^2+40\vec a\cdot\vec b+25|\vec b|^2=9|\vec c|^2$

$|\vec a|=|\vec b|=|\vec c|=2$ であるから　　$16\times4+40\vec a\cdot\vec b+25\times4=9\times4$

よって　　$\vec a\cdot\vec b=\dfrac{^{ア}-16}{^{イ}5}$

$4\vec a+5\vec b=-3\vec c$ から　　$(4\vec a+5\vec b)\cdot\vec b=-3\vec c\cdot\vec b$

よって　　$4\vec a\cdot\vec b+5|\vec b|^2=-3\vec b\cdot\vec c$

ゆえに　　$4\times\left(-\dfrac{16}{5}\right)+5\times4=-3\vec b\cdot\vec c$

したがって　　$\vec b\cdot\vec c=\dfrac{^{ウ}-12}{^{エ}5}$

同様に考えて　　$(4\vec a+5\vec b)\cdot\vec c=-3\vec c\cdot\vec c$

よって　　$4\vec c\cdot\vec a+5\vec b\cdot\vec c=-3|\vec c|^2$

ゆえに　　$4\vec c\cdot\vec a+5\times\left(-\dfrac{12}{5}\right)=-3\times4$

したがって　　$\vec c\cdot\vec a={}^{オ}0$

(2)　$|\overrightarrow{\rm AB}|^2=|\vec b-\vec a|^2=|\vec b|^2-2\vec a\cdot\vec b+|\vec a|^2=2^2-2\cdot\left(-\dfrac{16}{5}\right)+2^2=\dfrac{^{カ}72}{^{キ}5}$

　　$|\overrightarrow{\rm AC}|^2=|\vec c-\vec a|^2=|\vec c|^2-2\vec c\cdot\vec a+|\vec a|^2=2^2-2\cdot0+2^2={}^{ク}8$

(3)　$\overrightarrow{\rm AB}\cdot\overrightarrow{\rm AC}=(\vec b-\vec a)\cdot(\vec c-\vec a)=\vec b\cdot\vec c-\vec a\cdot\vec b-\vec c\cdot\vec a+|\vec a|^2$

　　　　　　$=-\dfrac{12}{5}+\dfrac{16}{5}-0+4=\dfrac{24}{5}$

よって

$\triangle{\rm ABC}=\dfrac12\sqrt{|\overrightarrow{\rm AB}|^2|\overrightarrow{\rm AC}|^2-(\overrightarrow{\rm AB}\cdot\overrightarrow{\rm AC})^2}=\dfrac12\sqrt{\dfrac{72}{5}\times8-\left(\dfrac{24}{5}\right)^2}$

　　　　　$=\dfrac12\sqrt{\left(\dfrac{24}{5}\right)^2(5-1)}=\dfrac{^{ケ}24}{^{コ}5}$

(4)　$\vec c\cdot\vec a=0$ より 直線OAと直線OCは垂直である。

A$(2,\ 0)$ より $\vec a=(2,\ 0)$ であり，点Cの y 座標は正であるから　　$\vec c=(0,\ 2)$

よって，$4\vec a+5\vec b+3\vec c=\vec 0$ から

$\vec b=-\dfrac45\vec a-\dfrac35\vec c=\left(-\dfrac85,\ 0\right)+\left(0,\ -\dfrac65\right)=\left(-\dfrac85,\ -\dfrac65\right)$

以上から，点Bと点Cの座標は $B\left(\dfrac{^{サ}-8}{^{シ}5}, \dfrac{^{ス}-6}{^{セ}5}\right)$ ，$C(^{ソ}0, {}^{タ}2)$

216 (1) $\overrightarrow{OC}=2\overrightarrow{OA}+\overrightarrow{OB}$, $\overrightarrow{OD}=\overrightarrow{OA}+2\overrightarrow{OB}$ とおく。

このとき，$\overrightarrow{OA}+\overrightarrow{OB}=\dfrac{1}{3}(\overrightarrow{OC}+\overrightarrow{OD})$ であるから，与えられた条件より

$$\begin{cases} |\overrightarrow{OC}|=1 & \cdots\cdots ① \\ |\overrightarrow{OD}|=1 & \cdots\cdots ② \\ \overrightarrow{OC}\cdot\dfrac{1}{3}(\overrightarrow{OC}+\overrightarrow{OD})=\dfrac{1}{3} & \cdots\cdots ③ \end{cases}$$

③から $\quad |\overrightarrow{OC}|^2+\overrightarrow{OC}\cdot\overrightarrow{OD}=1$

これと①から $\quad 1^2+\overrightarrow{OC}\cdot\overrightarrow{OD}=1$

よって $\quad \overrightarrow{OC}\cdot\overrightarrow{OD}=0$

したがって $\quad (2\overrightarrow{OA}+\overrightarrow{OB})\cdot(\overrightarrow{OA}+2\overrightarrow{OB})=0$

(2) 与えられた条件から

$$\begin{cases} \left|\overrightarrow{OP}-\dfrac{1}{3}(\overrightarrow{OC}+\overrightarrow{OD})\right|\leqq\dfrac{1}{3} & \cdots\cdots ④ \\ \overrightarrow{OP}\cdot\overrightarrow{OC}\leqq\dfrac{1}{3} & \cdots\cdots ⑤ \end{cases}$$

(1) より $\overrightarrow{OC}\cdot\overrightarrow{OD}=0$ であり，$\overrightarrow{OC}\neq\vec{0}$ かつ $\overrightarrow{OD}\neq\vec{0}$ であるから $\quad \overrightarrow{OC}\perp\overrightarrow{OD}$

このことと，①，②から，O を原点とする座標平面において

$$\overrightarrow{OC}=(1, 0), \quad \overrightarrow{OD}=(0, 1)$$

とおくことができる。

$\overrightarrow{OP}=(x, y)$ とすると

$$\overrightarrow{OP}-\dfrac{1}{3}(\overrightarrow{OC}+\overrightarrow{OD})=\left(x-\dfrac{1}{3}, y-\dfrac{1}{3}\right), \quad \overrightarrow{OP}\cdot\overrightarrow{OC}=x$$

よって，④，⑤から

$$\begin{cases} \left(x-\dfrac{1}{3}\right)^2+\left(y-\dfrac{1}{3}\right)^2\leqq\dfrac{1}{9} \\ x\leqq\dfrac{1}{3} \end{cases}$$

したがって，点 P の動く範囲は図の斜線部分である。
ただし，境界線を含む。

よって，$|\overrightarrow{\mathrm{OP}}|$ が最大となるのは $\mathrm{P}\left(\dfrac{1}{3},\ \dfrac{2}{3}\right)$ の

ときで，このとき

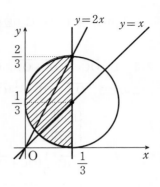

$$|\overrightarrow{\mathrm{OP}}|=\sqrt{\left(\dfrac{1}{3}\right)^2+\left(\dfrac{2}{3}\right)^2}=\dfrac{\sqrt{5}}{3}$$

$|\overrightarrow{\mathrm{OP}}|$ が最小となるのは，P が半円

$\left(x-\dfrac{1}{3}\right)^2+\left(y-\dfrac{1}{3}\right)^2=\dfrac{1}{9}$，$x\leqq\dfrac{1}{3}$ と直線 $y=x$

の交点となるときで，このとき

$$|\overrightarrow{\mathrm{OP}}|=\sqrt{\left(\dfrac{1}{3}\right)^2+\left(\dfrac{1}{3}\right)^2}-\dfrac{1}{3}=\dfrac{\sqrt{2}-1}{3}$$

よって，$|\overrightarrow{\mathrm{OP}}|$ の最大値は $\dfrac{\sqrt{5}}{3}$，最小値は $\dfrac{\sqrt{2}-1}{3}$

217 (1)　4 点 T_1，T_2，T_3，T_4 は O を中心とする半径 1 の球上の点であるから

$$|\overrightarrow{\mathrm{OT_1}}|=|\overrightarrow{\mathrm{OT_2}}|=|\overrightarrow{\mathrm{OT_3}}|=|\overrightarrow{\mathrm{OT_4}}|=1$$

$\overrightarrow{\mathrm{OM}}=\dfrac{\overrightarrow{\mathrm{OT_3}}+\overrightarrow{\mathrm{OT_4}}}{2}$ であるから，条件 (ii) より　　$k\left(\overrightarrow{\mathrm{OT_1}}+\overrightarrow{\mathrm{OT_2}}\right)+2\overrightarrow{\mathrm{OM}}=\vec{0}$

よって　　$\overrightarrow{\mathrm{OM}}=-k\times\dfrac{\overrightarrow{\mathrm{OT_1}}+\overrightarrow{\mathrm{OT_2}}}{2}$

線分 T_1T_2 の中点を N とすると，$\overrightarrow{\mathrm{OM}}=-k\overrightarrow{\mathrm{ON}}$ となり，
$0<k<2$ であるから，O は線分 MN を $k:1$ に内分する
点である。
ここで，$\triangle\mathrm{OT_1T_2}$ は二等辺三角形であるから

$$\mathrm{ON}\perp T_1T_2$$

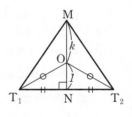

$|\overrightarrow{T_1T_2}|=\sqrt{3}$ より $T_1N=\dfrac{\sqrt{3}}{2}$ であるから　　$\mathrm{ON}=\dfrac{1}{2}$

よって　　$\mathrm{MN}=(k+1)\times\mathrm{ON}=\dfrac{k+1}{2}$

$\mathrm{MN}\perp T_1T_2$ であるから，求める面積は

$$\triangle T_1T_2M=\dfrac{1}{2}\times T_1T_2\times\mathrm{MN}=\dfrac{1}{2}\times\sqrt{3}\times\dfrac{k+1}{2}=\dfrac{\sqrt{3}}{4}(k+1)$$

(2)　$\overrightarrow{\mathrm{OM}}=-k\overrightarrow{\mathrm{ON}}$ であり，$\mathrm{ON}=\dfrac{1}{2}$ であるから　　$|\overrightarrow{\mathrm{OM}}|=|-k\overrightarrow{\mathrm{ON}}|=\dfrac{k}{2}$

M は線分 T_3T_4 の中点であり，$|\overrightarrow{OT_3}|=|\overrightarrow{OT_4}|=1$ であるから $\qquad OM\perp T_3T_4$

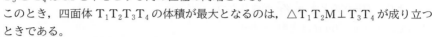

よって $\qquad |\overrightarrow{T_3M}|=\sqrt{|\overrightarrow{OT_3}|^2-|\overrightarrow{OM}|^2}=\sqrt{1-\dfrac{k^2}{4}}$

したがって $\qquad |\overrightarrow{T_3T_4}|=2|\overrightarrow{T_3M}|=\sqrt{4-k^2}$

ここで，T_1，T_2 を固定すると，k の値により M が定まり，T_3 と T_4 は M を中心とする円の直径の両端となる。

このとき，四面体 $T_1T_2T_3T_4$ の体積が最大となるのは，$\triangle T_1T_2M\perp T_3T_4$ が成り立つときである。

したがって，四面体の体積の最大値は

$$V(k)=\frac{1}{3}\times\triangle T_1T_2M\times T_3T_4$$
$$=\frac{1}{3}\times\frac{\sqrt{3}}{4}(k+1)\times\sqrt{4-k^2}$$
$$=\frac{\sqrt{3}}{12}(k+1)\sqrt{4-k^2}$$
$$=\frac{\sqrt{3}}{12}\sqrt{(k+1)^2(4-k^2)}$$

$f(k)=(k+1)^2(4-k^2)$ とすると，$V(k)$ が最大となるのは $f(k)$ が最大となるときである。

ここで $\qquad (k+1)^2(4-k^2)=-k^4-2k^3+3k^2+8k+4$

であるから

$$f(k)=-k^4-2k^3+3k^2+8k+4$$
$$f'(k)=-4k^3-6k^2+6k+8=-2(k+1)(2k^2+k-4)$$

$f'(k)=0$ とすると $\qquad k=-1,\ \dfrac{-1\pm\sqrt{33}}{4}$

$0<\dfrac{-1+\sqrt{33}}{4}<2$ であるから，$0<k<2$ における $f(k)$ の増減表は次のようになる。

k	0	$\cdots$	$\dfrac{-1+\sqrt{33}}{4}$	$\cdots$	2
$f'(k)$		$+$	0	$-$	
$f(k)$		$\nearrow$	極大	$\searrow$	

したがって，$V(k)$ が最大となる k の値は $\qquad k=\dfrac{-1+\sqrt{33}}{4}$

218 (1) 背理法を用いて示す。

$D=0$ と仮定すると $\qquad ad-bc=0$

すなわち $\qquad ad=bc\quad\cdots\cdots①$

$a=0$ のとき $\overrightarrow{m}\neq\overrightarrow{0}$ より，$c\neq0$ であるから，① より $b=0$ となる。

ここで，$\vec{n} \neq \vec{0}$ より　　　$d \neq 0$

このとき $\vec{m} = (0,\ c),\ \vec{n} = (0,\ d)$ となるから $\vec{n} = \dfrac{d}{c}\vec{m}$ が成り立つ。よって，$\vec{m} /\!/ \vec{n}$ が

成り立つ。

同様に $b = 0$ のとき，$\vec{m} /\!/ \vec{n}$ が成り立つ。

$ab \neq 0$ のとき ① は $\dfrac{c}{a} = \dfrac{d}{b}$ となるから $\vec{m} /\!/ \vec{n}$ が成り立つ。

以上より，$D = 0$ のとき $\vec{m} /\!/ \vec{n}$ が成り立つ。

よって，$\vec{n}$ は $\vec{n} = t\vec{m}$（t は実数）と表せる。

このとき $r\vec{m} + s\vec{n} = (r + st)\vec{m}$ となる。$r,\ s,\ t$ が実数であるから $r + st$ も実数である。

よって，$r\vec{m} + s\vec{n}$ は $\vec{m}$ に平行なベクトルしか表すことができない。これは，条件Ⅰが

すべての $\vec{q}$ に対して成り立つことに矛盾する。

したがって，条件Ⅰがすべての $\vec{q}$ に対して成り立つとき，$D \neq 0$ である。

(2)　$\vec{v} = (k,\ l)$ とおく。問題文の条件から　　　$\vec{m} \cdot \vec{v} = 1$ かつ $\vec{n} \cdot \vec{v} = 0$

ゆえに　　　$ak + cl = 1$　……②

　　　　　　$bk + dl = 0$　……③

②×d−③×c より　　$(ad - bc)k = d$

②×b−③×a より　　$(bc - ad)l = b$

$ad - bc \neq 0$ より　　　$k = \dfrac{d}{ad - bc},\ l = -\dfrac{b}{ad - bc}$

$\vec{w} = (k',\ l')$ とおく。問題文の条件から　　　$\vec{n} \cdot \vec{w} = 1$ かつ $\vec{m} \cdot \vec{w} = 0$

ゆえに　　　$bk' + dl' = 1$　……④

　　　　　　$ak' + cl' = 0$　……⑤

④×c−⑤×d より　　$(bc - ad)k' = c$

④×a−⑤×b より　　$(ad - bc)l' = a$

$ad - bc \neq 0$ より　　　$k' = -\dfrac{c}{ad - bc},\ l' = \dfrac{a}{ad - bc}$

以上から　　$\vec{v} = \left(\dfrac{d}{ad - bc},\ -\dfrac{b}{ad - bc} \right),\ \vec{w} = \left(-\dfrac{c}{ad - bc},\ \dfrac{a}{ad - bc} \right)$

(3)　$\vec{q} = r\vec{m} + s\vec{n}$ より　$\vec{q} \cdot \vec{v} = r\vec{m} \cdot \vec{v} + s\vec{n} \cdot \vec{v}$

(2) より　　　$\vec{q} \cdot \vec{v} = r$

$\vec{q} \cdot \vec{w} = r\vec{m} \cdot \vec{w} + s\vec{n} \cdot \vec{w}$

(2) より　　　$\vec{q} \cdot \vec{w} = s$

$\vec{q} = (x,\ y)$ とおくと，(2) の結果を用いて

$$\vec{q} \cdot \vec{v} = x \times \dfrac{d}{D} + y \times \left(-\dfrac{b}{D} \right) = \dfrac{dx - by}{D}$$

$$\vec{q} \cdot \vec{w} = x \times \left(-\dfrac{c}{D} \right) + y \times \dfrac{a}{D} = \dfrac{-cx + ay}{D}$$

であるから $r=\dfrac{dx-by}{D}$ ......⑥

$s=\dfrac{-cx+ay}{D}$ ......⑦

よって，すべての整数 x, y に対して r, s が整数になるような D の値を求めればよい。

⑥に $(x, y)=(1, 0)$, $(0, -1)$ を代入すると，それぞれ $r=\dfrac{d}{D}$, $r=\dfrac{b}{D}$ となる。

また，⑦に $(x, y)=(-1, 0)$, $(0, 1)$ を代入すると，それぞれ $s=\dfrac{c}{D}$, $s=\dfrac{a}{D}$ となる。

$\dfrac{a}{D}$, $\dfrac{b}{D}$, $\dfrac{c}{D}$, $\dfrac{d}{D}$ が整数になるから，D は a, b, c, d の約数である。

よって，a', b', c', d' を整数とすると

$a=a'D$, $b=b'D$, $c=c'D$, $d=d'D$

と表される。

これらを $D=ad-bc$ に代入して $D=(a'd'-b'c')D^2$

$D\neq0$ より両辺を D で割って $(a'd'-b'c')D=1$

a', b', c', d' が整数であるから，$a'd'-b'c'$ も整数である。

よって $D=\pm1$

逆に $D=\pm1$ のとき

$r=\pm(dx-by)$, $s=\pm(-cx+ay)$ (複号同順)

となり，すべての x, y に対して r, s は整数となる。

したがって $D=\pm1$

219 実数 α, β を用いて，$\overrightarrow{AH}=\alpha\overrightarrow{AB}+\beta\overrightarrow{AC}$ とおく。

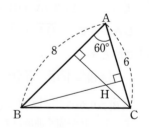

$\overrightarrow{BH}\perp\overrightarrow{AC}$ から $\overrightarrow{BH}\cdot\overrightarrow{AC}=0$

すなわち $(\overrightarrow{AH}-\overrightarrow{AB})\cdot\overrightarrow{AC}=0$

よって $(\alpha-1)\overrightarrow{AB}\cdot\overrightarrow{AC}+\beta|\overrightarrow{AC}|^2=0$

$\overrightarrow{AB}\cdot\overrightarrow{AC}=8\times6\times\cos60°=24$, $|\overrightarrow{AC}|^2=36$ から

$24(\alpha-1)+36\beta=0$

ゆえに $2\alpha+3\beta=2$ ......①

また，$\overrightarrow{CH}\perp\overrightarrow{AB}$ から $\overrightarrow{CH}\cdot\overrightarrow{AB}=0$

すなわち $(\overrightarrow{AH}-\overrightarrow{AC})\cdot\overrightarrow{AB}=0$

よって $\alpha|\overrightarrow{AB}|^2+(\beta-1)\overrightarrow{AB}\cdot\overrightarrow{AC}=0$

$|\overrightarrow{AB}|^2=64$, $\overrightarrow{AB}\cdot\overrightarrow{AC}=24$ から $64\alpha+24(\beta-1)=0$

ゆえに $8\alpha+3\beta=3$ ......②

①，②から $\alpha=\dfrac{1}{6}$, $\beta=\dfrac{5}{9}$

したがって　　$\overrightarrow{\mathrm{AH}}=\dfrac{1}{6}\overrightarrow{\mathrm{AB}}+\dfrac{5}{9}\overrightarrow{\mathrm{AC}}$

[別解]　点 B から辺 AC に下ろした垂線と辺 AC との交点を D，点 C から辺 AB に下ろした垂線と辺 AB の交点を E とする。

∠A＝60° であるから，

AB＝8 より　　　AD＝4

AC＝6 より　　　AE＝3

よって，DC＝2，EB＝5 であるから，

△ACE と直線 BD において，メネラウスの定理

により　　　$\dfrac{\mathrm{CD}}{\mathrm{DA}}\times\dfrac{\mathrm{AB}}{\mathrm{BE}}\times\dfrac{\mathrm{EH}}{\mathrm{HC}}=1$

よって　　　$\dfrac{2}{4}\times\dfrac{8}{5}\times\dfrac{\mathrm{EH}}{\mathrm{HC}}=1$

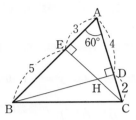

すなわち　　　$\dfrac{\mathrm{EH}}{\mathrm{HC}}=\dfrac{5}{4}$

したがって　　　EH：HC＝5：4

点 H は線分 EC を 5：4 に内分する点であるから

$$\overrightarrow{\mathrm{AH}}=\dfrac{4\overrightarrow{\mathrm{AE}}+5\overrightarrow{\mathrm{AC}}}{5+4}=\dfrac{4}{9}\times\dfrac{3}{8}\overrightarrow{\mathrm{AB}}+\dfrac{5}{9}\overrightarrow{\mathrm{AC}}=\dfrac{1}{6}\overrightarrow{\mathrm{AB}}+\dfrac{5}{9}\overrightarrow{\mathrm{AC}}$$

220　$(\overrightarrow{\mathrm{OP}}-\overrightarrow{\mathrm{OA}})\cdot(\overrightarrow{\mathrm{OP}}-\overrightarrow{\mathrm{OB}})=0$ より，点 P の軌跡は，2 点 A，B を直径の両端とする円となる。

$|\overrightarrow{\mathrm{OA}}+\overrightarrow{\mathrm{OB}}|=4$ の両辺を 2 乗して　　$|\overrightarrow{\mathrm{OA}}|^2+2\overrightarrow{\mathrm{OA}}\cdot\overrightarrow{\mathrm{OB}}+|\overrightarrow{\mathrm{OB}}|^2=16$

よって　　　$4+2\overrightarrow{\mathrm{OA}}\cdot\overrightarrow{\mathrm{OB}}+9=16$

したがって　　　$\overrightarrow{\mathrm{OA}}\cdot\overrightarrow{\mathrm{OB}}=\dfrac{3}{2}$

このとき

$$|\overrightarrow{\mathrm{AB}}|^2=|\overrightarrow{\mathrm{OB}}-\overrightarrow{\mathrm{OA}}|^2=|\overrightarrow{\mathrm{OB}}|^2-2\overrightarrow{\mathrm{OA}}\cdot\overrightarrow{\mathrm{OB}}+|\overrightarrow{\mathrm{OA}}|^2=9-2\times\dfrac{3}{2}+4=10$$

$|\overrightarrow{\mathrm{AB}}|>0$ から　　　$|\overrightarrow{\mathrm{AB}}|=\sqrt{10}$

よって，P が描く曲線は直径 $\sqrt{10}$ の円であるから，求める曲線の長さは

　　　$\sqrt{10}\,\pi$

221　　　$\overrightarrow{\mathrm{OP}}=(3s+2t)\overrightarrow{\mathrm{OA}}+(s+2t)\overrightarrow{\mathrm{OB}}$　……①

① の式を変形すると　　　$\overrightarrow{\mathrm{OP}}=s(3\overrightarrow{\mathrm{OA}}+\overrightarrow{\mathrm{OB}})+t(2\overrightarrow{\mathrm{OA}}+2\overrightarrow{\mathrm{OB}})$

$\overrightarrow{\mathrm{OX}}=3\overrightarrow{\mathrm{OA}}+\overrightarrow{\mathrm{OB}}$，$\overrightarrow{\mathrm{OY}}=2\overrightarrow{\mathrm{OA}}+2\overrightarrow{\mathrm{OB}}$ とすると　　　$\overrightarrow{\mathrm{OP}}=s\overrightarrow{\mathrm{OX}}+t\overrightarrow{\mathrm{OY}}$

よって，①，$s+t\leqq1$，$s\geqq0$，$t\geqq0$ を満たす点 P の存在範囲は，△OXY の周および内部となる。

$\overrightarrow{\mathrm{OA'}}=3\overrightarrow{\mathrm{OA}}$，$\overrightarrow{\mathrm{OB'}}=2\overrightarrow{\mathrm{OB}}$，$\overrightarrow{\mathrm{OC}}=\overrightarrow{\mathrm{OA}}+\overrightarrow{\mathrm{OB}}$，$\overrightarrow{\mathrm{OC'}}=\overrightarrow{\mathrm{OA'}}+\overrightarrow{\mathrm{OB'}}$ とすると，

点 P の存在範囲は右の図の斜線部分となる。

ここで，平行四辺形 OACB の面積を S とすると

$$S = OA \times OB \times \sin \angle AOB$$
$$= 1 \times 2 \times \frac{1}{\sqrt{2}} = \sqrt{2}$$

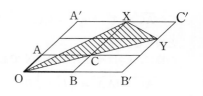

よって，求める面積は

$$\triangle OXY = 6S - \triangle OXA' - \triangle OYB' - \triangle C'XY$$
$$= 6S - \frac{3}{2}S - 2S - \frac{1}{2}S = 2S = {}^{\mathcal{P}}2\sqrt{2}$$

また，$\overrightarrow{OX'} = \frac{1}{4}\overrightarrow{OX}$，$\overrightarrow{OY'} = \frac{1}{4}\overrightarrow{OY}$ とすると，

①，$\frac{1}{4} \leqq s + t \leqq 1$，$s \geqq 0$，$t \geqq 0$ を満たす点 P の

存在範囲は，四角形 X'Y'YX の周および内部となる。

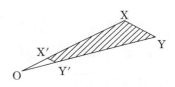

ここで，$\triangle OX'Y'$ の面積は $\left(\frac{1}{4}\right)^2 \triangle OXY = \frac{\sqrt{2}}{8}$

よって，求める面積は $\triangle OXY - \triangle OX'Y' = 2\sqrt{2} - \frac{\sqrt{2}}{8} = {}^{\mathcal{A}}\frac{15\sqrt{2}}{8}$

222 (1) A_1，B_1，C_1 は，それぞれ辺 BC，CA，AB を $1:2$ に内分する点であるから

$$\overrightarrow{AA_1} = \frac{2}{3}\vec{a} + \frac{1}{3}\vec{b}，\quad \overrightarrow{AB_1} = \frac{2}{3}\vec{b}，\quad \overrightarrow{AC_1} = \frac{1}{3}\vec{a}$$

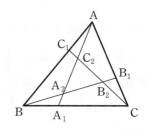

A_2 は線分 BB_1 上の点であるから，実数 s を用いて

$$\overrightarrow{AA_2} = (1-s)\overrightarrow{AB} + s\overrightarrow{AB_1}$$
$$= (1-s)\vec{a} + \frac{2}{3}s\vec{b} \quad \cdots\cdots ①$$

と表せる。

同様に，A_2 は線分 AA_1 上の点であるから，実数 t を用いて

$$\overrightarrow{AA_2} = t\overrightarrow{AA_1} = \frac{2}{3}t\vec{a} + \frac{1}{3}t\vec{b} \quad \cdots\cdots ②$$

と表せる。

$\vec{a} \neq \vec{0}$，$\vec{b} \neq \vec{0}$，$\vec{a} \not\parallel \vec{b}$ であるから，①，② より

$$1 - s = \frac{2}{3}t，\quad \frac{2}{3}s = \frac{1}{3}t$$

これを解いて $s = \frac{3}{7}$，$t = \frac{6}{7}$

よって $\overrightarrow{AA_2} = \frac{4}{7}\vec{a} + \frac{2}{7}\vec{b}$

また，C_2 は線分 CC_1 上の点であるから，実数 k を用いて

$$\overrightarrow{AC_2}=(1-k)\overrightarrow{AC_1}+k\overrightarrow{AC}=\frac{1}{3}(1-k)\vec{a}+k\vec{b}\quad\cdots\cdots ③$$

と表せる。

同様に，C_2 は線分 AA_1 上の点であるから，実数 l を用いて

$$\overrightarrow{AC_2}=l\overrightarrow{AA_1}=\frac{2}{3}l\vec{a}+\frac{1}{3}l\vec{b}\quad\cdots\cdots ④$$

と表せる。

$\vec{a}\neq\vec{0}$，$\vec{b}\neq\vec{0}$，$\vec{a}\nparallel\vec{b}$ であるから，③，④ より

$$\frac{1}{3}(1-k)=\frac{2}{3}l,\quad k=\frac{1}{3}l$$

これを解いて　　$k=\frac{1}{7}$，$l=\frac{3}{7}$

よって　　$\overrightarrow{AC_2}=\frac{2}{7}\vec{a}+\frac{1}{7}\vec{b}$

(2)　(1) より，$\overrightarrow{AA_2}=2\overrightarrow{AC_2}$ であるから，C_2 は線分 AA_2 の中点である。

　　よって，線分 BC_2 は $\triangle BAA_2$ の面積を二等分するから，$\triangle BAC_2$ と $\triangle BA_2C_2$ の面積は等しい。

(3)　(1) から　　$\overrightarrow{AA_2}=\frac{6}{7}\overrightarrow{AC_1}$

　　よって，A_2 は線分 AA_1 を $6:1$ に内分するから　　$\triangle ABA_2=\frac{6}{7}\triangle ABA_1$

　　また，A_1 は線分 BC を $1:2$ に内分するから　　$\triangle ABA_1=\frac{1}{3}\triangle ABC=\frac{1}{3}S$

　　したがって　　$\triangle ABA_2=\frac{6}{7}\triangle ABA_1=\frac{2}{7}S$

　　図形の対称性から，$\triangle BCB_2$，$\triangle CAC_2$ についても同様に考えると

$$\triangle BCB_2=\triangle CAC_2=\frac{2}{7}S$$

　　よって

$$S_2=S-(\triangle ABA_2+\triangle BCB_2+\triangle CAC_2)=S-3\times\frac{2}{7}S=\frac{S}{7}$$

　　したがって，求める面積比は　　$S:S_2=7:1$

223 (1) Pは線分 BF の中点であるから $\quad\overrightarrow{\mathrm{AP}}=\dfrac{\vec{a}+\vec{b}}{2}$

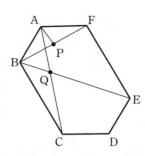

△ABF は AB＝AF＝1 を満たす二等辺三角形で，
Pは底辺 BF の中点である。

よって半直線 AP は ∠BAF の二等分線であるから
$$\angle\mathrm{BAP}=120°\div 2=60°$$

これと ∠ABC＝120° から $\quad\mathrm{AP}/\!/\mathrm{BC}$

BC＝2，AP＝ABcos60°＝$\dfrac{1}{2}$ から

$$\overrightarrow{\mathrm{BC}}=\frac{\mathrm{BC}}{\mathrm{AP}}\overrightarrow{\mathrm{AP}}=2(\vec{a}+\vec{b})\quad\cdots\cdots①$$

よって $\quad\overrightarrow{\mathrm{AC}}=\overrightarrow{\mathrm{AB}}+\overrightarrow{\mathrm{BC}}=3\vec{a}+2\vec{b}$

(2) ①と同様にして $\quad\overrightarrow{\mathrm{FE}}=2(\vec{a}+\vec{b})$

よって $\quad\overrightarrow{\mathrm{AE}}=\overrightarrow{\mathrm{AF}}+\overrightarrow{\mathrm{FE}}=2\vec{a}+3\vec{b}$

Q は線分 AC 上にあるから $\overrightarrow{\mathrm{AQ}}=s\overrightarrow{\mathrm{AC}}$ となる実数 $s\,(0\leqq s\leqq 1)$ が存在して
$$\overrightarrow{\mathrm{AQ}}=s(3\vec{a}+2\vec{b})=3s\vec{a}+2s\vec{b}\quad\cdots\cdots②$$

Q は線分 BE 上にあるから $\overrightarrow{\mathrm{AQ}}=(1-t)\overrightarrow{\mathrm{AB}}+t\overrightarrow{\mathrm{AE}}$ となる実数 $t\,(0\leqq t\leqq 1)$ が存在して
$$\overrightarrow{\mathrm{AQ}}=(1-t)\vec{a}+t(2\vec{a}+3\vec{b})=(1+t)\vec{a}+3t\vec{b}\quad\cdots\cdots③$$

$\vec{a}\neq\vec{0}$，$\vec{b}\neq\vec{0}$，$\vec{a}\not\parallel\vec{b}$ であるから，②，③ より $\quad 3s=1+t,\ 2s=3t$

これを解いて $\quad s=\dfrac{3}{7},\ t=\dfrac{2}{7}$

これらの値は $0\leqq s\leqq 1,\ 0\leqq t\leqq 1$ を満たす。

よって $\quad\overrightarrow{\mathrm{AQ}}=\dfrac{9}{7}\vec{a}+\dfrac{6}{7}\vec{b}$

(3) $\vec{a}$，$\vec{b}$ のなす角は $\quad\angle\mathrm{BAF}=120°$

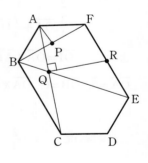

よって $\quad\vec{a}\cdot\vec{b}=|\vec{a}||\vec{b}|\cos 120°=-\dfrac{1}{2}$

R は辺 EF 上にあるから
$$\overrightarrow{\mathrm{AR}}=(1-u)\overrightarrow{\mathrm{AE}}+u\overrightarrow{\mathrm{AF}}$$

となる実数 $u\,(0\leqq u\leqq 1)$ が存在して
$$\overrightarrow{\mathrm{AR}}=(1-u)(2\vec{a}+3\vec{b})+u\vec{b}=(2-2u)\vec{a}+(3-2u)\vec{b}$$

よって $\quad\overrightarrow{\mathrm{QR}}=\overrightarrow{\mathrm{AR}}-\overrightarrow{\mathrm{AQ}}=\left(\dfrac{5}{7}-2u\right)\vec{a}+\left(\dfrac{15}{7}-2u\right)\vec{b}$

QR⊥AC より $\quad\overrightarrow{\mathrm{QR}}\cdot\overrightarrow{\mathrm{AC}}=0$

よって $\quad\left\{\left(\dfrac{5}{7}-2u\right)\vec{a}+\left(\dfrac{15}{7}-2u\right)\vec{b}\right\}\cdot(3\vec{a}+2\vec{b})=0$

$$\left(\dfrac{15}{7}-6u\right)|\vec{a}|^2+\left(\dfrac{55}{7}-10u\right)\vec{a}\cdot\vec{b}+\left(\dfrac{30}{7}-4u\right)|\vec{b}|^2=0$$

$$\dfrac{15}{7}-6u-\dfrac{1}{2}\left(\dfrac{55}{7}-10u\right)+\dfrac{30}{7}-4u=0$$

したがって　　$u = \dfrac{1}{2}$

この値は $0 \leqq u \leqq 1$ を満たす。

このとき　　$\overrightarrow{FR} \cdot \overrightarrow{AQ} = (2 - 2u)(\vec{a} + \vec{b}) \cdot s(3\vec{a} + 2\vec{b})$

$$= 2(1 - u)s(3|\vec{a}|^2 + 5\vec{a} \cdot \vec{b} + 2|\vec{b}|^2)$$

$$= 2 \cdot \frac{1}{2} \cdot \frac{3}{7} \cdot \left(3 - \frac{5}{2} + 2\right) = \frac{15}{14}$$

224 (1)　$\triangle$XYZ において，$\angle$YXZ の二等分線と辺 YZ の交点を W とすると

YW : ZW = XY : XZ

よって

$$\overrightarrow{XW} = \frac{|\overrightarrow{XZ}|\overrightarrow{XY} + |\overrightarrow{XY}|\overrightarrow{XZ}}{|\overrightarrow{XY}| + |\overrightarrow{XZ}|} = \frac{|\overrightarrow{XY}||\overrightarrow{XZ}|}{|\overrightarrow{XY}| + |\overrightarrow{XZ}|}\left(\frac{1}{|\overrightarrow{XY}|}\overrightarrow{XY} + \frac{1}{|\overrightarrow{XZ}|}\overrightarrow{XZ}\right)$$

したがって，$\overrightarrow{XW}$ は $\dfrac{1}{|\overrightarrow{XY}|}\overrightarrow{XY} + \dfrac{1}{|\overrightarrow{XZ}|}\overrightarrow{XZ}$ と平行であるから，$\angle$YXZ の二等分線は

$\dfrac{1}{|\overrightarrow{XY}|}\overrightarrow{XY} + \dfrac{1}{|\overrightarrow{XZ}|}\overrightarrow{XZ}$ と平行である。

(2)　直線 OI は $\angle$AOB の二等分線であるから，(1) より，
実数 k を用いて

$$\overrightarrow{OI} = k\left(\frac{1}{2}\overrightarrow{OA} + \frac{1}{3}\overrightarrow{OB}\right) = \frac{k}{2}\overrightarrow{OA} + \frac{k}{3}\overrightarrow{OB} \quad \cdots\cdots ①$$

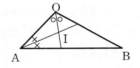

また，直線 AI は $\angle$OAB の二等分線であるから，実数
l を用いて

$$\overrightarrow{AI} = l\left(\frac{1}{2}\overrightarrow{AO} + \frac{1}{4}\overrightarrow{AB}\right) = -\frac{l}{2}\overrightarrow{OA} + \frac{l}{4}(\overrightarrow{OB} - \overrightarrow{OA})$$

$$= -\frac{3}{4}l\overrightarrow{OA} + \frac{l}{4}\overrightarrow{OB}$$

よって　　$\overrightarrow{OI} = \overrightarrow{OA} + \overrightarrow{AI} = \left(1 - \frac{3}{4}l\right)\overrightarrow{OA} + \frac{l}{4}\overrightarrow{OB} \quad \cdots\cdots ②$

$\overrightarrow{OA} \neq \vec{0}$，$\overrightarrow{OB} \neq \vec{0}$，$\overrightarrow{OA} \nparallel \overrightarrow{OB}$ であるから，①，② より

$$\frac{k}{2} = 1 - \frac{3}{4}l, \quad \frac{k}{3} = \frac{l}{4}$$

これを解いて　　$k = \dfrac{2}{3}, \quad l = \dfrac{8}{9}$

したがって，① から　　$\overrightarrow{OI} = \dfrac{1}{3}\overrightarrow{OA} + \dfrac{2}{9}\overrightarrow{OB}$

(3)　直線 OA 上に，$\overrightarrow{AO'}=\overrightarrow{OA}$ となるように点 O′を
とると，∠OAB の外角の二等分線は ∠O′AB の内
角の二等分線となる。

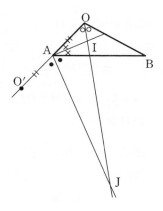

よって，(1)と同様に考えると，∠OAB の外角の
二等分線はベクトル

$$\frac{1}{|\overrightarrow{AO'}|}\overrightarrow{AO'}+\frac{1}{|\overrightarrow{AB}|}\overrightarrow{AB}=\frac{1}{|\overrightarrow{OA}|}\overrightarrow{OA}+\frac{1}{|\overrightarrow{AB}|}\overrightarrow{AB}$$

と平行である。

よって，$\overrightarrow{AJ}$ は実数 m を用いて

$$\overrightarrow{AJ}=m\left(\frac{1}{|\overrightarrow{OA}|}\overrightarrow{OA}+\frac{1}{|\overrightarrow{AB}|}\overrightarrow{AB}\right)$$

$$=m\left\{\frac{1}{2}\overrightarrow{OA}+\frac{1}{4}(\overrightarrow{OB}-\overrightarrow{OA})\right\}$$

$$=\frac{m}{4}\overrightarrow{OA}+\frac{m}{4}\overrightarrow{OB}$$

したがって

$$\overrightarrow{OJ}=\overrightarrow{OA}+\overrightarrow{AJ}=\left(1+\frac{m}{4}\right)\overrightarrow{OA}+\frac{m}{4}\overrightarrow{OB}\quad\cdots\cdots③$$

J は直線 OI 上の点であるから，実数 n を用いて

$$\overrightarrow{OJ}=n\overrightarrow{OI}=\frac{n}{3}\overrightarrow{OA}+\frac{2}{9}n\overrightarrow{OB}\quad\cdots\cdots④$$

$\overrightarrow{OA}\neq\vec{0}$，$\overrightarrow{OB}\neq\vec{0}$，$\overrightarrow{OA}\not\parallel\overrightarrow{OB}$ であるから，③，④より

$$1+\frac{m}{4}=\frac{n}{3}, \quad \frac{m}{4}=\frac{2}{9}n$$

これを解いて　　$m=8,\ n=9$

④から　　　$\overrightarrow{OJ}=3\overrightarrow{OA}+2\overrightarrow{OB}$

(4)　IH の長さは，△OAB の内接円の半径に等しい。

$|\overrightarrow{AB}|=4$ より　　$|\overrightarrow{OB}-\overrightarrow{OA}|=4$

両辺を 2 乗すると　　$|\overrightarrow{OB}|^2-2\overrightarrow{OA}\cdot\overrightarrow{OB}+|\overrightarrow{OA}|^2=16$

よって　　$9-2\overrightarrow{OA}\cdot\overrightarrow{OB}+4=16$

すなわち　　$\overrightarrow{OA}\cdot\overrightarrow{OB}=-\dfrac{3}{2}$

したがって，△OAB の面積は

$$\triangle OAB=\frac{1}{2}\sqrt{4\times9-\left(-\frac{3}{2}\right)^2}=\frac{3\sqrt{15}}{4}$$

△OAB の内接円の半径を r とすると

$$\triangle OAB=\frac{r}{2}(OA+OB+AB)=\frac{9}{2}r$$

よって　　　$\dfrac{9}{2}r=\dfrac{3\sqrt{15}}{4}$

したがって　　IH $=r=\dfrac{\sqrt{15}}{6}$

(5)　直線 OJ と辺 AB の交点を D とすると

$$\overrightarrow{OD}=\dfrac{3\overrightarrow{OA}+2\overrightarrow{OB}}{2+3}=\dfrac{1}{5}\overrightarrow{OJ}$$

よって，点 D は線分 OJ を 1：4 に内分する点である。

点 O から辺 AB に下ろした垂線を OE とすると，$\triangle\text{OAB}=\dfrac{1}{2}\times4\times\text{OE}=2\text{OE}$

(4) より $\triangle\text{OAB}=\dfrac{3\sqrt{15}}{4}$ であるから　　OE $=\dfrac{3\sqrt{15}}{8}$

$\triangle\text{OED}\backsim\triangle\text{JKD}$ であるから　　OE：JK $=$ OD：JD

よって　　JK $=4\text{OE}=\dfrac{3\sqrt{15}}{2}$

225　(1)　OA $=2$，OB $=1$，$\angle\text{OBA}=90°$ であるから　　$\angle\text{AOB}=60°$

よって　　$\overrightarrow{OA}\cdot\overrightarrow{OB}=2\times1\times\cos60°=1$

(2)　直線 OC と辺 AB の交点を R とすると，$\triangle$ OAB において

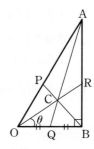

チェバの定理により　　$\dfrac{\text{AP}}{\text{PO}}\times\dfrac{\text{OQ}}{\text{QB}}\times\dfrac{\text{BR}}{\text{RA}}=1$

よって　　$\dfrac{1-t}{t}\times\dfrac{1}{1}\times\dfrac{\text{BR}}{\text{RA}}=1$

すなわち　　$\dfrac{\text{BR}}{\text{RA}}=\dfrac{t}{1-t}$

したがって，点 R は線分 BA を $t：1-t$ に内分する点である。

ここで，AB $=\sqrt{3}$ であるから　　　　RB $=\sqrt{3}\,t$

よって，$\tan\theta=\sqrt{3}\,t$ であるから　　$\dfrac{1}{\cos^2\theta}=1+3t^2$

$\cos\theta>0$ であるから　　$\cos\theta=\dfrac{1}{\sqrt{1+3t^2}}$

(3)　(2) より，$\dfrac{1}{\cos^2\theta}-6at=0$ から

$\qquad1+3t^2-6at=0$　すなわち　$3t^2-6at+1=0$

この方程式の判別式を D とし，$f(t)=3t^2-6at+1$ とすると，$y=f(t)$ のグラフは下に凸の放物線で，その軸は直線 $t=a$ である。

$f(t)=0$ を満たす実数 t が $\dfrac{1}{3}<t<\dfrac{2}{3}$ の範囲に 2 つ存在するための条件は，次の

[1]～[4] が同時に成り立つことである。

　[1]　$D>0$　　　[2]　軸が $\dfrac{1}{3}<t<\dfrac{2}{3}$ の範囲にある。

　[3]　$f\left(\dfrac{1}{3}\right)>0$　　[4]　$f\left(\dfrac{2}{3}\right)>0$

[1] $\dfrac{D}{4}=9a^2-3=3(\sqrt{3}\,a+1)(\sqrt{3}\,a-1)$

$\dfrac{D}{4}>0$ を解いて $a<-\dfrac{1}{\sqrt{3}}$, $\dfrac{1}{\sqrt{3}}<a$ ……①

[2] 軸は直線 $t=a$ であるから $\dfrac{1}{3}<a<\dfrac{2}{3}$ ……②

[3] $f\!\left(\dfrac{1}{3}\right)=\dfrac{1}{3}-2a+1=\dfrac{4}{3}-2a$

$f\!\left(\dfrac{1}{3}\right)>0$ から $a<\dfrac{2}{3}$ ……③

[4] $f\!\left(\dfrac{2}{3}\right)=\dfrac{4}{3}-4a+1=\dfrac{7}{3}-4a$

$f\!\left(\dfrac{2}{3}\right)>0$ から $a<\dfrac{7}{12}$ ……④

ここで，$\dfrac{1}{\sqrt{3}}=\dfrac{\sqrt{48}}{12}$，$\dfrac{7}{12}=\dfrac{\sqrt{49}}{12}$ であるから，①～④ の共通範囲を求めて

$$\dfrac{1}{\sqrt{3}}<a<\dfrac{7}{12}$$

226 R は直線 OD 上の点であるから $\overrightarrow{\mathrm{OR}}=k\overrightarrow{\mathrm{OD}}$ (k は実数) と表される。

$\overrightarrow{\mathrm{PH}}=s\overrightarrow{\mathrm{PC}}$, $\overrightarrow{\mathrm{QI}}=t\overrightarrow{\mathrm{QR}}$ (s, t は実数) を満たす点をそれぞれ H，I とする。

$\overrightarrow{\mathrm{OP}}=\dfrac{1}{3}\overrightarrow{\mathrm{OA}}$, $\overrightarrow{\mathrm{OQ}}=\dfrac{1}{2}\overrightarrow{\mathrm{OB}}$ より

$$\overrightarrow{\mathrm{OH}}=\overrightarrow{\mathrm{OP}}+\overrightarrow{\mathrm{PH}}=\overrightarrow{\mathrm{OP}}+s\overrightarrow{\mathrm{PC}}=\overrightarrow{\mathrm{OP}}+s(\overrightarrow{\mathrm{OC}}-\overrightarrow{\mathrm{OP}})$$
$$=(1-s)\overrightarrow{\mathrm{OP}}+s\overrightarrow{\mathrm{OC}}=\dfrac{1}{3}(1-s)\overrightarrow{\mathrm{OA}}+s\overrightarrow{\mathrm{OC}}$$
$$\overrightarrow{\mathrm{OI}}=\overrightarrow{\mathrm{OQ}}+\overrightarrow{\mathrm{QI}}=\overrightarrow{\mathrm{OQ}}+t\overrightarrow{\mathrm{QR}}=\overrightarrow{\mathrm{OQ}}+t(\overrightarrow{\mathrm{OR}}-\overrightarrow{\mathrm{OQ}})$$
$$=(1-t)\overrightarrow{\mathrm{OQ}}+t\overrightarrow{\mathrm{OR}}=(1-t)\times\dfrac{1}{2}\overrightarrow{\mathrm{OB}}+t\times k(\overrightarrow{\mathrm{OA}}+2\overrightarrow{\mathrm{OB}}+3\overrightarrow{\mathrm{OC}})$$
$$=tk\overrightarrow{\mathrm{OA}}+\dfrac{1}{2}(4tk-t+1)\overrightarrow{\mathrm{OB}}+3tk\overrightarrow{\mathrm{OC}}$$

直線 QR と直線 PC が交点をもつための必要十分条件は H と I が一致する s と t が存在することである。

4点 O，A，B，C は同一平面上にないから，$\overrightarrow{\mathrm{OH}}=\overrightarrow{\mathrm{OI}}$ が成り立つとき

$$\begin{cases} tk=\dfrac{1}{3}(1-s) & \text{……①} \\[2mm] \dfrac{1}{2}(4tk-t+1)=0 & \text{……②} \\[2mm] 3tk=s & \text{……③} \end{cases}$$

①×3－③ より $s=\dfrac{1}{2}$, $tk=\dfrac{1}{6}$ ……④

④ を ② に代入して　　$t=\dfrac{5}{3}$,　$k=\dfrac{1}{10}$

よって　　　$\overrightarrow{\mathrm{OR}}=\dfrac{1}{10}\overrightarrow{\mathrm{OD}}$

したがって　　$\mathrm{OR:RD}=1:9$

[別解]　4点 O，A，B，C は同一平面上になく，点 P は線分 OA 上，Q は線分 OB 上の点であるから，3点 C，P，Q は同一直線上になく，かつ相異なる点である。

よって，直線 QR と直線 PC が交点をもつための必要十分条件は R が平面 CPQ 上にあり，かつ直線 QR と直線 PC が平行でないことである。

$\overrightarrow{\mathrm{OP}}=\dfrac{1}{3}\overrightarrow{\mathrm{OA}}$,　$\overrightarrow{\mathrm{OQ}}=\dfrac{1}{2}\overrightarrow{\mathrm{OB}}$ より

$$\overrightarrow{\mathrm{OD}}=\overrightarrow{\mathrm{OA}}+2\overrightarrow{\mathrm{OB}}+3\overrightarrow{\mathrm{OC}}=3\overrightarrow{\mathrm{OP}}+4\overrightarrow{\mathrm{OQ}}+3\overrightarrow{\mathrm{OC}}$$
$$=10\left(\dfrac{3}{10}\overrightarrow{\mathrm{OP}}+\dfrac{2}{5}\overrightarrow{\mathrm{OQ}}+\dfrac{3}{10}\overrightarrow{\mathrm{OC}}\right)$$

点 R は直線 OD 上の点であるから，点 R が平面 CPQ 上にあるとき

$$\overrightarrow{\mathrm{OR}}=\dfrac{3}{10}\overrightarrow{\mathrm{OC}}+\dfrac{3}{10}\overrightarrow{\mathrm{OP}}+\dfrac{2}{5}\overrightarrow{\mathrm{OQ}}$$

である。このとき

$$\overrightarrow{\mathrm{QR}}=\overrightarrow{\mathrm{OR}}-\overrightarrow{\mathrm{OQ}}=\dfrac{3}{10}\overrightarrow{\mathrm{OP}}-\dfrac{3}{5}\overrightarrow{\mathrm{OQ}}+\dfrac{3}{10}\overrightarrow{\mathrm{OC}}$$
$$=\dfrac{3}{10}(\overrightarrow{\mathrm{OP}}-\overrightarrow{\mathrm{OQ}})+\dfrac{3}{10}(\overrightarrow{\mathrm{OC}}-\overrightarrow{\mathrm{OQ}})=\dfrac{3}{10}\overrightarrow{\mathrm{QP}}+\dfrac{3}{10}\overrightarrow{\mathrm{QC}}$$

よって，直線 QR と直線 PC は平行でないから，直線 QR と直線 PC は交点をもつ。

したがって，直線 QR と直線 PC が交点をもつとき $\overrightarrow{\mathrm{OD}}=10\overrightarrow{\mathrm{OR}}$ であるから

　　$\mathrm{OR:RD}=1:9$

227 (1)　四角形 OABC は平行四辺形であるから

$$\overrightarrow{\mathrm{OB}}=\overrightarrow{\mathrm{OA}}+\overrightarrow{\mathrm{OC}}=\vec{a}+\vec{c}$$

X は線分 BD を $2:1$ に内分する点であるから

$$\overrightarrow{\mathrm{OX}}=\dfrac{\overrightarrow{\mathrm{OB}}+2\overrightarrow{\mathrm{OD}}}{2+1}=\dfrac{1}{3}(\vec{a}+\vec{c})+\dfrac{2}{3}\vec{d}=\dfrac{1}{3}\vec{a}+\dfrac{1}{3}\vec{c}+\dfrac{2}{3}\vec{d}$$

(2)　Y は直線 OX 上の点であるから，実数 k を用いて

$$\overrightarrow{\mathrm{OY}}=k\overrightarrow{\mathrm{OX}}=\dfrac{k}{3}\vec{a}+\dfrac{k}{3}\vec{c}+\dfrac{2}{3}k\vec{d}$$

と表せる。

また，Y は平面 ACD 上にあるから　　$\dfrac{k}{3}+\dfrac{k}{3}+\dfrac{2}{3}k=1$

すなわち　　$k=\dfrac{3}{4}$

したがって　　$\overrightarrow{\mathrm{OY}}=\dfrac{1}{4}\vec{a}+\dfrac{1}{4}\vec{c}+\dfrac{1}{2}\vec{d}$

(3) 4点 O, X, P, Q が同一平面上にあるための必要十分条件は，直線 OX と直線 PQ が交点をもつことである。

ここで，2点 P, Q は平面 ACD 上の点であり，直線 OX と平面 ACD の交点は Y であるから，4点 O, X, P, Q が同一平面上にあるとき，Y は直線 PQ 上の点である。

よって，2点 P, Q は，Y を通る平面 ACD 上の直線と辺 AD, CD の交点であるから，直線 CY と辺 AD の交点を P′ とすると $AP \leqq AP′$

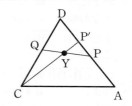

P′ は辺 AD 上の点であるから，実数 s を用いて

$$\overrightarrow{OP′} = (1-s)\vec{a} + s\vec{d} \quad \cdots\cdots ①$$

と表せる。

P′ は直線 CY 上の点であるから，実数 t を用いて

$$\overrightarrow{OP′} = (1-t)\overrightarrow{OC} + t\overrightarrow{OY}$$

$$= (1-t)\vec{c} + \frac{t}{4}\vec{a} + \frac{t}{4}\vec{c} + \frac{t}{2}\vec{d}$$

$$= \frac{t}{4}\vec{a} + \left(1 - \frac{3}{4}t\right)\vec{c} + \frac{t}{2}\vec{d} \quad \cdots\cdots ②$$

4点 O, A, C, D は同一平面上にないから，①，② より

$$1-s = \frac{t}{4}, \quad 1 - \frac{3}{4}t = 0, \quad s = \frac{t}{2}$$

これを解いて $s = \frac{2}{3}, \quad t = \frac{4}{3}$

よって，P′ は辺 AD を 2:1 に内分する点であるから $\dfrac{AP′}{AD} = \dfrac{2}{3}$

したがって，$AP \leqq AP′$ より $\dfrac{AP}{AD} \leqq \dfrac{AP′}{AD}$ であるから $\dfrac{AP}{AD} \leqq \dfrac{2}{3}$

228 (1) $\vec{a} \cdot \vec{b} = 2 \times 3 \times \cos 60° = 3$

また $\overrightarrow{OC} \cdot \overrightarrow{AB} = \vec{c} \cdot (\vec{b} - \vec{a}) = \vec{b} \cdot \vec{c} - \vec{c} \cdot \vec{a}$

$\vec{b} \cdot \vec{c} = 3$ であるから $\overrightarrow{OC} \cdot \overrightarrow{AB} = 3 - \vec{c} \cdot \vec{a}$

線分 OC と線分 AB は垂直であるから $\overrightarrow{OC} \cdot \overrightarrow{AB} = 0$

よって $3 - \vec{c} \cdot \vec{a} = 0$

ゆえに $\vec{c} \cdot \vec{a} = 3$

以上から $\vec{a} \cdot \vec{b} = 3, \quad \vec{c} \cdot \vec{a} = 3$

(2) H は 3点 O, A, B を含む平面上の点であるから

$$\overrightarrow{OH} = s\overrightarrow{OA} + t\overrightarrow{OB} = s\vec{a} + t\vec{b} \quad (s, \ t \ は実数)$$

と表される。

よって $\overrightarrow{CH} = \overrightarrow{OH} - \overrightarrow{OC} = s\vec{a} + t\vec{b} - \vec{c}$

直線 CH と 3点 O, A, B を含む平面が垂直であるとき

$$\overrightarrow{CH} \perp \overrightarrow{OA} \quad かつ \quad \overrightarrow{CH} \perp \overrightarrow{OB}$$

$\overrightarrow{\text{CH}} \perp \overrightarrow{\text{OA}}$ から　　$\overrightarrow{\text{CH}} \cdot \overrightarrow{\text{OA}} = 0$

ここで

$$\overrightarrow{\text{CH}} \cdot \overrightarrow{\text{OA}} = (s\vec{a} + t\vec{b} - \vec{c}) \cdot \vec{a} = s|\vec{a}|^2 + t\vec{a} \cdot \vec{b} - \vec{c} \cdot \vec{a} = 4s + 3t - 3$$

ゆえに　　　$4s + 3t - 3 = 0$

すなわち　　$4s + 3t = 3$　……①

また，$\overrightarrow{\text{CH}} \perp \overrightarrow{\text{OB}}$ から　　$\overrightarrow{\text{CH}} \cdot \overrightarrow{\text{OB}} = 0$

ここで

$$\overrightarrow{\text{CH}} \cdot \overrightarrow{\text{OB}} = (s\vec{a} + t\vec{b} - \vec{c}) \cdot \vec{b} = s\vec{a} \cdot \vec{b} + t|\vec{b}|^2 - \vec{b} \cdot \vec{c} = 3s + 9t - 3$$

ゆえに　　　$3s + 9t - 3 = 0$

すなわち　　$s + 3t = 1$　……②

①，②から　　$s = \dfrac{2}{3}$，$t = \dfrac{1}{9}$

よって　　$\overrightarrow{\text{OH}} = \dfrac{2}{3}\vec{a} + \dfrac{1}{9}\vec{b}$

(3)　K は 3 点 A，B，C を含む平面上の点であるから

$$\overrightarrow{\text{OK}} = p\overrightarrow{\text{OA}} + q\overrightarrow{\text{OB}} + (1 - p - q)\overrightarrow{\text{OC}} = p\vec{a} + q\vec{b} + (1 - p - q)\vec{c} \quad (p,\ q \text{ は実数})$$

と表される。

直線 OK と 3 点 A，B，C を含む平面が垂直であるとき

$$\overrightarrow{\text{OK}} \perp \overrightarrow{\text{AB}} \text{ かつ } \overrightarrow{\text{OK}} \perp \overrightarrow{\text{AC}}$$

$\overrightarrow{\text{OK}} \perp \overrightarrow{\text{AB}}$ から　　$\overrightarrow{\text{OK}} \cdot \overrightarrow{\text{AB}} = 0$

ここで

$$\begin{aligned}
\overrightarrow{\text{OK}} \cdot \overrightarrow{\text{AB}} &= \{p\vec{a} + q\vec{b} + (1 - p - q)\vec{c}\} \cdot (\vec{b} - \vec{a}) \\
&= (p - q)\vec{a} \cdot \vec{b} + q|\vec{b}|^2 + (1 - p - q)\vec{b} \cdot \vec{c} - p|\vec{a}|^2 - (1 - p - q)\vec{c} \cdot \vec{a} \\
&= -p + 6q
\end{aligned}$$

ゆえに　　　$-p + 6q = 0$

すなわち　　$p - 6q = 0$　……③

また，$\overrightarrow{\text{OK}} \perp \overrightarrow{\text{AC}}$ から　　$\overrightarrow{\text{OK}} \cdot \overrightarrow{\text{AC}} = 0$

ここで

$$\begin{aligned}
\overrightarrow{\text{OK}} \cdot \overrightarrow{\text{AC}} &= \{p\vec{a} + q\vec{b} + (1 - p - q)\vec{c}\} \cdot (\vec{c} - \vec{a}) \\
&= (2p + q - 1)\vec{c} \cdot \vec{a} + q\vec{b} \cdot \vec{c} + (1 - p - q)|\vec{c}|^2 - p|\vec{a}|^2 - q\vec{a} \cdot \vec{b} \\
&= -4p - 3q + 3
\end{aligned}$$

ゆえに　　　$-4p - 3q + 3 = 0$

すなわち　　$4p + 3q = 3$　……④

③，④から　　$p = \dfrac{2}{3}$，$q = \dfrac{1}{9}$

よって　　$\overrightarrow{\text{OK}} = \dfrac{2}{3}\vec{a} + \dfrac{1}{9}\vec{b} + \dfrac{2}{9}\vec{c}$

したがって $\overrightarrow{\mathrm{HK}}=\overrightarrow{\mathrm{OK}}-\overrightarrow{\mathrm{OH}}=\dfrac{2}{9}\vec{c}$

以上より，$\vec{c}$ と $\overrightarrow{\mathrm{HK}}$ は平行である。

[別解] 3点 A，B，C を含む平面上の点 K′ を，$\vec{c}$ と $\overrightarrow{\mathrm{HK'}}$ が平行になるように定める。

$\vec{c}$ と $\overrightarrow{\mathrm{HK'}}$ が平行であるから，実数 k を用いて $\overrightarrow{\mathrm{HK'}}=k\vec{c}$ と表される。

ここで $\overrightarrow{\mathrm{HK'}}=\overrightarrow{\mathrm{OK'}}-\overrightarrow{\mathrm{OH}}=\overrightarrow{\mathrm{OK'}}-\left(\dfrac{2}{3}\vec{a}+\dfrac{1}{9}\vec{b}\right)$

であるから $\overrightarrow{\mathrm{OK'}}=\dfrac{2}{3}\vec{a}+\dfrac{1}{9}\vec{b}+k\vec{c}$

K′ は 3 点 A，B，C を含む平面上の点であるから $\dfrac{2}{3}+\dfrac{1}{9}+k=1$

よって $k=\dfrac{2}{9}$

したがって $\overrightarrow{\mathrm{OK'}}=\dfrac{2}{3}\vec{a}+\dfrac{1}{9}\vec{b}+\dfrac{2}{9}\vec{c}$

ここで

$\overrightarrow{\mathrm{OK'}}\cdot\overrightarrow{\mathrm{AB}}=\left(\dfrac{2}{3}\vec{a}+\dfrac{1}{9}\vec{b}+\dfrac{2}{9}\vec{c}\right)\cdot(\vec{b}-\vec{a})$

$=\dfrac{5}{9}\vec{a}\cdot\vec{b}+\dfrac{1}{9}|\vec{b}|^2+\dfrac{2}{9}\vec{b}\cdot\vec{c}-\dfrac{2}{3}|\vec{a}|^2-\dfrac{2}{9}\vec{c}\cdot\vec{a}=0$

よって $\overrightarrow{\mathrm{OK'}}\perp\overrightarrow{\mathrm{AB}}$

また

$\overrightarrow{\mathrm{OK'}}\cdot\overrightarrow{\mathrm{AC}}=\left(\dfrac{2}{3}\vec{a}+\dfrac{1}{9}\vec{b}+\dfrac{2}{9}\vec{c}\right)\cdot(\vec{c}-\vec{a})$

$=\dfrac{4}{9}\vec{c}\cdot\vec{a}+\dfrac{1}{9}\vec{b}\cdot\vec{c}+\dfrac{2}{9}|\vec{c}|^2-\dfrac{2}{3}|\vec{a}|^2-\dfrac{1}{9}\vec{a}\cdot\vec{b}=0$

よって $\overrightarrow{\mathrm{OK'}}\perp\overrightarrow{\mathrm{AC}}$

したがって，直線 OK′ と 3 点 A，B，C を含む平面は垂直に交わる。

以上から，K′ と K は一致する。

したがって，$\vec{c}$ と $\overrightarrow{\mathrm{HK}}$ は平行である。

229 (1) $|\vec{a}|=5$，$|\vec{b}|=7$，$|\vec{c}|=8$ より

$|\overrightarrow{\mathrm{AB}}|^2=|\vec{b}-\vec{a}|^2=|\vec{b}|^2-2\vec{a}\cdot\vec{b}+|\vec{a}|^2$

$=49-2\vec{a}\cdot\vec{b}+25=74-2\vec{a}\cdot\vec{b}$

$|\overrightarrow{\mathrm{AB}}|=8$ より $|\overrightarrow{\mathrm{AB}}|^2=64$ であるから $74-2\vec{a}\cdot\vec{b}=64$

よって $\vec{a}\cdot\vec{b}=5$

同様に考えて

$|\overrightarrow{\mathrm{BC}}|^2=|\vec{c}-\vec{b}|^2=|\vec{c}|^2-2\vec{b}\cdot\vec{c}+|\vec{b}|^2=64-2\vec{b}\cdot\vec{c}+49=113-2\vec{b}\cdot\vec{c}$

$|\overrightarrow{\mathrm{BC}}|=5$ より $|\overrightarrow{\mathrm{BC}}|^2=25$ であるから $113-2\vec{b}\cdot\vec{c}=25$

よって　　$\vec{b}\cdot\vec{c}=44$

　　$|\overrightarrow{AC}|^2=|\vec{c}-\vec{a}|^2=|\vec{c}|^2-2\vec{c}\cdot\vec{a}+|\vec{a}|^2=64-2\vec{c}\cdot\vec{a}+25=89-2\vec{c}\cdot\vec{a}$

$|\overrightarrow{AC}|=7$ より $|\overrightarrow{AC}|^2=49$ であるから　　$89-2\vec{c}\cdot\vec{a}=49$

よって　　$\vec{c}\cdot\vec{a}=20$

(2)　H は平面 OAB 上の点であるから，実数 s, t を用いて $\overrightarrow{OH}=s\vec{a}+t\vec{b}$ と表せる。

　　よって　　$\overrightarrow{CH}=\overrightarrow{OH}-\overrightarrow{OC}=s\vec{a}+t\vec{b}-\vec{c}$

　　直線 CH は平面 OAB に垂直であるから　　$\overrightarrow{CH}\perp\vec{a}$　かつ　$\overrightarrow{CH}\perp\vec{b}$

　　$\overrightarrow{CH}\perp\vec{a}$ より　　$\overrightarrow{CH}\cdot\vec{a}=0$

　　よって　　$(s\vec{a}+t\vec{b}-\vec{c})\cdot\vec{a}=0$

　　ゆえに　　$s|\vec{a}|^2+t\vec{a}\cdot\vec{b}-\vec{c}\cdot\vec{a}=0$

　　したがって　　$25s+5t-20=0$

　　すなわち　　$5s+t-4=0$　……①

　　$\overrightarrow{CH}\perp\vec{b}$ より　　$\overrightarrow{CH}\cdot\vec{b}=0$

　　よって　　$(s\vec{a}+t\vec{b}-\vec{c})\cdot\vec{b}=0$

　　ゆえに　　$s\vec{a}\cdot\vec{b}+t|\vec{b}|^2-\vec{b}\cdot\vec{c}=0$

　　したがって　　$5s+49t-44=0$　……②

　　①，② を解いて　　$s=\dfrac{19}{30}$, $t=\dfrac{5}{6}$

　　よって　　$\overrightarrow{OH}=\dfrac{19}{30}\vec{a}+\dfrac{5}{6}\vec{b}$

(3)　K は直線 OA 上の点であるから，実数 u を用いて，$\overrightarrow{OK}=u\vec{a}$ と表せる。

　　$\overrightarrow{BK}\perp\vec{a}$ より　　$\overrightarrow{BK}\cdot\vec{a}=0$

　　$\overrightarrow{BK}=\overrightarrow{OK}-\overrightarrow{OB}=u\vec{a}-\vec{b}$ であるから　　$(u\vec{a}-\vec{b})\cdot\vec{a}=0$

　　よって　　$u|\vec{a}|^2-\vec{a}\cdot\vec{b}=0$

　　ゆえに　　$25u-5=0$

　　すなわち　$u=\dfrac{1}{5}$

　　したがって，$\overrightarrow{OK}=\dfrac{1}{5}\vec{a}$ であるから　　$\dfrac{OK}{OA}=\dfrac{1}{5}$

(4)　D は直線 OH 上の点であるから，実数 k を用いて

　　　　$\overrightarrow{OD}=k\overrightarrow{OH}=\dfrac{19}{30}k\vec{a}+\dfrac{5}{6}k\vec{b}$　……③

　　と表せる。

直線 ℓ と直線 BK の交点を B′ とすると，
$$\angle OAB = \angle OAB'$$
であり，OK⊥BB′ であるから，K は線分 BB′ の中点である。

よって　　　$\overrightarrow{OK} = \dfrac{\overrightarrow{OB} + \overrightarrow{OB'}}{2}$

したがって　　　$\overrightarrow{OB'} = 2\overrightarrow{OK} - \overrightarrow{OB} = \dfrac{2}{5}\vec{a} - \vec{b}$

D は直線 AB′ 上の点であるから，実数 l を用いて
$$\overrightarrow{OD} = (1-l)\overrightarrow{OA} + l\overrightarrow{OB'} = (1-l)\vec{a} + l\left(\dfrac{2}{5}\vec{a} - \vec{b}\right) = \left(1 - \dfrac{3}{5}l\right)\vec{a} - l\vec{b} \quad \cdots\cdots ④$$

$\vec{a} \neq 0$，$\vec{b} \neq 0$，$\vec{a} \not\parallel \vec{b}$ であるから，③，④ より　　　$\dfrac{19}{30}k = 1 - \dfrac{3}{5}l$，$\dfrac{5}{6}k = -l$

これを解いて　　　$k = \dfrac{15}{2}$，$l = -\dfrac{25}{4}$

したがって，$\overrightarrow{OD} = \dfrac{15}{2}\overrightarrow{OH}$ であるから　　　$\dfrac{OD}{OH} = \dfrac{15}{2}$

230 (1)　$|\overrightarrow{OA}| = \sqrt{(4k)^2 + (-4k)^2 + (-4\sqrt{2}\,k)^2} = 8k$

　　　$|\overrightarrow{OB}| = \sqrt{7^2 + 5^2 + (-\sqrt{2})^2} = 2\sqrt{19}$

　　　$\overrightarrow{OA} \cdot \overrightarrow{OB} = 4k \times 7 + (-4k) \times 5 + (-4\sqrt{2}\,k) \times (-\sqrt{2}) = 16k$

よって　　　$\cos \angle AOB = \dfrac{\overrightarrow{OA} \cdot \overrightarrow{OB}}{|\overrightarrow{OA}||\overrightarrow{OB}|} = \dfrac{16k}{8k \times 2\sqrt{19}} = {}^{ア}\dfrac{1}{\sqrt{19}}$

また　　　$\sin \angle AOB = \sqrt{1 - \left(\dfrac{1}{\sqrt{19}}\right)^2} = \dfrac{3\sqrt{2}}{\sqrt{19}}$

OA = 4BC であるから，台形 OACB の面積は

　　　$\dfrac{1}{2}(OA + BC) \times OB \sin \angle AOB = \dfrac{1}{2} \times \dfrac{5}{4}OA \times 2\sqrt{19} \times \dfrac{3\sqrt{2}}{\sqrt{19}} = {}^{イ}30\sqrt{2}\,k$

$\overrightarrow{BC} = \dfrac{1}{4}\overrightarrow{OA} = (k, \ -k, \ -\sqrt{2}\,k)$ であるから

　　　$\overrightarrow{AC} = \overrightarrow{AO} + \overrightarrow{OB} + \overrightarrow{BC} = (7 - 3k, \ 5 + 3k, \ 3\sqrt{2}\,k - \sqrt{2})$

よって

　　　$|\overrightarrow{AC}| = \sqrt{(7-3k)^2 + (5+3k)^2 + (3\sqrt{2}\,k - \sqrt{2})^2} = {}^{ウ}2\sqrt{9k^2 - 6k + 19}$

(2)　(1) から

　　　$\overrightarrow{CA} \cdot \overrightarrow{CB} = \overrightarrow{AC} \cdot \overrightarrow{BC}$

　　　　　　$= (7 - 3k) \times k + (5 + 3k) \times (-k) + (3\sqrt{2}\,k - \sqrt{2}) \times (-\sqrt{2}\,k)$

　　　　　　$= 4k(-3k + 1)$

よって　　　$\cos \angle ACB = \dfrac{4k(-3k+1)}{2\sqrt{9k^2 - 6k + 19} \times 2k} = \dfrac{-3k+1}{\sqrt{9k^2 - 6k + 19}}$

台形 OACB が円に内接するとき，$\angle ACB = 180° - \angle AOB$ より

$\cos \angle \mathrm{ACB} = -\cos \angle \mathrm{AOB}$ が成り立つから　　$\dfrac{-3k+1}{\sqrt{9k^2-6k+19}} = -\dfrac{1}{\sqrt{19}}$

両辺を2乗して整理すると　　$3k^2-2k=0$

すなわち　$k(3k-2)=0$

$k>0$ であるから　　$k=\overset{\text{エ}}{\dfrac{2}{3}}$

(3)　(2) より $k=\dfrac{2}{3}$ のとき $|\overrightarrow{\mathrm{AC}}|=2\sqrt{19}$ となるから，$|\overrightarrow{\mathrm{OB}}|=|\overrightarrow{\mathrm{AC}}|$ である。

3点 O，A，B を含む平面を γ とする。

△OBP と △ACP の面積が等しいという条件を満たす点 P 全体は，次の平面 α，β から点 D を除いたものである。

　　平面 α：∠ODA の外角の二等分線を含み，平面 γ に垂直な平面

　　平面 β：∠ODA の二等分線を含み，平面 γ に垂直な平面

OA の中点を M，BC の中点を N とする。

点 O から平面 α に下ろした垂線の長さは線分 DM の長さと等しい。

　　$\mathrm{NM}=\mathrm{OB}\sin \angle \mathrm{AOB}=6\sqrt{2}$

であり，△ODA と △BDC の相似比は 4：1 であるから

　　$\mathrm{DM}=\dfrac{4}{3}\mathrm{NM}=8\sqrt{2}$

よって，求める垂線の長さは　　$\overset{\text{オ}}{8\sqrt{2}}$

231　(1)　点 P の座標を $(x,\ y,\ z)$ とおく。

問題文の条件から

　　$\overrightarrow{\mathrm{OP}}\cdot\overrightarrow{\mathrm{OA}}=0$　かつ　$\overrightarrow{\mathrm{OP}}\cdot\overrightarrow{\mathrm{OB}}=0$　かつ　$\overrightarrow{\mathrm{OP}}\cdot\overrightarrow{\mathrm{OC}}=1$

ゆえに　　$2x=0$　　　……①

　　　　　$x+y+z=0$　　……②

　　　　　$x+2y+3z=1$　……③

① から　　$x=0$

これを ②，③ に代入して　　$y+z=0$，$2y+3z=1$

これを解いて　　$y=-1$，$z=1$

よって，点 P の座標は　　$(0,\ -1,\ 1)$

(2)　H は直線 AB 上にあるから $\overrightarrow{\mathrm{AH}}=t\overrightarrow{\mathrm{AB}}$（$t$ は実数）と表される。

このとき

　　$\overrightarrow{\mathrm{OH}}=\overrightarrow{\mathrm{OA}}+\overrightarrow{\mathrm{AH}}=\overrightarrow{\mathrm{OA}}+t\overrightarrow{\mathrm{AB}}=(2,\ 0,\ 0)+t(-1,\ 1,\ 1)=(2-t,\ t,\ t)$

よって

　　$\overrightarrow{\mathrm{PH}}=\overrightarrow{\mathrm{OH}}-\overrightarrow{\mathrm{OP}}=(2-t,\ t,\ t)-(0,\ -1,\ 1)=(2-t,\ t+1,\ t-1)$

PH⊥AB であるから　　$\overrightarrow{\mathrm{PH}}\cdot\overrightarrow{\mathrm{AB}}=0$

ここで　　$\overrightarrow{\mathrm{PH}}\cdot\overrightarrow{\mathrm{AB}}=(2-t)\times(-1)+(t+1)+(t-1)=3t-2$

ゆえに　　$3t-2=0$

よって　　$t = \dfrac{2}{3}$

したがって　　$\overrightarrow{\mathrm{OH}} = \overrightarrow{\mathrm{OA}} + \dfrac{2}{3}\overrightarrow{\mathrm{AB}} = \dfrac{1}{3}\overrightarrow{\mathrm{OA}} + \dfrac{2}{3}\overrightarrow{\mathrm{OB}}$

(3)　$\overrightarrow{\mathrm{OD}} = \dfrac{3}{4}\overrightarrow{\mathrm{OA}}$ によって点 D を定めると　　$\overrightarrow{\mathrm{DQ}} = \overrightarrow{\mathrm{OQ}} - \overrightarrow{\mathrm{OD}} = \overrightarrow{\mathrm{OP}}$

$\overrightarrow{\mathrm{OP}}$ は $\overrightarrow{\mathrm{OA}}$，$\overrightarrow{\mathrm{OB}}$ のどちらとも垂直であるから，$\overrightarrow{\mathrm{DQ}}$ も $\overrightarrow{\mathrm{OA}}$，$\overrightarrow{\mathrm{OB}}$ のどちらとも垂直である。よって，直線 DQ は平面 OAB と垂直である。また，H は直線 AB 上の点であるから，平面 OAB 上にある。

よって，球面 S を平面 OHB で切断したときの断面は点 D が中心の円である。この円を C とし，半径を d とする。

三角形 OHB と球面 S が共有点をもつための必要十分条件は円 C と 三角形 OHB が共有点をもつことである。

D から直線 OH に下ろした垂線と直線 OH の交点を K とおく。

図から，円 C と三角形 OHB が共有点をもつときの d の最小値は DK の長さに等しい。

ここで，$\overrightarrow{\mathrm{PH}} \perp \overrightarrow{\mathrm{AB}}$ であるから　　$\overrightarrow{\mathrm{PH}} \cdot \overrightarrow{\mathrm{AB}} = 0$

また，直線 OP は平面 OAB に垂直であるから

　　$\overrightarrow{\mathrm{OP}} \cdot \overrightarrow{\mathrm{AB}} = 0$

以上より，直線 AB は平面 OPH に垂直であるから　　$\mathrm{OH} \perp \mathrm{AH}$

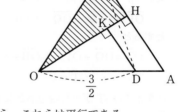

よって，DK，AH ともに直線 OH に垂直であるから，これらは平行である。

したがって　　$\mathrm{DK} : \mathrm{AH} = \mathrm{OD} : \mathrm{OA}$　……④

ここで，(2) より $\mathrm{AH} = \dfrac{2}{3}\mathrm{AB}$ であるから ④ より　　$\mathrm{DK} : \dfrac{2}{3}\mathrm{AB} = \dfrac{3}{2} : 2$

ゆえに　　$\mathrm{DK} = \dfrac{\mathrm{AB}}{2}$

よって　　$\mathrm{DK} = \dfrac{\sqrt{3}}{2}$

また，$\mathrm{D}\left(\dfrac{3}{2},\ 0,\ 0\right)$ から　　$\mathrm{BD} = \sqrt{\left(1 - \dfrac{3}{2}\right)^2 + 1^2 + 1^2} = \dfrac{3}{2} = \mathrm{OD}$

よって，円 C と三角形 OHB が共有点をもつときの d の最大値は　　$\dfrac{3}{2}$

したがって，円 C と 三角形 OHB が共有点をもつときの d の範囲は　　$\dfrac{\sqrt{3}}{2} \leqq d \leqq \dfrac{3}{2}$

ここで　$r = \sqrt{DQ^2 + d^2} = \sqrt{OP^2 + d^2} = \sqrt{2 + d^2}$

であるから，求める r の範囲は

$$\sqrt{2 + \left(\frac{\sqrt{3}}{2}\right)^2} \leqq r \leqq \sqrt{2 + \left(\frac{3}{2}\right)^2}$$

すなわち　$\dfrac{\sqrt{11}}{2} \leqq r \leqq \dfrac{\sqrt{17}}{2}$

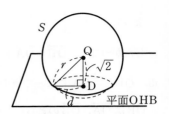

232 (1) 辺 OA，OB，OC，BC，CA，AB 上の点を
それぞれ P，Q，R，S，T，U とする。
平行四辺形の 4 つの頂点は同一平面上にあることから，
6 点のうち 4 点を頂点とする平行四辺形が作れるとき，
その平行四辺形は

　　　　PQST，QRTU，RPUS

のいずれかである。

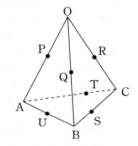

四角形 PQST について考える。
実数 k_1，k_2，k_3，k_4 を用いて

$$\overrightarrow{OP} = k_1\overrightarrow{OA},\ \overrightarrow{OQ} = k_2\overrightarrow{OB},\ \overrightarrow{CT} = k_3\overrightarrow{CA},\ \overrightarrow{CS} = k_4\overrightarrow{CB}$$

とすると

$$\overrightarrow{PQ} = \overrightarrow{OQ} - \overrightarrow{OP} = k_2\overrightarrow{OB} - k_1\overrightarrow{OA} \quad \cdots\cdots ①$$

$$\overrightarrow{TS} = \overrightarrow{CS} - \overrightarrow{CT} = k_4\overrightarrow{CB} - k_3\overrightarrow{CA} = k_4\overrightarrow{OB} - k_3\overrightarrow{OA} + (k_3 - k_4)\overrightarrow{OC} \quad \cdots\cdots ②$$

四角形 PQST が平行四辺形となるとき，$\overrightarrow{PQ} = \overrightarrow{TS}$ であり，4 点 O，A，B，C は同一
平面上にないから，

①，② より　　$k_1 = k_3$，$k_2 = k_4$，$k_3 - k_4 = 0$

よって，$k_1 = k_2 = k_3 = k_4$ となり　　$\overrightarrow{PQ} = k_1\overrightarrow{OB} - k_1\overrightarrow{OA} = k_1\overrightarrow{AB}$

したがって，辺 PQ と辺 ST は辺 AB と平行である。

また　　$\overrightarrow{PT} = \overrightarrow{OT} - \overrightarrow{OP} = \{k_1\overrightarrow{OA} + (1 - k_1)\overrightarrow{OC}\} - k_1\overrightarrow{OA} = (1 - k_1)\overrightarrow{OC}$

$\overrightarrow{PT} = \overrightarrow{QS}$ であるから，辺 PT と辺 QS は辺 OC と平行である。

よって，平行四辺形 PQST の辺は四面体のある辺と平行である。

平行四辺形 QRTU，RPUS についても，同様に示すことができる。

したがって，6 点のうち 4 点を頂点とする平行四辺形が作れるとき，平行四辺形の辺は
四面体のある辺と平行である。

(2) [1]　PQST と QRTU が平行四辺形となるとき

　　この 2 つの平行四辺形は対角線 QT を共有する。

[2]　QRTU と RPUS が平行四辺形となるとき

　　この 2 つの平行四辺形は対角線 RU を共有する。

[3]　RPUS と PQST が平行四辺形となるとき

　　この 2 つの平行四辺形は対角線 PS を共有する。

したがって，6 点のうち 4 点を頂点とする平行四辺形が 2 つ作れるとき，2 つの平行四
辺形は対角線の 1 本を共有する。

(3) (2)において，[1]の組み合わせを考える。

(1)から，四角形 PQST が平行四辺形であるとき，実数 k を用いて

$$\overrightarrow{OP}=k\overrightarrow{OA}, \quad \overrightarrow{OQ}=k\overrightarrow{OB}, \quad \overrightarrow{OT}=k\overrightarrow{OA}+(1-k)\overrightarrow{OC}, \quad \overrightarrow{OS}=k\overrightarrow{OB}+(1-k)\overrightarrow{OC}$$

と表せる。

同様に，四角形 QRTU が平行四辺形であるとき，実数 l を用いて

$$\overrightarrow{OQ}=l\overrightarrow{OB}, \quad \overrightarrow{OR}=l\overrightarrow{OC}, \quad \overrightarrow{OT}=(1-l)\overrightarrow{OA}+l\overrightarrow{OC}, \quad \overrightarrow{OU}=(1-l)\overrightarrow{OA}+l\overrightarrow{OB}$$

と表せる。

よって $\quad k=l, \ k=1-l$

ゆえに $\quad k=l=\dfrac{1}{2}$

したがって，共有する対角線 QT の中点 M について

$$\overrightarrow{OM}=\frac{\overrightarrow{OQ}+\overrightarrow{OT}}{2}=\frac{1}{2}\left\{\frac{1}{2}\overrightarrow{OB}+\frac{1}{2}\overrightarrow{OA}+\left(1-\frac{1}{2}\right)\overrightarrow{OC}\right\}=\frac{1}{4}\overrightarrow{OA}+\frac{1}{4}\overrightarrow{OB}+\frac{1}{4}\overrightarrow{OC}$$

これは，(2)の[2]，[3]においても同様である。

以上から $\quad \overrightarrow{OM}=\dfrac{1}{4}\overrightarrow{OA}+\dfrac{1}{4}\overrightarrow{OB}+\dfrac{1}{4}\overrightarrow{OC}$

233 (1) $\quad \ell : x-2=\dfrac{y}{2}=z+1$

$$m : x-3=\frac{y-5}{-2}=\frac{z+5}{-2}$$

であるから，ℓ の方向ベクトルは $\quad (1, \ 2, \ 1)$

$\qquad\qquad\quad m$ の方向ベクトルは $\quad (1, \ -2, \ -2)$

$\vec{p}=(a, \ b, \ c)$ とすると，$\ell \perp \vec{p}, \ m \perp \vec{p}$ から $\quad a+2b+c=0, \ a-2b-2c=0$

これを解いて $\quad b=-\dfrac{3}{2}a, \ c=2a$

したがって $\quad \vec{p}=\left(a, \ -\dfrac{3}{2}a, \ 2a\right)$ （a は 0 でない実数）

(2) 点 $(2, \ 0, \ -1)$ は直線 ℓ 上の点であるから，点 P は実数 s を用いて

$$\overrightarrow{OP}=(2, \ 0, \ -1)+s(1, \ 2, \ 1)=(s+2, \ 2s, \ s-1)$$

点 $(3, \ 5, \ -5)$ は直線 m 上の点であるから，点 Q は実数 t を用いて

$$\overrightarrow{OQ}=(3, \ 5, \ -5)+t(1, \ -2, \ -2)=(t+3, \ -2t+5, \ -2t-5)$$

よって

$$\overrightarrow{QP}=\overrightarrow{OP}-\overrightarrow{OQ}=(s-t-1, \ 2s+2t-5, \ s+2t+4)$$

点 P，Q は直線 n 上の点であり，$\overrightarrow{QP} /\!/ \vec{p}$ であるから

$$(s-t-1, \ 2s+2t-5, \ s+2t+4)=\left(a, \ -\frac{3}{2}a, \ 2a\right)$$

したがって　$\begin{cases} s-t-1=a \\ 2s+2t-5=-\dfrac{3}{2}a \\ s+2t+4=2a \end{cases}$

これを解いて　$s=2,\ t=-1,\ a=2$

よって　　P$(4,\ 4,\ 1)$, Q$(2,\ 7,\ -3)$

また，直線 n は点 P を通り，$\left(1,\ -\dfrac{3}{2},\ 2\right)$ を方向ベクトルにもつ直線であるから，

n の方程式は　　$x-4=\dfrac{y-4}{-\dfrac{3}{2}}=\dfrac{z-1}{2}$

すなわち　　　$6x-24=-4y+16=3z-3$

(3) (2) より，$\overrightarrow{\mathrm{QP}}=(2,\ -3,\ 4)$ であるから　$|\overrightarrow{\mathrm{QP}}|=\sqrt{2^2+(-3)^2+4^2}=\sqrt{29}$

線分 PQ の中点の座標は　　$\left(3,\ \dfrac{11}{2},\ -1\right)$

よって，求める球面の中心は $\left(3,\ \dfrac{11}{2},\ -1\right)$，半径は $\dfrac{\sqrt{29}}{2}$ であるから，

球面の方程式は　　$(x-3)^2+\left(y-\dfrac{11}{2}\right)^2+(z+1)^2=\dfrac{29}{4}$

234 (1) $\alpha\perp\vec{n}$ から　$\overrightarrow{\mathrm{AB}}\perp\vec{n}$　かつ　$\overrightarrow{\mathrm{AC}}\perp\vec{n}$

よって　$\begin{cases} \overrightarrow{\mathrm{AB}}\cdot\vec{n}=0 \\ \overrightarrow{\mathrm{AC}}\cdot\vec{n}=0 \end{cases}$

$\overrightarrow{\mathrm{AB}}=(3,\ 0,\ -3)$, $\overrightarrow{\mathrm{AC}}=(1,\ 2,\ -2)$ であるから

$\overrightarrow{\mathrm{AB}}\cdot\vec{n}=3a-3c$, $\overrightarrow{\mathrm{AC}}\cdot\vec{n}=a+2-2c$

したがって　$\begin{cases} 3a-3c=0 \\ a+2-2c=0 \end{cases}$

ゆえに　　$a=2,\ c=2$

(2) $\overrightarrow{\mathrm{PH}}\perp\alpha$ であるから　　$\overrightarrow{\mathrm{PH}}\ /\!/\ \vec{n}$

よって，実数 k を用いて $\overrightarrow{\mathrm{PH}}=k\vec{n}$ と表せる。

したがって，原点を O とすると

$\overrightarrow{\mathrm{OH}}=\overrightarrow{\mathrm{OP}}+k\vec{n}=(5,\ 3,\ 5)+k(2,\ 1,\ 2)=(2k+5,\ k+3,\ 2k+5)$　……①

また，H は平面 α 上の点であるから，実数 $l,\ m$ を用いて $\overrightarrow{\mathrm{AH}}=l\overrightarrow{\mathrm{AB}}+m\overrightarrow{\mathrm{AC}}$ と表せる。

よって　　$\overrightarrow{\mathrm{OH}}=\overrightarrow{\mathrm{OA}}+l\overrightarrow{\mathrm{AB}}+m\overrightarrow{\mathrm{AC}}$

$=(-1,\ 1,\ 3)+l(3,\ 0,\ -3)+m(1,\ 2,\ -2)$

$=(3l+m-1,\ 2m+1,\ -3l-2m+3)$　……②

①，②から
$$\begin{cases} 3l+m-1=2k+5 \\ 2m+1=k+3 \\ -3l-2m+3=2k+5 \end{cases}$$

これを解くと　$l=\dfrac{2}{3}$，$m=0$，$k=-2$

したがって　$\overrightarrow{\mathrm{OH}}=(1,\ 1,\ 1)$
ゆえに　$\mathrm{H}(1,\ 1,\ 1)$

(3)　$\overrightarrow{\mathrm{AB}}=(3,\ 0,\ -3)$，$\overrightarrow{\mathrm{AD}}=(6,\ 0,\ -6)$ である

から　$\overrightarrow{\mathrm{AD}}=2\overrightarrow{\mathrm{AB}}$
よって，D は平面 α 上にあり，$\triangle\mathrm{ACD}=2\triangle\mathrm{ABC}$
また
$$\begin{aligned}\overrightarrow{\mathrm{OQ}}&=(2t+5,\ t+3,\ 2t-4)\\&=t(2,\ 1,\ 2)+(5,\ 3,\ -4)\\&=t\vec{n}+(5,\ 3,\ -4)\end{aligned}$$

したがって，$\overrightarrow{\mathrm{OS}}=(5,\ 3,\ -4)$ とおくと，$\overrightarrow{\mathrm{SQ}}=t\vec{n}$
となるから，$\overrightarrow{\mathrm{SQ}}/\!/\vec{n}$ である。
さらに，$\overrightarrow{\mathrm{AS}}=(6,\ 2,\ -7)$ より
$$\overrightarrow{\mathrm{AS}}=\frac{5}{3}(3,\ 0,\ -3)+(1,\ 2,\ -2)=\frac{5}{3}\overrightarrow{\mathrm{AB}}+\overrightarrow{\mathrm{AC}}$$

よって，S は平面 α 上にある。
したがって，S は Q から平面 α に下した垂線と平面 α の交点である。
よって，四面体 QABC の体積を V_1 とすると
$$V_1=\frac{1}{3}\triangle\mathrm{ABC}\cdot|\overrightarrow{\mathrm{SQ}}|=\frac{1}{3}\triangle\mathrm{ABC}\cdot|t\vec{n}|$$

$t>0$ であるから　$V_1=\dfrac{1}{3}\triangle\mathrm{ABC}\cdot t|\vec{n}|$
また
$$\begin{aligned}\overrightarrow{\mathrm{OR}}&=(2u+3,\ u-1,\ 2u)=u(2,\ 1,\ 2)+(3,\ -1,\ 0)\\&=u\vec{n}+(3,\ -1,\ 0)\end{aligned}$$

したがって，$\overrightarrow{\mathrm{OT}}=(3,\ -1,\ 0)$ とおくと，$\overrightarrow{\mathrm{TR}}=u\vec{n}$ となるから，$\overrightarrow{\mathrm{TR}}/\!/\vec{n}$ である。
さらに，$\overrightarrow{\mathrm{AT}}=(4,\ -2,\ -3)$ より
$$\overrightarrow{\mathrm{AT}}=\frac{5}{3}(3,\ 0,\ -3)-(1,\ 2,\ -2)=\frac{5}{3}\overrightarrow{\mathrm{AB}}-\overrightarrow{\mathrm{AC}}$$

よって，T は平面 α 上にある。
したがって，T は R から平面 α に下した垂線と平面 α の交点である。
よって，四面体 RACD の体積を V_2 とすると
$$V_2=\frac{1}{3}\triangle\mathrm{ACD}\cdot|\overrightarrow{\mathrm{TR}}|=\frac{1}{3}\cdot2\triangle\mathrm{ABC}\cdot|u\vec{n}|$$

$u>0$ であるから　　　$V_2=\dfrac{2}{3}\triangle\mathrm{ABC}\cdot u|\vec{n}|$

したがって，求める体積比は

$$V_1:V_2=\dfrac{1}{3}\triangle\mathrm{ABC}\cdot t|\vec{n}|:\dfrac{2}{3}\triangle\mathrm{ABC}\cdot u|\vec{n}|=t:2u$$

235 (1)　Gは $\triangle\mathrm{ABC}$ の重心であるから　　　$\overrightarrow{\mathrm{OG}}=\dfrac{\overrightarrow{\mathrm{OA}}+\overrightarrow{\mathrm{OB}}+\overrightarrow{\mathrm{OC}}}{3}$

また，$\overrightarrow{\mathrm{OA}}+\overrightarrow{\mathrm{OB}}+\overrightarrow{\mathrm{OC}}+\overrightarrow{\mathrm{OD}}=\vec{0}$ から　　　$\overrightarrow{\mathrm{OA}}+\overrightarrow{\mathrm{OB}}+\overrightarrow{\mathrm{OC}}=-\overrightarrow{\mathrm{OD}}$

したがって　　　$\overrightarrow{\mathrm{OG}}=-\dfrac{1}{3}\overrightarrow{\mathrm{OD}}$

(2)　$\overrightarrow{\mathrm{OA}}+\overrightarrow{\mathrm{OB}}+\overrightarrow{\mathrm{OC}}=-\overrightarrow{\mathrm{OD}}$ より　　　$|\overrightarrow{\mathrm{OA}}+\overrightarrow{\mathrm{OB}}+\overrightarrow{\mathrm{OC}}|=|\overrightarrow{\mathrm{OD}}|$

両辺を 2 乗すると

$$|\overrightarrow{\mathrm{OA}}+\overrightarrow{\mathrm{OB}}+\overrightarrow{\mathrm{OC}}|^2=|\overrightarrow{\mathrm{OD}}|^2$$
$$|\overrightarrow{\mathrm{OA}}|^2+|\overrightarrow{\mathrm{OB}}|^2+|\overrightarrow{\mathrm{OC}}|^2+2(\overrightarrow{\mathrm{OA}}\cdot\overrightarrow{\mathrm{OB}}+\overrightarrow{\mathrm{OB}}\cdot\overrightarrow{\mathrm{OC}}+\overrightarrow{\mathrm{OC}}\cdot\overrightarrow{\mathrm{OA}})=|\overrightarrow{\mathrm{OD}}|^2$$

ここで，$|\overrightarrow{\mathrm{OA}}|=|\overrightarrow{\mathrm{OB}}|=|\overrightarrow{\mathrm{OC}}|=|\overrightarrow{\mathrm{OD}}|=r$ より

$$r^2+r^2+r^2+2(\overrightarrow{\mathrm{OA}}\cdot\overrightarrow{\mathrm{OB}}+\overrightarrow{\mathrm{OB}}\cdot\overrightarrow{\mathrm{OC}}+\overrightarrow{\mathrm{OC}}\cdot\overrightarrow{\mathrm{OA}})=r^2$$

よって　　　$\overrightarrow{\mathrm{OA}}\cdot\overrightarrow{\mathrm{OB}}+\overrightarrow{\mathrm{OB}}\cdot\overrightarrow{\mathrm{OC}}+\overrightarrow{\mathrm{OC}}\cdot\overrightarrow{\mathrm{OA}}=-r^2$

(3)　$\overrightarrow{\mathrm{PA}}\cdot\overrightarrow{\mathrm{PB}}=(\overrightarrow{\mathrm{OA}}-\overrightarrow{\mathrm{OP}})\cdot(\overrightarrow{\mathrm{OB}}-\overrightarrow{\mathrm{OP}})=\overrightarrow{\mathrm{OA}}\cdot\overrightarrow{\mathrm{OB}}-(\overrightarrow{\mathrm{OA}}+\overrightarrow{\mathrm{OB}})\cdot\overrightarrow{\mathrm{OP}}+|\overrightarrow{\mathrm{OP}}|^2$

同様にして

$$\overrightarrow{\mathrm{PB}}\cdot\overrightarrow{\mathrm{PC}}=\overrightarrow{\mathrm{OB}}\cdot\overrightarrow{\mathrm{OC}}-(\overrightarrow{\mathrm{OB}}+\overrightarrow{\mathrm{OC}})\cdot\overrightarrow{\mathrm{OP}}+|\overrightarrow{\mathrm{OP}}|^2$$
$$\overrightarrow{\mathrm{PC}}\cdot\overrightarrow{\mathrm{PA}}=\overrightarrow{\mathrm{OC}}\cdot\overrightarrow{\mathrm{OA}}-(\overrightarrow{\mathrm{OC}}+\overrightarrow{\mathrm{OA}})\cdot\overrightarrow{\mathrm{OP}}+|\overrightarrow{\mathrm{OP}}|^2$$

よって

$$\overrightarrow{\mathrm{PA}}\cdot\overrightarrow{\mathrm{PB}}+\overrightarrow{\mathrm{PB}}\cdot\overrightarrow{\mathrm{PC}}+\overrightarrow{\mathrm{PC}}\cdot\overrightarrow{\mathrm{PA}}$$
$$=\overrightarrow{\mathrm{OA}}\cdot\overrightarrow{\mathrm{OB}}+\overrightarrow{\mathrm{OB}}\cdot\overrightarrow{\mathrm{OC}}+\overrightarrow{\mathrm{OC}}\cdot\overrightarrow{\mathrm{OA}}-2(\overrightarrow{\mathrm{OA}}+\overrightarrow{\mathrm{OB}}+\overrightarrow{\mathrm{OC}})\cdot\overrightarrow{\mathrm{OP}}+3|\overrightarrow{\mathrm{OP}}|^2$$

ここで，$\overrightarrow{\mathrm{OA}}+\overrightarrow{\mathrm{OB}}+\overrightarrow{\mathrm{OC}}=-\overrightarrow{\mathrm{OD}}$，$\overrightarrow{\mathrm{OA}}\cdot\overrightarrow{\mathrm{OB}}+\overrightarrow{\mathrm{OB}}\cdot\overrightarrow{\mathrm{OC}}+\overrightarrow{\mathrm{OC}}\cdot\overrightarrow{\mathrm{OA}}=-r^2$ であり，

さらに，P は球面 S 上の点であるから　　　$|\overrightarrow{\mathrm{OP}}|=r$

したがって

$$\overrightarrow{\mathrm{PA}}\cdot\overrightarrow{\mathrm{PB}}+\overrightarrow{\mathrm{PB}}\cdot\overrightarrow{\mathrm{PC}}+\overrightarrow{\mathrm{PC}}\cdot\overrightarrow{\mathrm{PA}}$$
$$=-r^2+2\overrightarrow{\mathrm{OD}}\cdot\overrightarrow{\mathrm{OP}}+3r^2=2r^2+2\overrightarrow{\mathrm{OD}}\cdot\overrightarrow{\mathrm{OP}}$$

よって，$\overrightarrow{\mathrm{PA}}\cdot\overrightarrow{\mathrm{PB}}+\overrightarrow{\mathrm{PB}}\cdot\overrightarrow{\mathrm{PC}}+\overrightarrow{\mathrm{PC}}\cdot\overrightarrow{\mathrm{PA}}$ が最大となるのは，内積 $\overrightarrow{\mathrm{OD}}\cdot\overrightarrow{\mathrm{OP}}$ が最大となるときである。

これは P と D が一致するときで，このとき　　　$\overrightarrow{\mathrm{OD}}\cdot\overrightarrow{\mathrm{OP}}=|\overrightarrow{\mathrm{OD}}||\overrightarrow{\mathrm{OP}}|=r^2$

したがって，$\overrightarrow{\mathrm{PA}}\cdot\overrightarrow{\mathrm{PB}}+\overrightarrow{\mathrm{PB}}\cdot\overrightarrow{\mathrm{PC}}+\overrightarrow{\mathrm{PC}}\cdot\overrightarrow{\mathrm{PA}}$ の最大値は　　　$4r^2$

このとき　　　$|\overrightarrow{\mathrm{PG}}|=|\overrightarrow{\mathrm{OG}}-\overrightarrow{\mathrm{OP}}|=\left|-\dfrac{1}{3}\overrightarrow{\mathrm{OD}}-\overrightarrow{\mathrm{OD}}\right|=\left|-\dfrac{4}{3}\overrightarrow{\mathrm{OD}}\right|=\dfrac{4}{3}r$

236 (1)　点 A の z 座標は 2 であり，点 C の z 座標は -2 であるから，直線 AC と xy 平面との交点 E は，線分 AC の中点である。

よって　　E$(1, -1, 0)$

同様に，点 B の z 座標も 2 であるから，点 G は線分 BC の中点である。

よって　　G$(-1, -1, 0)$

(2)　点 A の z 座標は 2 であり，点 D の z 座標は $-t$ であるから，直線 AD と xy 平面との交点 F は，線分 AD を $2:t$ に内分する点である。

よって　　$F\left(\dfrac{2t}{t+2}, \dfrac{4}{t+2}, 0\right)$

同様に，点 B の z 座標も 2 であるから，点 H は線分 BD を $2:t$ に内分する点である。

よって　　$H\left(-\dfrac{2t}{t+2}, \dfrac{4}{t+2}, 0\right)$

(3)　四角形 EFHG は，EG∥FH の台形であり，
y 軸に関して対称であるから

$$S = 2 \times \dfrac{1}{2}\left(\dfrac{2t}{t+2}+1\right) \times \left(\dfrac{4}{t+2}+1\right)$$
$$= \dfrac{(3t+2)(t+6)}{(t+2)^2}$$

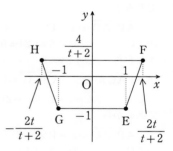

したがって

$$(t+2)^2 S = (3t+2)(t+6) = 3t^2 + 20t + 12$$

(4)　$t>0$ であるから

$$S = \dfrac{3t^2+20t+12}{(t+2)^2} = \dfrac{3t^2+20t+12}{t^2+4t+4}$$
$$= 3 + \dfrac{8t}{t^2+4t+4} = 3 + \dfrac{8}{t+4+\dfrac{4}{t}}$$

ここで，$t>0$，$\dfrac{4}{t}>0$ であるから，相加平均と相乗平均の大小関係により

$$t + \dfrac{4}{t} \geqq 2\sqrt{t \times \dfrac{4}{t}} = 4$$

等号が成り立つのは，$t = \dfrac{4}{t}$ のとき，すなわち $t=2$ のときである。

よって　　$S = 3 + \dfrac{8}{t+4+\dfrac{4}{t}} \leqq 3 + \dfrac{8}{4+4} = 4$

したがって，S の最大値は 4 で，そのときの t の値は $t=2$ である。

237 (1) 直線 AP は平面 α に垂直であるから

$$\text{AP} \perp \text{AB}$$

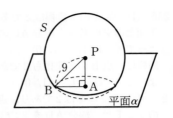

よって，△PAB において $\quad \text{AP}^2 = \text{PB}^2 - \text{AB}^2$

ここで

$$\text{AB}^2 = (1-4)^2 + (-4-2)^2 + (1-1)^2 = 45$$

したがって $\quad \text{AP}^2 = 9^2 - 45 = 36$

ゆえに $\quad \text{AP} = 6$

(2) 点 P の座標を $(x, \ y, \ z)(z > 0)$ とおく。

直線 AP は平面 α に垂直であるから $\quad \text{AP} \perp \text{AB}$ かつ $\text{AP} \perp \text{AC}$

AP⊥AB から $\quad \overrightarrow{\text{AP}} \cdot \overrightarrow{\text{AB}} = 0$

ここで $\quad \overrightarrow{\text{AP}} = (x-4, \ y-2, \ z-1), \ \overrightarrow{\text{AB}} = (-3, \ -6, \ 0)$

であるから

$$\overrightarrow{\text{AP}} \cdot \overrightarrow{\text{AB}} = (x-4) \times (-3) + (y-2) \times (-6) + (z-1) \times 0 = -3x - 6y + 24$$

ゆえに $\quad -3x - 6y + 24 = 0$

すなわち $\quad x + 2y = 8 \quad \cdots\cdots$ ①

AP⊥AC から $\quad \overrightarrow{\text{AP}} \cdot \overrightarrow{\text{AC}} = 0$

ここで $\quad \overrightarrow{\text{AC}} = (-2, \ 0, \ -2)$

であるから

$$\overrightarrow{\text{AP}} \cdot \overrightarrow{\text{AC}} = (x-4) \times (-2) + (y-2) \times 0 + (z-1) \times (-2) = -2x - 2z + 10$$

ゆえに $\quad -2x - 2z + 10 = 0$

すなわち $\quad x + z = 5 \quad \cdots\cdots$ ②

また，(1) より AP = 6 であるから

$$(x-4)^2 + (y-2)^2 + (z-1)^2 = 36 \quad \cdots\cdots \text{③}$$

①，② より $\quad y = \dfrac{8-x}{2}, \ z = 5 - x$

これらを ③ に代入して

$$(x-4)^2 + \left(\frac{8-x}{2} - 2 \right)^2 + (5-x-1)^2 = 36$$

すなわち $\quad \dfrac{9}{4}(x-4)^2 = 36$

よって $\quad x = 0, \ 8$

$x = 0$ のとき $\quad y = 4, \ z = 5$

これは $z > 0$ を満たす。

$x = 8$ のとき $\quad y = 0, \ z = -3$

これは $z > 0$ を満たさない。

したがって，点 P の座標は $\quad (0, \ 4, \ 5)$

(3) P から OC に下ろした垂線と OC の交点を H とし，直線 OC と球面 S との交点の
1 つを E とする。

球面 S を 3 点 O，C，P を含む平面で切断したとき
の断面の円を D とすると，右の図のようになる。
H は OC 上にあるから実数 t を用いて

$$\overrightarrow{\mathrm{OH}} = t\overrightarrow{\mathrm{OC}} = (2t,\ 2t,\ -t)$$

と表される。

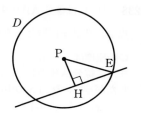

PH⊥OC であるから　　$\overrightarrow{\mathrm{PH}} \cdot \overrightarrow{\mathrm{OC}} = 0$

ここで　　$\overrightarrow{\mathrm{PH}} = (2t,\ 2t-4,\ -t-5)$

であるから

$$\overrightarrow{\mathrm{PH}} \cdot \overrightarrow{\mathrm{OC}} = 2t \cdot 2 + (2t-4) \cdot 2 + (-t-5) \cdot (-1) = 9t - 3$$

ゆえに　　　$9t - 3 = 0$

すなわち　　$t = \dfrac{1}{3}$

よって　　　$\overrightarrow{\mathrm{OH}} = \left(\dfrac{2}{3},\ \dfrac{2}{3},\ -\dfrac{1}{3}\right),\ \overrightarrow{\mathrm{PH}} = \left(\dfrac{2}{3},\ -\dfrac{10}{3},\ -\dfrac{16}{3}\right)$

したがって

$$|\overrightarrow{\mathrm{PH}}| = \sqrt{\left(\dfrac{2}{3}\right)^2 + \left(-\dfrac{10}{3}\right)^2 + \left(-\dfrac{16}{3}\right)^2} = 2\sqrt{10}$$

ここで，△PHE において　　$\mathrm{EH}^2 = \mathrm{PE}^2 - \mathrm{PH}^2 = 9^2 - (2\sqrt{10})^2 = 41$

EH > 0 より　　$\mathrm{EH} = \sqrt{41}$

よって，求める 2 点間の距離は　　$2\mathrm{EH} = 2\sqrt{41}$

[別解]　直線 OC と球面 S が点 Q で交わるとすると，Q は直線 OC 上の点であるから

$$\overrightarrow{\mathrm{OQ}} = t\overrightarrow{\mathrm{OC}} = (2t,\ 2t,\ -t)\ (t \text{ は実数})$$

と表される。

よって，点 Q の座標は　　$(2t,\ 2t,\ -t)$

ここで，球面 S の方程式は　　$x^2 + (y-4)^2 + (z-5)^2 = 81$

であり，Q は S 上の点であるから，t は

$$(2t)^2 + (2t-4)^2 + (-t-5)^2 = 81$$

すなわち　　$9t^2 - 6t - 40 = 0$

を満たす。

よって　　$t = \dfrac{1 \pm \sqrt{41}}{3}$

ここで，$t_1 = \dfrac{1 + \sqrt{41}}{3}$，$t_2 = \dfrac{1 - \sqrt{41}}{3}$ とおくと，OC と S の交点の座標は

$(2t_1,\ 2t_1,\ -t_1),\ (2t_2,\ 2t_2,\ -t_2)$

となる。

よって，求める 2 点間の距離は

$$\sqrt{(2t_2 - 2t_1)^2 + (2t_2 - 2t_1)^2 + (-t_2 + t_1)^2} = 3|t_1 - t_2| = 3 \times \dfrac{2\sqrt{41}}{3} = 2\sqrt{41}$$

238 (1)　C は線分 AB の中点である。

点 A，B は x 座標と y 座標が等しく，C の z 座標は $\dfrac{1+5}{2}=3$ であるから，

C の座標は　　(1, −1, 3)

また，線分 AB の長さは，z 座標を比較して　　AB$=5-1=4$

したがって，球面 S の中心は (1, −1, 3)，半径は 2 であるから，S の方程式は

$$(x-1)^2+(y+1)^2+(z-3)^2=4$$

(2)　点 P は S 上を動くから　　CP$=2$

△ABP が最大となるのは，AB⊥CP が成り立つときであり，そのとき

$$△\text{ABP}=\frac{1}{2}\times\text{AB}\times\text{CP}=\frac{1}{2}\times4\times2=4$$

よって，△ABP の最大値は　　4

(3)　$\overrightarrow{\text{CQ}}=\overrightarrow{\text{OQ}}-\overrightarrow{\text{OC}}=(x-1,\ y+1,\ z-3)$

$\overrightarrow{\text{CA}}=\overrightarrow{\text{OA}}-\overrightarrow{\text{OC}}=(0,\ 0,\ -2)$

よって　　　$\overrightarrow{\text{CQ}}\cdot\overrightarrow{\text{CA}}=-2(z-3)$

$|\overrightarrow{\text{CQ}}|=|\overrightarrow{\text{CA}}|=2$ であり，$\angle\text{QCA}=\dfrac{\pi}{3}$ であるから　　$\overrightarrow{\text{CQ}}\cdot\overrightarrow{\text{CA}}=2\times2\times\dfrac{1}{2}=2$

したがって　　$-2(z-3)=2$

すなわち　　　$z=2$

このとき　　　$\overrightarrow{\text{CQ}}=(x-1,\ y+1,\ -1)$

$|\overrightarrow{\text{CQ}}|^2=4$ であるから　　$(x-1)^2+(y+1)^2+1=4$

すなわち　　　$(x-1)^2+(y+1)^2=3$

したがって，$0\leqq\theta<2\pi$ を満たす実数 θ を用いて

$$x=1+\sqrt{3}\cos\theta,\ y=-1+\sqrt{3}\sin\theta$$

と表せる。

$y\geqq0$ であるから　　$-1+\sqrt{3}\sin\theta\geqq0$

すなわち　　　　　$\sin\theta\geqq\dfrac{1}{\sqrt{3}}$

ここで，$\sin\theta=\dfrac{1}{\sqrt{3}}$，$\cos\theta=\sqrt{\dfrac{2}{3}}$ を満たす θ の値を $\alpha\left(0<\alpha<\dfrac{\pi}{2}\right)$ とすると，

θ のとりうる値の範囲は　　$\alpha\leqq\theta\leqq\pi-\alpha$

$\overrightarrow{\text{CR}}=\overrightarrow{\text{OR}}-\overrightarrow{\text{OC}}=(\sqrt{2},\ 1,\ 1)$ であるから

$\overrightarrow{\text{CQ}}\cdot\overrightarrow{\text{CR}}=\sqrt{2}(x-1)+y+1-1=\sqrt{6}\cos\theta+\sqrt{3}\sin\theta-1=3\sin(\theta+\beta)-1$

ここで，β は $\cos\beta=\dfrac{\sqrt{3}}{3}$，$\sin\beta=\dfrac{\sqrt{6}}{3}$ を満たす鋭角である。

$\alpha\leqq\theta\leqq\pi-\alpha$ から　　$\alpha+\beta\leqq\theta+\beta\leqq\pi+\beta-\alpha$

ここで　　$0\leqq\alpha+\beta\leqq\pi$，$0\leqq\beta-\alpha\leqq\pi$

$$\cos(\alpha+\beta)=\cos\alpha\cos\beta-\sin\alpha\sin\beta=\frac{\sqrt{2}}{3}-\frac{\sqrt{2}}{3}=0$$

$$\cos(\beta-\alpha)=\cos\beta\cos\alpha+\sin\beta\sin\alpha=\frac{2\sqrt{2}}{3}$$

よって $\alpha+\beta=\dfrac{\pi}{2},\ 0<\beta-\alpha<\dfrac{\pi}{6}$

ゆえに $\dfrac{\pi}{2}\leqq\theta+\beta\leqq\pi+\beta-\alpha<\dfrac{7}{6}\pi$

$\sin(\pi+\beta-\alpha)=-\sin(\beta-\alpha)=-\dfrac{1}{3}$ であるから，$\sin(\theta+\beta)$ のとりうる値の範囲は

$$-\frac{1}{3}\leqq\sin(\theta+\beta)\leqq1$$

よって $-2\leqq3\sin(\theta+\beta)-1\leqq2$

したがって，$\overrightarrow{\mathrm{CQ}}\cdot\overrightarrow{\mathrm{CR}}$ のとりうる値の範囲は $-2\leqq\overrightarrow{\mathrm{CQ}}\cdot\overrightarrow{\mathrm{CR}}\leqq2$

239 (1) 空間上の点 P から直線 AB，BC に下ろした垂線と AB，BC の交点をそれぞれ H，I とすると，P が直線 AB，BC から等距離にあるとき PH＝PI
ここで，△BPH と △BPI は直角三角形であり，斜辺 BP が共通であるから
△BPH≡△BPI
よって BH＝BI
$\overrightarrow{\mathrm{BP}}$ と $\overrightarrow{\mathrm{BA}}$ のなす角を θ とすると BH＝BP$|\cos\theta|$

よって $|\overrightarrow{\mathrm{BH}}|=\dfrac{|\overrightarrow{\mathrm{BP}}\cdot\overrightarrow{\mathrm{BA}}|}{|\overrightarrow{\mathrm{BA}}|}$

同様に考えて $|\overrightarrow{\mathrm{BI}}|=\dfrac{|\overrightarrow{\mathrm{BP}}\cdot\overrightarrow{\mathrm{BC}}|}{|\overrightarrow{\mathrm{BC}}|}$

ここで，P$(x,\ y,\ z)$ とすると
$\overrightarrow{\mathrm{BP}}=(x-1,\ y-1,\ z-1)$，$\overrightarrow{\mathrm{BA}}=(0,\ -1,\ -1)$，$\overrightarrow{\mathrm{BC}}=(-2,\ 0,\ -2)$
であるから
$|\overrightarrow{\mathrm{BA}}|=\sqrt{2}$，$|\overrightarrow{\mathrm{BC}}|=2\sqrt{2}$
$\overrightarrow{\mathrm{BP}}\cdot\overrightarrow{\mathrm{BA}}=-(y-1)-(z-1)=-y-z+2$
$\overrightarrow{\mathrm{BP}}\cdot\overrightarrow{\mathrm{BC}}=-2(x-1)-2(z-1)=-2x-2z+4$

よって，BH＝BI のとき，$\dfrac{|\overrightarrow{\mathrm{BP}}\cdot\overrightarrow{\mathrm{BA}}|}{|\overrightarrow{\mathrm{BA}}|}=\dfrac{|\overrightarrow{\mathrm{BP}}\cdot\overrightarrow{\mathrm{BC}}|}{|\overrightarrow{\mathrm{BC}}|}$ であるから

$$\frac{|-y-z+2|}{\sqrt{2}}=\frac{|-2x-2z+4|}{2\sqrt{2}}$$

整理すると $|y+z-2|=|x+z-2|$
したがって $y+z-2=x+z-2$ または $y+z-2=-(x+z-2)$
すなわち $x=y$ ……① または $x+y+2z=4$ ……②
よって，求める図形は 平面 $x=y$ と平面 $x+y+2z=4$ の和集合

(2)　(1)と同様に考えると，Pが2直線BC，CDから等距離にあるとき

$$\frac{|\overrightarrow{CP}\cdot\overrightarrow{CB}|}{|\overrightarrow{CB}|}=\frac{|\overrightarrow{CP}\cdot\overrightarrow{CD}|}{|\overrightarrow{CD}|}$$

$\overrightarrow{CP}=(x+1,\ y-1,\ z+1)$，$\overrightarrow{CB}=(2,\ 0,\ 2)$，$\overrightarrow{CD}=(0,\ -1,\ 1)$

であるから　　　$\dfrac{|2x+2z+4|}{2\sqrt{2}}=\dfrac{|-y+z+2|}{\sqrt{2}}$

整理すると　　　$|x+z+2|=|y-z-2|$

したがって　　　$x+z+2=y-z-2$　または　$x+z+2=-(y-z-2)$

すなわち　　　　$x-y+2z=-4$　……③　または　$x=-y$　……④

Pが2直線CD，DAから等距離にあるとき

$$\frac{|\overrightarrow{DP}\cdot\overrightarrow{DC}|}{|\overrightarrow{DC}|}=\frac{|\overrightarrow{DP}\cdot\overrightarrow{DA}|}{|\overrightarrow{DA}|}$$

$\overrightarrow{DP}=(x+1,\ y,\ z)$，$\overrightarrow{DC}=(0,\ 1,\ -1)$，$\overrightarrow{DA}=(2,\ 0,\ 0)$

であるから　　　$\dfrac{|y-z|}{\sqrt{2}}=\dfrac{|2x+2|}{2}$

整理すると　　　$|y-z|=\sqrt{2}\,|x+1|$

したがって　　　$y-z=\sqrt{2}\,(x+1)$　または　$y-z=-\sqrt{2}\,(x+1)$

すなわち　　　　$\sqrt{2}\,x-y+z=-\sqrt{2}$　……⑤

　または　　　　$\sqrt{2}\,x+y-z=-\sqrt{2}$　……⑥

以上により，点Pが4直線AB，BC，CD，DAから等距離にあるときは，以下の場合である。

[1]　①，③，⑤を満たすとき

　　連立方程式を解くと　　　$x=\sqrt{2}$，$y=\sqrt{2}$，$z=-2$

[2]　①，③，⑥を満たすとき

　　連立方程式を解くと　　　$x=-\sqrt{2}$，$y=-\sqrt{2}$，$z=-2$

[3]　①，④，⑤を満たすとき

　　連立方程式を解くと　　　$x=0$，$y=0$，$z=-\sqrt{2}$

[4]　①，④，⑥を満たすとき

　　連立方程式を解くと　　　$x=0$，$y=0$，$z=\sqrt{2}$

[5]　②，③，⑤を満たすとき

　　連立方程式を解くと　　　$x=2\sqrt{2}$，$y=4$，$z=-\sqrt{2}$

[6]　②，③，⑥を満たすとき

　　連立方程式を解くと　　　$x=-2\sqrt{2}$，$y=4$，$z=\sqrt{2}$

[7]　②，④，⑤を満たすとき

　　連立方程式を解くと　　　$x=-\sqrt{2}$，$y=\sqrt{2}$，$z=2$

[8]　②，④，⑥を満たすとき

　　連立方程式を解くと　　　$x=\sqrt{2}$，$y=-\sqrt{2}$，$z=2$

[1]〜[8]で求めた点$(x,\ y,\ z)$が，4直線AB，BC，CD，DAすべてに接する球面の中心の座標となる。

ここで，直線 DA は x 軸であるから，球面の半径は中心 $(x,\ y,\ z)$ と直線 DA の距離に等しく，半径は　$\sqrt{y^2+z^2}$

よって，求める球面の中心と半径の組は

中心 $(\sqrt{2},\ \sqrt{2},\ -2)$，半径 $\sqrt{6}$

中心 $(-\sqrt{2},\ -\sqrt{2},\ -2)$，半径 $\sqrt{6}$

中心 $(0,\ 0,\ \sqrt{2})$，半径 $\sqrt{2}$

中心 $(0,\ 0,\ -\sqrt{2})$，半径 $\sqrt{2}$

中心 $(2\sqrt{2},\ 4,\ -\sqrt{2})$，半径 $3\sqrt{2}$

中心 $(-2\sqrt{2},\ 4,\ \sqrt{2})$，半径 $3\sqrt{2}$

中心 $(-\sqrt{2},\ \sqrt{2},\ 2)$，半径 $\sqrt{6}$

中心 $(\sqrt{2},\ -\sqrt{2},\ 2)$，半径 $\sqrt{6}$

240　等差数列 $\{a_n\}$ の初項を a，公差を d とすると　　$a_n=a+(n-1)d$

$a_3=15$，$a_{11}=47$ より　　$a+2d=15$，$a+10d=47$

これを解くと　　$a=7$，$d=4$

よって，$\{a_n\}$ の初項は　$^{\mathcal{P}}7$

また，初項から第 11 項までの和は　　$\dfrac{1}{2}\cdot 11(7+47)=\ ^{\mathcal{A}}297$

等差数列 $\{b_n\}$ の初項から第 n 項までの和 S_n が

$S_n=3n^2-7n$ のとき　　$b_1=S_1=3\cdot 1^2-7\cdot 1=-4$

よって，$\{b_n\}$ の初項は　　$-^{\mathcal{\,\dot{\mathcal{D}}}}4$

$n\geqq 2$ のとき

$\quad b_n=S_n-S_{n-1}$

$\qquad =(3n^2-7n)-\{3(n-1)^2-7(n-1)\}$

$\qquad =6n-10=-4+6(n-1)$　……①

ここで，① において $n=1$ とすると　　$b_1=-4$

よって，$n=1$ のときにも ① は成り立つ。

よって，$\{b_n\}$ の公差は　　$^{\mathcal{I}}6$

数列 $\{c_n\}$ は，初項 3，公比 $\dfrac{8}{3}$ の等比数列であるから　　$c_n=3\cdot\left(\dfrac{8}{3}\right)^{n-1}$

よって　　$\dfrac{1}{c_n}=\dfrac{1}{3}\cdot\left(\dfrac{3}{8}\right)^{n-1}$

ゆえに，数列 $\left\{\dfrac{1}{c_n}\right\}$ は，初項 $\dfrac{1}{3}$，公比 $\dfrac{3}{8}$ の等比数列である。

したがって

$$\dfrac{1}{c_1}+\dfrac{1}{c_2}+\dfrac{1}{c_3}+\cdots\cdots+\dfrac{1}{c_{10}}=\dfrac{\dfrac{1}{3}\left\{1-\left(\dfrac{3}{8}\right)^{10}\right\}}{1-\dfrac{3}{8}}=\dfrac{^{\mathcal{A}}8}{^{\mathcal{D}}15}\left\{1-\left(\dfrac{^{\mathcal{\dagger}}3}{^{\mathcal{D}}8}\right)^{10}\right\}$$

241 (1)　等差数列 $\{a_n\}$ の公差を d とすると　　$a_4 = a_5 - d$，$a_6 = a_5 + d$

$a_4 + a_5 + a_6 = -3$ より　　$3a_5 = -3$

よって　　$a_5 = -1$

(2)　$a_4 = -1 - d$，$a_6 = -1 + d$ であるから，$a_4 a_5 a_6 = 8$ のとき

$$(-1-d) \cdot (-1) \cdot (-1+d) = 8$$

よって　　$d^2 - 1 = 8$

すなわち　　$d^2 = 9$

$d > 0$ であるから　　$d = 3$

等差数列 $\{a_n\}$ の初項を a とすると　　$a_n = a + (n-1) \cdot 3$

$a_5 = -1$ より　　$-1 = a + 4 \cdot 3$

これを解いて　　$a = -13$

よって　　$a_n = -13 + (n-1) \cdot 3 = 3n - 16$

(3)　$a_n - b_n = (3n-16) - \left(\dfrac{2}{3}n + 6\right) = \dfrac{7}{3}n - 22 = \dfrac{7}{3}\left(n - \dfrac{66}{7}\right)$

よって，$1 \leqq n \leqq 15$ において

$1 \leqq n \leqq 9$ のとき　　$a_n - b_n < 0$

$10 \leqq n \leqq 15$ のとき　　$a_n - b_n > 0$

数列 $\{a_n - b_n\}$ の初項から第 n 項までの和が $S_n - T_n$ であるから，$S_n - T_n$ は $n = 9$ のとき最小となり，その最小値は

$$S_9 - T_9 = \sum_{k=1}^{9}\left(\frac{7}{3}k - 22\right) = \frac{7}{3} \cdot \frac{1}{2} \cdot 9 \cdot (9+1) - 22 \cdot 9 = -93$$

また，$S_n - T_n$ の最大値の候補は　　$S_1 - T_1$，$S_{15} - T_{15}$

ここで

$$S_1 - T_1 = \frac{7}{3} \cdot 1 - 22 = -\frac{59}{3}$$

$$S_{15} - T_{15} = \sum_{k=1}^{15}\left(\frac{7}{3}k - 22\right) = \frac{7}{3} \cdot \frac{1}{2} \cdot 15 \cdot (15+1) - 22 \cdot 15 = -50$$

よって　　$S_1 - T_1 > S_{15} - T_{15}$

したがって，$S_n - T_n$ は $1 \leqq n \leqq 15$ において $n = 9$ で最小値 -93，

$n = 1$ で最大値 $-\dfrac{59}{3}$ をとる。

(4)　自然数 l，m に対して $a_l = b_m$ とすると　　$3l - 16 = \dfrac{2}{3}m + 6$

よって　　$9l - 2m = 66$　……①

$l = 6$，$m = -6$ は① の整数解の 1 つであるから

$$9 \cdot 6 - 2 \cdot (-6) = 66 \quad \cdots\cdots ②$$

①－② から　　$9(l-6) - 2(m+6) = 0$

すなわち　　$9(l-6) = 2(m+6)$

9 と 2 は互いに素であるから，k を整数として

$$l - 6 = 2k, \quad m + 6 = 9k$$

すなわち $l=2k+6,\ m=9k-6$

と表される。

ここで, $l,\ m$ は自然数であるから, $2k+6\geqq1$ かつ $9k-6\geqq1$ より $k\geqq1$

すなわち, k は自然数である。

ゆえに, 数列 $\{c_n\}$ の第 k 項は, 数列 $\{a_n\}$ の第 l 項すなわち第 $(2k+6)$ 項である。

よって $c_n=3(2n+6)-16=6n+2$

242 (1) [1] $c_3=a_3$ かつ $c_4=a_4$ のとき

このとき $a_1=2,\ a_3=3,\ a_4=3$

これは, $\{a_n\}$ が等差数列であることに矛盾するから不適。

[2] $c_3=b_3$ かつ $c_4=b_4$ のとき

このとき $b_1=4,\ b_3=3,\ b_4=3$

これは, $\{b_n\}$ が等比数列であることに矛盾するから不適。

[3] $c_3=a_3$ かつ $c_4=b_4$ のとき

このとき $a_1=2,\ a_3=3,\ a_4<b_4=3$

これは, $\{a_n\}$ が等差数列であることに矛盾するから不適。

[4] $c_3=b_3$ かつ $c_4=a_4$ のとき

$a_4=3$ から $2+3d=3$

よって $d=\dfrac{1}{3}$

また, $b_3=3$ から $4r^2=3$

したがって $r^2=\dfrac{3}{4}$

$r>0$ より $r=\dfrac{\sqrt{3}}{2}$

このとき, $a_3=\dfrac{8}{3}<3=b_3$, $b_4=\dfrac{3\sqrt{3}}{2}<3=a_4$ より, 条件を満たす。

[1]〜[4]から $d=\dfrac{1}{3},\ r=\dfrac{\sqrt{3}}{2}$

(2) $d=-\dfrac{1}{64}$ のとき $a_n=2+(n-1)\cdot\left(-\dfrac{1}{64}\right)=-\dfrac{1}{64}n+\dfrac{129}{64}$

$r=\dfrac{1}{2}$ のとき $b_n=4\cdot\left(\dfrac{1}{2}\right)^{n-1}=\left(\dfrac{1}{2}\right)^{n-3}$

よって, すべての自然数 n に対して $b_n>0$

$c_n=a_n$ のとき $a_n\geqq b_n>0$ であるから

$$-\dfrac{1}{64}n+\dfrac{129}{64}>0$$

が必要。

ゆえに $n<129$

また，$a_{128} = \dfrac{1}{64} = \left(\dfrac{1}{2}\right)^6$，$b_{128} = \left(\dfrac{1}{2}\right)^{125}$ より　　　$a_{128} > b_{128}$

よって　　　$c_{128} = a_{128}$

したがって，$c_n = a_n$ を満たす最大の n は　　　$n = 128$

(3) $d = 9$ のとき　　　$a_n = 2 + (n-1) \cdot 9 = 9n - 7$

$r = 2$ のとき　　　$b_n = 4 \cdot 2^{n-1} = 2^{n+1}$

よって

　　　$a_1 = 2$，$a_2 = 11$，$a_3 = 20$，$a_4 = 29$

　　　$b_1 = 4$，$b_2 = 8$，$b_3 = 16$，$b_4 = 32$

さらに　　　$a_{n+1} - a_n = 9$，$b_{n+1} - b_n = 2^{n+2} - 2^{n+1} = 2^{n+1}$

したがって，$n \geqq 3$ のとき　　　$a_{n+1} - a_n < b_{n+1} - b_n$

ゆえに　　　$b_{n+1} - a_{n+1} > b_n - a_n$　$\cdots\cdots$ ①

$n = 4$ のとき，$b_4 - a_4 = 3 > 0$ であるから，① より　　　$b_5 - a_5 > 0$

同様にして，4 以上のすべての自然数 n について

　　　$b_n - a_n > 0$　　　　ゆえに　　　$b_n > a_n$

したがって

　　　$c_1 = 4$，$c_2 = 11$，$c_3 = 20$，$c_n = b_n = 2^{n+1}$ $(n \geqq 4)$

よって，$n \geqq 4$ のとき

$$\sum_{k=1}^{n} c_k = c_1 + c_2 + c_3 + \sum_{k=4}^{n} c_k = 35 + \frac{2^5(2^{n-3} - 1)}{2 - 1} = 2^{n+2} + 3$$

$c_1 + c_2 + c_3 = 35$ であるから，これは $n = 3$ のときも成り立つ。

したがって

$$\sum_{k=1}^{n} c_k = \begin{cases} 4 & (n = 1) \\ 15 & (n = 2) \\ 2^{n+2} + 3 & (n \geqq 3) \end{cases}$$

243　$1 \leqq n \leqq m$ のとき　　　$a_n = n$，$b_n = m - (n-1)$

よって

　　　$c_n = a_n b_n = n\{m - (n-1)\} = -n^2 + (m+1)n$

　　　　$= -\left(n - \dfrac{m+1}{2}\right)^2 + \dfrac{(m+1)^2}{4}$

n は自然数であるから，$1 \leqq n \leqq m$ における c_n の最大値は

　　m が奇数のとき

　　　　$n = \dfrac{m+1}{2}$ で　　　$\dfrac{(m+1)^2}{4}$

　　m が偶数のとき

　　　　$n = \dfrac{m}{2}$，$\dfrac{m+2}{2}$ で　　　$\dfrac{m(m+2)}{4}$

また

$$\sum_{k=1}^{m} c_k = \sum_{k=1}^{m} \{-k^2 + (m+1)k\}$$

$$= -\frac{1}{6}m(m+1)(2m+1) + (m+1)\cdot\frac{1}{2}m(m+1)$$

$$= \frac{1}{6}m(m+1)(m+2)$$

244 (1) 等差数列 $\{a_n\}$ の初項を a, 公差を d とすると $a_n = a + (n-1)d$

$a_1 - a_{10} = -18$ から $a - (a+9d) = -18$

よって $d = 2$

また, $S_3 = 15$ から $a + (a+2) + (a+4) = 15$

したがって $a = 3$

ゆえに $a_n = 3 + (n-1)\cdot 2 = {}^{\mathcal{P}}2n+1$

また $S_n = \frac{1}{2}n\{2\cdot 3 + (n-1)\cdot 2\} = {}^{\mathcal{A}}n(n+2)$

(2) $\sum_{k=1}^{8} \frac{1}{S_k} = \sum_{k=1}^{8} \frac{1}{k(k+2)} = \sum_{k=1}^{8} \frac{1}{2}\left(\frac{1}{k} - \frac{1}{k+2}\right)$

$$= \frac{1}{2}\left\{\left(1-\frac{1}{3}\right) + \left(\frac{1}{2}-\frac{1}{4}\right) + \left(\frac{1}{3}-\frac{1}{5}\right) + \cdots\cdots + \left(\frac{1}{7}-\frac{1}{9}\right) + \left(\frac{1}{8}-\frac{1}{10}\right)\right\}$$

$$= \frac{1}{2}\left\{\left(1+\frac{1}{2}\right) - \left(\frac{1}{9}+\frac{1}{10}\right)\right\} = {}^{\mathcal{P}}\frac{29}{45}$$

(3) 自然数 k に対して,

$n = 3k-2$ のとき $n^2 = (3k-2)^2 = 3(3k^2-4k+1)+1$

$n = 3k-1$ のとき $n^2 = (3k-1)^2 = 3(3k^2-2k)+1$

$n = 3k$ のとき $n^2 = 3\cdot 3k^2$

よって, n^2 を 3 で割った余りは

 $n = 3k-2,\ 3k-1$ のとき 1, $n = 3k$ のとき 0

したがって

$$\sum_{k=1}^{3n} b_k S_k = \sum_{k=1}^{n} (b_{3k-2}S_{3k-2} + b_{3k-1}S_{3k-1} + b_{3k}S_{3k})$$

$$= \sum_{k=1}^{n} (S_{3k-2} + S_{3k-1})$$

$$= \sum_{k=1}^{n} \{(3k-2)\cdot 3k + (3k-1)(3k+1)\}$$

$$= \sum_{k=1}^{n} (18k^2 - 6k - 1)$$

$$= 18\cdot\frac{1}{6}n(n+1)(2n+1) - 6\cdot\frac{1}{2}n(n+1) - n$$

$$= {}^{\mathcal{I}}n(6n^2 + 6n - 1)$$

245 (1)　A_n は初項 1，公比 -1，項数 n の等比数列の和であるから

$$A_n = \frac{1-(-1)^n}{1-(-1)} = \frac{1+(-1)^{n-1}}{2}$$

(2)　$S_n = 1 + 2\cdot(-1) + 3\cdot(-1)^2 + \cdots\cdots + n\cdot(-1)^{n-1}$

$-S_n = \quad\quad 1\cdot(-1) + 2\cdot(-1)^2 + \cdots\cdots + (n-1)\cdot(-1)^{n-1} + n\cdot(-1)^n$

辺々引くと

$2S_n = 1 + (-1) + (-1)^2 + \cdots\cdots + (-1)^{n-1} - n\cdot(-1)^n$

$\quad\quad = A_n - n\cdot(-1)^n$

$\quad\quad = \dfrac{1+(-1)^{n-1}}{2} - n\cdot(-1)^n$

$\quad\quad = \dfrac{1+(-1)^{n-1}(2n+1)}{2}$

したがって　　$S_n = \dfrac{1+(-1)^{n-1}(2n+1)}{4}$

(3)　$B_n = \displaystyle\sum_{k=1}^{n} (-1)^{k-1}(2k+1)$ とおく。

$B_n = 3 + 5\cdot(-1) + 7\cdot(-1)^2 + \cdots\cdots + (2n+1)\cdot(-1)^{n-1}$

$-B_n = \quad\quad 3\cdot(-1) + 5\cdot(-1)^2 + \cdots\cdots + (2n-1)\cdot(-1)^{n-1} + (2n+1)\cdot(-1)^n$

辺々引くと

$2B_n = 3 + 2\{(-1) + (-1)^2 + \cdots\cdots + (-1)^{n-1}\} - (2n+1)\cdot(-1)^n$

$\quad\quad = 3 + 2(A_n - 1) - (2n+1)\cdot(-1)^n$

$\quad\quad = 3 + 2\left\{\dfrac{1+(-1)^{n-1}}{2} - 1\right\} - (2n+1)\cdot(-1)^n$

$\quad\quad = 2(n+1)\cdot(-1)^{n-1} + 2$

よって　　$B_n = (n+1)\cdot(-1)^{n-1} + 1$

したがって

$$C_n = \frac{1}{n}\left[\frac{1}{4}\cdot n + \frac{1}{4}\{(n+1)\cdot(-1)^{n-1} + 1\}\right]$$

$$\quad\quad = \frac{n + (n+1)\cdot(-1)^{n-1} + 1}{4n}$$

$$\quad\quad = \frac{\{1 + (-1)^{n-1}\}(n+1)}{4n}$$

246 (1)　数列 $\{a_n\}$ を，桁数が同じ数を 1 つの群とし

て，次のように分ける。

$\quad\quad$ 1, 2 ｜ 11, 12, 21, 22 ｜ 111, 112, ……

各位は 1 か 2 のいずれかであるから，n 桁の数は 2^n 個ある。

よって，第 n 群には 2^n 個の数が含まれる。

$n \geqq 2$ のとき，第 n 群の最初の項がもとの数列の第 k 項であるとすると

$$k=2+2^2+\cdots\cdots+2^{n-1}+1=\frac{2(2^{n-1}-1)}{2-1}+1=2^n-1$$

これは $n=1$ のときも成り立つ。

よって，a_{11} が第 n 群に含まれるとすると　　$2^n-1\leqq11<2^{n+1}-1$

これを満たす自然数 n は　　　$n=3$

したがって，a_{11} は第 3 群に含まれる。

$2^3-1=7$ より，第 3 群の最初の項はもとの数列の第 7 項であるから，a_{11} は第 3 群の 5 番目の項である。

第 3 群に含まれる自然数を小さい順に書き並べると

　　　　　111，112，121，122，211，……

したがって　　　　$a_{11}={}^{\text{ア}}211$

また，a_{16} が第 n 群に含まれるとすると　　$2^n-1\leqq16<2^{n+1}-1$

これを満たす自然数 n は　　　$n=4$

したがって，a_{16} は第 4 群に含まれる。

$2^4-1=15$ より，第 4 群の最初の項はもとの数列の第 15 項であるから，a_{16} は第 4 群の 2 番目の項である。

したがって　　　　$a_{16}={}^{\text{イ}}1112$

(2)　第 4 群に含まれる自然数で，千の位の数が 1 であるものは千の位が 1 で百，十，一の位は 1 か 2 のいずれかである。

よって，求める個数は　　　$2^3={}^{\text{ウ}}8$（個）

すべての第 4 群に含まれる数に対して，各位の 1 と 2 を入れ替えた数も第 4 群に含まれる（例えば，1221 に対して 1 と 2 を入れ替えた数 2112 も第 4 群に含まれる）。また，その 2 数の和は 3333 となる。

よって，第 4 群に含まれるすべての数の和は

$$1111+1112+1121+1122+1211+1212+1221+1222$$
$$+2111+2112+2121+2122+2211+2212+2221+2222$$
$$=(1111+2222)+(1112+2221)+(1121+2212)+(1122+2211)$$
$$+(1211+2122)+(1212+2121)+(1221+2112)+(1222+2111)$$
$$=3333\cdot8={}^{\text{エ}}26664$$

(3)　第 5 群に含まれる自然数で，一万の位の数が 1 であるものの個数は　　　$2^4=16$（個）

また，一万の位の数が 2 であるものを小さい順に並べると

　　　　　21111，21112，21121，……

よって，21121 は第 5 群の 19 番目の数である。

したがって，$a_n=21121$ のとき　　　$n=(2^5-1)+18={}^{\text{オ}}49$

(4)　第 n 群に含まれる自然数で，左端の数が 1 であるものの個数は　　　${}^{\text{カ}}2^{n-1}$ 個

(2)と同様にして，第 n 群に含まれる 2^n 個の数において，和が各位の数がすべて 3 の n 桁の数となる 2 つの数の組が 2^{n-1} 個作れる。

各位の数がすべて 3 である n 桁の数は

$$(1+10+10^2+\cdots\cdots+10^{n-1})\cdot3=\frac{10^n-1}{10-1}\cdot3=\frac{10^n-1}{3}$$

よって，n 桁の自然数となるすべての項の和は

$$\frac{10^n-1}{3}\cdot2^{n-1}=\overset{*}{\frac{2^{n-1}(10^n-1)}{3}}$$

247 (1)　$n\geqq2$ のとき

$$\begin{aligned}
a_n&=S_n-S_{n-1}\\
&=\frac{1}{2}(5n-2022)(n+1)-6-\left[\frac{1}{2}\{5(n-1)-2022\}n-6\right]\\
&=5n-1011
\end{aligned}$$

また　$a_1=S_1=\dfrac{1}{2}\cdot(5-2022)\cdot2-6=-2023$

よって　$a_n=\begin{cases}-2023 & (n=1)\\5n-1011 & (n\geqq2)\end{cases}$

(2)　$n=1$ のとき，$a_n\leqq0$ を満たす。

$n\geqq2$ のとき，$a_n\leqq0$ より　　$5n-1011\leqq0$

よって　　$n\leqq\dfrac{1011}{5}=202.2$

したがって　　$p=202$

[1]　$n=1$ のとき

$a_1=-2023$ より a_1 は 7 の倍数である。

[2]　$n\geqq2$ のとき

$a_n=5n-1011$ が 7 の倍数となるとき，整数 m を用いて $5n-1011=7m$ と表せる。

このとき　　　　$5n-7m=1011$　……①

$n=3$, $m=2$ は $5n-7m=1$ の整数解の 1 つである。

よって　　　　　$5\cdot3-7\cdot2=1$

したがって　　　$5\cdot3033-7\cdot2022=1011$　……②

①－② から　　$5(n-3033)-7(m-2022)=0$

すなわち　　　　$5(n-3033)=7(m-2022)$

5 と 7 は互いに素であるから k を整数として

$$n-3033=7k,\ m-2022=5k$$

すなわち　　$n=7k+3033,\ m=5k+2022$

と表される。

よって，$2\leqq n\leqq202$ のとき　　$2\leqq7k+3033\leqq202$

ゆえに　　　$-\dfrac{3031}{7}\leqq k\leqq-\dfrac{2831}{7}$

すなわち　　$-433\leqq k\leqq-404.42\cdots\cdots$

したがって，この不等式を満たす整数 k は -433 から -405 の 29 個である。

[1], [2] から，求める n の個数は　　30 個

(3) $A_n = \dfrac{1}{a_{n+1}\sqrt{a_n} + a_n\sqrt{a_{n+1}}}$

$= \dfrac{1}{\sqrt{a_n a_{n+1}}(\sqrt{a_{n+1}} + \sqrt{a_n})}$

$= \dfrac{\sqrt{a_{n+1}} - \sqrt{a_n}}{\sqrt{a_n a_{n+1}}(\sqrt{a_{n+1}} + \sqrt{a_n})(\sqrt{a_{n+1}} - \sqrt{a_n})}$

$= \dfrac{\sqrt{a_{n+1}} - \sqrt{a_n}}{\sqrt{a_n a_{n+1}}(a_{n+1} - a_n)}$

$= \dfrac{1}{a_{n+1} - a_n}\left(\dfrac{1}{\sqrt{a_n}} - \dfrac{1}{\sqrt{a_{n+1}}}\right)$

$= \dfrac{1}{a_{n+1} - a_n}B_n$

ここで，$q = 203$ であるから，$n \geqq 203$ のとき

$\quad a_{n+1} - a_n = \{5(n+1) - 1011\} - (5n - 1011) = 5$

よって　　$A_n = \dfrac{1}{5}B_n$

したがって　　$c = \dfrac{1}{5}$

また　　$D = \displaystyle\sum_{k=q}^{2q} A_k = \sum_{k=203}^{406} \dfrac{1}{5}B_k$

$\quad = \dfrac{1}{5}\displaystyle\sum_{k=203}^{406}\left(\dfrac{1}{\sqrt{a_k}} - \dfrac{1}{\sqrt{a_{k+1}}}\right)$

$\quad = \dfrac{1}{5}\left\{\left(\dfrac{1}{\sqrt{a_{203}}} - \dfrac{1}{\sqrt{a_{204}}}\right) + \left(\dfrac{1}{\sqrt{a_{204}}} - \dfrac{1}{\sqrt{a_{205}}}\right)\right.$

$\quad\quad\quad\quad\quad\quad\left. + \cdots\cdots + \left(\dfrac{1}{\sqrt{a_{406}}} - \dfrac{1}{\sqrt{a_{407}}}\right)\right\}$

$\quad = \dfrac{1}{5}\left(\dfrac{1}{\sqrt{a_{203}}} - \dfrac{1}{\sqrt{a_{407}}}\right)$

$a_{203} = 5 \cdot 203 - 1011 = 4$, $\quad a_{407} = 5 \cdot 407 - 1011 = 1024$

であるから　　$D = \dfrac{1}{5}\left(\dfrac{1}{2} - \dfrac{1}{32}\right) = \dfrac{3}{32}$

248 曲線 $y=\log_2 x$ と直線 $x=2^{k-1}$ の交点の

y 座標は　　　$y=\log_2 2^{k-1}=k-1$

よって　　　$P_k(2^{k-1},\ k-1)$

また，$Q_k(2^{k-1},\ 0)$ とおく。

このとき，台形 $P_k P_{k+1} Q_{k+1} Q_k\ (1\leqq k\leqq n-1)$

の面積を T_k とすると

$$T_k=\frac{1}{2}(P_k Q_k+P_{k+1}Q_{k+1})(2^k-2^{k-1})$$

$$=\frac{1}{2}\{(k-1)+k\}2^{k-1}$$

$$=(2k-1)2^{k-2}$$

よって　　　$S(n)=\displaystyle\sum_{k=1}^{n-1}T_k=\sum_{k=1}^{n-1}(2k-1)2^{k-2}$

$S(n)=1\cdot 2^{-1}+3\cdot 2^0+5\cdot 2+\cdots\cdots+(2n-3)\cdot 2^{n-3}$

$2S(n)=\qquad\quad 1\cdot 2^0+3\cdot 2+\cdots\cdots+(2n-5)\cdot 2^{n-3}+(2n-3)\cdot 2^{n-2}$

辺々引くと

$$-S(n)=\frac{1}{2}+2(1+2+\cdots\cdots+2^{n-3})-(2n-3)\cdot 2^{n-2}$$

$$=\frac{1}{2}+2\cdot\frac{2^{n-2}-1}{2-1}-(2n-3)\cdot 2^{n-2}$$

$$=-(2n-5)\cdot 2^{n-2}-\frac{3}{2}$$

したがって　　　$S(n)=(2n-5)\cdot 2^{n-2}+\dfrac{3}{2}$

よって，$\dfrac{S(n)}{2^n}\geqq 2023$ のとき

$$\frac{(2n-5)\cdot 2^{n-2}+\dfrac{3}{2}}{2^n}\geqq 2023$$

$$(2n-5)\cdot 2^{n-2}+\frac{3}{2}\geqq 2023\cdot 2^n$$

$$2023\cdot 2^n-(2n-5)\cdot 2^{n-2}\leqq\frac{3}{2}$$

$$\{2023\cdot 2^2-(2n-5)\}\cdot 2^{n-2}\leqq\frac{3}{2}$$

$$(8097-2n)\cdot 2^n\leqq 6\quad\cdots\cdots①$$

$n\geqq 2$ に対して，$8097-2n>0$ のとき，$(8097-2n)\cdot 2^n>6$ であるから，① を満たす最小の n は $8097-2n\leqq 0$ となる最小の n である。

$8097-2n\leqq 0$ のとき　　　$4048.5\leqq n$

したがって，求める n は　　　$n=4049$

249　$3^2 < 15 < 4^2$ より　　$3 < \sqrt{15} < 4$

$a_1 = \sqrt{15}$ より　　$b_1 = [\sqrt{15}] = 3$

よって　　$a_2 = \dfrac{1}{a_1 - b_1} = \dfrac{1}{\sqrt{15} - 3} = \dfrac{\sqrt{15} + 3}{6}$

したがって　　$b_2 = \left[\dfrac{\sqrt{15} + 3}{6}\right]$

$3 < \sqrt{15} < 4$ であるから　　$1 < \dfrac{\sqrt{15} + 3}{6} < \dfrac{7}{6}$

よって　　$b_2 = 1$

したがって　　$a_3 = \dfrac{1}{\dfrac{\sqrt{15} + 3}{6} - 1} = \dfrac{1}{\sqrt{15} - 3} = \sqrt{15} + 3$

$6 < \sqrt{15} + 3 < 7$ より　　$b_3 = [\sqrt{15} + 3] = {}^{ア}6$

また　　$a_4 = \dfrac{1}{(\sqrt{15} + 3) - 6} = \dfrac{1}{\sqrt{15} - 3} = a_2$　……①

よって　　$b_4 = [a_4] = [a_2] = b_2$　……②

$a_5 = \dfrac{1}{a_4 - b_4} = \dfrac{1}{a_2 - b_2} = a_3$　……③

よって　　$b_5 = [a_5] = [a_3] = b_3$　……④

①～④から，自然数 k に対して

　　$a_{2k} = a_{2k+2}$, $b_{2k} = b_{2k+2}$, $a_{2k+1} = a_{2k+3}$, $b_{2k+1} = b_{2k+3}$

したがって　　$b_{1934} = b_2 = {}^{イ}1$

250　(1)　$f(n) = \alpha n^2 + \beta n + \gamma$ を

　　$a_{n+1} - f(n+1) = -\{a_n - f(n)\}$

に代入して

　　$a_{n+1} - \{\alpha(n+1)^2 + \beta(n+1) + \gamma\} = -\{a_n - (\alpha n^2 + \beta n + \gamma)\}$

整理すると

　　$a_{n+1} = -a_n + 2\alpha n^2 + 2(\alpha + \beta)n + (\alpha + \beta + 2\gamma)$

これと $a_{n+1} = -a_n + 2n^2$ の右辺の係数を比較して

　　$2\alpha = 2$, $2(\alpha + \beta) = 0$, $\alpha + \beta + 2\gamma = 0$

よって　　$\alpha = 1$, $\beta = -1$, $\gamma = 0$

したがって　　$f(n) = {}^{ア}n^2 - n$

(2)　$f(n) = n^2 - n$ に対して，$b_n = a_n - f(n)$ とおくと，

　　$a_{n+1} - f(n+1) = -\{a_n - f(n)\}$ より　　$b_{n+1} = -b_n$

よって，数列 $\{b_n\}$ は初項 $b_1 = a_1 - f(1) = -1$，公比 -1 の等比数列であるから

　　$b_n = -(-1)^{n-1} = {}^{イ}(-1)^n$

(3) (1), (2) の結果から $\quad a_n = f(n) + b_n = {}^{ウ}n^2 - n + (-1)^n$

また $\displaystyle \sum_{k=1}^{n} a_k = \sum_{k=1}^{n} \{k^2 - k + (-1)^k\}$

$$= \frac{1}{6}n(n+1)(2n+1) - \frac{1}{2}n(n+1) + \frac{-\{1-(-1)^n\}}{1-(-1)}$$

$$= {}^{エ}\frac{1}{3}n^3 - \frac{1}{3}n - \frac{1}{2} + \frac{(-1)^n}{2}$$

251 (1)　等比数列 $\{a_n\}$ の初項を a，公比を r とすると

$a_2 = 3$, $a_5 = 24$ から $\quad ar = 3 \quad \cdots\cdots ①$, $ar^4 = 24 \quad \cdots\cdots ②$

① を ② に代入すると $\quad r^3 = 8$

r は実数であるから $\quad r = 2$

これと ① から $\quad a = \dfrac{3}{2}$

よって $\quad a_n = \dfrac{3}{2} \cdot 2^{n-1} = 3 \cdot 2^{n-2}$

また $\quad S_n = \dfrac{\dfrac{3}{2}(2^n - 1)}{2 - 1} = \dfrac{3}{2}(2^n - 1)$

(2) $\displaystyle \sum_{k=1}^{n} b_k = \frac{3}{2}b_n + S_n$ において，$n = 1$ とすると $\quad b_1 = \dfrac{3}{2}b_1 + S_1$

よって $\quad b_1 = -2S_1 = -3$

(3) $T_n = \displaystyle \sum_{k=1}^{n} b_k$ とおくと $\quad T_n = \dfrac{3}{2}b_n + S_n \quad \cdots\cdots ①$

① から $\quad T_{n+1} = \dfrac{3}{2}b_{n+1} + S_{n+1} \quad \cdots\cdots ②$

②−① から

$$T_{n+1} - T_n = \frac{3}{2}b_{n+1} + S_{n+1} - \left(\frac{3}{2}b_n + S_n\right)$$

$$= \frac{3}{2}b_{n+1} - \frac{3}{2}b_n + S_{n+1} - S_n$$

$T_{n+1} - T_n = b_{n+1}$, $S_{n+1} - S_n = a_{n+1} = 3 \cdot 2^{n-1}$ より

$$b_{n+1} = \frac{3}{2}b_{n+1} - \frac{3}{2}b_n + 3 \cdot 2^{n-1}$$

よって $\quad b_{n+1} = 3b_n - 3 \cdot 2^n \quad \cdots\cdots ③$

(4) ③ の両辺を 2^n で割ると $\quad \dfrac{b_{n+1}}{2^n} = \dfrac{3}{2} \cdot \dfrac{b_n}{2^{n-1}} - 3$

$c_n = \dfrac{b_n}{2^{n-1}}$ とおくと $\quad c_{n+1} = \dfrac{3}{2}c_n - 3$

この漸化式を変形すると $\quad c_{n+1} - 6 = \dfrac{3}{2}(c_n - 6)$

よって，数列 $\{c_n-6\}$ は初項 $c_1-6=b_1-6=-9$，公比 $\dfrac{3}{2}$ の等比数列であるから

$$c_n-6=-9\cdot\left(\dfrac{3}{2}\right)^{n-1}$$

したがって $\qquad c_n=6-9\cdot\left(\dfrac{3}{2}\right)^{n-1}$

ゆえに $\qquad b_n=2^{n-1}\left\{6-9\cdot\left(\dfrac{3}{2}\right)^{n-1}\right\}=3\cdot2^n-3^{n+1}$

252 (1) $(4n^2-1)(a_n-a_{n+1})=8(n^2-1)a_na_{n+1}$ ……① とする。

①において，$n=1$ とすると $\qquad 3(a_1-a_2)=0$

よって $\qquad a_2=a_1=\dfrac{1}{8}$

①において，$n=2$ とすると
$$15(a_2-a_3)=24a_2a_3$$
$$15\left(\dfrac{1}{8}-a_3\right)=3a_3$$

よって $\qquad a_3=\dfrac{5}{48}$

(2) ある自然数 n に対して $a_{n+1}=0$ とすると，① より $\qquad (4n^2-1)a_n=0$

$4n^2-1\neq0$ であるから $\qquad a_n=0$

これを繰り返すと $\qquad a_{n+1}=a_n=\cdots\cdots=a_1=0$

これは，$a_1=\dfrac{1}{8}$ に矛盾する。

したがって，すべての自然数 n に対して $a_n\neq0$ である。

(3) (2)から，すべての自然数 n に対して $a_n\neq0$ であるから，

①の両辺を a_na_{n+1} で割ると

$$(4n^2-1)\left(\dfrac{1}{a_{n+1}}-\dfrac{1}{a_n}\right)=8(n^2-1)$$

よって $\qquad \dfrac{1}{a_{n+1}}-\dfrac{1}{a_n}=\dfrac{8(n^2-1)}{4n^2-1}$ ……②

(4) $b_n=\dfrac{1}{a_n}$ とおくと，②から $\qquad b_{n+1}-b_n=\dfrac{8(n^2-1)}{4n^2-1}$

よって，$n\geqq2$ のとき

$$b_n=b_1+\sum_{k=1}^{n-1}\dfrac{8(k^2-1)}{4k^2-1}$$
$$=\dfrac{1}{a_1}+\sum_{k=1}^{n-1}\dfrac{2(4k^2-1)-6}{4k^2-1}$$
$$=8+\sum_{k=1}^{n-1}\left(2-\dfrac{6}{4k^2-1}\right)$$

$$=8+2(n-1)-6\sum_{k=1}^{n-1}\frac{1}{4k^2-1}$$

ここで

$$\sum_{k=1}^{n-1}\frac{1}{4k^2-1}=\sum_{k=1}^{n-1}\frac{1}{(2k-1)(2k+1)}$$

$$=\sum_{k=1}^{n-1}\frac{1}{2}\left(\frac{1}{2k-1}-\frac{1}{2k+1}\right)$$

$$=\frac{1}{2}\left\{\left(1-\frac{1}{3}\right)+\left(\frac{1}{3}-\frac{1}{5}\right)+\cdots\cdots+\left(\frac{1}{2n-3}-\frac{1}{2n-1}\right)\right\}$$

$$=\frac{1}{2}\left(1-\frac{1}{2n-1}\right)$$

したがって

$$b_n=8+2(n-1)-6\cdot\frac{1}{2}\left(1-\frac{1}{2n-1}\right)=\frac{4n(n+1)}{2n-1}\quad\cdots\cdots③$$

③において，$n=1$ とすると　　$b_1=8$

したがって，③は $n=1$ のときも成り立つ。

よって　　$b_n=\dfrac{4n(n+1)}{2n-1}$

したがって　　$a_n=\dfrac{2n-1}{4n(n+1)}$

253　(1)　$a_{n+1}=(\sqrt{2}-1)a_n+2\quad\cdots\cdots①$

$\qquad\quad a_n=p_n+\sqrt{2}\,q_n\quad\cdots\cdots②$

とする。

②において，$n=1$ とすると　　$a_1=p_1+\sqrt{2}\,q_1$

$a_1=1$，p_1，q_1 は整数であるから　　$p_1=1$，$q_1=0$

①において，$n=1$ とすると　　$a_2=(\sqrt{2}-1)a_1+2=1+\sqrt{2}$

同様に考えて　　$p_2=1$，$q_2=1$

(2)　②から　　$a_{n+1}=p_{n+1}+\sqrt{2}\,q_{n+1}\quad\cdots\cdots③$

②，③を①に代入すると

$$p_{n+1}+\sqrt{2}\,q_{n+1}=(\sqrt{2}-1)(p_n+\sqrt{2}\,q_n)+2$$

$$=(-p_n+2q_n+2)+\sqrt{2}(p_n-q_n)$$

p_n，q_n は整数であるから

$$p_{n+1}=-p_n+2q_n+2,\quad q_{n+1}=p_n-q_n$$

(3)　$b_{n+1}=a_{n+1}-(2+\sqrt{2})$

$$=(\sqrt{2}-1)a_n+2-(2+\sqrt{2})$$

$$=(\sqrt{2}-1)a_n-\sqrt{2}$$

$$=(\sqrt{2}-1)\left(a_n-\frac{\sqrt{2}}{\sqrt{2}-1}\right)$$

$$=(\sqrt{2}-1)\{a_n-(2+\sqrt{2})\}$$
$$=(\sqrt{2}-1)b_n$$

よって $\qquad b_{n+1}=(\sqrt{2}-1)b_n$

したがって，数列 $\{b_n\}$ は初項 $b_1=a_1-(2+\sqrt{2})=-(1+\sqrt{2})$，公比 $\sqrt{2}-1$ の等比数列であるから

$$b_n=-(1+\sqrt{2})\cdot(\sqrt{2}-1)^{n-1}$$
$$=-(1+\sqrt{2})\cdot(\sqrt{2}-1)\cdot(\sqrt{2}-1)^{n-2}$$
$$=-(\sqrt{2}-1)^{n-2}$$

(4) $\quad c_{n+1}=p_{n+1}-\sqrt{2}\,q_{n+1}$
$$=(-p_n+2q_n+2)-\sqrt{2}(p_n-q_n)$$
$$=-(1+\sqrt{2})p_n+\sqrt{2}(1+\sqrt{2})q_n+2$$
$$=-(1+\sqrt{2})(p_n-\sqrt{2}\,q_n)+2$$
$$=-(1+\sqrt{2})c_n+2$$

よって $\qquad c_{n+1}=-(1+\sqrt{2})c_n+2 \quad\cdots\cdots④$

(5) ④ を変形すると

$$c_{n+1}-(2-\sqrt{2})=-(1+\sqrt{2})\{c_n-(2-\sqrt{2})\}$$

よって，数列 $\{c_n-(2-\sqrt{2})\}$ は初項 $c_1-(2-\sqrt{2})=1-(2-\sqrt{2})=\sqrt{2}-1$，公比 $-(1+\sqrt{2})$ の等比数列であるから

$$c_n-(2-\sqrt{2})=(\sqrt{2}-1)\cdot\{-(1+\sqrt{2})\}^{n-1}$$
$$=(\sqrt{2}-1)\cdot(-1-\sqrt{2})\cdot(-1-\sqrt{2})^{n-2}$$
$$=-(-1-\sqrt{2})^{n-2}$$

したがって $\qquad c_n=-(-1-\sqrt{2})^{n-2}+2-\sqrt{2}$

よって $\qquad p_n-\sqrt{2}\,q_n=-(-1-\sqrt{2})^{n-2}+2-\sqrt{2} \quad\cdots\cdots⑤$

また，(3) より $\quad a_n=-(\sqrt{2}-1)^{n-2}+2+\sqrt{2}$

したがって $\qquad p_n+\sqrt{2}\,q_n=-(\sqrt{2}-1)^{n-2}+2+\sqrt{2} \quad\cdots\cdots⑥$

⑤，⑥ から $\quad p_n=\dfrac{-(-1-\sqrt{2})^{n-2}-(\sqrt{2}-1)^{n-2}+4}{2}$

$$q_n=\dfrac{(-1-\sqrt{2})^{n-2}-(\sqrt{2}-1)^{n-2}+2\sqrt{2}}{2\sqrt{2}}$$

254 (1) ちょうど 2 種類の数字を用いて 2 桁の数を作るとき，一の位の数字の選び方は 4 通り，十の位の数字の選び方は 3 通りであるから $\qquad a_2=4\cdot3=12$

同様にして $\qquad b_3=4\cdot3\cdot2=24$

(2) ちょうど 2 種類の数字が使われている $(n+1)$ 桁の数の作り方は次のいずれかの場合である。

[1] 1 種類の数字のみ使われている n 桁の数の末尾に，使われている数字以外の数字を

1つ追加して $(n+1)$ 桁の数を作る。

このような作り方は　　$4 \cdot 3 = 12$（通り）

[2]　ちょうど2種類の数字が使われている n 桁の数の末尾に，使われている2つの数字のうち1つ追加して $(n+1)$ 桁の数を作る。

このような作り方は　　$a_n \cdot 2 = 2a_n$（通り）

[1]，[2]から　　$a_{n+1} = 2a_n + 12$　……①

(3)　①を変形すると　　$a_{n+1} + 12 = 2(a_n + 12)$

よって，数列 $\{a_n + 12\}$ は初項 $a_1 + 12 = 12$，公比2の等比数列であるから

$$a_n + 12 = 12 \cdot 2^{n-1} = 3 \cdot 2^{n+1}$$

したがって　　$a_n = 3 \cdot 2^{n+1} - 12$

(4)　ちょうど3種類の数字が使われている $(n+1)$ 桁の数の作り方は次のいずれかの場合である。

[1]　2種類の数字のみ使われている n 桁の数の末尾に，使われている数字以外の数字を1つ追加して $(n+1)$ 桁の数を作る。

このような作り方は　　$a_n \cdot 2 = 2a_n$（通り）

[2]　ちょうど3種類の数字が使われている n 桁の数の末尾に，使われている3つの数字のうち1つ追加して $(n+1)$ 桁の数を作る。

このような作り方は　　$b_n \cdot 3 = 3b_n$（通り）

[1]，[2]から　　$b_{n+1} = 3b_n + 2a_n$　……②

よって　　$p = 3$，$q = 2$

(5)　$a_n = 3 \cdot 2^{n+1} - 12$ を②に代入すると

$$b_{n+1} = 3b_n + 2(3 \cdot 2^{n+1} - 12)$$

両辺を 3^{n+1} で割ると　　$\dfrac{b_{n+1}}{3^{n+1}} = \dfrac{b_n}{3^n} + 6 \cdot \left(\dfrac{2}{3}\right)^{n+1} - 8 \cdot \left(\dfrac{1}{3}\right)^n$

よって，$c_n = \dfrac{b_n}{3^n}$ とおくとき

$$c_{n+1} = c_n + 6 \cdot \left(\dfrac{2}{3}\right)^{n+1} - 8 \cdot \left(\dfrac{1}{3}\right)^n　……③$$

$b_1 = 0$ であるから　　$c_1 = 0$

③から，$n \geqq 2$ のとき

$$c_n = c_1 + \sum_{k=1}^{n-1} \left\{ 6 \cdot \left(\dfrac{2}{3}\right)^{k+1} - 8 \cdot \left(\dfrac{1}{3}\right)^k \right\}$$

$$= 6 \cdot \dfrac{\left(\dfrac{2}{3}\right)^2 \left\{1 - \left(\dfrac{2}{3}\right)^{n-1}\right\}}{1 - \dfrac{2}{3}} - 8 \cdot \dfrac{\dfrac{1}{3}\left\{1 - \left(\dfrac{1}{3}\right)^{n-1}\right\}}{1 - \dfrac{1}{3}}$$

$$= 8\left\{1 - \left(\dfrac{2}{3}\right)^{n-1}\right\} - 4\left\{1 - \left(\dfrac{1}{3}\right)^{n-1}\right\}$$

$$= 4 - 8 \cdot \left(\dfrac{2}{3}\right)^{n-1} + 4 \cdot \left(\dfrac{1}{3}\right)^{n-1}　……④$$

④において，$n=1$ とすると　　$c_1=4-8+4=0$
よって，④は $n=1$ のときも成り立つ。

したがって　　$c_n=4-8\cdot\left(\dfrac{2}{3}\right)^{n-1}+4\cdot\left(\dfrac{1}{3}\right)^{n-1}$

(6)　(5)の結果より　　$\dfrac{b_n}{3^n}=4-8\cdot\left(\dfrac{2}{3}\right)^{n-1}+4\cdot\left(\dfrac{1}{3}\right)^{n-1}$

ゆえに　　$b_n=4\cdot3^n-3\cdot2^{n+2}+12$

255　(1)　$(n+2)a_{n+1}=na_n+2$ の両辺に $n+1$ を掛けると
$\qquad(n+1)(n+2)a_{n+1}=n(n+1)a_n+2(n+1)$
よって，$b_n=n(n+1)a_n$ とおくと　　$b_{n+1}=b_n+2(n+1)$
したがって，$n\geqq2$ のとき
$$b_n=b_1+\sum_{k=1}^{n-1}2(k+1)$$
$$=2a_1+2\cdot\dfrac{1}{2}\cdot(n-1)\cdot n+2(n-1)$$
$$=n(n+1)+2s-2 \quad\cdots\cdots①$$
①において，$n=1$ とすると　　$b_1=2s$
よって，①は $n=1$ のときも成り立つ。
したがって　　$b_n=n(n+1)+2s-2$

ゆえに　　$a_n=\dfrac{n(n+1)+2s-2}{n(n+1)}=1+\dfrac{2s-2}{n(n+1)}$

(2)　$\displaystyle\sum_{n=1}^{m}a_n=\sum_{n=1}^{m}\left\{1+\dfrac{2s-2}{n(n+1)}\right\}$
$$=m+(2s-2)\sum_{n=1}^{m}\left(\dfrac{1}{n}-\dfrac{1}{n+1}\right)$$
$$=m+(2s-2)\left(1-\dfrac{1}{m+1}\right)$$
$$=m+\dfrac{(2s-2)m}{m+1}$$
よって，$\displaystyle\sum_{n=1}^{m}a_n=0$ のとき　　$m+\dfrac{(2s-2)m}{m+1}=0$
$m+1\neq0$ より，両辺に $m+1$ を掛けて整理すると　　$m(2s+m-1)=0$
$m\neq0$ であるから　　$2s+m-1=0$
したがって　　$s=\dfrac{-m+1}{2}$

256　(1)　$a_{2n}=3a_{2n-1}-n \quad\cdots\cdots①$，
$a_{2n+1}=a_{2n}+1 \quad\cdots\cdots②$ とする。
①において，$n=1$ とすると　　$a_2=3a_1-1=2$
②において，$n=1$ とすると　　$a_3=a_2+1=3$

①において，$n=2$ とすると　　　$a_4=3a_3-2=7$

②において，$n=2$ とすると　　　$a_5=a_4+1=8$

(2) ①，②から

$$b_{n+1}=a_{2n+3}-a_{2n+1}$$
$$=(a_{2n+2}+1)-(a_{2n}+1)$$
$$=a_{2n+2}-a_{2n}$$
$$=\{3a_{2n+1}-(n+1)\}-(3a_{2n-1}-n)$$
$$=3(a_{2n+1}-a_{2n-1})-1$$
$$=3b_n-1$$

よって　　　$b_{n+1}=3b_n-1$

この漸化式を変形すると　　　$b_{n+1}-\dfrac{1}{2}=3\left(b_n-\dfrac{1}{2}\right)$

したがって，数列 $\left\{b_n-\dfrac{1}{2}\right\}$ は初項 $b_1-\dfrac{1}{2}=(a_3-a_1)-\dfrac{1}{2}=2-\dfrac{1}{2}=\dfrac{3}{2}$，公比 3 の等比

数列であるから　　　$b_n-\dfrac{1}{2}=\dfrac{3}{2}\cdot 3^{n-1}=\dfrac{3^n}{2}$

ゆえに　　　$b_n=\dfrac{3^n+1}{2}$

(3) (2)の結果から　　　$a_{2k+1}-a_{2k-1}=\dfrac{3^k+1}{2}$

$k=1，2，3，……，n$ について辺々加えると

$$a_{2n+1}-a_1=\sum_{k=1}^{n}\dfrac{3^k+1}{2}$$

よって

$$a_{2n+1}=1+\dfrac{1}{2}\left\{\dfrac{3(3^n-1)}{3-1}+n\right\}=\dfrac{3^{n+1}+2n+1}{4}$$

(4) $a_{199}=\dfrac{3^{100}+199}{4}$ が n 桁であるとすると

$$10^{n-1}\leqq\dfrac{3^{100}+199}{4}<10^n$$

よって　　　$4\cdot 10^{n-1}\leqq 3^{100}+199<4\cdot 10^n$

$$4\cdot 10^{n-1}-199\leqq 3^{100}<4\cdot 10^n-199$$

ここで，明らかに $n\geqq 4$ であり，$n\geqq 4$ のとき

$10^{n-1}>199$ であるから

$$4\cdot 10^{n-1}-10^{n-1}<4\cdot 10^{n-1}-199$$

すなわち　　　$3\cdot 10^{n-1}<4\cdot 10^{n-1}-199$

また　　　　　$4\cdot 10^n-199<4\cdot 10^n$

したがって　　$3\cdot 10^{n-1}<3^{100}<4\cdot 10^n$

各辺の常用対数をとると

$$\log_{10}3\cdot 10^{n-1}<\log_{10}3^{100}<\log_{10}4\cdot 10^n$$

$$\log_{10}3 + n - 1 < 100\log_{10}3 < \log_{10}4 + n$$

よって　　　$100\log_{10}3 - 2\log_{10}2 < n < 99\log_{10}3 + 1$

ここで　　　$100\log_{10}3 - 2\log_{10}2 = 100 \times 0.4771 - 2 \times 0.3010 = 47.108$

　　　　　　$99 \times \log_{10}3 + 1 = 99 \times 0.4771 + 1 = 48.2329$

したがって　　　$47.108 < n < 48.2329$

これを満たす自然数 n は　　　$n = 48$

ゆえに，a_{199} は　　　48 桁

257 (1) [1] $x \leqq 1$ のとき

$$f(x) - x = \left(\frac{1}{2}x + \frac{1}{2}\right) - x = \frac{1}{2}(1 - x) \geqq 0$$

[2] $x > 1$ のとき

$$f(x) - x = (2x - 1) - x = x - 1 > 0$$

[1]，[2] からすべての実数 x に対して　$f(x) \geqq x$

(2) $a \leqq 1$ のとき，すべての正の整数 n について $a_n \leqq 1$　……① が成り立つことを数学的帰納法により示す。

[1] $n = 1$ のとき

$a_1 = a \leqq 1$ より，$n = 1$ のとき ① は成り立つ。

[2] $n = k$ のとき，① が成り立つと仮定すると　　　$a_k \leqq 1$

$n = k + 1$ のときを考える。

$a_k \leqq 1$ のとき，$f(a_k) = \dfrac{1}{2}a_k + \dfrac{1}{2}$ であるから

$$1 - a_{k+1} = 1 - f(a_k) = 1 - \left(\frac{1}{2}a_k + \frac{1}{2}\right) = \frac{1}{2}(1 - a_k) \geqq 0$$

よって　　　$1 - a_{k+1} \geqq 0$　　　すなわち　　　$a_{k+1} \leqq 1$

したがって，① は $n = k + 1$ のときも成り立つ。

[1]，[2] から，すべての正の整数 n に対して ① は成り立つ。

(3) $a \leqq 1$ のとき，(2) の結果からすべての正の整数 n に対して $a_n \leqq 1$ であるから

$$a_{n+1} = f(a_n) = \frac{1}{2}a_n + \frac{1}{2}$$

よって　　　$a_{n+1} = \dfrac{1}{2}a_n + \dfrac{1}{2}$

この漸化式を変形すると

$$a_{n+1} - 1 = \frac{1}{2}(a_n - 1)$$

したがって，数列 $\{a_n - 1\}$ は初項 $a_1 - 1 = a - 1$，公比 $\dfrac{1}{2}$ の等比数列であるから

$$a_n - 1 = (a - 1) \cdot \left(\frac{1}{2}\right)^{n-1}$$

よって　　　$a_n = (a - 1) \cdot \left(\dfrac{1}{2}\right)^{n-1} + 1$

$a>1$ のとき，すべての正の整数 n について $a_n>1$　……② が成り立つことを数学的帰納法により示す。

[1]　$n=1$ のとき

　　$a_1=a>1$ より，$n=1$ のとき ② は成り立つ。

[2]　$n=k$ のとき，② が成り立つと仮定すると　　$a_k>1$

　　$n=k+1$ のときを考える。

　　(1) の結果から，$f(a_k)\geqq a_k$ であるから

　　　　$a_{k+1}=f(a_k)\geqq a_k>1$

　　よって，② は $n=k+1$ のときも成り立つ。

[1]，[2] から，すべての正の整数 n に対して ② は成り立つ。

したがって，$a>1$ のとき

　　　　　　$a_{n+1}=f(a_n)=2a_n-1$

よって　　　$a_{n+1}=2a_n-1$

この漸化式を変形すると

　　　　　　$a_{n+1}-1=2(a_n-1)$

したがって，数列 $\{a_n-1\}$ は初項 $a_1-1=a-1$，公比 2 の等比数列であるから

　　　　　　$a_n-1=(a-1)\cdot 2^{n-1}$

よって　　　$a_n=(a-1)\cdot 2^{n-1}+1$

以上から　　$a_n=\begin{cases}(a-1)\cdot\left(\dfrac{1}{2}\right)^{n-1}+1 & (a\leqq 1)\\[2mm](a-1)\cdot 2^{n-1}+1 & (a>1)\end{cases}$

258　(1)　$a_{n+1}{}^2-a_n a_{n+2}=2^n$　……① とする。

すべての自然数 n に対して $a_{n+2}-3a_{n+1}+2a_n=0$　……② が成り立つことを数学的帰納法により示す。

[1]　$n=1$ のとき

　　① において，$n=1$ とすると　　$a_2{}^2-a_1 a_3=2$

　　$a_1=1$，$a_2=3$ より　　$3^2-a_3=2$

　　ゆえに　　$a_3=7$

　　よって　　$a_3-3a_2+2a_1=7-3\cdot 3+2=0$

　　したがって，$n=1$ のとき ② は成り立つ。

[2]　$n=k$ のとき ② が成り立つと仮定すると　　$a_{k+2}-3a_{k+1}+2a_k=0$

　　すなわち　　$3a_{k+1}=2a_k+a_{k+2}$　……③

　　$n=k+1$ のときを考える。

　　① より　$a_k a_{k+2}=a_{k+1}{}^2-2^k$　……④

　　これより　$a_{k+1}a_{k+3}=a_{k+2}{}^2-2^{k+1}$　……⑤

　　③ ～ ⑤ から

　　　　$a_{k+1}(a_{k+3}-3a_{k+2}+2a_{k+1})$

$$= a_{k+1}a_{k+3} - 3a_{k+1}a_{k+2} + 2a_{k+1}{}^2$$
$$= a_{k+2}{}^2 - 2^{k+1} - (2a_k + a_{k+2})a_{k+2} + 2a_{k+1}{}^2$$
$$= -2^{k+1} - 2a_k a_{k+2} + 2a_{k+1}{}^2$$
$$= -2^{k+1} - 2(a_{k+1}{}^2 - 2^k) + 2a_{k+1}{}^2$$
$$= 0$$

よって $a_{k+1}(a_{k+3} - 3a_{k+2} + 2a_{k+1}) = 0$

$a_{k+1} \neq 0$ より $a_{k+3} - 3a_{k+2} + 2a_{k+1} = 0$

したがって，②は $n = k+1$ のときも成り立つ。

[1]，[2]から，すべての自然数 n に対して，① は成り立つ。

(2) $a_{n+2} + \beta a_{n+1} = a_{n+1} + \beta a_n$ より $a_{n+2} + (\beta - 1)a_{n+1} - \beta a_n = 0$ …… ⑥

②と⑥の係数を比較すると $\beta - 1 = -3, \; -\beta = 2$

よって $\beta = -2$

(3) (2)の結果より $a_{n+2} - 2a_{n+1} = a_{n+1} - 2a_n$

よって，$b_n = a_{n+1} - 2a_n$ とおくと $b_{n+1} = b_n$

したがって $b_n = b_1 = a_2 - 2a_1 = 1$

よって $a_{n+1} - 2a_n = 1$

すなわち $a_{n+1} = 2a_n + 1$

この漸化式を変形すると $a_{n+1} + 1 = 2(a_n + 1)$

したがって，数列 $\{a_n + 1\}$ は，初項 $a_1 + 1 = 2$，公比 2 の等比数列であるから

$$a_n + 1 = 2 \cdot 2^{n-1} = 2^n$$

よって $a_n = 2^n - 1$

259 (1) $\cos\theta + \cos 2\theta + \cos 3\theta + \cos 4\theta$
$$= (\cos\theta + \cos 3\theta) + (\cos 2\theta + \cos 4\theta)$$
$$= 2\cos 2\theta \cos\theta + 2\cos 3\theta \cos\theta$$
$$= 2\cos\theta (\cos 2\theta + \cos 3\theta)$$
$$= 2\cos\theta \{(2\cos^2\theta - 1) + (4\cos^3\theta - 3\cos\theta)\}$$
$$= 2\cos\theta (4\cos^3\theta + 2\cos^2\theta - 3\cos\theta - 1)$$
$$= 2\cos\theta (\cos\theta + 1)(4\cos^2\theta - 2\cos\theta - 1)$$

ゆえに，与えられた方程式は

$$2\cos\theta (\cos\theta + 1)(4\cos^2\theta - 2\cos\theta - 1) = 0$$

と変形できる。

$0 < \theta < \dfrac{\pi}{2}$ より，$0 < \cos\theta < 1$ であるから，$4\cos^2\theta - 2\cos\theta - 1 = 0$ より

$$\cos\theta = \frac{1 + \sqrt{5}}{4}$$

(2) (右辺) $= \alpha^{n+2} + \alpha^{n+1}\beta + \alpha\beta^{n+1} + \beta^{n+2} - \alpha^{n+1}\beta - \alpha\beta^{n+1} = \alpha^{n+2} + \beta^{n+2}$

よって，等式は示された。

(3) $\alpha = 2\cos\theta, \; \beta = 1 - 2\cos\theta$ とおく。

このとき，(1)で求めた $\cos\theta$ は
$$4\cos^2\theta-2\cos\theta-1=0$$
を満たすことに注意すると
$$\alpha+\beta=1,\quad \alpha\beta=2\cos\theta-4\cos^2\theta=-1$$
よって，(2)の恒等式を用いると
$$a_{n+2}=\alpha^{n+2}+\beta^{n+2}=a_{n+1}\cdot1-(-1)\cdot a_n=a_{n+1}+a_n$$
したがって　　　$a_{n+2}=a_{n+1}+a_n$

(4)　$a_{n+2}=a_{n+1}+a_n$　……① とする。

すべての自然数 n に対して
$$(-1)^n\{a_na_{n+2}-(a_{n+1})^2\}=5\quad ……②$$
が成り立つことを数学的帰納法により示す。

[1]　$n=1$ のとき

$a_1=\alpha+\beta=1,\ a_2=\alpha^2+\beta^2=(\alpha+\beta)^2-2\alpha\beta=1^2-2\cdot(-1)=3$

①から　　$a_3=a_2+a_1=4$

よって　　$(-1)\{a_1a_3-(a_2)^2\}=(-1)(1\cdot4-3^2)=5$

したがって，$n=1$ のとき，② は成り立つ。

[2]　$n=k$ のとき，② が成り立つと仮定すると
$$(-1)^k\{a_ka_{k+2}-(a_{k+1})^2\}=5$$
すなわち　　$(a_{k+1})^2=a_ka_{k+2}-(-1)^k\cdot5$　……③

$n=k+1$ のときを考える。

①から　　　　$a_{k+3}=a_{k+2}+a_{k+1}$　……④

①，③，④ から

$(-1)^{k+1}\{a_{k+1}a_{k+3}-(a_{k+2})^2\}$
$\quad=(-1)^{k+1}\{a_{k+1}(a_{k+2}+a_{k+1})-(a_{k+2})^2\}$
$\quad=(-1)^{k+1}\{a_{k+1}a_{k+2}+(a_{k+1})^2-(a_{k+2})^2\}$
$\quad=(-1)^{k+1}\{a_{k+1}a_{k+2}+a_ka_{k+2}-(-1)^k\cdot5-(a_{k+2})^2\}$
$\quad=(-1)^{k+1}\{a_{k+2}(a_{k+1}+a_k)+(-1)^{k+1}\cdot5-(a_{k+2})^2\}$
$\quad=(-1)^{k+1}\{(a_{k+2})^2+(-1)^{k+1}\cdot5-(a_{k+2})^2\}$
$\quad=(-1)^{2(k+1)}\cdot5$
$\quad=5$

したがって，② は $n=k+1$ のときも成り立つ。

[1]，[2]から，すべての自然数 n に対して，② は成り立つ。

ゆえに，$(-1)^n\{a_na_{n+2}-(a_{n+1})^2\}$ は n によらない定数である。

260　(1)　n が3の倍数であるとき，
$$a_n,\ b_n \text{ はともに整数}\quad ……①$$
となることを数学的帰納法により示す。

[1]　$n=3$ のとき

$$\left(\frac{1+\sqrt{5}}{2}\right)^3 = \frac{1+3\cdot 1^2\cdot \sqrt{5}+3\cdot 1\cdot(\sqrt{5})^2+(\sqrt{5})^3}{8}$$
$$= 2+\sqrt{5}$$

よって，$a_3=2$，$b_3=1$ であるから，$n=1$ のとき ① は成り立つ。

[2] $n=3k$ (k は自然数) のとき，① が成り立つと仮定すると，整数 p，q を用いて，$a_{3k}=p$，$b_{3k}=q$ と表される。

$n=3(k+1)$ のときを考える。

$$\left(\frac{1+\sqrt{5}}{2}\right)^{3(k+1)} = \left(\frac{1+\sqrt{5}}{2}\right)^{3k}\left(\frac{1+\sqrt{5}}{2}\right)^3$$
$$= (a_{3k}+b_{3k}\sqrt{5})(2+\sqrt{5})$$
$$= 2a_{3k}+a_{3k}\sqrt{5}+2b_{3k}\sqrt{5}+5b_{3k}$$
$$= 2p+5q+(p+2q)\sqrt{5}$$

よって　　$a_{3(k+1)}=2p+5q$，$b_{3(k+1)}=p+2q$

p，q は整数より，$2p+5q$，$p+2q$ は整数である。

したがって，① は $n=3(k+1)$ のときも成り立つ。

[1]，[2] から，n が 3 の倍数であるとき，a_n，b_n はともに整数である。

(2) n が 3 の倍数であるとき，

$\quad\quad a_n$，b_n のどちらか一方が偶数で他方が奇数　……②

であることを数学的帰納法により示す。

[1]　$n=3$ のとき

(1) から，$a_3=2$，$b_3=1$ であるから，$n=1$ のとき ② は成り立つ。

[2]　$n=3k$ (k は自然数) のとき，② が成り立つと仮定すると，$a_{3k}+b_{3k}$ は奇数である。

$n=3(k+1)$ のときを考える。

(1) から　　$a_{3(k+1)}=2a_{3k}+5b_{3k}$，$b_{3(k+1)}=a_{3k}+2b_{3k}$

よって　　$a_{3(k+1)}+b_{3(k+1)}=3a_{3k}+7b_{3k}=3(a_{3k}+b_{3k})+4b_{3k}$

$a_{3k}+b_{3k}$ は奇数で，$4b_{3k}$ は偶数であるから，$3(a_{3k}+b_{3k})+4b_{3k}$ は奇数である。

したがって，$a_{3(k+1)}+b_{3(k+1)}$ は奇数であり，$a_{3(k+1)}$，$b_{3(k+1)}$ はいずれも整数であるから，② は $n=3(k+1)$ のときも成り立つ。

[1]，[2] から，n が 3 の倍数であるとき，a_n，b_n のどちらか一方が偶数で他方が奇数である。

(3) (1) より，n が 3 の倍数のときは a_n，b_n はともに整数である。

よって，n が 3 の倍数でないとき，a_n，b_n の少なくとも一方が整数でないことを示せばよい。

[1]　$n=1$ のとき

$a_1=\dfrac{1}{2}$，$b_1=\dfrac{1}{2}$ より，a_1，b_1 はともに整数でない。

[2]　$n=2$ のとき

$$\left(\frac{1+\sqrt{5}}{2}\right)^2 = \frac{3+\sqrt{5}}{2} \quad より \quad\quad a_2=\frac{3}{2}，b_2=\frac{1}{2}$$

よって，a_2，b_2 はともに整数でない。

[3]　$n = 3k+1$ (k は自然数) のとき

$$\left(\frac{1+\sqrt{5}}{2}\right)^{3k+1} = \left(\frac{1+\sqrt{5}}{2}\right)^{3k}\left(\frac{1+\sqrt{5}}{2}\right)$$

$$= (a_{3k} + b_{3k}\sqrt{5})\left(\frac{1+\sqrt{5}}{2}\right)$$

$$= \frac{a_{3k} + 5b_{3k}}{2} + \frac{a_{3k} + b_{3k}}{2}\sqrt{5}$$

よって　　$a_{3k+1} = \dfrac{a_{3k} + 5b_{3k}}{2}$，$b_{3k+1} = \dfrac{a_{3k} + b_{3k}}{2}$

(2) より，$a_{3k} + b_{3k}$ は奇数であるから，b_{3k+1} は整数でない。

[4]　$n = 3k+2$ (k は自然数) のとき

$$\left(\frac{1+\sqrt{5}}{2}\right)^{3k+2} = \left(\frac{1+\sqrt{5}}{2}\right)^{3k}\left(\frac{1+\sqrt{5}}{2}\right)^2$$

$$= (a_{3k} + b_{3k}\sqrt{5})\left(\frac{3+\sqrt{5}}{2}\right)$$

$$= \frac{3a_{3k} + 5b_{3k}}{2} + \frac{a_{3k} + 3b_{3k}}{2}\sqrt{5}$$

よって　　$a_{3k+2} = \dfrac{3a_{3k} + 5b_{3k}}{2}$，$b_{3k+2} = \dfrac{a_{3k} + 3b_{3k}}{2}$

したがって　　$b_{3k+2} = \dfrac{a_{3k} + b_{3k}}{2} + b_{3k}$

(1) より b_{3k} は整数で，(2) より，$a_{3k} + b_{3k}$ は奇数であるから，b_{3k+2} は整数でない。

[1]〜[4]から，n が 3 の倍数でないとき，a_n，b_n の少なくとも一方が整数でない。
ゆえに，a_n，b_n がともに整数となるのは，n が 3 の倍数のときに限る。

261　(1)　$(3x+2)^n$ を x^2+x+1 で割った商を $Q_n(x)$ とすると

$$(3x+2)^n = (x^2+x+1)Q_n(x) + a_n x + b_n$$

このとき

$$(3x+2)^{n+1} = (3x+2)\{(x^2+x+1)Q_n(x) + a_n x + b_n\}$$

$$= (3x+2)(x^2+x+1)Q_n(x) + (3x+2)(a_n x + b_n)$$

$$= (3x+2)(x^2+x+1)Q_n(x) + 3a_n x^2 + (2a_n + 3b_n)x + 2b_n$$

よって，$(3x+2)^{n+1}$ を x^2+x+1 で割った余りは，$3a_n x^2 + (2a_n + 3b_n)x + 2b_n$ を x^2+x+1 で割った余りに等しい。

$$3a_n x^2 + (2a_n + 3b_n)x + 2b_n$$

$$= 3a_n(x^2+x+1) + (-a_n + 3b_n)x - 3a_n + 2b_n$$

したがって，$3a_n x^2 + (2a_n + 3b_n)x + 2b_n$ を x^2+x+1 で割った余りは

$$(-a_n + 3b_n)x - 3a_n + 2b_n$$

ゆえに　　$a_{n+1} = -a_n + 3b_n$，$b_{n+1} = -3a_n + 2b_n$

(2) すべての自然数 n に対して,

a_n を 7 で割った余りは 3,b_n を 7 で割った余りは 2 ……①

であることを数学的帰納法により示す。

[1] $n=1$ のとき

$a_1=3$,$b_1=2$ より,$n=1$ のとき ① は成り立つ。

[2] $n=k$ のとき,① が成り立つと仮定すると

整数 p,q を用いて

$$a_k=7p+3,\ b_k=7q+2$$

と表せる。

$n=k+1$ のときを考える。

$$\begin{aligned}
a_{k+1}&=-a_k+3b_k\\
&=-(7p+3)+3(7q+2)\\
&=7(-p+3q)+3\\
b_{k+1}&=-3a_k+2b_k\\
&=-3(7p+3)+2(7q+2)\\
&=7(-3p+2q-1)+2
\end{aligned}$$

よって,a_{k+1},b_{k+1} を 7 で割った余りはそれぞれ 3,2 である。

したがって,① は $n=k+1$ のときも成り立つ。

[1],[2] より,すべての自然数 n に対して ① は成り立つ。

ゆえに,すべての自然数 n に対して,a_n,b_n は 7 で割り切れない。

(3) $a_{n+1}=-a_n+3$,$b_{n+1}=-3a_n+2b_n$ より

$$a_n=\frac{2a_{n+1}-3b_{n+1}}{7}\quad ……②$$

$$b_n=\frac{3a_{n+1}-b_{n+1}}{7}\quad ……③$$

ここで,ある自然数 n に対し,a_{n+1} と b_{n+1} が互いに素でないと仮定し,a_{n+1} と b_{n+1} の共通の素因数を $d\,(d\neq7)$ とする。

このとき,整数 x,y を用いて

$$a_{n+1}=dx,\ b_{n+1}=dy$$

と表せる。

②,③ から

$$2a_{n+1}-3b_{n+1}=7a_n,\ 3a_{n+1}-b_{n+1}=7b_n$$

したがって

$$d(2x-3y)=7a_n,\ d(3x-y)=7b_n$$

よって,$7a_n$ と $7b_n$ は d の倍数である。

ここで,d と 7 は互いに素であるから,a_n と b_n はともに d の倍数である。

したがって

a_{n+1} と b_{n+1} がともに d の倍数 $\Longrightarrow a_n$ と b_n はともに d の倍数

が成り立つ。

これを繰り返すと，a_1 と b_1 もともに d の倍数となるが，これは $a_1=3$，$a_2=2$ に矛盾する。

したがって，すべての自然数 n に対して，a_n と b_n は互いに素である。

262 (1)　$a_n=2(\sqrt{3}+1)^n\cos(2\pi n\theta)$　……① とする。

① において，$n=1$ とすると

$$a_1=2(\sqrt{3}+1)\cos(2\pi\theta)=2(\sqrt{3}+1)\cdot\frac{\sqrt{3}-1}{4}$$

$$=\frac{(\sqrt{3})^2-1}{2}=1$$

① において，$n=2$ とすると

$$\begin{aligned}
a_2&=2(\sqrt{3}+1)^2\cos(4\pi\theta)\\
&=2(4+2\sqrt{3})\{2\cos^2(2\pi\theta)-1\}\\
&=4(2+\sqrt{3})\left\{2\left(\frac{\sqrt{3}-1}{4}\right)^2-1\right\}\\
&=4(2+\sqrt{3})\cdot\left(\frac{-2-\sqrt{3}}{4}\right)\\
&=-(2+\sqrt{3})^2\\
&=-7-4\sqrt{3}
\end{aligned}$$

(2)　$\cos t\cdot\cos(mt)=\dfrac{1}{2}\{\cos(t+mt)+\cos(t-mt)\}$

よって　　$\cos t\cdot\cos(mt)=\dfrac{1}{2}\{\cos\{(m+1)t\}+\cos\{-(m-1)t\}\}$

$$=\frac{1}{2}\{\cos\{(m+1)t\}+\cos\{(m-1)t\}\}　……②$$

(3)　自然数 n に対して，② において，$t=2\pi\theta$，$m=n+1$ とおくと

$$\cos(2\pi\theta)\cdot\cos\{2\pi(n+1)\theta\}=\frac{1}{2}[\cos\{2\pi(n+2)\theta\}+\cos(2\pi n\theta)]$$

よって　　$\cos\{2\pi(n+2)\theta\}=2\cdot\dfrac{\sqrt{3}-1}{4}\cos\{2\pi(n+1)\theta\}-\cos(2\pi n\theta)$

両辺に $2(\sqrt{3}+1)^{n+2}$ を掛けると

$$\begin{aligned}
&2(\sqrt{3}+1)^{n+2}\cos\{2\pi(n+2)\theta\}\\
&\quad=\frac{\sqrt{3}-1}{2}2(\sqrt{3}+1)^{n+2}\cos\{2\pi(n+1)\theta\}-2(\sqrt{3}+1)^{n+2}\cos(2\pi n\theta)\\
&\quad=\frac{(\sqrt{3}-1)(\sqrt{3}+1)}{2}\cdot2(\sqrt{3}+1)^{n+1}\cos\{2\pi(n+1)\theta\}\\
&\quad\quad\quad-(\sqrt{3}+1)^2\cdot2(\sqrt{3}+1)^n\cos(2\pi n\theta)\\
&\quad=2(\sqrt{3}+1)^{n+1}\cos\{2\pi(n+1)\theta\}\\
&\quad\quad\quad-(4+2\sqrt{3})\cdot2(\sqrt{3}+1)^n\cos(2\pi n\theta)
\end{aligned}$$

$a_n = 2(\sqrt{3}+1)^n \cos(2\pi n\theta)$ であるから

$$a_{n+2} = a_{n+1} - (4+2\sqrt{3})a_n \quad \cdots\cdots ③$$

③ と $a_{n+2} = ca_{n+1} + da_n$ の右辺の係数を比較して

$$c = 1, \quad d = -4 - 2\sqrt{3}$$

(4) すべての自然数 n に対して，$a_n = p_n + q_n\sqrt{3}$ となる整数 p_n，q_n が存在するから，③ より

$$\begin{aligned}
&p_{n+2} + q_{n+2}\sqrt{3} \\
&= (p_{n+1} + q_{n+1}\sqrt{3}) - (4+2\sqrt{3})(p_n + q_n\sqrt{3}) \\
&= (p_{n+1} - 4p_n - 6q_n) + (q_{n+1} - 2p_n - 4q_n)\sqrt{3}
\end{aligned}$$

p_n，q_n，p_{n+1}，q_{n+1}，p_{n+2}，q_{n+2} はすべて整数であるから

$$p_{n+2} = p_{n+1} - 4p_n - 6q_n \quad \cdots\cdots ④$$

$$q_{n+2} = q_{n+1} - 2p_n - 4q_n$$

さらに，すべての自然数 n に対して，p_n が奇数であることを数学的帰納法により示す。

[1] $n = 1$，2 のとき

$a_1 = 1$ から $\qquad\qquad p_1 = 1$

$a_2 = -7 - 4\sqrt{3}$ から $\qquad p_2 = -7$

よって，$n = 1$，2 のとき，p_n は奇数である。

[2] $n = k$，$k+1$ のとき，p_n が奇数であると仮定する。

$n = k+2$ のときを考える。

④ から $\qquad p_{k+2} = p_{k+1} - 4p_k - 6q_k$

ここで，p_k，p_{k+1} は奇数であるから，$p_{k+1} - 4p_k$ は奇数である。さらに，q_k は整数であるから，$6q_k$ は偶数である。

よって，$p_{k+1} - 4p_k - 6q_k$ は奇数であるから，p_{k+2} は奇数である。

したがって，$n = k+2$ のとき，p_n は奇数である。

[1]，[2] から，すべての自然数 n に対して，p_n は奇数である。

(5) $\cos(2\pi N\theta) = 1$ を満たす自然数 N が存在すると仮定する。

このとき $\qquad a_N = 2(\sqrt{3}+1)^N \cos(2\pi N\theta) = 2(\sqrt{3}+1)^N$

また，$(\sqrt{3}+1)^N = r_N + s_N\sqrt{3}$ を満たす整数 r_N，s_N が存在するから

$$a_N = 2(r_N + s_N\sqrt{3}) = 2r_N + 2s_N\sqrt{3}$$

ここで，$a_N = p_N + q_N\sqrt{3}$ であるから

$$p_N + q_N\sqrt{3} = 2r_N + 2s_N\sqrt{3}$$

p_N，q_N，r_N，s_N は整数であるから

$$p_N = 2r_N \quad \cdots\cdots ⑤, \quad q_N = 2s_N$$

r_N は整数であるから，⑤ から p_N は偶数となり，これは p_N が奇数であることに矛盾する。

したがって，$\cos(2\pi N\theta) = 1$ を満たす自然数 N は存在しない。

263 (1) $y=x^3-3x$ より　　　$y'=3x^2-3$

よって，ℓ_n の方程式は　　　$y-(n^3-3n)=(3n^2-3)(x-n)$

したがって　　　$y=(3n^2-3)x-2n^3$

(2) C と ℓ_n の共有点の x 座標は，方程式

$$x^3-3x=(3n^2-3)x-2n^3$$

の解である。

$$x^3-3n^2x+2n^3=0$$

すなわち　　$(x-n)^2(x+2n)=0$

を解いて　　$x=-2n,\ n$

したがって，C と ℓ_n の共有点は　　$(-2n,\ -8n^3+6n),\ (n,\ n^3-3n)$

(3) $n=1$ のとき，ℓ_n の方程式は　　　$y=-2$

また，C と ℓ_n の共有点の座標は

$$(-2,\ -2),\ (1,\ -2)$$

D_1 は右の図の斜線部分であるから，D_1 に含まれる格子点の座標は

$$(-2,\ -2),\ (-1,\ -2),\ (-1,\ -1),$$
$$(-1,\ 0),\ (-1,\ 1),\ (-1,\ 2),\ (0,\ -2),$$
$$(0,\ -1),\ (0,\ 0),\ (1,\ -2)$$

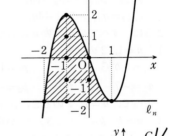

(4) n は自然数であるから　　　$-2n<n$

ゆえに，D_N は右の図の斜線部分になる。D_n 内の格子点で，直線 $x=k\ (-2n\leqq k\leqq n)$ 上にあるものの個数は

$$(k^3-3k)-\{(3n^2-3)k-2n^3\}+1$$
$$=k^3-3n^2k+2n^3+1$$

よって，求める格子点の個数は

$$T_n=\sum_{k=-2n}^{n}(k^3-3n^2k+2n^3+1)$$
$$=\sum_{k=1}^{n}(k^3-3n^2k)+\sum_{k=1}^{2n}(-k^3+3n^2k)+(2n^3+1)(3n+1)$$
$$=\frac{1}{4}n^2(n+1)^2-3n^2\cdot\frac{1}{2}n(n+1)-\frac{4n^2(2n+1)^2}{4}$$
$$\qquad\qquad+3n^2\cdot\frac{1}{2}\cdot2n(2n+1)+(2n^3+1)(3n+1)$$
$$=\frac{1}{4}n^2(3n+1)(n-3)+(2n^3+1)(3n+1)$$
$$=\frac{1}{4}(3n+1)\{n^2(n-3)+4(2n^3+1)\}$$
$$=\frac{1}{4}(3n+1)(9n^3-3n^2+4)$$

$$=\frac{1}{4}(3n+1)(3n+2)(3n^2-3n+2)$$

264 $m=7q_1+a_1$ であり，m を 7 で割った余りは 5 であるから $m=7q_1+5$

よって $m^2=(7q_1+5)^2=49q_1{}^2+70q_1+25=7(7q_1{}^2+10q_1+3)+4$

したがって $a_2={}^\text{ア}4$

また
$$\begin{aligned}
m^{k+1}&=m^k\cdot m\\
&=(7q_k+a_k)(7q_1+5)\\
&=49q_kq_1+35q_k+7a_kq_1+5a_k\\
&=7(7q_kq_1+5q_k+a_kq_1)+5a_k
\end{aligned}$$

よって，a_{k+1} は ${}^\text{イ}5a_k$ を 7 で割った余りに等しい。

このことから

$a_1=5,\ a_2=4,\ a_3=6,\ a_4=2,\ a_5=3,\ a_6=1,\ a_7=5,\ \cdots\cdots$

したがって，自然数 k に対して，

$a_{6k-5}=5,\ a_{6k-4}=4,\ a_{6k-3}=6,\ a_{6k-2}=2,\ a_{6k-1}=3,\ a_{6k}=1$

よって，$a_k=a_1$ となる 1 より大きい自然数 k の中で最小のものは 7 であるから

$l={}^\text{ウ}7$

また $S_6=a_1+a_2+a_3+a_4+a_5+a_6=5+4+6+2+3+1={}^\text{エ}21$

さらに，二項定理により $7^n=(6+1)^n=\displaystyle\sum_{r=0}^{n}{}_n\mathrm{C}_r6^r=\sum_{r=1}^{n}{}_n\mathrm{C}_r6^r+1$

より，7^n を 6 で割った余りは 1 であるから，整数 p を用いて，$7^n=6p+1$ と表せる。

したがって
$$\begin{aligned}
S_{7^n}&=\sum_{k=1}^{7^n}a_k\\
&=\sum_{k=1}^{p}(a_{6k-5}+a_{6k-4}+a_{6k-3}+a_{6k-2}+a_{6k-1}+a_{6k})+a_{6p+1}\\
&=\sum_{k=1}^{p}21+5\\
&=21p+5
\end{aligned}$$

$7^n=6p+1$ より $p=\dfrac{7^n-1}{6}$ であるから

$$S_{7^n}=21\cdot\frac{7^n-1}{6}+5={}^\text{オ}\frac{7^{n+1}+3}{2}$$

また，$n\geqq1$ より

$$4\cdot7^n-\frac{7^{n+1}+3}{2}=\frac{7^n-3}{2}>0$$

$$\frac{7^{n+1}+3}{2}-3\cdot7^n=\frac{7^n+3}{2}>0$$

よって $3\cdot7^n<\dfrac{7^{n+1}+3}{2}<4\cdot7^n$

すなわち　　$3 \cdot 7^n < S_{7^n} < 4 \cdot 7^n$

したがって，S_{7^n} を7進法で表すと $^{ヵ}n+1$ 桁であり，$n+1$ 桁目の数字は　$^{キ}3$

265　$\alpha = \dfrac{3\pi}{11}$ とおくと

$$x_{n+1} = (\cos\alpha)x_n - (\sin\alpha)y_n \quad \cdots\cdots ①$$
$$y_{n+1} = (\sin\alpha)x_n + (\cos\alpha)y_n \quad \cdots\cdots ②$$

よって，①，②において

$n=0$ のとき　　$x_1 = \sin\alpha, \quad y_1 = -\cos\alpha$

$n=1$ のとき　　$x_2 = \cos\alpha\sin\alpha + \sin\alpha\cos\alpha$
　　　　　　　　　　$= 2\sin\alpha\cos\alpha = \sin 2\alpha$
　　　　　　　　$y_2 = \sin\alpha\sin\alpha - \cos\alpha\cos\alpha$
　　　　　　　　　　$= -\cos 2\alpha$

$n=2$ のとき　　$x_3 = \cos\alpha\sin 2\alpha + \sin\alpha\cos 2\alpha$
　　　　　　　　　　$= \sin(\alpha + 2\alpha) = \sin 3\alpha$
　　　　　　　　$y_3 = \sin\alpha\sin 2\alpha - \cos\alpha\cos 2\alpha$
　　　　　　　　　　$= -\cos(\alpha + 2\alpha) = -\cos 3\alpha$

以上から　　　　$x_n = \sin n\alpha, \quad y_n = -\cos n\alpha \quad \cdots\cdots ③$

と推測できる。

これが正しいことを数学的帰納法により示す。

[1]　$n=0$ のとき
　　　　$x_0 = \sin 0 = 0, \quad y_0 = -\cos 0 = -1$
　　　よって，$n=0$ のとき③は成り立つ。

[2]　$n=k$ のとき，③が成り立つと仮定すると
　　　　$x_k = \sin k\alpha, \quad y_k = -\cos k\alpha$
　　　$n=k+1$ のときを考える。
　　　①，②から
　　　$x_{k+1} = \cos\alpha\sin k\alpha + \sin\alpha\cos k\alpha$
　　　　　　$= \sin(k\alpha + \alpha) = \sin(k+1)\alpha$
　　　$y_{k+1} = \sin\alpha\sin k\alpha - \cos\alpha\cos k\alpha$
　　　　　　$= -\cos(\alpha + k\alpha) = -\cos(k+1)\alpha$
　　　よって，③は $n=k+1$ のときも成り立つ。

[1]，[2]から，すべての非負整数 n に対して③は成り立つ。

したがって　　　$x_n = \sin n\alpha, \quad y_n = \cos n\alpha$

よって，$x_n = \sin\dfrac{3n}{11}\pi$ であるから，x_n が最小となるのは，非負整数 n, m に対して，

$\left| \dfrac{3n}{11}\pi - \left(\dfrac{3}{2}\pi + 2m\pi\right) \right|$ が最小となるときである。

$$\left|\frac{3n}{11}\pi-\left(\frac{3}{2}\pi+2m\pi\right)\right|=\left|\frac{6n-44m-33}{22}\right|\pi$$

したがって，$|6n-44m-33|$ が最小となる場合を考えればよい。

$|6n-44m-33|$ は 0 以上の整数であることに注意する。

$6n-44m-33=0$ とすると　　$2(3n-22m)=33$

左辺は偶数であるが，右辺は奇数であるからこれを満たす整数 n，m は存在しない。

$6n-44m-33=1$ とすると　　$3n-22m=17$　……④

$m=0$ のとき，④ は $3n=17$ でこれを満たす整数 n は存在しない。

$m=1$ のとき，④ は $3n-22=17$

よって　　$n=13$

$m\geqq3$ のとき，④ を満たす非負整数 n が存在するならば，それは 13 以上である。

以上から，x_n が最小となる最初の n は　　$n=13$

266 (1) $\begin{aligned}\cos3\theta&=\cos(2\theta+\theta)\\&=\cos2\theta\cos\theta-\sin2\theta\sin\theta\\&=(2\cos^2\theta-1)\cos\theta-2\sin^2\theta\cos\theta\\&=2\cos^3\theta-\cos\theta-2(1-\cos^2\theta)\cos\theta\\&=4\cos^3\theta-3\cos\theta\end{aligned}$

$\begin{aligned}\cos4\theta&=\cos2(2\theta)\\&=2\cos^22\theta-1\\&=2(2\cos^2\theta-1)^2-1\\&=8\cos^4\theta-8\cos^2\theta+1\end{aligned}$

(2) $\cos\theta=\dfrac{1}{p}$ のとき，$\theta=\dfrac{m}{n}\cdot\pi$ となるような正の整数 m，n が存在すると仮定する。

ここで，(1) の結果から，$x=\cos\theta$ とおくとき，$\cos n\theta$ は x の整数係数の n 次式で表すことができ，かつ n 次の項の係数は 2^{n-1}　……① と推測できる。

これを数学的帰納法により示す。

[1]　$n=1$，2 のとき

$\cos\theta=x$，$\cos2\theta=2x^2-1$

よって，$n=1$，2 のとき，① は成り立つ。

[2]　$n=k$，$k+1$ のとき，① が成り立つと仮定すると

$\cos(k+1)\theta=2^kx^{k+1}+(k\text{ 次以下の整数係数の多項式})$

$\cos k\theta=2^{k-1}x^k+(k-1\text{ 次以下の整数係数の多項式})$

と表せる。

等式 $\cos x+\cos y=2\cos\dfrac{x+y}{2}\cos\dfrac{x-y}{2}$ において，$x=(k+2)\theta$，$y=k\theta$ とおくと

$\cos(k+2)\theta+\cos k\theta=2\cos(k+1)\theta\cos\theta$

よって

$\cos(k+2)\theta=2\cos\theta\cos(k+1)\theta-\cos k\theta$

$$= 2x\{2^k x^{k+1} + (k \text{ 次以下の整数係数の多項式})\}$$
$$- \{2^{k-1} x^k + (k-1 \text{ 次以下の整数係数の多項式})\}$$
$$= 2^{k+1} x^{k+2} + (k+1 \text{ 次以下の整数係数の多項式})$$

したがって，① は $n = k+2$ のときも成り立つ。

[1]，[2] から，すべての自然数 n に対して，① は成り立つ。

よって，n 次の項の係数が 2^{n-1} である x の整数係数の n 次式 $f(x)$ に対して
$\cos n\theta = f(\cos\theta)$ と表される。

$\cos\theta = \dfrac{1}{p}$ のとき　　$\cos n\theta = f\left(\dfrac{1}{p}\right)$

$\theta = \dfrac{m}{n} \cdot \pi$ より　　$\cos m\pi = f\left(\dfrac{1}{p}\right)$

したがって　　$\pm 1 = f\left(\dfrac{1}{p}\right)$

これより，l を整数として
$$\pm p^n = 2^{n-1} + pl$$
$$p(\pm p^{n-1} - l) = 2^{n-1}$$

よって，2^{n-1} は p の倍数となるが，これは p が 3 以上の素数であることに矛盾する。
したがって，$\cos\theta = \dfrac{1}{p}$ のとき，$\theta = \dfrac{m}{n} \cdot \pi$ となるような正の整数 m，n は存在しない。

267 (1) $0 < j < p$ のとき
$$j_p\mathrm{C}_j = j \cdot \frac{p!}{j!(p-j)!}$$
$$= p \cdot \frac{(p-1)!}{(j-1)!\{(p-1)-(j-1)\}!}$$
$$= p_{p-1}\mathrm{C}_{j-1}$$

$_{p-1}\mathrm{C}_{j-1}$ は整数であるから，$j_p\mathrm{C}_j$ は p で割り切れる。

さらに，p は素数で，かつ $0 < j < p$ であるから，p と j は互いに素である。
したがって，$_p\mathrm{C}_j$ は p で割り切れる。

(2) 二項定理により　　$(m+1)^p = \sum_{r=0}^{p} {}_p\mathrm{C}_r m^r$

よって　　$(m+1)^p - m^p - 1 = \sum_{r=0}^{p} {}_p\mathrm{C}_r m^r - m^p - 1 = \sum_{r=1}^{p-1} {}_p\mathrm{C}_r m^r$

(1) から，$1 \leq r \leq p-1$ に対して，$_p\mathrm{C}_r$ は p で割り切れるから，$\sum\limits_{r=1}^{p-1} {}_p\mathrm{C}_r m^r$ は p で割り切れる。

したがって，$(m+1)^p - m^p - 1$ は p で割り切れる。

(3) 自然数 m に対して，
$$m^p - m \text{ は } p \text{ で割り切れる} \quad \cdots\cdots ①$$
ことを m に関する数学的帰納法により示す。

[1]　$m=1$ のとき

$$m^p - m = 1^p - 1 = 0$$

よって，$m=1$ のとき ① は成り立つ。

[2]　$m=k$ のとき，① が成り立つと仮定すると，

整数 l を用いて，$k^p - k = pl$ と表せる。

このとき　　$k = k^p - pl$

$m=k+1$ のときを考える。

$$(k+1)^p - (k+1)$$
$$= (k+1)^p - (k^p - pl + 1)$$
$$= (k+1)^p - k^p - 1 + pl$$

ここで，(2)から，$(k+1)^p - k^p - 1$ は p の倍数であるから，$(k+1)^p - k^p - 1 + pl$ は p の倍数である。

よって，① は $m=k+1$ のときも成り立つ。

[1]，[2]から，すべての自然数 m に対して，① は成り立つ。

したがって，自然数 m に対して，$m^p - m$ は p で割り切れる。

よって，$m(m^{p-1} - 1)$ は p で割り切れるから，m が p で割り切れないとき，$m^{p-1} - 1$ は p で割り切れる。

(4)　$a = 4n^2 + 4n - 1 = (2n+1)^2 - 2$ であるから，ユークリッドの互除法より，

a と $2n+1$ の最大公約数は，$2n+1$ と 2 の最大公約数に等しい。

$2n+1$ は奇数であるから，$2n+1$ と 2 の最大公約数は 1 である。

よって，a と $2n+1$ は互いに素である。

(5)　ある自然数 n に対して，$a = 4n^2 + 4n - 1$ が p で割り切れるとき，整数 s を用いて

$4n^2 + 4n - 1 = ps$ と表せる。

このとき　　$(2n+1)^2 - 2 = ps$

よって　　$(2n+1)^2 = ps + 2$　……②

ここで，(4)から，a と $2n+1$ は互いに素であるから，$a = 4n^2 + 4n - 1$ が p で割り切れるとき，$2n+1$ は p で割り切れない。

したがって，(3)から，$(2n+1)^{p-1} - 1$ は p で割り切れる。

よって，整数 t を用いて

$$(2n+1)^{p-1} - 1 = pt　……③$$

と表せる。

②，③から　　$(ps+2)^{\frac{p-1}{2}} - 1 = pt$　……④

p は 3 以上の素数であるから，$\dfrac{p-1}{2}$ は 1 以上の整数である。

したがって，二項定理から

$$(ps+2)^{\frac{p-1}{2}} = \sum_{r=0}^{\frac{p-1}{2}} {}_{\frac{p-1}{2}}\mathrm{C}_r (ps)^{\frac{p-1}{2}-r} \cdot 2^r$$

$$= \sum_{r=0}^{\frac{p-1}{2}-1} {}_{\frac{p-1}{2}}C_r(ps)^{\frac{p-1}{2}-r} \cdot 2^r + 2^{\frac{p-1}{2}}$$

よって，④ から

$$\sum_{r=0}^{\frac{p-1}{2}-1} {}_{\frac{p-1}{2}}C_r(ps)^{\frac{p-1}{2}-r} \cdot 2^r + 2^{\frac{p-1}{2}} - 1 = pt$$

したがって

$$2^{\frac{p-1}{2}} - 1 = pt - \sum_{r=0}^{\frac{p-1}{2}-1} {}_{\frac{p-1}{2}}C_r(ps)^{\frac{p-1}{2}-r} \cdot 2^r$$

ここで　$\displaystyle\sum_{r=0}^{\frac{p-1}{2}-1} {}_{\frac{p-1}{2}}C_r(ps)^{\frac{p-1}{2}-r} \cdot 2^r = ps \sum_{r=0}^{\frac{p-1}{2}-1} {}_{\frac{p-1}{2}}C_r(ps)^{\frac{p-1}{2}-1-r} \cdot 2^r$

$\dfrac{p-1}{2}$ は 1 以上の整数であるから，$\displaystyle\sum_{r=0}^{\frac{p-1}{2}-1} {}_{\frac{p-1}{2}}C_r(ps)^{\frac{p-1}{2}-r} \cdot 2^r$ は p の倍数である。

ゆえに，$2^{\frac{p-1}{2}} - 1$ は p で割り切れる。

268　変量 x のデータが 610，530，590，550，570 のとき，$u = \dfrac{x-500}{10}$ としてできる新たな変量 u のデータは　11，3，9，5，7

　よって，変量 u のデータの平均値 $\overline{u}$ と分散 $s_u{}^2$ は

$$\overline{u} = \frac{1}{5}(11+3+9+5+7) = {}^{\mathcal{P}}7$$

$$s_u{}^2 = \frac{1}{5}\{(11-7)^2+(3-7)^2+(9-7)^2+(5-7)^2+(7-7)^2\} = {}^{\mathcal{A}}8$$

269　$0 \le a \le b \le 4 \le d \le e \le 6$　……①　とする。

　このデータの平均値が 3 点であるから

$$a+b+4+d+e = 15$$

　よって　　$a+b+d+e = 11$　……②

　$a = b = 0$ のとき　　$d+e = 11$

　$d = 5$，$e = 6$ のとき ① を満たす。

　ゆえに，$d+e$ のとりうる最も大きい値は $^{\mathcal{P}}11$ である。

　さらに，このデータの分散が 1.6 であるから

$$(a-3)^2+(b-3)^2+(4-3)^2+(d-3)^2+(e-3)^2 = 8$$

　よって

$$(a-3)^2+(b-3)^2+(d-3)^2+(e-3)^2 = 7　……③$$

　4 つの平方数の和が 7 となるのは，4 つの平方数が 1，1，1，4 のときのみである。

　よって，①，③ を同時に満たす組は

$$(a,\ b,\ d,\ e) = (1,\ 2,\ 4,\ 4),\ (1,\ 4,\ 4,\ 4),\ (2,\ 2,\ 4,\ 5),$$

$$(2,\ 4,\ 4,\ 5),\ (4,\ 4,\ 4,\ 5)$$

このうち，② を満たす組は $(1,\ 2,\ 4,\ 4)$ のみである。

したがって，$a+e$ の値は $^{イ}5$ である。

270 数学の得点を x，英語の得点を y とし，数学と英語の得点の平均値をそれぞれ $\overline{x}$，$\overline{y}$ とすると

$$\overline{x}=\frac{1}{10}(8+12+12+8+14+16+14+10+12+14)=12$$

$$\overline{y}=\frac{1}{10}(9+10+11+10+15+20+12+8+10+15)=12$$

よって，数学の得点の平均値は $^{ア}12$ 点，英語の得点の平均値は $^{ウ}12$ 点である。

生徒	x	y	$(x-\overline{x})^2$	$(y-\overline{y})^2$	$(x-\overline{x})(y-\overline{y})$
A	8	9	16	9	12
B	12	10	0	4	0
C	12	11	0	1	0
D	8	10	16	4	8
E	14	15	4	9	6
F	16	20	16	64	32
G	14	12	4	0	0
H	10	8	4	16	8
I	12	10	0	4	0
J	14	15	4	9	6
合計			64	120	72

数学と英語の得点の分散をそれぞれ $s_x{}^2$，$s_y{}^2$ とすると，上の表から

$$s_x{}^2=\frac{64}{10}=6.4,\ \ s_y{}^2=\frac{120}{10}=12$$

よって，数学の得点の分散は $^{イ}6.4$，英語の得点の分散は $^{エ}12$ である。

さらに，数学の得点と英語の得点の共分散を s_{xy} とすると，上の表から

$$s_{xy}=\frac{72}{10}=7.2$$

数学の得点と英語の得点の相関係数を r とすると，$r=\dfrac{s_{xy}}{s_x s_y}$ であるから，数学の得点と英語の得点の相関係数の 2 乗は

$$r^2=\frac{s_{xy}{}^2}{s_x{}^2 s_y{}^2}=\frac{7.2^2}{6.4\times12}=0.^{オ}675$$

271 X クラスと Y クラスの点数の 2 乗の平均値をそれぞれ $\overline{x^2}$，$\overline{y^2}$ とすると，平均点と分散から $\overline{x^2}-(\overline{x})^2=83$，$\overline{y^2}-(\overline{y})^2=78$

すなわち　　$\overline{x^2}=(\overline{x})^2+83$　……①

　　　　　　$\overline{y^2}=(\overline{y})^2+78$　……②

また，100 人全員の点数の平均値を $\overline{z}$，点数の 2 乗の平均値を $\overline{z^2}$ とすると，平均点と分散から　　$\overline{z^2}-(\overline{z})^2=87$

よって　　　　$\overline{z^2}=(\overline{z})^2+87$　……③

ここで，X クラスは 60 人，Y クラスは 40 人であるから

　　　$60\overline{x}+40\overline{y}=100\overline{z}$，$60\overline{x^2}+40\overline{y^2}=100\overline{z^2}$

すなわち　$3\overline{x}+2\overline{y}=5\overline{z}$　……④

　　　　　$3\overline{x^2}+2\overline{y^2}=5\overline{z^2}$　……⑤

ここで，$\overline{x}=\overline{z}-k$ とすると，④ から

　　　　　$3(\overline{z}-k)+2\overline{y}=5\overline{z}$

すなわち　　$\overline{y}=\overline{z}+\dfrac{3}{2}k$

$\overline{x}<\overline{y}$ であるから　　$k>0$

⑤ に ①，②，③ を代入して

　　　　$3\{(\overline{x})^2+83\}+2\{(\overline{y})^2+78\}=5\{(\overline{z})^2+87\}$

整理すると

　　　　$3(\overline{x})^2+2(\overline{y})^2=5(\overline{z})^2+30$

よって　$3(\overline{z}-k)^2+2\left(\overline{z}+\dfrac{3}{2}k\right)^2=5(\overline{z})^2+30$

整理すると　　　　　$k^2=4$

$k>0$ であるから　　$k=2$

したがって，$\overline{z}=60$ であるから　　$\overline{x}=\overline{z}-2=58$

272 (1)　x の平均値 $\overline{x}$ と分散 $s_x{}^2$ は

$$\overline{x}=\frac{1}{5}(50+70+90+80+60)={}^{\text{ア}}70$$

$$s_x{}^2=\frac{1}{5}\{(50-70)^2+(70-70)^2+(90-70)^2+(80-70)^2+(60-70)^2\}$$

$$=\frac{1}{5}(400+0+400+100+100)$$

$$={}^{\text{イ}}200$$

(2)　y の平均値を $\overline{y}$ とすると

$$\overline{y}=\frac{1}{5}(40+60+100+70+50)=64$$

k	x	y	$x-\overline{x}$	$y-\overline{y}$	$(x-\overline{x})(y-\overline{y})$
1	50	40	-20	-24	480
2	70	60	0	-4	0
3	90	100	20	36	720
4	80	70	10	6	60
5	60	50	-10	-14	140
合計	350	320			1400

よって，上の表から，x と y の共分散 s_{xy} は

$$s_{xy}=\frac{1400}{5}={}^{\text{ウ}}280$$

(3)　①，③から　　　$L=\displaystyle\sum_{k=1}^{5}\mathrm{P}_k\mathrm{Q}_k{}^2$

$$=\sum_{k=1}^{5}\{(y_k-\overline{y})^2-2a(x_k-\overline{x})(y_k-\overline{y})+a^2(x_k-\overline{x})^2\}$$

$$=5s_y{}^2-10as_{xy}+5a^2s_x{}^2$$

$$=5({}^{\text{エ}}s_x{}^2a^2-{}^{\text{オ}}2s_{xy}a+s_y{}^2)$$

(4)　(3) より

$$s_x{}^2a^2-2s_{xy}a+s_y{}^2=s_x{}^2\left(a^2-\frac{2s_{xy}}{s_x{}^2}a\right)+s_y{}^2$$

$$=s_x{}^2\left(a-\frac{s_{xy}}{s_x{}^2}\right)^2-\frac{s_{xy}{}^2}{s_x{}^2}+s_y{}^2$$

であるから，L が最小となるような a は　　　$a=\dfrac{s_{xy}}{s_x{}^2}$

(1)，(2) より，$s_{xy}=280$，$s_x{}^2=200$ であるから　　　$a=\dfrac{280}{200}={}^{\text{カ}}\dfrac{7}{5}$

このとき，② から　　　$b=-\dfrac{7}{5}\cdot70+64={}^{\text{キ}}-34$

273　(1)　P_1，P_2，……，P_n のうちの k 箇所に扉があるから，ロボットが扉のある位置に移動する確率は　　　$\dfrac{k}{n}$

(2)　「ロボットが扉のある位置に移動する」という事象を A，「扉センサーが反応している」という事象を B とすると，求める確率は　　　$P_B(A)$

ここで，$P_A(B)=0.8$，$P_{\overline{A}}(B)=0.1$ であり，(1) より $P(A)=\dfrac{k}{n}$ であるから

$$P(B)=P(A)\times P_A(B)+P(\overline{A})\times P_{\overline{A}}(B)$$

$$=\frac{k}{n}\times0.8+\left(1-\frac{k}{n}\right)\times0.1=\frac{n+7k}{10n}$$

したがって，求める確率は

$$P_B(A) = \frac{P(A \cap B)}{P(B)} = \frac{\dfrac{4k}{5n}}{\dfrac{n+7k}{10n}} = \frac{8k}{n+7k}$$

(3)　k 箇所の扉のうちの s 箇所だけに宝物があるから，ロボットが宝物がある扉の位置に移動する確率は

$$\frac{k}{n} \times \frac{s}{k} = \frac{s}{n}$$

よって，最初の位置 O にいるときのポイントの期待値は

$$100 \times \frac{s}{n} + 0 \times \left(1 - \frac{s}{n}\right) = \frac{100s}{n}$$

扉センサーが反応しているとき，ロボットが宝物のある扉の位置に移動している確率は，(2) から

$$\frac{8k}{n+7k} \times \frac{s}{k} = \frac{8s}{n+7k}$$

よって，扉センサーが反応して扉を開ける動作に入る前のポイントの期待値は

$$100 \times \frac{8s}{n+7k} + 0 \times \left(1 - \frac{8s}{n+7k}\right) = \frac{800s}{n+7k}$$

274　(1)　確率変数 X が正規分布 $N(40,\ 18)$ に従うとき，$Z = \dfrac{X-40}{3\sqrt{2}}$ は標準正規分布 $N(0,\ 1)$ に従う。

$X=35$ のとき

$$Z = \frac{35-40}{3\sqrt{2}} = -\frac{5\sqrt{2}}{6} = -\frac{5 \times 1.41}{6} = -1.175$$

よって，重さが 35 グラム以上のまんじゅうの個数の割合は

$$P(X \geqq 35) = P(Z \geqq -1.175) = P(0 \leqq Z \leqq 1.175) + 0.5$$

ここで，正規分布表より

$$0.3790 < P(0 \leqq Z \leqq 1.175) < 0.3810$$

であるから

$$0.8790 < P(X \geqq 35) < 0.8810$$

小数第 3 位を四捨五入すると

$$P(X \geqq 35) \fallingdotseq 0.88$$

したがって，重さが 35 グラム以上のまんじゅうの個数の割合は　　0.88

(2)　無作為に選ばれた 50 個のまんじゅうの重さをそれぞれ $X_1,\ X_2,\ \cdots\cdots,\ X_{50}$ とすると

$$Y = X_1 + X_2 + \cdots\cdots + X_{50}$$

$X_1,\ X_2,\ \cdots\cdots,\ X_{50}$ は互いに独立な確率変数であり，各 $X_k\ (k=1,\ 2,\ \cdots\cdots,\ 50)$ について，平均と分散は

$$E(X_k) = 40,\quad V(X_k) = 18$$

よって，確率変数 Y の平均と分散は

$$E(Y) = E(X_1 + X_2 + \cdots\cdots + X_{50})$$

$$= E(X_1) + E(X_2) + \cdots\cdots + E(X_{50})$$
$$= 40 \times 50 = 2000$$
$$V(Y) = V(X_1 + X_2 + \cdots\cdots + X_{50})$$
$$= V(X_1) + V(X_2) + \cdots\cdots + V(X_{50})$$
$$= 18 \times 50 = 900$$

(3)　(2)から，確率変数 Y は正規分布 $N(2000,\ 30^2)$ に従う。

よって，$Z = \dfrac{Y - 2000}{30}$ は標準正規分布 $N(0,\ 1)$ に従う。

整数 T は $P(Y \geqq T) \geqq 0.95$ を満たす整数であるから，実数 t を，$P(Y \geqq t) = 0.95$ を満たすものとすると，T の最大値は $T \leqq t$ を満たす最大の整数となる。
このとき

$$P(Y \geqq t) = P\left(Z \geqq \frac{t - 2000}{30}\right) = P\left(0 \leqq Z \leqq \frac{2000 - t}{30}\right) + 0.5$$

よって　　$P\left(0 \leqq Z \leqq \dfrac{2000 - t}{30}\right) = 0.45$

ここで，正規分布表より
$$P(0 \leqq Z \leqq 1.64) = 0.4495$$
$$P(0 \leqq Z \leqq 1.65) = 0.4505$$

であるから　　$1.64 < \dfrac{2000 - t}{30} < 1.65$

整理すると　　$1950.5 < t < 1950.8$
よって，T の最大値は　　1950

[参考]　一般に，次の性質が成り立つ。

「n 個の確率変数 $X_1,\ X_2,\ \cdots\cdots,\ X_n$ が互いに独立であり，各 X_k が正規分布

　　$N(m,\ \sigma^2)$ に従うとき，$X_1 + X_2 + \cdots\cdots + X_n$ は正規分布 $N(nm,\ n\sigma^2)$ に従う。」

(3)では，この性質を利用している。

2023

数学 I・II・A・B

入試問題集(理系)

解答編

※解答・解説は数研出版株式会社が作成したもの
　です。

編　者　数研出版編集部

発行者　星野　泰也

発行所　**数研出版株式会社**

〒101-0052　東京都千代田区神田小川町2丁目3番地3
　　　　　〔振替〕00140-4-118431
〒604-0861　京都市中京区烏丸通竹屋町上る大倉町205番地
〔電話〕代表　(075)231-0161

ホームページ　https://www.chart.co.jp
印刷　　創栄図書印刷株式会社

230701

ISBN978-4-410-14148-5

ⅠⅡAB入試 理(上) 解答編

14148A

数研出版
https://www.chart.co.jp